高等院校应用技术型人才培养规划教材

电子工程制图项目教程

郑芙蓉　主编

U0310864

中国铁道出版社有限公司
CHINA RAILWAY PUBLISHING HOUSE CO., LTD.

内 容 简 介

本书根据高等院校应用技术型人才培养的发展需要，对传统教学内容进行优化整合，以典型电子产品工程图样的绘制和阅读为主线，包括稳压电源面板图、简单零件的三维造型、简单零件的三视图、复杂零件的三视图及三维成型、薄板类零件、轴套类零件、盘盖类零件、箱壳类零件、装配图共9个项目，由简单到复杂组织教学内容，将课程知识的学习融于项目中。

本书以"体"为主线，构建了由"基本形体—组合形体—工程形体"组成的从局部到整体的新型制图教材体系，叙述过程采用以图说文，以形解图，采用大量的三维实体造型图，生动直观。将工程制图与计算机绘图有机结合，引入计算机三维实体造型方法，并根据生产实际需要，突出介绍了电子、通信、计算机等专业常用的工程图的绘制方法。与本书配套的习题集同时由中国铁道出版社出版。

本书可作为高职高专、应用性本科及成人院校电子类、通信类、计算机类等专业教学用书，也可供有关工程技术人员参考。

图书在版编目(CIP)数据

电子工程制图项目教程/郑芙蓉主编. ——北京：中国铁道出版社，2016.8(2022.8重印)

高等院校应用技术型人才培养规划教材

ISBN 978-7-113-21974-1

Ⅰ. ①电… Ⅱ. ①郑… Ⅲ. ①电子技术-工程制图-高等职业教育-教材 Ⅳ. ①TN02

中国版本图书馆CIP数据核字(2016)第141091号

书　　名：电子工程制图项目教程
作　　者：郑芙蓉

策划编辑：王春霞　　**编辑部电话**：(010)83517321
责任编辑：翟玉峰
编辑助理：钱　鹏
封面设计：付　魏
封面制作：白　雪
责任校对：汤淑梅
责任印制：樊启鹏

出版发行：中国铁道出版社有限公司(100054，北京市西城区右安门西街8号)
网　　址：http://www.tdpress.com/51eds/
印　　刷：北京建宏印刷有限公司
版　　次：2016年8月第1版　　2022年8月第2次印刷
开　　本：787 mm×1092 mm　1/16　**印张**：15.5　**字数**：343千字
印　　数：3 001~3 500册
书　　号：ISBN 978-7-113-21974-1
定　　价：38.00元

前　言

本书根据高等院校应用技术型人才培养的发展需要，结合其人才培养方案、课程体系和课程标准等相关改革，集合多位工程制图教师多年教学改革实践，妥善处理了继承与创新的关系，并参照相关国家职业技能标准和行业技能鉴定规范编写而成。

本书从职业能力分析入手，基于典型工作任务分析构建学习领域课程，以典型电子产品工程图样的绘制和阅读为主线，以工作过程系统化的原则构建课程体系，通过稳压电源面板图、简单零件的三维造型、简单零件的三视图、复杂零件的三视图及三维成型、薄板类零件、轴套类零件、盘盖类零件、箱壳类零件、装配图共9个项目，由简单到复杂组织教学内容。项目的设计遵从学生的认识规律和职业成长规律，从简单到复杂，从单一知识要素掌握、技能训练到综合技能训练，突出介绍电子、通信、计算机等专业常用的工程图绘制方法，将学生职业素养的培养贯穿始终。全书所选的题例和图例力求源于生产实际，并使其具有典型性、针对性和实用性，以加强教材内容的工程背景。

本书的编写着重突出以下特点：

1. 注重职业技能的培养，将课程知识的学习融于项目中。

2. 采用最新的《技术制图》《机械制图》等国家标准。

3. 由局部到整体的新型制图教材体系，全书采用从具体到抽象的教学方法，并将“读图”作为全书的重点。叙述过程采用以图说文，以形解图的方法，采用大量的三维实体造型图，生动直观，给学习者带来很大的方便。

4. 在绘图技能的培养上，加强计算机和徒手绘图训练，尤其是计算机三维实体造型的训练。并将AutoCAD 2014绘图融入本教材的各个章节，旨在培养学生绘制和阅读工程图样的能力以及使用计算机绘图的能力。

5. 在注重知识的系统性、表达的规范性和准确性的同时，每一个项目通过知识目标、能力目标、任务引入、知识准备及拓展、任务实施等版块进行阐述，使学习者能够目标明确、带着问题进行更有针对性的高效率学习。

本书配有同步习题，在习题的编写过程中参照并体现了国家计算机辅助设计职业资格认证标准。教材配有电子教案，有需要者可从http：//www.51eds.net下载。

本书由深圳信息职业技术学院郑芙蓉主编并统稿，参加编写的有：深圳信息职业技术学院龚汉东、杜英滨，武汉交通职业学院胡迎九。本书在编写过程中得到了北京旋极信息技术有限公司的高级工程师肖敦鹤、深圳市易特博科技有限公司总经理蒲含涛、深圳捷和电机集团有限公司高级工程师刘晓宁的大力支持和帮助。在此，衷心感谢所有为本书的顺利出版付出辛勤劳动的老师、企业专家和朋友。

限于编者的水平，书中难免有疏漏或不足之处，敬请专家、同仁和广大读者批评指正。

编　者

2016年4月

目　录

绪论

1. 工程图的概念和作用

图是用点、线、符号、文字和数字等描绘事物几何特性、形态、位置及大小的一种形式。在工程技术及生产过程中，按一定的投影方法和技术规定，将物体的结构形状、尺寸大小和技术要求正确表达在图纸上，称为工程图样。

工程图样是工程与产品信息的载体，是产品生命全过程信息的集合，集中体现了产品的设计要求、工艺要求、检测及装配要求等各方面的信息。在现代工业生产中，工程图样广泛应用于机械、电子、建筑、冶金、航空等工程领域，是工程界表达设计意图、交流技术思想的工具，被称为工程界的"语言"。每一个工程技术人员都必须掌握和运用这种"语言"。

2. 本教材的主要内容

本教材可用于学习绘制及阅读工程图样，主要内容是以正投影法和制图国家标准为基础，研究电子工程图样的绘制和阅读方法。

学习本教材的目的是使学习者具有绘图、读图和一定的空间想象能力，具体任务是：

(1)学习正投影法理论及其应用。

(2)掌握有关的制图国家标准、规范，具有初步查阅常用标准零件、标准结构、公差与配合等国家标准的能力。

(3)培养用仪器绘图、计算机绘图和徒手绘制草图的能力。

(4)培养对三维立体的空间思维能力和空间构型能力。

(5)能够绘制和阅读较简单的零件图和装配图。

(6)培养认真负责、严谨细致的工程素养。

3. 本教材的特点

(1)本教材的核心内容是如何用二维平面图形表达三维空间形体，以及由二维平面图想象三维空间的形状。因此学习过程中，应以"图"为中心，随时围绕"图"进行学习和练习，通过"物体"与"图形"的相互转化训练，逐步提高空间思维能力和空间想象能力。

(2)本教材以项目式教学法为指导，每一个项目从知识目标、能力目标、任务引入、读一读(知识链接)、任务实施等方面进行阐述，使学习者能够带着问题进行更有针对性的高效率学习。学习过程中应学练结合，认真完成相应的练习或作业，及时巩固所学知识。长此以往，对培养学生自我学习能力有重要作用。

(3)正确掌握绘图软件 AutoCAD 2014 及绘图工具的应用与技巧，加大上机练习力度，同时经常练习将简单平面图形通过拉伸和旋转创建为三维立体图形，从而大大提高绘图的速度和质量以及对图形的识读能力。

(4)严格要求自己，时时处处培养自己严谨、认真、负责、细致等优秀素养。

项目一

稳压电源面板图

知识目标

(1) 熟悉国家标准中的一些基本规定；掌握常用的几何作图方法；掌握平面图形尺寸分析、线段分析和基本作图步骤；掌握绘图仪器、工具的使用方法。

(2) 熟悉 AutoCAD 软件，掌握绘图环境的设置、绘图命令及编辑命令的使用方法。

能力目标

(1) 熟练运用国家标准中有关图纸幅面和格式、比例、字体、图线及尺寸标注等规定，能合理选择图幅和比例，进行正确的文字书写、图线绘制及尺寸标注。

(2) 能熟练使用绘图工具和仪器绘制图形，基本掌握徒手绘制草图的技能，初步养成良好的绘图习惯。

(3) 能熟练使用 AutoCAD 软件绘制简单平面图形。

项目引入

薄板类零件在电子、仪表、家电等设备中应用较多，如面板、机架、压板、屏蔽罩、底板等都属于薄板类零件。这类零件的板面上一般有许多直径不同的孔，用来安装开关、旋钮、电容器、电位器等，这些孔一般都是通孔。图 1-1 为稳压电源面板的零件图，用图形、

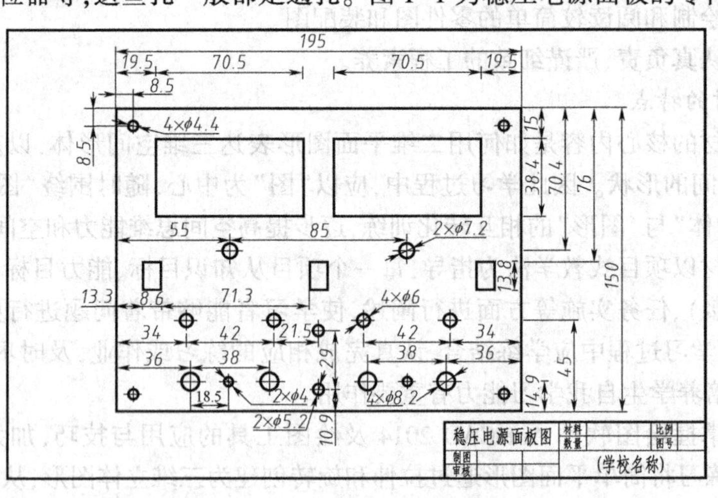
195
19.5
70.5
70.5
19.5
8.5
4×ϕ4.4
8.5
15
38.4
70.4
76
150
55
85
2×ϕ7.2
13.8
13.3
8.6
71.3
4×ϕ6
34
42
21.5
42
34
36
38
29
38
36
45
14.9
18.5
2×ϕ4
4×ϕ8.2
2×ϕ5.2
10.9
稳压电源面板图
材料
数量
比例
图号
制图
审核
(学校名称)

图 1-1　稳压电源面板零件图

尺寸、文字、符号等内容表达零件制造、检验等相关的信息。通过该项目，可学习国家标准关于图样的基本规定、绘图仪器和工具的使用、计算机绘图的基本方法，掌握平面图形的分析和绘制等内容。

任务1　图幅选择与仪器使用

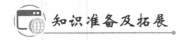

知识准备及拓展

一、工程图基本规范介绍

1. 图纸的幅面和格式(GB/T 14689—2008)

工程图样被称为“工程界的语言”，是工程技术人员表达设计意图、组织和指导生产，进行技术交流、信息传递的重要技术文件。因此，在绘制图样时必须遵守国家标准《技术制图》《机械制图》和有关的技术标准。

标准编号含义：

GB——“国标”二字汉语拼音的第一个字母的大写。

T——“推荐”的“推”字汉语拼音第一个字母的大写。

14689——该标准的顺序号。

2008——该标准发布的年号。

(1)图纸幅面

图纸幅面即图纸大小，基本幅面有A0、A1、A2、A3、A4共五种，规格形式如图1-2所示。在绘制图样时应优先采用基本幅面尺寸。必要时允许选用加长幅面，但其尺寸必须是由基本幅面的短边成整数倍增加后得出。

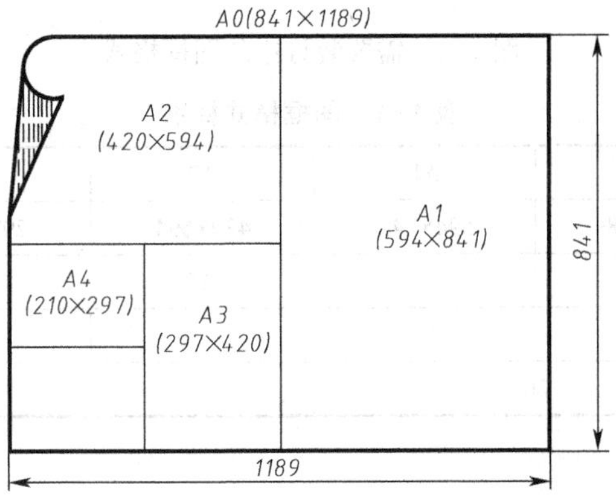
A0(841×1189)
A2
(420×594)
A1
(594×841)
A4
(210×297)
A3
(297×420)
841
1189

图1-2　图纸幅面

(2)图框格式

图框是图样绘制的有效区域，在图纸上画工程图样之前，必须用粗实线先画出图框。不需要装订的图样，其图框格式如图1-3所示，尺寸 e 按表1-1的规定选取。

需装订的图样，其图框格式如图1-4所示，尺寸 a、c 按表1-1的规定选取。

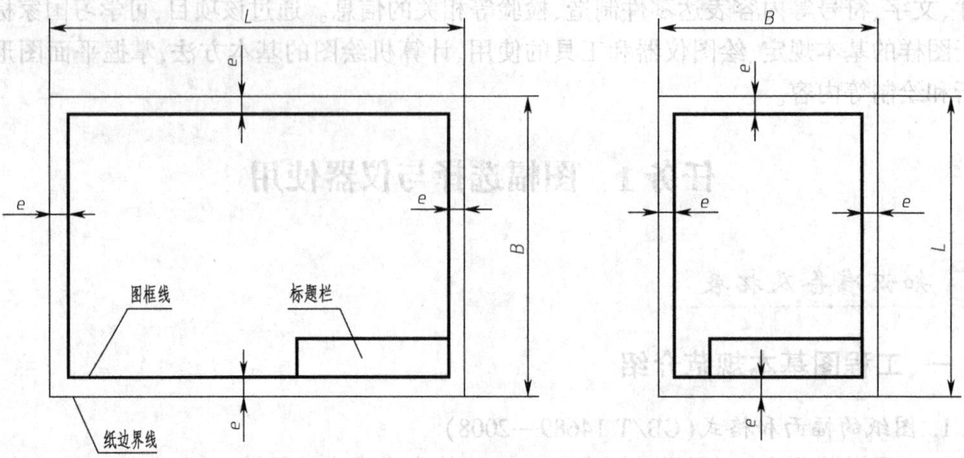

L
e
e
e
B
图框线
标题栏
e
纸边界线
B
e
e
e
L

图 1-3　不需要装订边的图框格式

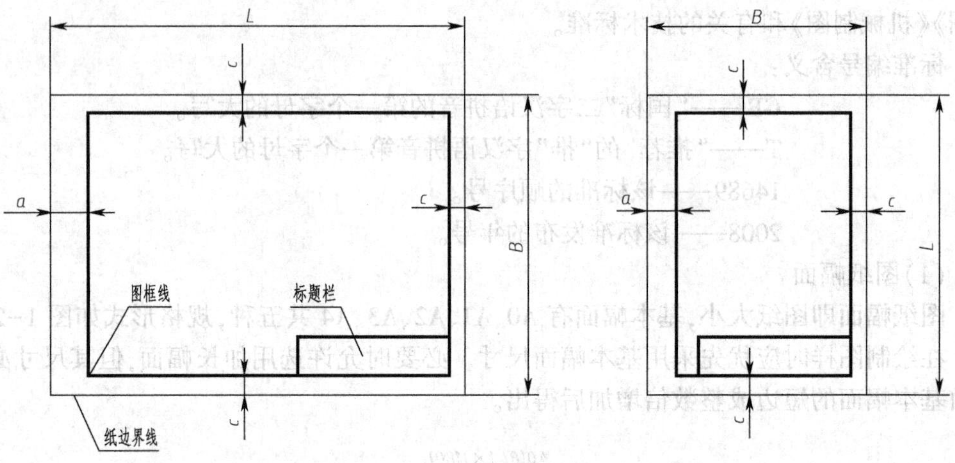

L
c
a
c
B
图框线
标题栏
c
纸边界线
B
c
a
c
L
c

图 1-4　需要装订边的图框格式

表 1-1　图框格式标准　　（单位：mm）

<table>
<tr><th>幅面代号</th><th>A0</th><th>A1</th><th>A2</th><th>A3</th><th>A4</th></tr>
<tr><td>B×L</td><td>841×1189</td><td>594×841</td><td>420×594</td><td>297×420</td><td>210×297</td></tr>
<tr><td>a</td><td colspan="5">25</td></tr>
<tr><td>c</td><td colspan="3">10</td><td colspan="2">5</td></tr>
<tr><td>e</td><td colspan="2">20</td><td colspan="3">10</td></tr>
</table>

（3）标题栏格式

所有的图样都必须有标题栏，标题栏位于图纸的右下角，标题栏中的文字方向应与读图方向一致。

标题栏的格式、内容和尺寸在国家标准（GB/T 10609. 1—2008）中做了规定，如图 1-5（a）所示。教学中一般不使用标准样式的标题栏，推荐使用如图 1-5（b）所示的简化式标题栏。

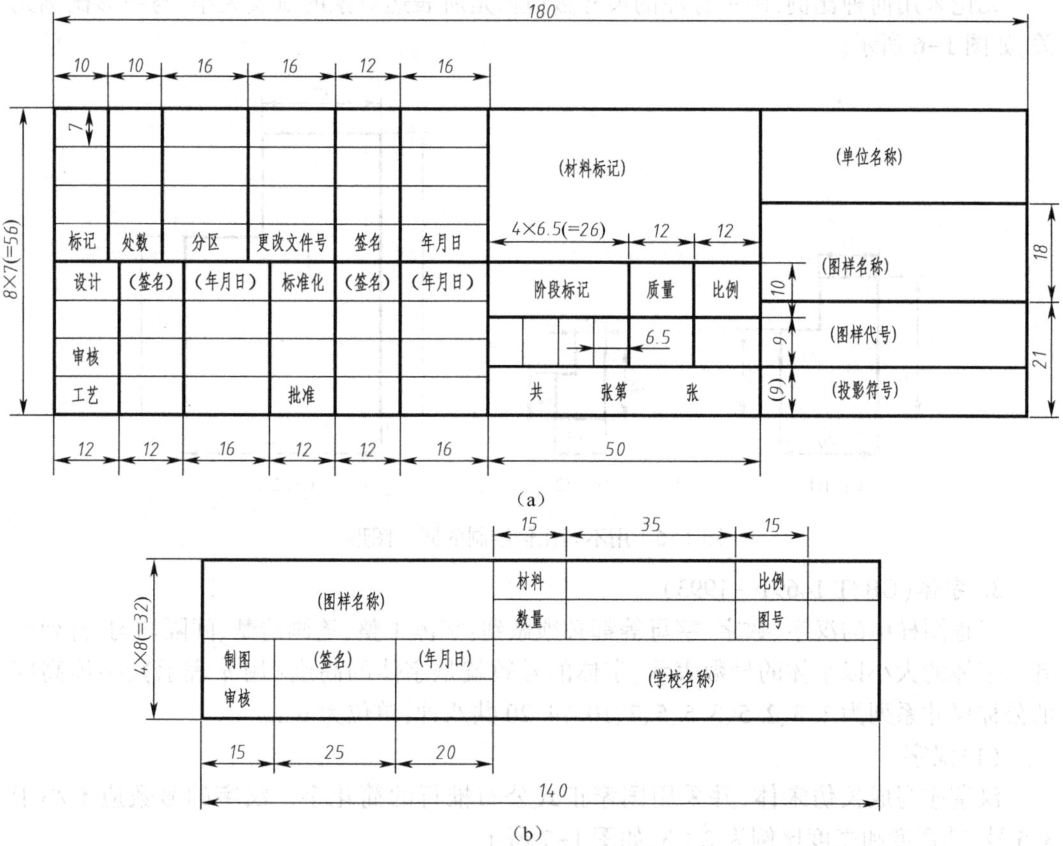

180
10
10
16
16
12
16
7
8×7(=56)
(材料标记)
(单位名称)
4×6.5(=26)
12
12
标记
处数
分区
更改文件号
签名
年月日
(图样名称)
18
设计
(签名)
(年月日)
标准化
(签名)
(年月日)
阶段标记
质量
比例
10
6.5
9
(图样代号)
21
审核
工艺
批准
共 张第 张
(9)
(投影符号)
12
12
16
12
12
16
50
(a)
15
35
15
(图样名称)
材料
比例
数量
图号
4×8(=32)
制图
(签名)
(年月日)
审核
(学校名称)
15
25
20
140
(b)

图 1-5 标题栏的格式及尺寸

2. 比例(GB/T 14690—1993)

比例是指图中图形与实际零件相应要素的线性尺寸之比。

原值比例:比值为 1 的比例,即 1∶1;

放大比例:比值大于 1 的比例,如 2∶1 等;

缩小比例:比值小于 1 的比例,如 1∶2 等。

为看图方便,建议尽可能按零件的实际大小绘制。如零件太大或太小,则采用缩小或放大的比例绘制。国家标准规定比例系列如表 1-2 所示。

表 1-2 比 例

种 类	定 义	优先选择系列	允许选择系列
原值比例	比值为 1 的比例	1∶1	
放大比例	比值大于 1 的比例	5∶1 2∶1 5×10^n∶1 2×10^n∶1 1×10^n∶1	4∶1 2.5∶1 4×10^n∶1 2.5×10^n∶1
缩小比例	比值小于 1 的比例	1∶2 1∶5 1∶10 1∶2×10^n 1∶5×10^n∶ 1∶1×10^n	1∶1.5 1∶2.5 1∶3 1∶4 1∶6 1∶1.5×10^n 1∶2.5×10^n 1∶4×10^n 1∶6×10^n

注:n 为正整数

无论采用何种比例，图中标注的尺寸数值都是所表达对象的真实大小，与图形比例无关，如图 1-6 所示。

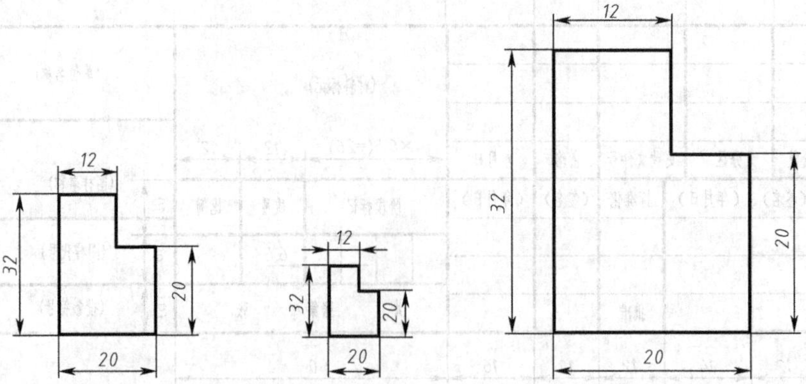
12
32
20
20
12
32
20
20
12
32
20
20

(a)1:1　(b)1:2　(c)2:1

图 1-6　用不同比例绘制的同一图形

3. 字体(GB/T 14691—1993)

工程图样中的汉字、数字、字母等都必须做到：字体工整、笔画清楚、间隔均匀、排列整齐。字体的大小以字体的号数表示，字体的号数就是字体的高度(用 h 表示)，字体高度的公称尺寸系列为 1.8、2.5、3.5、5、7、10、14、20 共八种，单位为 mm。

(1)汉字

汉字应写成长仿宋体，并采用国家正式公布推行的简化字。汉字的号数应不小于 3.5 号，其宽度和高度比例为 2∶3，如图 1-7 所示。

10号字

字体工整　笔画清楚　间隔均匀　排列整齐

7号字

横平竖直　注意起落　结构均匀　填满方格

5号字

学好电子工程制图，培养和发展空间思维能力和空间构型能力

3.5号字

绘制和阅读工程图样是工程技术人员必备的技能

图 1-7　长仿宋体汉字示例

(2)字母和数字

字母和数字分为 A 型和 B 型两种，A 型字体的笔画宽度(d)为字体高度的 1/14，B 型字体的笔画宽度(d)为字体高度的 1/10，绘图时一般用 B 型字体，一张图样中只允许选用一种形式的字体。

字体和数字可写成斜体或直体。斜体字体向右倾斜与水平基准线约成 75°，如图 1-8 所示。

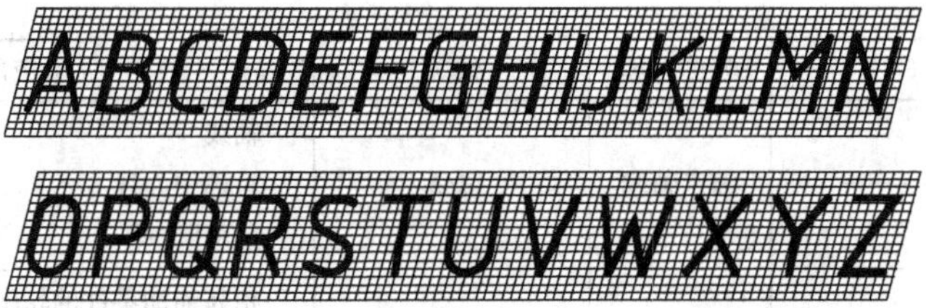
ABCDEFGHIJKLMN
OPQRSTUVWXYZ

（a）大写拉丁字母

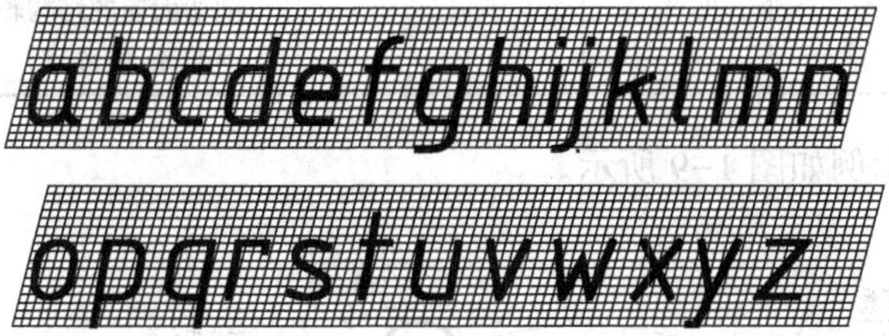
abcdefghijklmn
opqrstuvwxyz

（b）小写拉丁字母

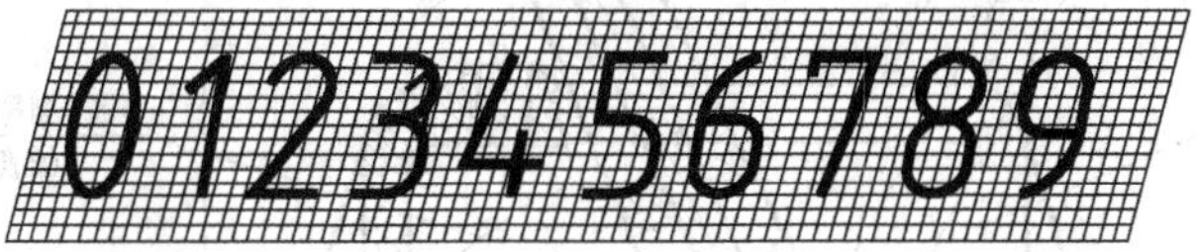
0123456789

（c）阿拉伯数字

图 1-8　字母和数字示例

4. 图线(GB/T 17450—1998、GB/T 4457.4—2002)

绘制工程图样时应采用表 1-3 中规定的各种图线。

表 1-3　图　　线

线　型	名　称	线宽	一般应用举例
	粗实线	d d=0.13~2 mm	可见轮廓线 剖切符号用线
	细实线	$d/2$	尺寸线和尺寸界线 剖面线、重合断面轮廓线 过渡线 指引线、基准线、分界线及范围线
	波浪线	$d/2$	断裂处的边界线 视图与剖视的分界线
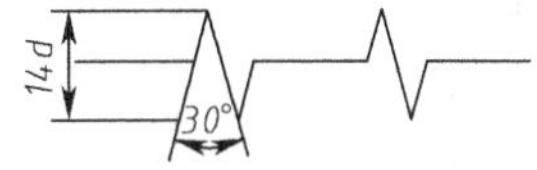14d 30°	双折线	$d/2$	断裂处的边界线 视图与剖视的分界线
	粗虚线	d	允许表面处理的表示线
	细虚线	$d/2$	不可见轮廓线
	粗点画线	d	限定范围表示线

续表

线　型	名　称	线宽	一般应用举例
	细点画线	$d/2$	轴线 对称中心线 分度圆(线)
	细双点画线	$d/2$	相邻辅助零件的轮廓线 可动零件的极限位置的轮廓线 剖切面前的结构轮廓线 中断线、轨迹线

各种图线应用示例如图 1-9 所示。

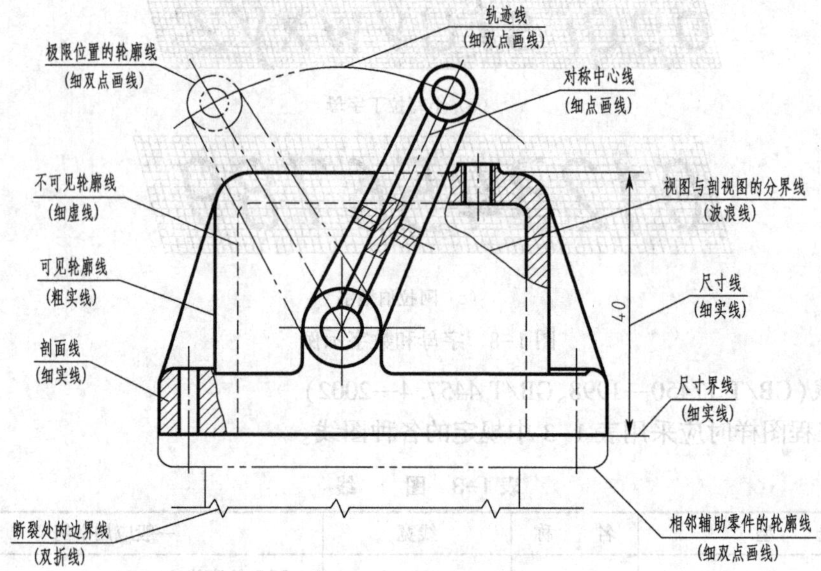

轨迹线
(细双点画线)
极限位置的轮廓线
(细双点画线)
对称中心线
(细点画线)
不可见轮廓线
(细虚线)
视图与剖视图的分界线
(波浪线)
可见轮廓线
(粗实线)
尺寸线
(细实线)
40
剖面线
(细实线)
尺寸界线
(细实线)
断裂处的边界线
(双折线)
相邻辅助零件的轮廓线
(细双点画线)

图 1-9　图线应用示例

在绘制图样时,图线的画法还应注意以下事项,如图 1-10 所示。

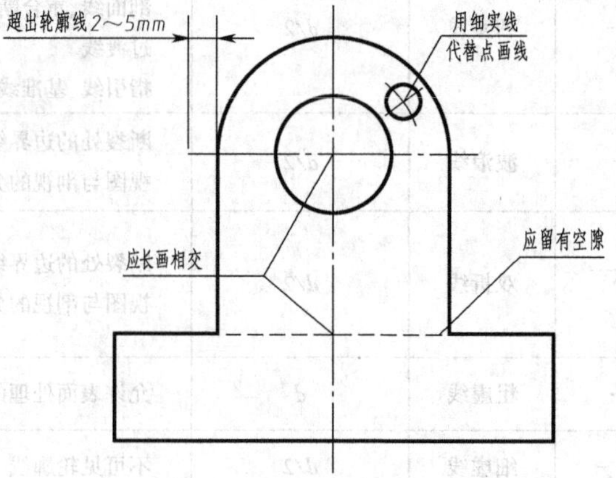

超出轮廓线2～5mm
用细实线
代替点画线
应长画相交
应留有空隙

图 1-10　图线的画法

(1)在同一图样中,同类图线的宽度应基本保持一致,虚线、细实线、点画线、双点画线的线段长度和间隔应各自大致相等。

(2)虚线与虚线,或虚线与实线相交时,应是线段相交。当虚线是粗实线的延长线时,粗实线应画到位,而虚线在连接处应留有空隙。

(3)点画线、双点画线的首末两端应是线段而不是短画,点画线彼此相交时应该是线段相交,中心线应超出图形轮廓线 2~5 mm。绘制圆的中心线时,圆心应为线段的交点。

5. 尺寸注法(GB/T 4458.4—2003、GB/T 16675.2—2012)

(1)基本规定

①图样上所标注尺寸为零件的真实大小。

②图样中的尺寸以毫米为单位时,不需标注计量单位的名称或代号。如采用其他单位,则必须注明相应计量单位的名称或代号。

③零件的每一个尺寸在图样中一般只标注一次。应标注在反映该结构形状最清晰的图形上。

④标注尺寸时应尽可能使用符号或缩写词。常用的符号和缩写词见表 1-4。

表 1-4　常用尺寸符号

含义	符号或缩写词	含义	符号或缩写词
直径	ϕ	斜度	∠
半径	R	锥度	▷
球	S	沉孔或锪平	⌴
正方形	□	埋头孔	∨
厚度	t	深度	↧
均布	EQS	45°倒角	C

(2)尺寸的组成

一个完整的尺寸应该包括尺寸数字、尺寸界线、尺寸线和表示尺寸线终端的箭头或斜线,如图 1-11 所示。

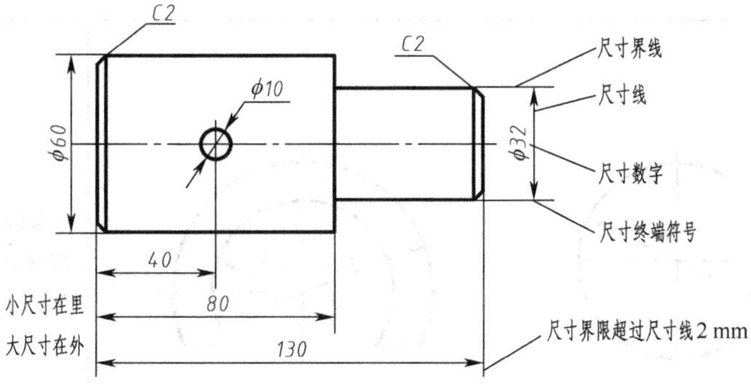
C2
C2
ϕ10
ϕ60
ϕ32
尺寸界线
尺寸线
尺寸数字
尺寸终端符号
40
80
130
小尺寸在里
大尺寸在外
尺寸界限超过尺寸线 2 mm

图 1-11　尺寸的组成及标注示例

①尺寸数字。线性尺寸的数字应按图 1-12 所示方向书写。

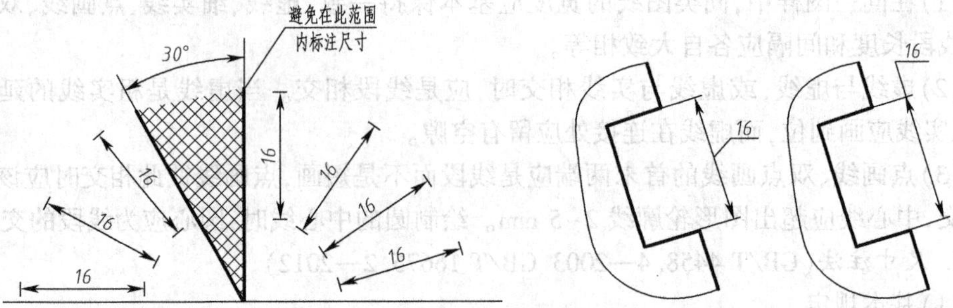
避免在此范围
内标注尺寸
30°
16
16
16
16
16
16
16
16
16
16

（a）尺寸数字书写方向　　　　（b）30° 范围内尺寸数字书写方向

图 1–12　尺寸数字书写要求

②尺寸线及其终端形式。尺寸线用细实线绘制。尺寸线必须单独画出，不能与图线重合或在其延长线上。

尺寸线终端有两种形式：箭头和斜线，如图 1–13 所示，斜线用细实线绘制，图中 d 为粗实线宽度，h 为字体高度。同一图样中只能采用一种尺寸线终端形式。

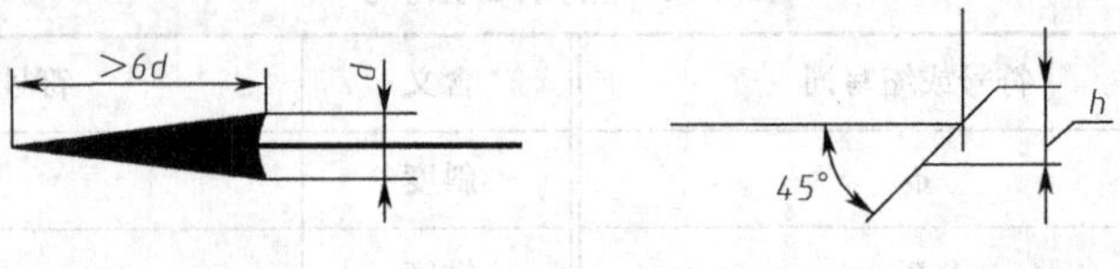
≥6d
d
h
45°

（a）箭头　　　　（b）斜线

图 1–13　尺寸终端的两种形式

③尺寸界线。尺寸界线用细实线绘制，并应由图形的轮廓线、轴线或对称中心线处引出。也可利用轮廓线、轴线或对称中心线作尺寸界线。尺寸界线一般应与尺寸线垂直，并超出尺寸线 2 mm 左右。

（3）尺寸的注法

①角度、直径、球面等尺寸注法见表 1–5。

表 1–5　角度、球面等尺寸注法

标注内容	图　例	说　明
圆	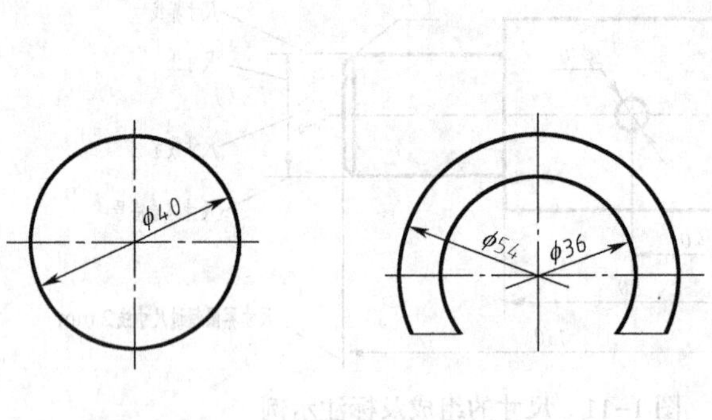φ40 φ54 φ36	整圆或大于半圆的圆弧标注的直径时在数字前加注“φ”，一般按例图形式标注

续表

标注内容	图　　例	说　明
圆弧	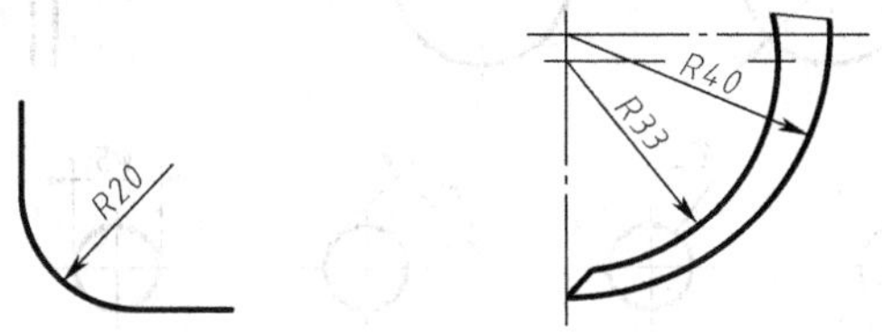R20 R40 R33	半圆和小于半圆的圆弧标注圆的半径在数字前加注“*R*”，一般按例图形式标注
大圆弧	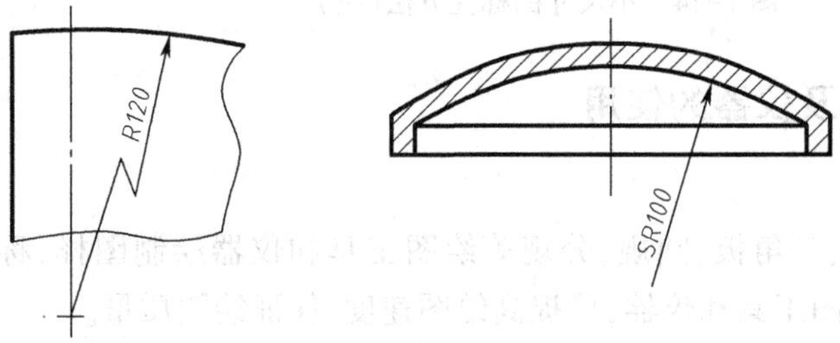R120 SR100	在图纸范围内无法标注圆心时，可按左图标注；不需要标出圆心时，可按右图标注
角度	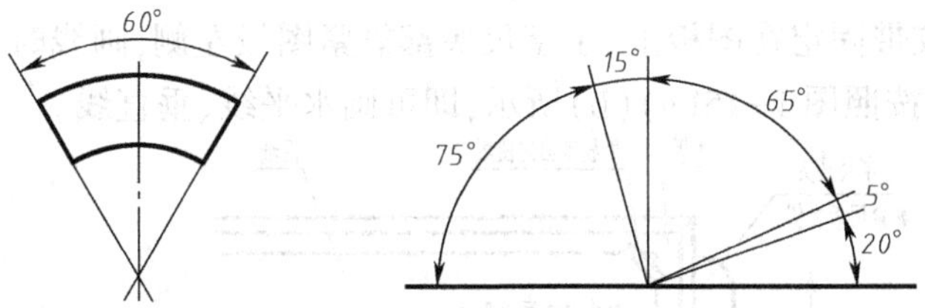60° 15° 65° 75° 5° 20°	尺寸界限应沿径向引出，尺寸线画成圆弧，圆心是角的顶点。角度数字一律水平书写，一般注写在尺寸线的中断处，必要时也可注写在尺寸线的上方或外侧
球面	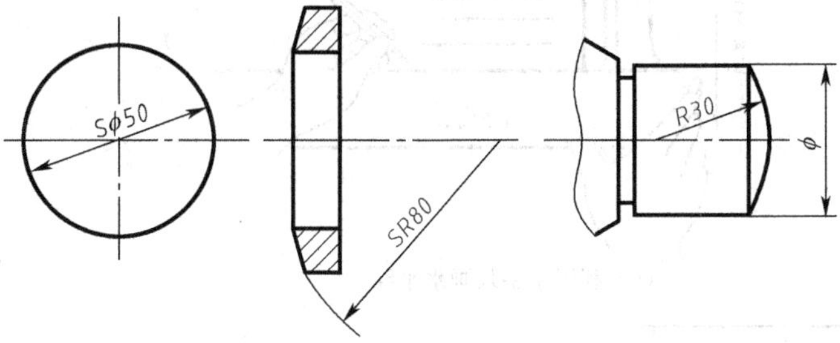Sϕ50 SR80 R30 ϕ	标注球面尺寸时，应在圆的直径或半径前加“S”。在不至于引起误解时，则可省略，如右图中的右端球面

②小尺寸的标注方法如图 1-14 所示。

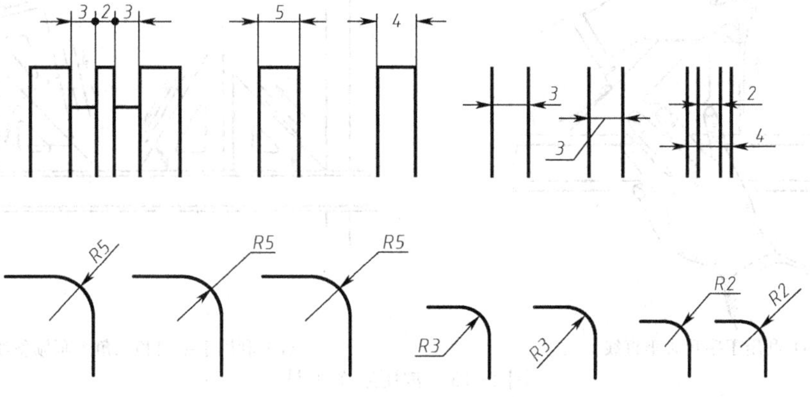
3
2
3
5
4
3
3
2
4
R5
R5
R5
R3
R3
R2
R2

图 1-14　小尺寸的标注方法

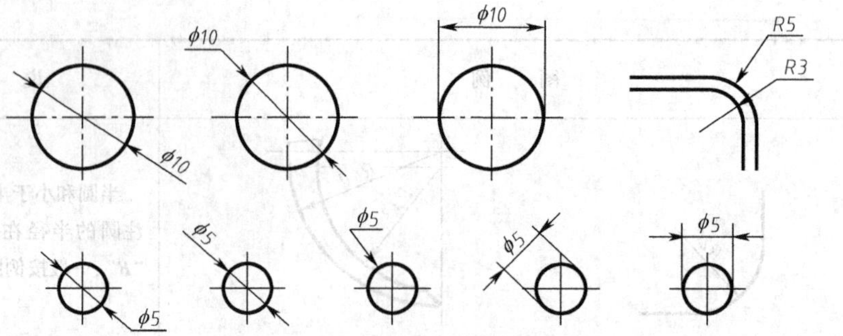

ϕ10
ϕ10
ϕ10
R5
R3
ϕ5
ϕ5
ϕ5
ϕ5
ϕ5

图 1-14　小尺寸的标注方法(续)

二、绘图方法、工具及仪器的使用

1. 尺规绘图

用铅笔、图板、丁字尺、三角板、圆规、分规等绘图工具和仪器绘制图样，称为尺规绘图。正确地掌握和使用绘图工具和仪器，可提高绘图速度，保证绘图质量。

(1)图板、丁字尺、三角板

画图时，先将图纸用胶带固定在图板上，丁字尺头部靠紧图板左侧，画线时，铅笔垂直于纸面并向右倾斜约 30°，按照图 1-15(a)(b)所示，即可画水平线、垂直线。

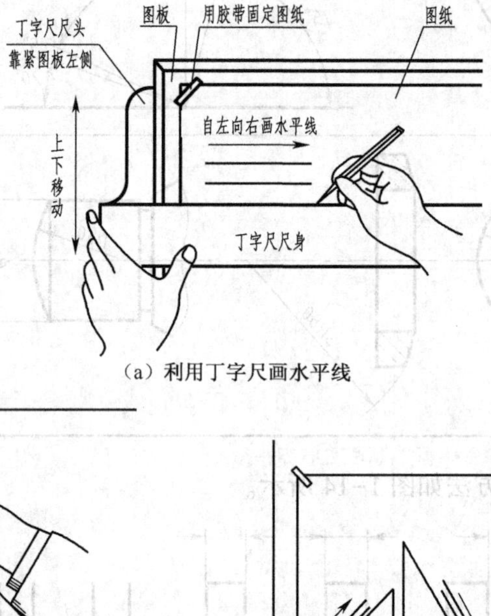

丁字尺尺头
靠紧图板左侧
图板
用胶带固定图纸
图纸
自左向右画水平线
上下移动
丁字尺尺身

(a) 利用丁字尺画水平线

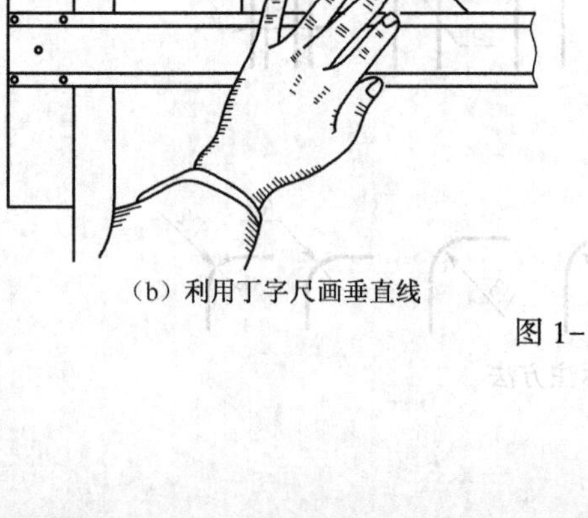

(b) 利用丁字尺画垂直线

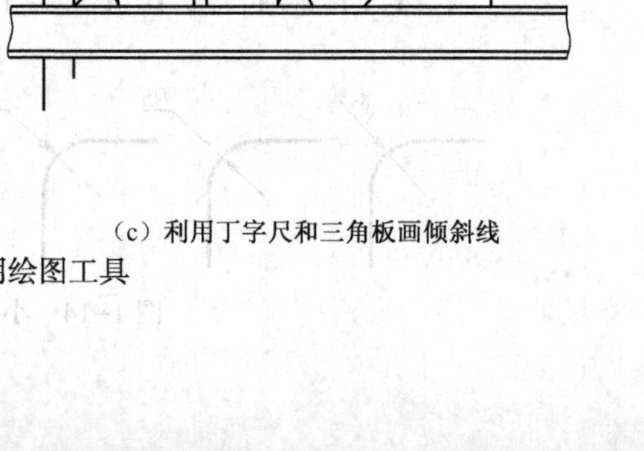

15°
75°

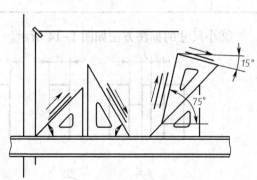

(c) 利用丁字尺和三角板画倾斜线

图 1-15　常用绘图工具

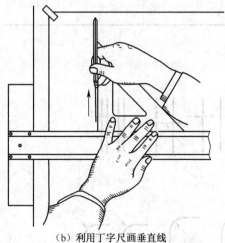

一副三角板与丁字尺配合使用，可画出 30°、45°、60°、15° 以及 75° 的倾斜线，如图 1-15(c) 所示。

(2)圆规和分规

圆规用来画圆和圆弧。画圆时，圆规的钢针应使用有台阶的一端，以避免图纸上的针孔不断扩大，并使笔尖与纸面垂直，圆规的使用方法如图 1-16(a)所示。

分规用来量取尺寸和等分线段。分规的两个针并拢时应对齐，如图 1-16(b)所示。

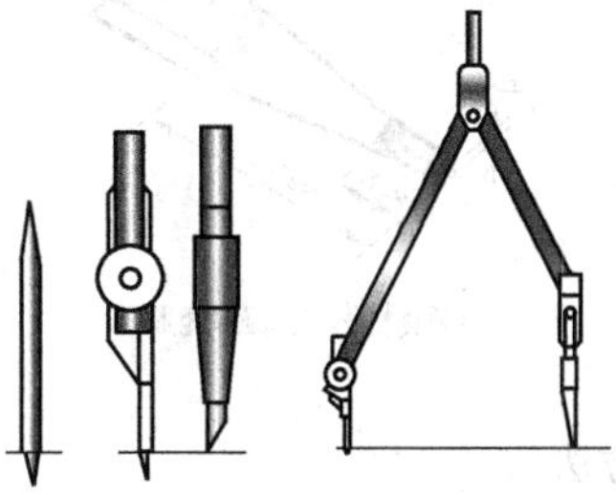

（a）圆规

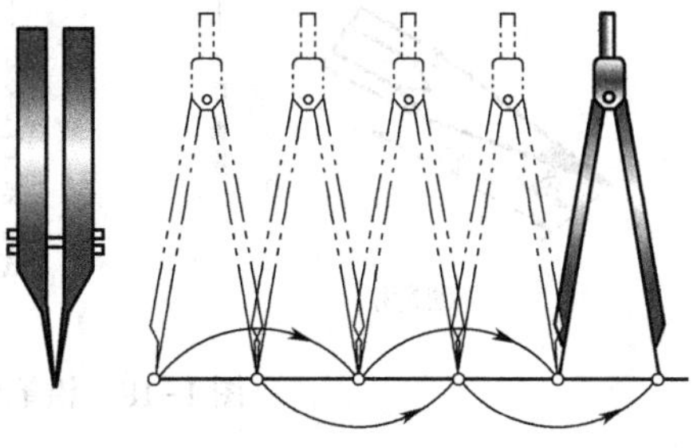

（a）分规

图 1-16　常用绘图工具

(3)曲线板

曲线板用来画非圆曲线。描绘曲线时，先徒手将已求出的各点顺序轻轻地连成曲线，再根据曲线曲率大小和弯曲方向，从曲线板上选取与所绘曲线相吻合的一段与其贴合，每次至少对准四个点，并且只描中间一段，前面一段为上次所画，后面一段留待下次连接，以保证连接光滑流畅，如图 1-17 所示。

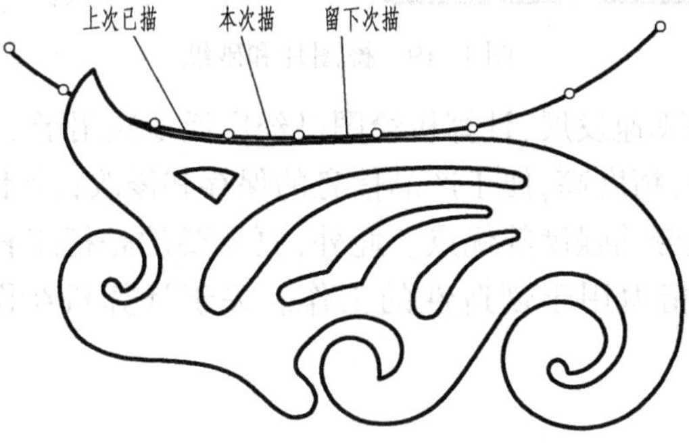
上次已描
本次描
留下次描

图 1-17　非圆曲线的描绘方法

(4)其他绘图用品

常用的绘图用品有：绘图纸、绘图铅笔、橡皮、擦图片、砂纸、小刀、胶带纸等。

绘图铅笔用“B”和“H”代表铅芯的软硬。“B”代表软性铅笔，如 2B、3B、4B 等，前面的数字越大，说明铅芯越软、越黑；“H” 代表硬性铅笔，如 2H、3H、4H 等，前面的数字越大，说明铅芯越硬、越淡，如图 1-18 所示。

一般将画粗实线的铅笔的铅芯磨成矩形，画细线和写字的铅笔的铅芯磨削成圆锥形。如图 1-19 所示，修改图线时可用擦图片遮盖不需要擦掉的图线；砂纸用于修磨铅芯。

2. 计算机绘图

尺规绘图依赖于绘图工具和仪器，一方面制图过程烦琐、设计效率低、修改麻烦；另一方面设计的结果以图纸的形式保存,不利于长期存档和设计人员间的交流。

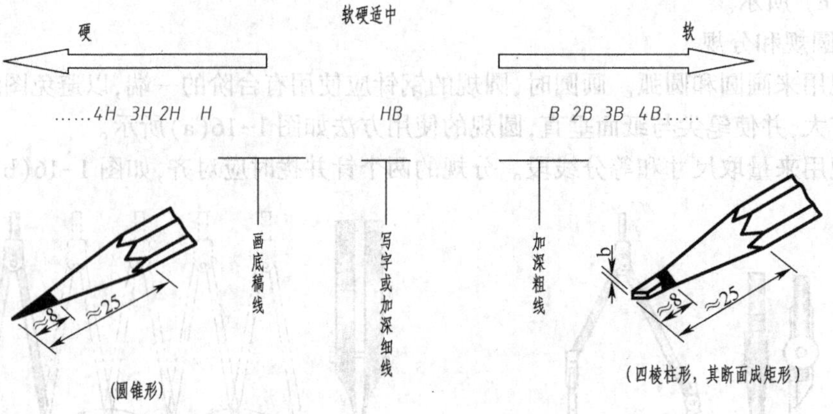
软硬适中
硬
软
......4H 3H 2H H
HB
B 2B 3B 4B.....
画底稿线
写字或加深细线
加深粗线
≈8
≈25
b
(圆锥形)
(四棱柱形, 其断面成矩形)

图 1–18　铅笔的使用及修磨方法

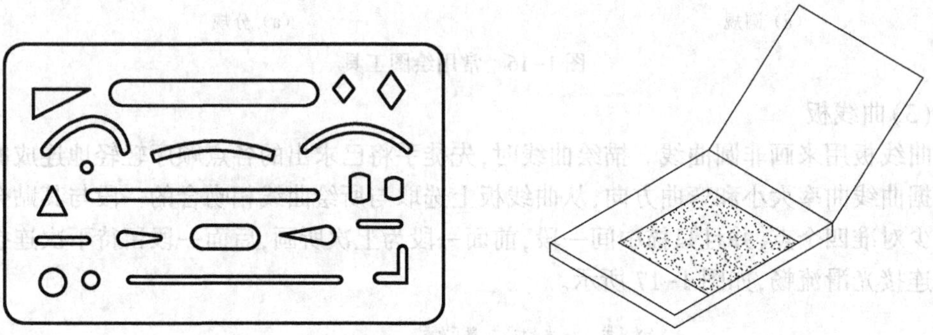

图 1–19　擦图片和砂纸

随着计算机技术的飞速发展,计算机绘图已经广泛地应用于工程设计和绘图中,计算机绘图具有绘图速度快、精度高;便于产品信息的保存和修改;设计过程直观,便于人机对话;缩短设计周期,减轻劳动强度等优点。此外,更重要的是把工程设计人员从烦琐的手工绘图中解放出来,把精力用于创造性的工作。关于计算机绘图,将在任务 3 中详细介绍。

3. 草图绘制

草图是依照目测来估计零件各部分的尺寸比例、徒手绘制的图样。这种图主要用于现场测绘、设计方案讨论或技术交流,因此,工程技术人员必须具备徒手绘图的能力。

徒手绘制各种图线时,手腕要悬空,小手指靠着纸面。图形中最常用的图线画法如下:

(1)直线的画法

画直线时,眼睛要目视运笔的前方和笔尖运行的终点,以保证画出的直线平直,方向准确。画较长线时,可通过目测在直线中间定出几点,分段画出,如图 1–20 所示。

(2)圆的画法

画小圆时,可按半径先在中心线上截取四点,然后分四段圆弧逐步连接成圆。画较大

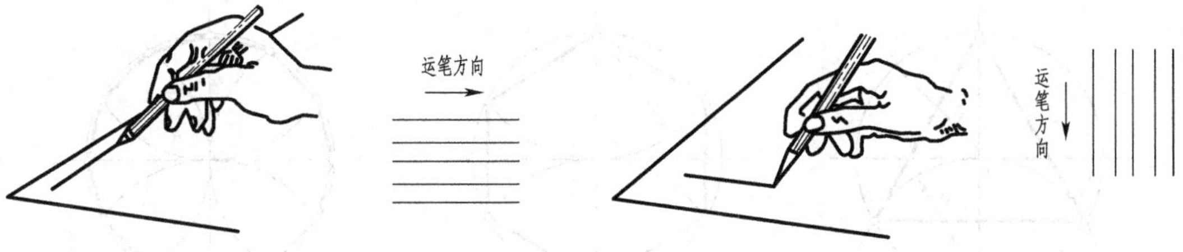
运笔方向
运笔方向

（a）画水平线　　（a）画垂直线

图 1-20　徒手画直线的方法

圆时，除中心线上四点外，还可过圆心增画两条 45°的斜线，按半径在斜线上再定四个点，然后分八段圆弧逐步连接成圆，如图 1-21 所示。

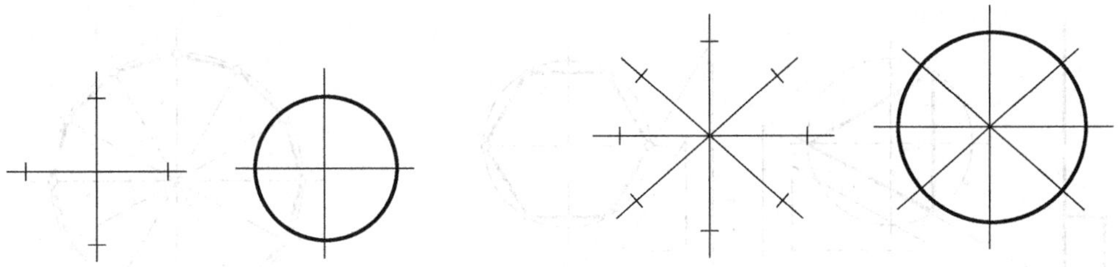

图 1-21　徒手画圆的方法

徒手目测画草图的基本要求是：画图速度要尽量快，目测比例尽量准，图面质量尽量好（图示正确、比例恰当、尺寸齐全、清晰、图线规范、字体工整）。对于工程技术人员来说，除了能熟练使用尺规和计算机绘图外，还必须具备徒手目测绘制草图的能力。

任务实施 1

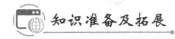

（1）准备好所需的全部作图用具，擦净图板、丁字尺、三角板。

（2）削磨铅笔、铅芯。

（3）分析了解所绘对象，选择合适的图幅及绘图比例。由图 1-1 可知，稳压电源面板长度为 195 mm，宽度为 150 mm，绘图比例选用 1∶1，采用 A3 图纸横放。

任务 2　尺规绘制稳压电源面板图

知识准备及拓展

一、几何作图

工程图样都是由一些直线、圆、圆弧和其他曲线组合而成。为此必须掌握其基本作图方法，做到作图熟练、准确、工整。

1. 正多边形的画法

作图方法如图 1-22 所示。

正 n 边形作图方法如图 1-23 所示。以 $n=7$ 为例，作图步骤如下：

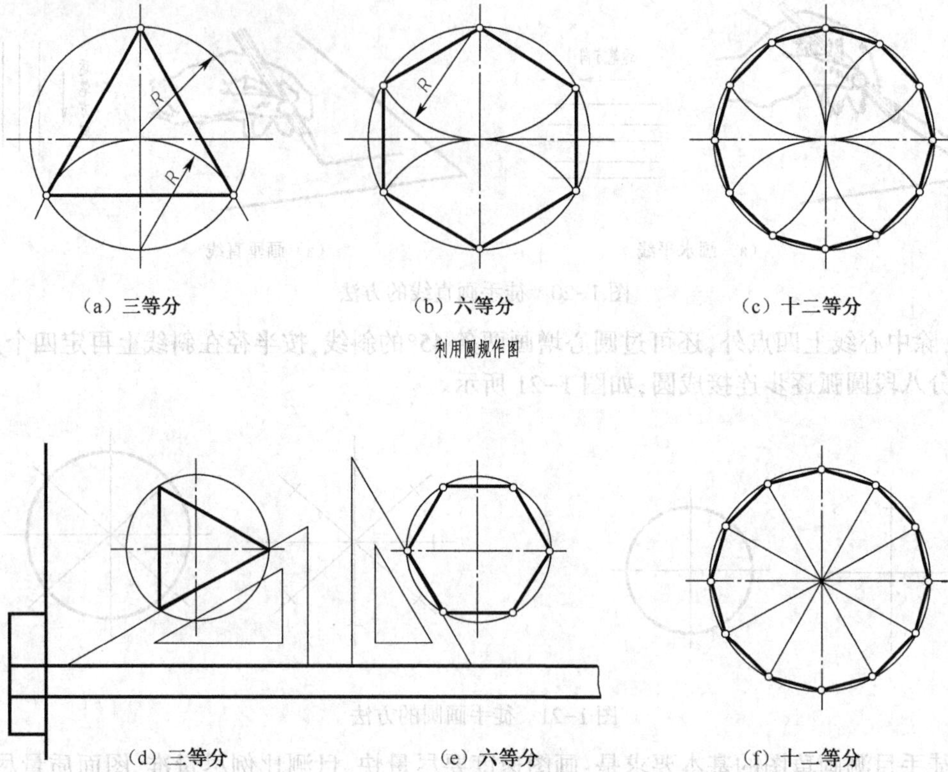
R
R
R
(a) 三等分
(b) 六等分
(c) 十二等分
利用圆规作图
(d) 三等分
(e) 六等分
(f) 十二等分

图 1-22　正多边形作图方法

(1)将外接圆的竖直直径 AN 等分为 n 等分,标出 1,2,3,4,5,6……;

(2)以 N 为圆心,NA 为半径作圆,与水平中心线交于 P、Q;

(3)由 P 和 Q 作直线与 NA 上每个奇数点或偶数点相连,并延长与外接圆交于 B、C、D、E、F、G 点。然后顺次连接各顶点,即得正七边形。

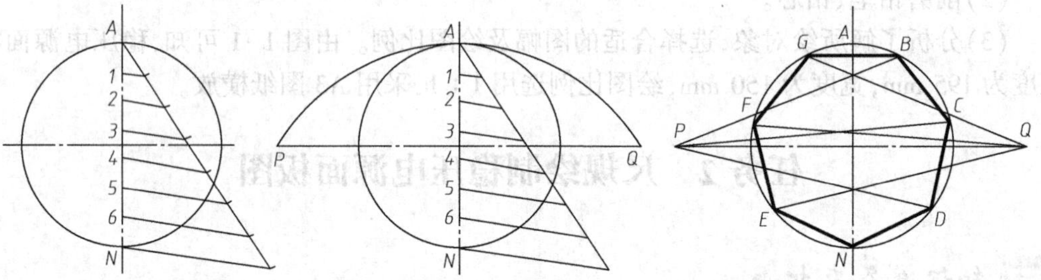
A
1
2
3
4
5
6
N
P
Q
G
B
F
C
E
D

图 1-23　正 n 边形作图方法

2. 斜度和锥度

斜度是指一直线(或平面)对另一直线(或平面)的倾斜程度,在图样中用 1 : n 的形式标注。图 1-24(a)所示为斜度的作法及标注方法。

(1)以 A 点为起点在水平方向画 5 个单位长度的直线,在垂直方向画 1 个单位长度的直线,连接两端点 1、5,则该直线斜度为 1 : 5。

(2)以 A 点为起点作直线 AD 长度为 50,AB 长度为 20,过 B 点作直线 15 的平行线

BC,连接 DC,即完成四边形 ABCD 的绘制,则 BC 边的斜度为 1∶5。

图样中斜度问题都可以用上面作辅助线的方法完成。斜度的符号如图 1-24(b)所示,h 为字高。斜度在图中的标注如图 1-24(a)所示,斜度符号的方向应与所标斜度的方向一致。

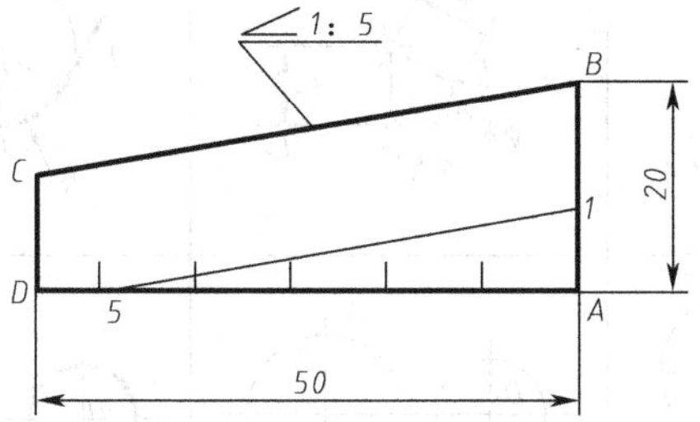
1∶5
B
C
1
20
D
5
A
50

(a) 斜度的作图及标注方法

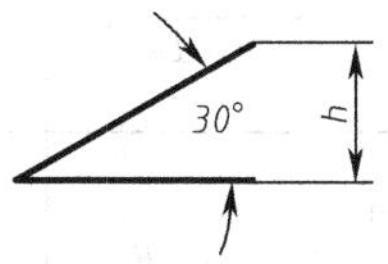
30°
h

(b) 斜度符号

图 1-24　斜度

锥度是指正圆锥的底圆直径与其高度之比,工程样图中常用 1∶n 的形式来表示。锥度的符号如图 1-25(a)所示,h 为字高。图 1-25(c)所示为锥度的作法及标注方法:

(1)如图 1-25(c)所示,由 S 点向右量取 5 个单位长度,向上、下分别量取 1/2 个单位长度,分别连线,即得到 1∶5 的锥度。

(2)由 S 点向右量取 30 mm,得到与中心轴的交点 C,过 C 点作中心线的垂线;由 S 点向上、下分别量取对称距离 10 mm,得到 A、B 点。

(3)分别过 A、B 点作已完成的两条锥度 1∶5 的斜线的平行线,与过 C 点的垂线相交。修剪多余线条,标注锥度符号与圆锥(圆台)方向一致,如图 1-25(c)所示。

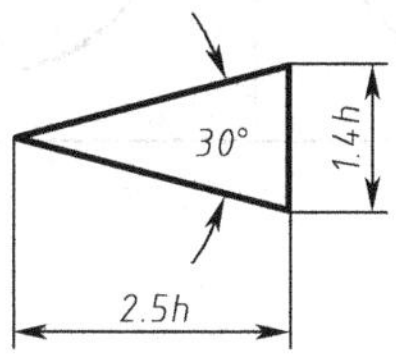
30°
1.4h
2.5h

(a) 锥度符号

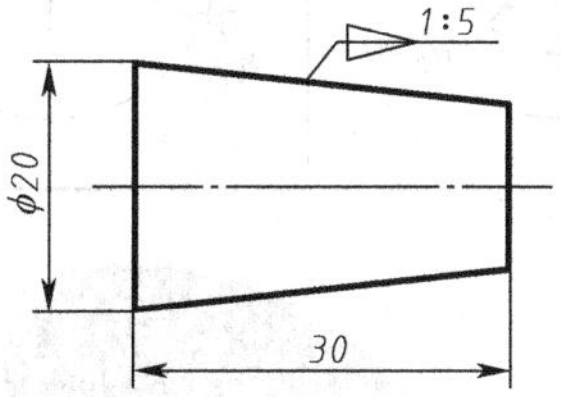
1:5
φ20
30

(b) 样例

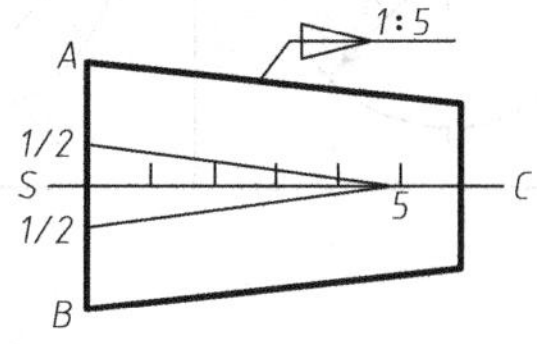
1:5
A
1/2
S
1/2
5
C
B

(c) 锥度的作法及标注

图 1-25　锥度

3. 圆弧连接

在零件上经常会遇到一些表面(平面或曲面)光滑地过渡到另一表面的情况,这种过渡称为面面相切。在平面图形的绘制过程中,由曲线和直线、曲线和曲线光滑连接而成,在工程制图中,称之为圆弧连接,其连接的关键在于使线段与线段在连接点上相切。圆弧连接的画法如表 1-6 所示。

二、平面图形的绘制方法和步骤

零件手柄的立体图如图 1-26 所示,其结构分为左右两个部分,右侧为一手柄,具有较为复杂的弧线外形,左侧为一有圆孔的小圆柱,用来与相邻零件连接。

表 1-6　圆弧连接的画法

类型	已知条件	作图方法和步骤		
		求连接圆弧圆心	求切点	画连接弧
圆弧连接两已知直线	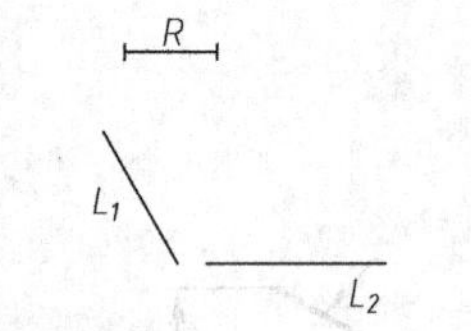	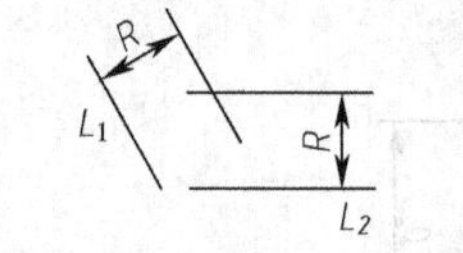	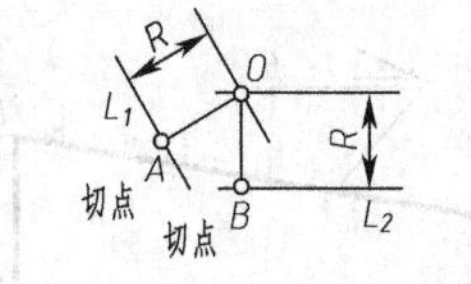	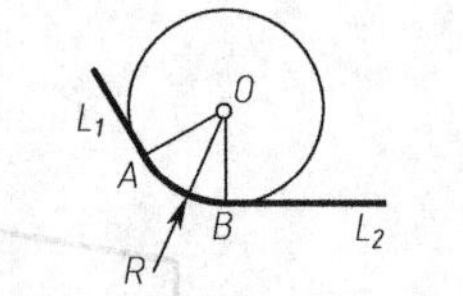
圆弧外连接两已知圆弧	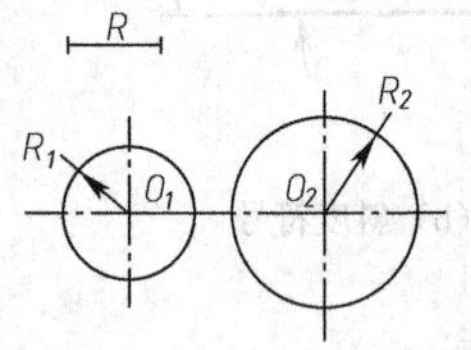	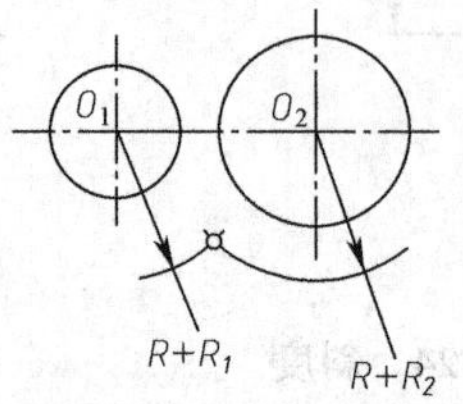	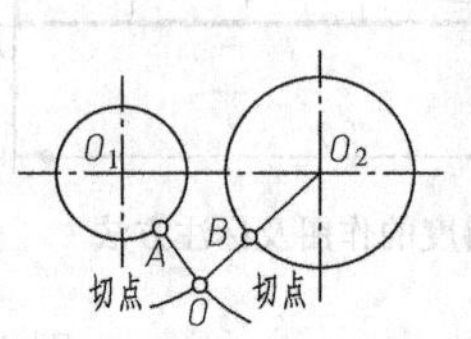	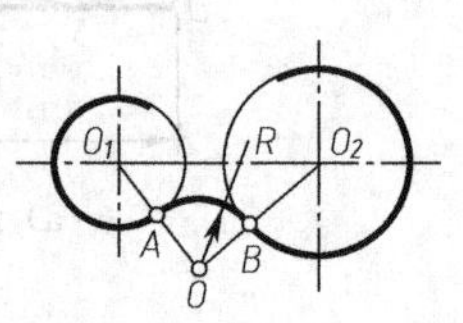
圆弧内连接两已知圆弧	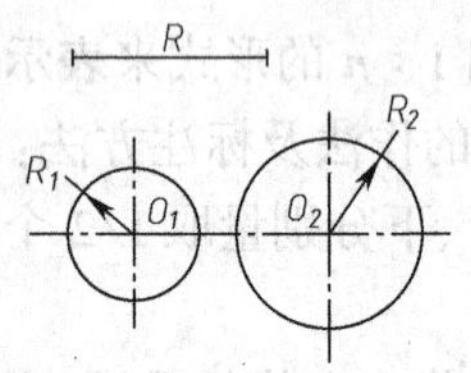	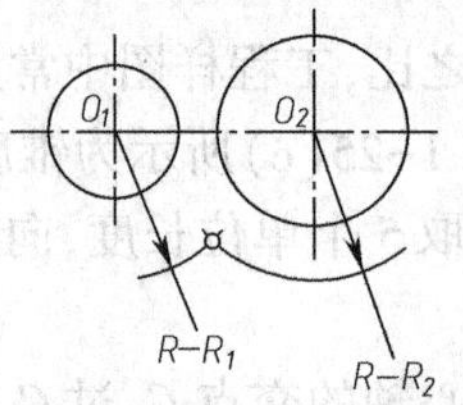	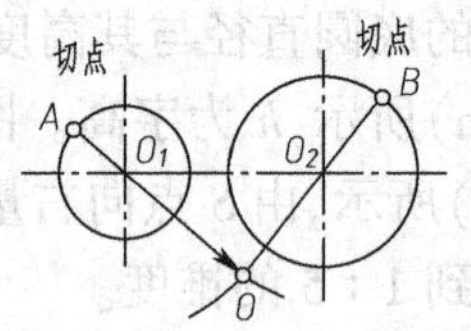	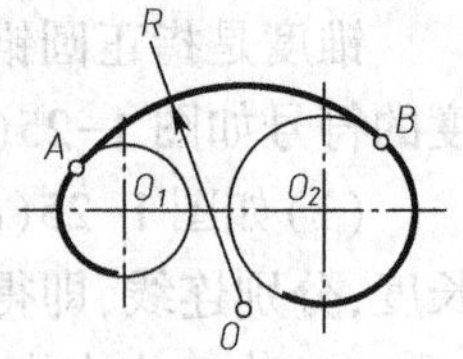
用圆弧分别内外连接两已知圆弧	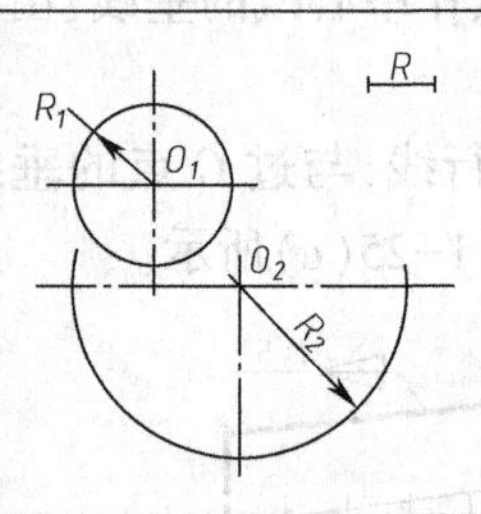	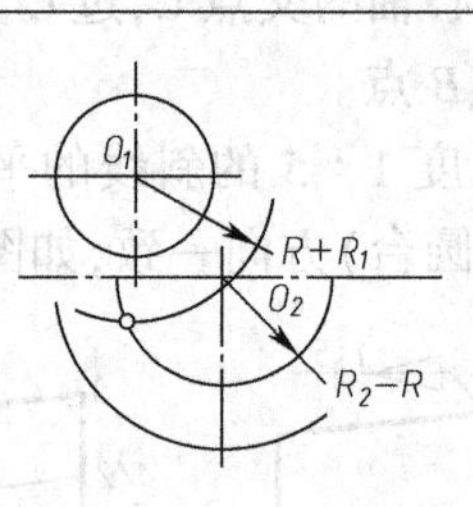	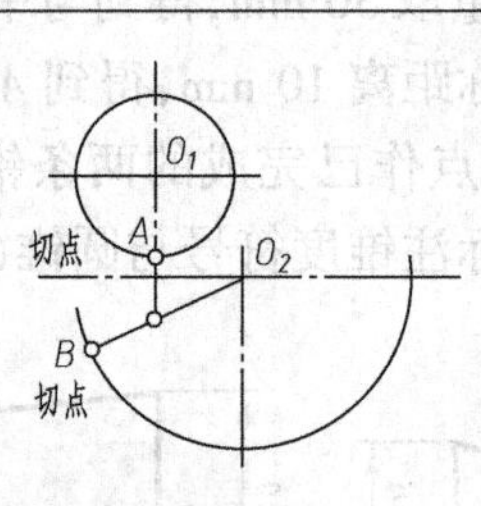	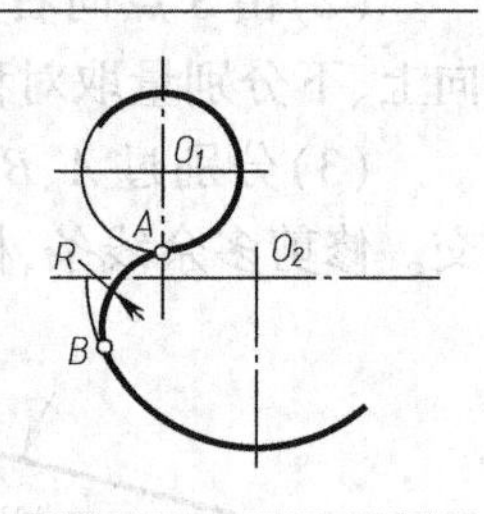

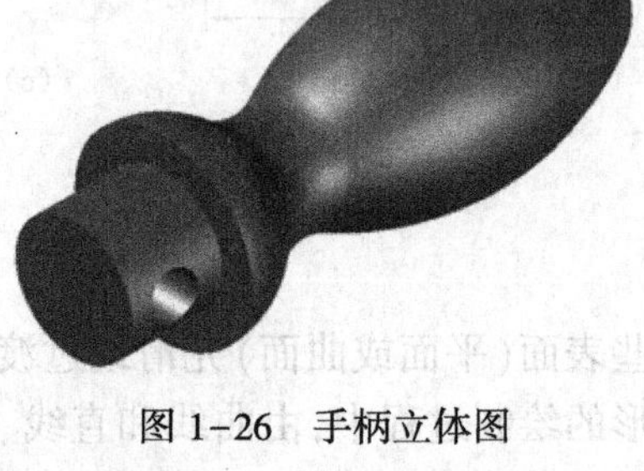

图 1-26　手柄立体图

以图 1-27 所示的手柄的平面图形为例,介绍尺规绘制平面图形的方法。

平面图形是由几何图形和一些线段组成。要正确绘制一个平面图形,必须对平面图形进行尺寸分析和线段分析。

1. 平面图形的尺寸分析

尺寸分析的主要内容是分析一个平面图形中,哪些是定形尺寸,哪些是定位尺寸,同时要考虑到图形中的尺寸基准。以图 1-27 所示手柄图形为例进行分析。

(1)定形尺寸——确定平面图形各组成部分形状大小的尺寸。如线段的长度、圆和圆弧的直径或半径,以及角度的大小等。如图1-27所示的$R15$、$R10$、$\phi8$、$\phi20$等。

(2)定位尺寸——确定平面图形各组成部分相对位置的尺寸。如图1-27所示确定圆$\phi8$左右方向的定位尺寸7。

(3)尺寸基准——标注尺寸的起始点称为尺寸基准。标注定位尺寸时,应先选定尺寸基准。平面图形长度和宽度方向各有一个主要基准,一般平面图形中常用较大圆的中心线、较长的直线及对称图形的中心线作为基准。

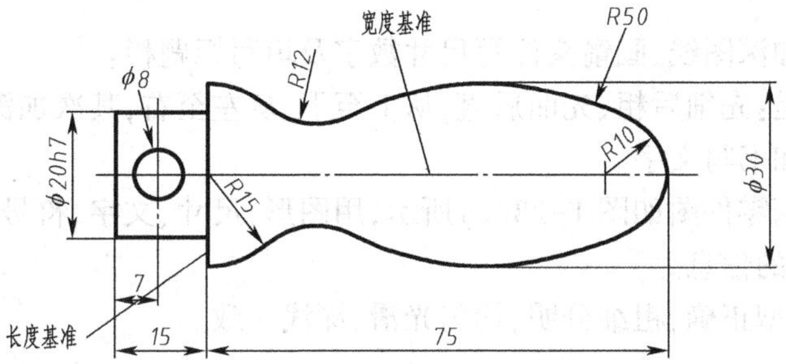

宽度基准
R50
R12
ϕ8
R10
ϕ20h7
R15
ϕ30
7
长度基准
15
75

图1-27 手柄的平面图

2. 平面图形的线段分析

在平面图形中,根据标出的尺寸,可将线段分为已知线段、中间线段和连接线段。

(1)已知线段——定形尺寸和定位尺寸齐全的线段。如图1-27所示的圆弧$R15$、圆弧$R10$,既给出了半径也给出了圆心位置,可直接画出。

(2)中间线段——定形尺寸齐全,但定位尺寸不齐全的线段。如图1-27所示的圆弧$R50$,给出了半径,圆心位置只给出了宽度方向尺寸$\phi30$,需要根据与已知线段的连接关系确定圆心行判断才能画出。

(3)连接线段——只有定形尺寸而无定位尺寸的线段。如图1-27所示的圆弧$R12$,只给出了半径,圆心所在的位置没有给定,需要根据与相邻线段的连接关系才能画出。

通过平面图形的线段分析,在绘制平面图形时,先画出图形的基准线和各已知线段,再依次画出各中间线段,最后画出各连接线段。

3. 尺规绘制手柄平面图形的步骤

第一阶段为绘图前的准备工作:

(1) 准备好所需的全部作图用具,擦净图板、丁字尺、三角板。

(2) 削磨铅笔、铅芯。

(3) 分析了解所绘对象,根据所绘对象的大小选择合适的图幅及绘图比例。由图1-27可知,手柄长度为90 mm,宽度为30 mm,绘图比例为2:1,选用A4图纸横放。

(4) 将图纸固定在图板左下方。

第二阶段为画手柄平面图形的底稿:

本阶段的目的是确定所绘对象在图纸上的确切位置。通常不分线型,全部采用超细实线(比细实线更细、且轻)绘制。

(1) 绘制图框和标题栏。

(2) 布图,绘制重要的基准线、轴线、中心线等。布图时要考虑留出标注尺寸、注写技术要求的位置。

(3) 绘制已知线段及已知圆弧,如图 1-28(a)所示。

(4) 绘制中间线段,如图 1-28(b)所示。

(5) 绘制连接线段及需要确定位置的其他图线,如图 1-28(c)(d)所示。

(6) 对照原图检查、整理全图。

(7)标注尺寸界线及尺寸线。

在作图过程中,所标注尺寸为真实尺寸,比例为 2∶1,实际手工画图时,按比例放大两倍。

第三阶段为加深图线、画箭头注写尺寸数字及填写标题栏:

加深的原则是:先细后粗、先曲后直,从上至下、从左至右,其次加深图框和标题栏,最后注写尺寸数字和书写文字。

完成后的手柄零件图如图 1-28(e)所示,用图形、尺寸、文字、符号等内容表达与零件制造、检验等相关的信息。

图线要求:线型正确,粗细分明,均匀光滑,深浅一致。

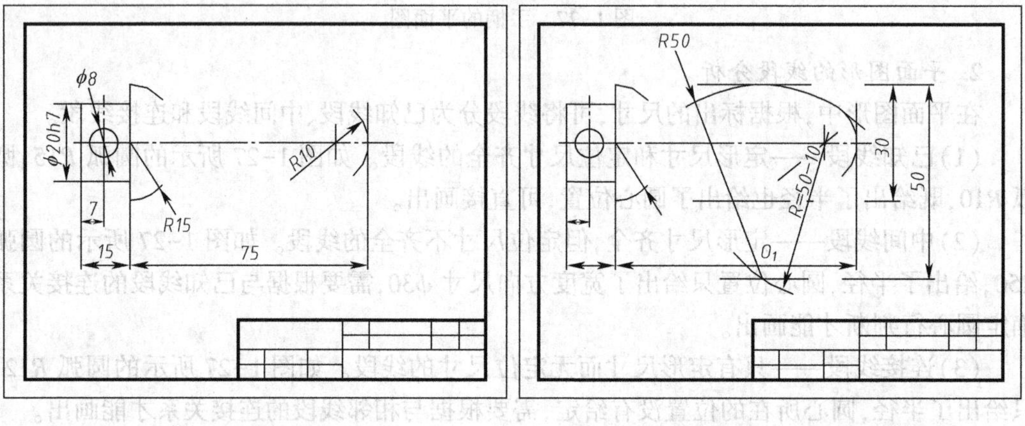
φ8
φ20h7
R10
7
R15
15
75
R50
30
50
R=50−10
O_1

(a) 画出基准线和已知线段　　(b) 求出$R50$的圆心点O_1,画出中间弧$R50$

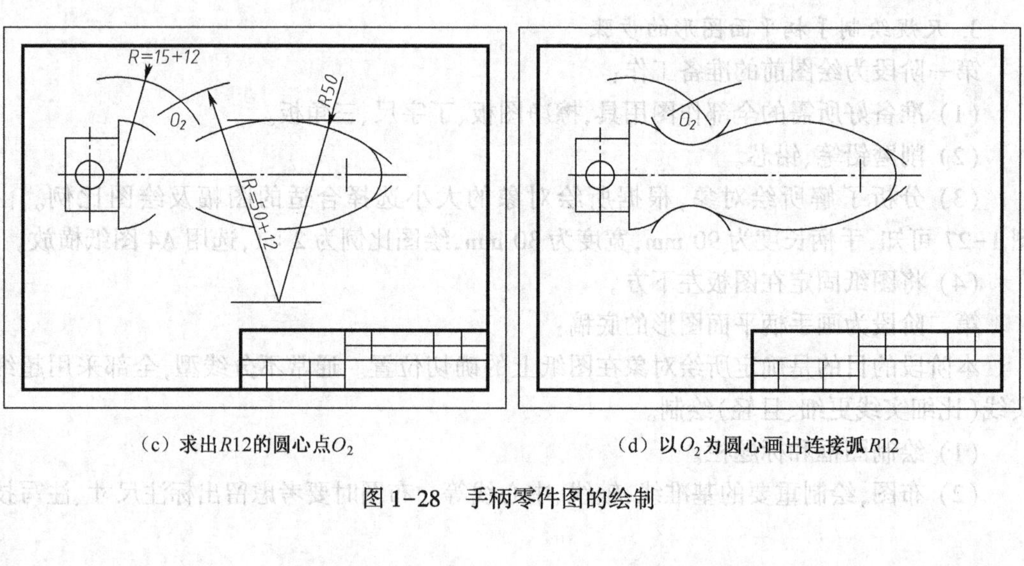
R=15+12
O_2
R50
R=50+12
O_2

(c) 求出$R12$的圆心点O_2　　(d) 以O_2为圆心画出连接弧$R12$

图 1-28　手柄零件图的绘制

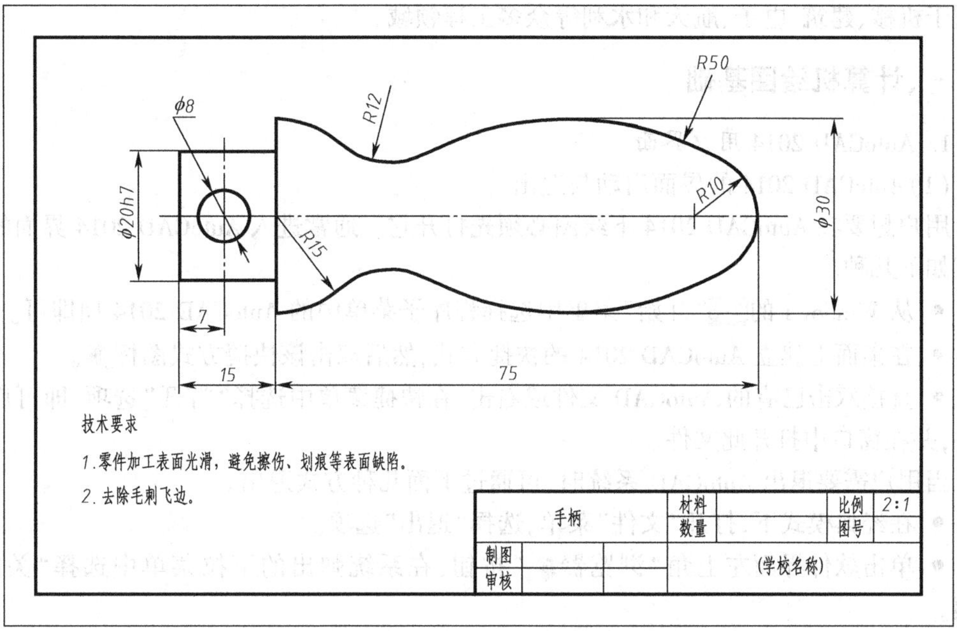
R50
ϕ8
R12
ϕ20h7
R10
ϕ30
R15
7
15
75
技术要求
1.零件加工表面光滑，避免擦伤、划痕等表面缺陷。
2.去除毛刺飞边。
手柄
材料
数量
比例
2:1
图号
制图
审核
(学校名称)

（e）擦去多余线段，加深，注写尺寸数字和书写文字

图 1-28　手柄零件图的绘制(续)

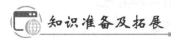

任务实施 2

1. 绘图前的准备工作

（1）在任务 1 中已准备好所需的全部作图用具，选择好合适的图幅及绘图比例。

（2）将图纸固定在图板左下方。

2. 画稳压电源面板图底稿

（1）用超细实线绘制图框和标题栏。

（2）布图，绘制重要的基准线、中心线等。布图时要考虑留出标注尺寸的位置。

（3）图 1-1 比较简单，所有图形都是已知线段。确定好基准线和中心线后，直接画图即可。

（4）对照原图检查、整理全图。

3. 加深图线、注写尺寸数字、画箭头及填写标题栏

完成后如图 1-1 所示。

任务 3　软件绘制稳压电源面板图

知识准备及拓展

AutoCAD 是美国 Autodesk 公司开发的专门用于计算机绘图设计工作的软件，自 1982 年推出以来，经过多年的不断完善和更新，AutoCAD 软件性能得到了极大地提升。该软件具有操作简便、绘图精确、通用性强等特点，深受广大工程设计人员的欢迎。现已广泛

应用于机械、建筑、电子、航天和水利等众多工程领域。

一、计算机绘图基础

1. AutoCAD 2014 用户界面

(1) AutoCAD 2014 的界面启动与退出

用户想要在 AutoCAD 2014 下绘图必须先打开它。通常进入 AutoCAD 2014 界面的方法有如下几种。

- 从 Windows 的“开始”菜单中选择程序子菜单中的 AutoCAD 2014 项即可。
- 在桌面上建立 AutoCAD 2014 的快捷方式，然后双击该快捷方式图标。
- 直接双击已有的 AutoCAD 文件或右击，在快捷菜单中选择“打开”选项，即可启动软件，并在窗口中打开此文件。

当用户需要退出 AutoCAD 系统时，可通过下面几种方式退出。

- 在经典模式下，打开“文件”菜单，选择“退出”选项。
- 单击软件界面左上角“浏览器”按钮，在系统弹出的下拉菜单中选择“关闭”选项。
- 单击右上角的关闭按钮。
- 在命令行输入 quit 命令后回车。
- 使用快捷键【Alt+F4】退出 AutoCAD。

(2) AutoCAD 2014 的界面组成

中文版 AutoCAD 2014 为用户提供了“AutoCAD 经典”“草图与注释”“三维基础”和“三维建模”四种默认工作空间模式。不同工作空间下的绘图界面有所不同，用户在使用 AutoCAD 2014 设计绘图时，首先要选择工作空间。切换工作空间有两种方式。

第一种是在底部的状态栏中单击“切换工作空间”按钮 草图与注释，弹出“切换工作空间”列表，在弹出的列表中即可进行工作空间切换，如图 1-29 所示。

第二种是在顶部的快捷工具栏中单击“切换工作空间”按钮 草图与注释，弹出“切换工作空间”列表，在弹出的列表中即可进行工作空间切换，如图 1-30 所示。

打开 AutoCAD 2014 软件，可直接进入默认的“草图与注释”空间，如图 1-31 所示。

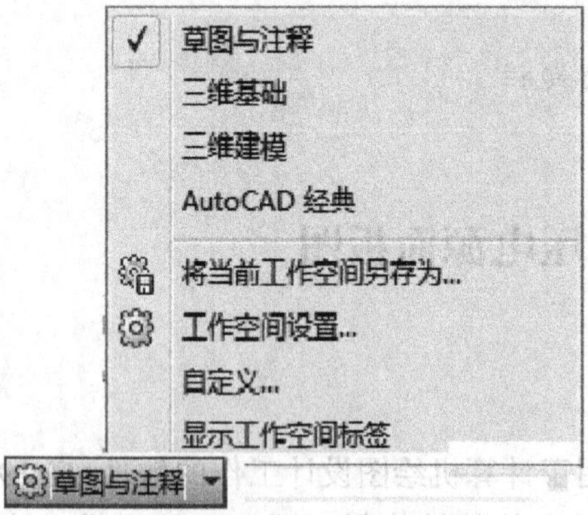
草图与注释
三维基础
三维建模
AutoCAD 经典
将当前工作空间另存为...
工作空间设置...
自定义...
显示工作空间标签
草图与注释

图 1-29　切换工作空间方法一

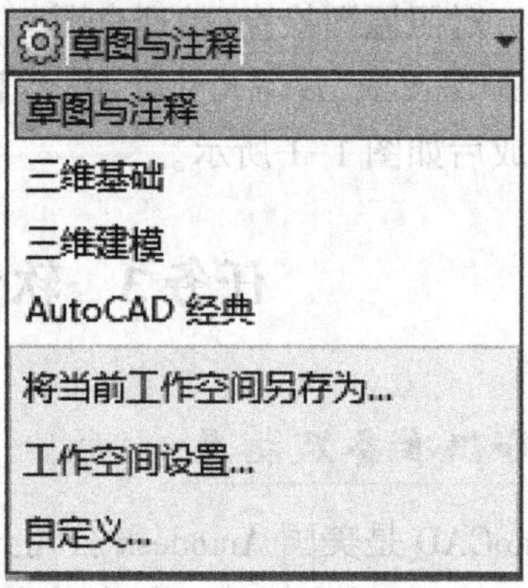
草图与注释
草图与注释
三维基础
三维建模
AutoCAD 经典
将当前工作空间另存为...
工作空间设置...
自定义...

图 1-30　切换工作空间方法二

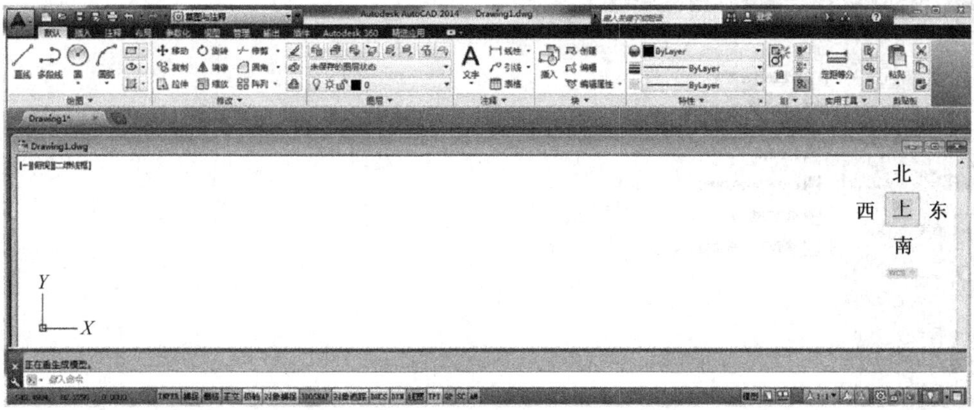

图 1-31　AutoCAD 2014“草图与注释”空间

下面以 AutoCAD 经典工作空间为例来说明 AutoCAD 2014 的界面组成。

“AutoCAD 经典”工作空间保持了 AutoCAD 早期版本的传统界面风格,主要由菜单浏览器、快速访问工具栏、标题栏、菜单栏、工具栏、绘图区域、状态栏等组成,如图 1-32 所示。

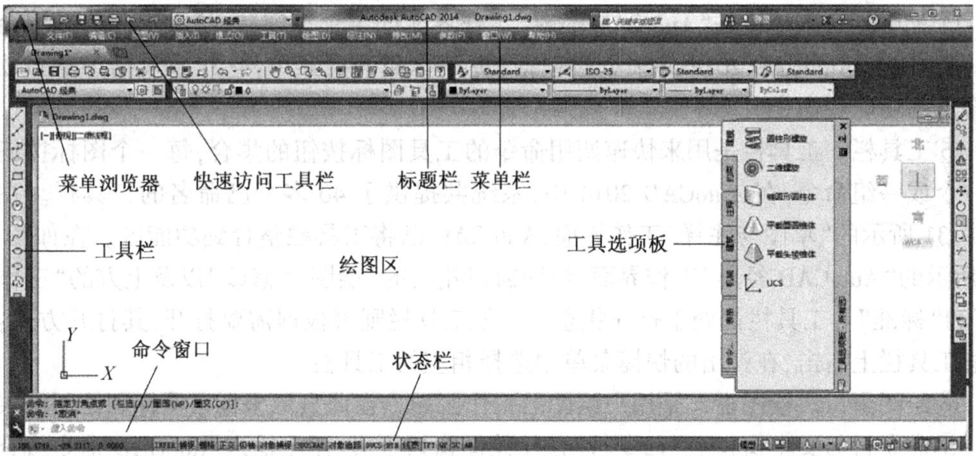
菜单浏览器
快速访问工具栏
标题栏
菜单栏
工具栏
绘图区
工具选项板
命令窗口
状态栏

图 1-32　AutoCAD 2014 经典工作界面的组成

(3)界面各组成部分的功用

①标题栏。标题栏位于应用程序窗口的最上面,包含应用程序的小按钮,显示当前正在运行的程序和文件名,窗口最大化、最小化和关闭按钮。

②菜单浏览器。单击软件界面左上角“浏览器”按钮,系统弹出菜单浏览器下拉列表,如图 1-33 所示。该下拉列表显示常用的文件新建、打开、保存以及打印等初始命令的操作。

③快速访问工具栏。快速访问工具栏在屏幕的正上方,用于快速调取软件常用的工具按钮,如图 1-34 所示。

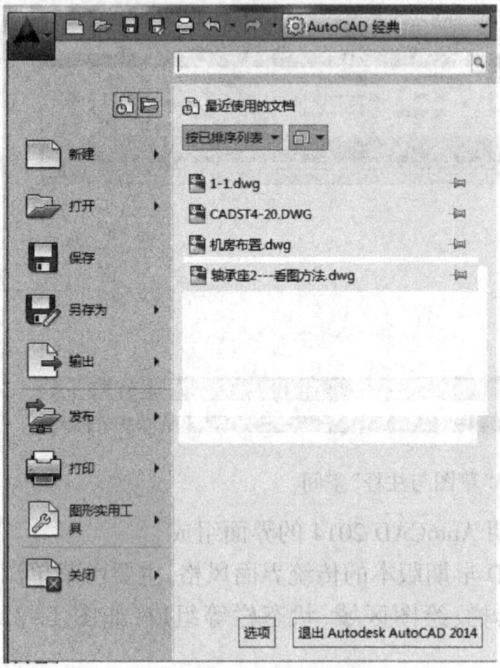
AutoCAD 经典
最近使用的文档
按已排序列表
新建
打开
保存
另存为
输出
发布
打印
图形实用工具
关闭
1-1.dwg
CADST4-20.DWG
机房布置.dwg
轴承座2---看图方法.dwg
选项
退出 Autodesk AutoCAD 2014

图 1-33　菜单浏览器下拉列表

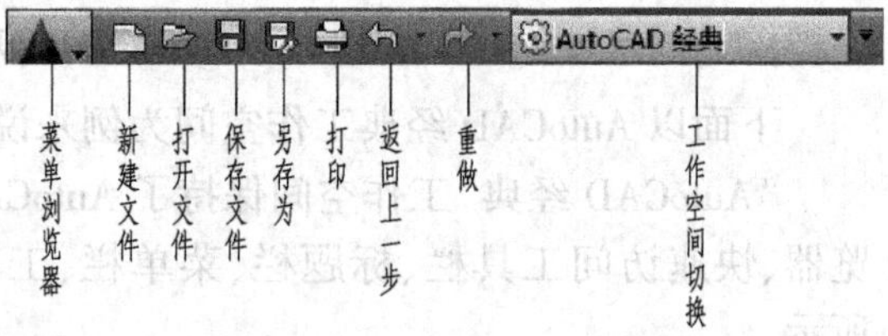
AutoCAD 经典
菜单浏览器
新建文件
打开文件
保存文件
另存为
打印
返回上一步
重做
工作空间切换

图 1-34　快速访问工具栏

④菜单栏。菜单栏是“AutoCAD 经典”工作界面的主菜单窗口，是应用程序调用命令的一种方式，AutoCAD 2014 的菜单栏包括：主菜单和下拉菜单，它几乎包括了 AutoCAD 中全部的功能和命令。

⑤工具栏。工具栏是用来快速调用命令的工具图标按钮的集合，每一个图标按钮对应一个或一组命令，在 AutoCAD 2014 中，系统共提供了 40 多个已命名的工具栏。在如图 1-31 所示的“草图与注释”工作界面，AutoCAD 已将工具栏整合到功能区。在如图 1-32 所示的“AutoCAD 经典”工作界面，绘图窗口左右的“绘图”“修改”以及上方的“工作空间”和“标准”等工具栏都处于打开状态。其他工具栏则可根据需要打开，其打开方式：在任意工具栏上右击，在弹出的快捷菜单中选择相应的工具栏。

⑥绘图窗口。绘图窗口是用户绘图的工作区域。在此显示坐标系图标和绘图结果。

⑦命令行与文本窗口。“命令行”位于绘图窗口下方，用于输入 AutoCAD 命令或查看命令提示和信息。

按【F2】键可以将文本窗口打开，用户可以在其中输入命令，查看提示和信息。文本窗口显示当前工作任务的完整的命令历史记录，可以对其进行编辑，还可以在文本窗口和 Windows 剪贴板之间剪切、复制和粘贴文本。

⑧状态栏。状态栏在绘图窗口的正下方，用于显示或设置当前的绘图状态。默认的状态栏如图 1-35(b)所示，以符号方式显示。在状态栏上右击，弹出快捷菜如图 1-35(a)所示，取消“使用图标”后，状态栏以中文显示，如图 1-35(c)所示，状态栏上最左边的一组数字反映当前光标的坐标，其余按钮从左到右依次为“推断约束”“捕捉”“栅格”“正交”“极轴”“对象捕捉”等。单击某一按钮可实现对应功能的启用和关闭，按钮被按下时启用对应功能。

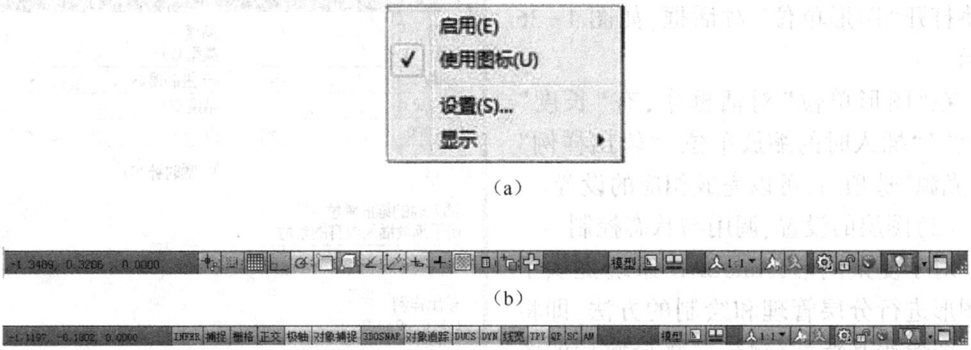
启用(E)
使用图标(U)
设置(S)...
显示
INFER 捕捉 栅格 正交 极轴 对象捕捉 3DOSNAP 对象追踪 DUCS DYN 线宽 TPY QP SC AM
模型

(a)　(b)　(c)

图 1-35　状态栏

⑨“草图与注释”空间的功能区。对于“草图与注释”空间，在快速访问工具栏的下方和绘图区上方，由一个个的功能区面板组成，每一个功能区又包括多个子功能区，子功能区中包括多个工具按钮。

2. AutoCAD 2014 的绘图环境设置

在进行手工绘图时，首先要根据实物的大小准备一张合适的图纸，并确定适当的绘图比例和单位制。AutoCAD 软件为了适应各种工程图样的需要，提供了多种供用户选择的绘图环境。用计算机绘图和手工绘图一样，需要根据绘制图样的要求设置绘图区域（也称为绘图界限），选择图形单位及绘图比例，这是绘图的基本设置。

(1)设置图形界限

图形界限是指在模型空间中设置一个想象的矩形绘图区域，也称为绘图界限。它确定的区域是可见栅格指示的区域。当此功能处于“打开”状态时，绘图只能在限定的区域内进行。

命令启动方式如下。

◆快捷键：limits(limi)

◆菜单：“格式”→“图形界限”

调用命令后，命令行提示：

指定左下角点或［开(ON)/关(OFF)］<0.0000,0.0000>：

此时可完成：绘图界限打开与关闭、新图形界限的设置。当输入新的所需坐标值后回车或直接回车。命令行继续提示：

指定右上角点 <420.0000,297.0000>：

输入新的所需坐标值后回车，即完成了新图形界限的设置。

为了保证所绘制的图形在绘图区域的中间位置，可打开状态栏中的“栅格”按钮，在命令行输入“Z”（命令缩放）→“A”（全部显示命令），便于图形定位。

(2)设置图形单位

图形单位主要用来控制坐标和角度的显示格式和精度。命令启动方式如下。

◆快捷键：units

◆菜单：“格式”→“单位(U)”

使用命令或单击菜单后，AutoCAD 系统将打开“图形单位”对话框，如图 1-36 所示。

在“图形单位”对话框中，有“长度”“角度”“插入时的缩放单位”“输出样例”和“光源”选项组，可以完成相应的设置。

(3) 图层的设置、调用与状态控制

对于复杂图形，AutoCAD 系统提供了将图形进行分层管理和绘制的方法，即将复杂图形按其特性分解，再将分解后的图形分别绘制在不同的图层上，用于在图形中管理对象的信息、线型、颜色及其他属性，各层的叠加即是一张完整的图形。

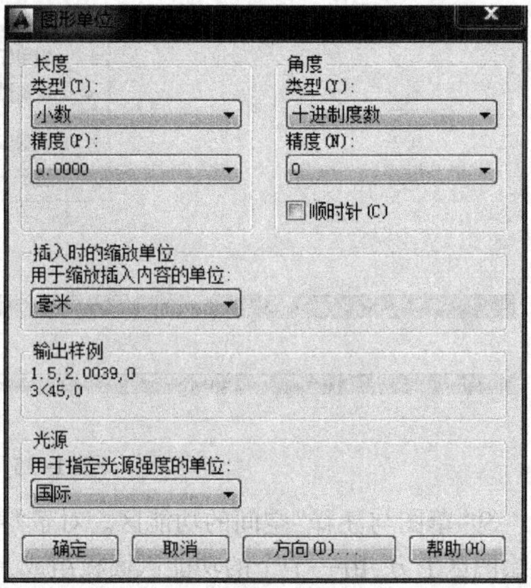
图形单位
长度
类型(T):
小数
精度(P):
0.0000
角度
类型(Y):
十进制度数
精度(N):
0
顺时针(C)
插入时的缩放单位
用于缩放插入内容的单位:
毫米
输出样例
1.5,2.0039,0
3<45,0
光源
用于指定光源强度的单位:
国际
确定
取消
方向(D)...
帮助(H)

图 1-36 “图形单位”对话框

命令启动方式如下。

◆快捷键：layer

◆菜单：“格式”→“图层(L)...”

◆工具栏：“图层”→“图层特性管理器”按钮

打开的“图层特性管理器”对话框，如图 1-37 所示。

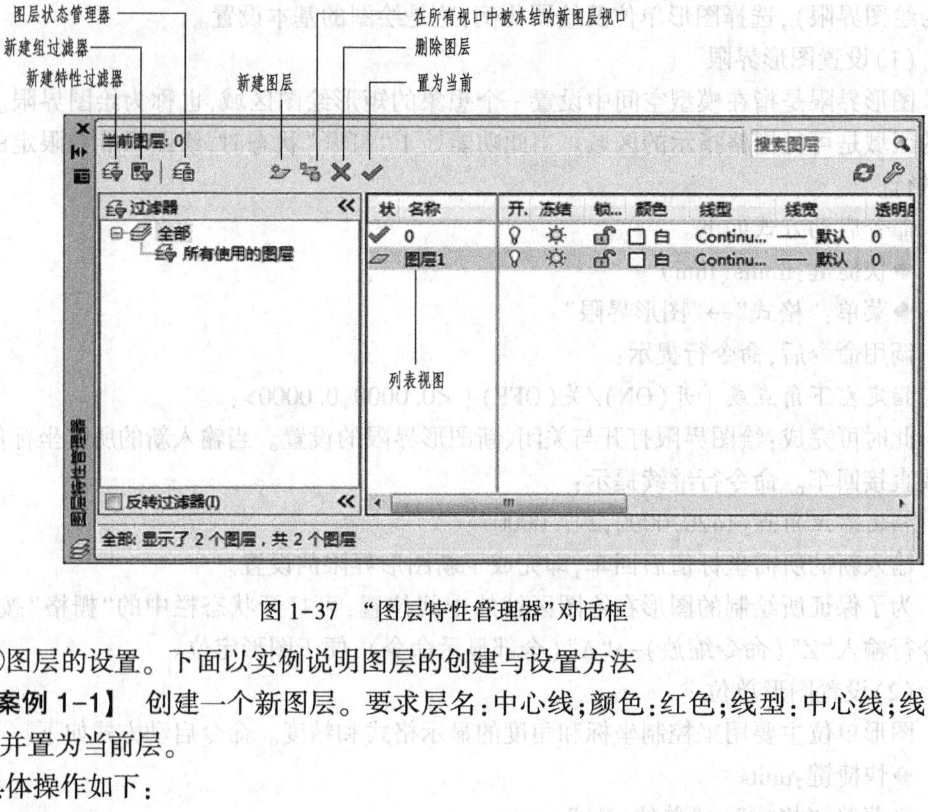
图层状态管理器
新建组过滤器
新建特性过滤器
新建图层
在所有视口中被冻结的新图层视口
删除图层
置为当前
当前图层: 0
搜索图层
过滤器
全部
所有使用的图层
状
名称
开.
冻结
锁...
颜色
线型
线宽
透明度
0
白
Continu...
默认
0
图层1
白
Continu...
默认
0
列表视图
反转过滤器(I)
全部: 显示了 2 个图层，共 2 个图层
图层特性管理器

图 1-37 “图层特性管理器”对话框

①图层的设置。下面以实例说明图层的创建与设置方法

【案例 1-1】 创建一个新图层。要求层名：中心线；颜色：红色；线型：中心线；线宽：0.25；并置为当前层。

具体操作如下：

a. 单击图层工具栏中的“图层特性管理器” 按钮，打开“图层特性管理器”对话框。

b. 设置新图层。单击“图层特性管理器”中“新建图层”按钮，在“图层特性管理器”的“列表视图”中出现一个未命名的图层，如图 1-38 所示。

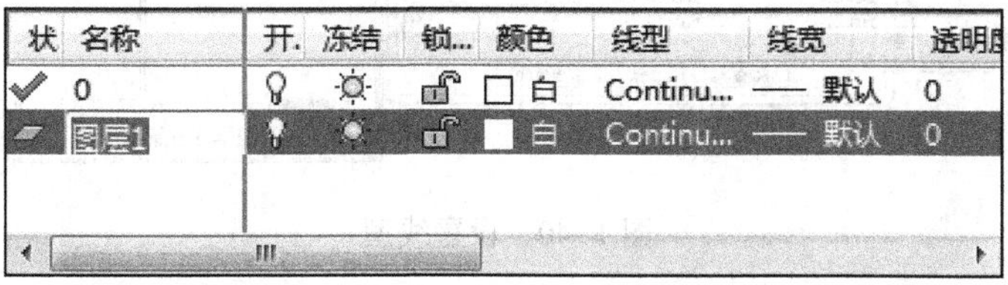
状 名称
开. 冻结 锁... 颜色 线型 线宽 透明度
0
白 Continu... 默认 0
图层1
白 Continu... 默认 0

图 1-38　“列表视图”中的未命名的图层

c. 命名层命。在图 1-38 所示对话框中双击“图层 1”进行重命名，将其改为“中心线”。

d. 设置颜色。在“图层特性管理器”对话框中单击“颜色 白”选项，打开“选择颜色”对话框，选择“红色”，单击“确定”按钮，如图 1-39 所示。

在索引颜色选项卡上有 250 种颜色供用户选择。选择颜色时，既可以在颜色编辑框内键入所选择的颜色号，也可以单击对话框中的颜色按钮。最后单击“确定”按钮，退出“选择颜色”对话框并保存当前的设置。

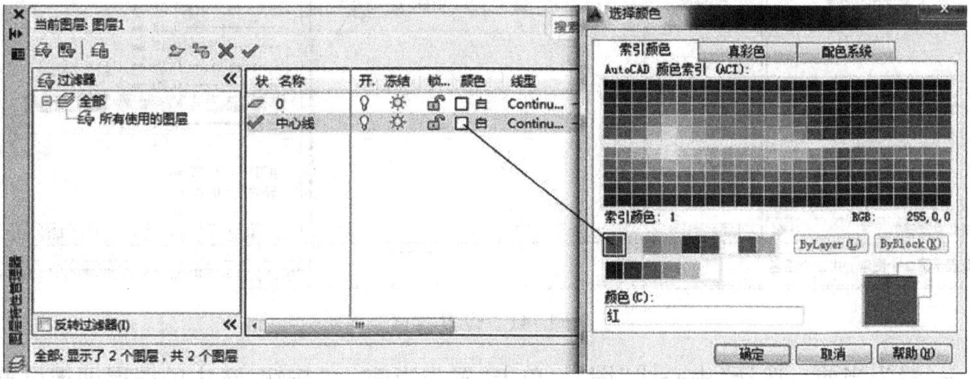
当前图层: 图层1
过滤器
全部
所有使用的图层
反转过滤器(I)
全部: 显示了 2 个图层，共 2 个图层
状 名称
开. 冻结 锁... 颜色 线型
0
白 Continu...
中心线
白 Continu...
选择颜色
索引颜色
真彩色
配色系统
AutoCAD 颜色索引 (ACI):
索引颜色: 1
RGB: 255, 0, 0
ByLayer (L)
ByBlock (K)
颜色 (C):
红
确定
取消
帮助(H)

图 1-39　设置颜色

e. 设置线型。在“图层特性管理器”对话框中单击“线型”栏，弹出“选择线型”对话框，在该对话框中，单击 加载(L)... 按钮，打开“加载或重载线型”对话框，选择线型为中心线“CENTER”，然后单击“确定”按钮，系统关闭此对话框，返回“选择线型”对话框，这时在“选择线型”对话框中出现了可选的中心线“CENTER”线型。单击选择此项，然后单击“确定”按钮，完成线型的设置，如图 1-40 所示。

线型在工程图纸中非常重要，一张工程图中往往需要使用几种不同的线型，例如细实线、粗实线、点画线等。用户可以在不同图层设置相同或不同的线型，同一图层一般使用一种线型。系统中预定义的线型存储在 ACAD. LIN 文件中，用户可以根据需要对其进行加载，然后设置图层或图形对象的线型。

f. 设置线宽。在“图层特性管理器”对话框中单击“线宽”栏，弹出“线宽”对话框，在

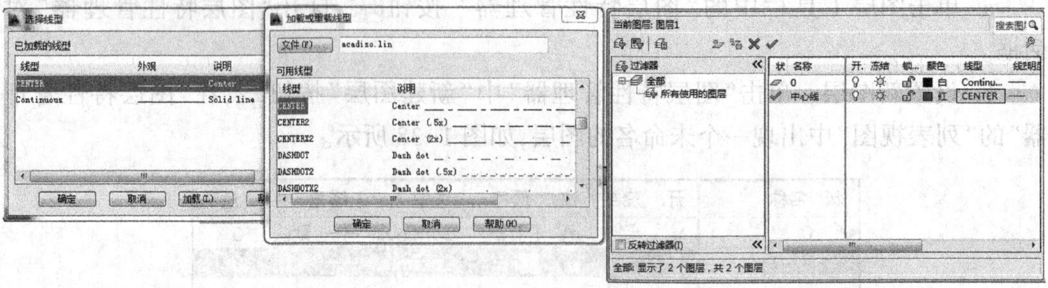
选择线型
已加载的线型
线型
外观
说明
CENTER
Center
Continuous
Solid line
确定
取消
加载(L)...
加载或重载线型
文件(F)...
acadiso.lin
可用线型
线型
说明
CENTER
Center
CENTER2
Center (.5x)
CENTERX2
Center (2x)
DASHDOT
Dash dot
DASHDOT2
Dash dot (.5x)
DASHDOTX2
Dash dot (2x)
确定
取消
帮助(H)
当前图层: 图层1
搜索图层
过滤器
全部
所有使用的图层
状
名称
开.
冻结
锁...
颜色
线型
0
白
Continu...
中心线
红
CENTER
反转过滤器(I)
全部: 显示了 2 个图层，共 2 个图层

图 1-40　设置线型

“线宽”对话框中找到“线宽为 0.25 mm”选项，单击“确定”按钮，完成线宽的设置，如图 1-41 所示。

在模型空间中宽度的显示是靠状态栏上的“线宽”按钮控制的。当选择了状态栏上的“线宽”按钮时，图形中的线宽才能显示出来，否则不显示线宽。在图纸空间布局中，线宽以实际打印宽度显示。

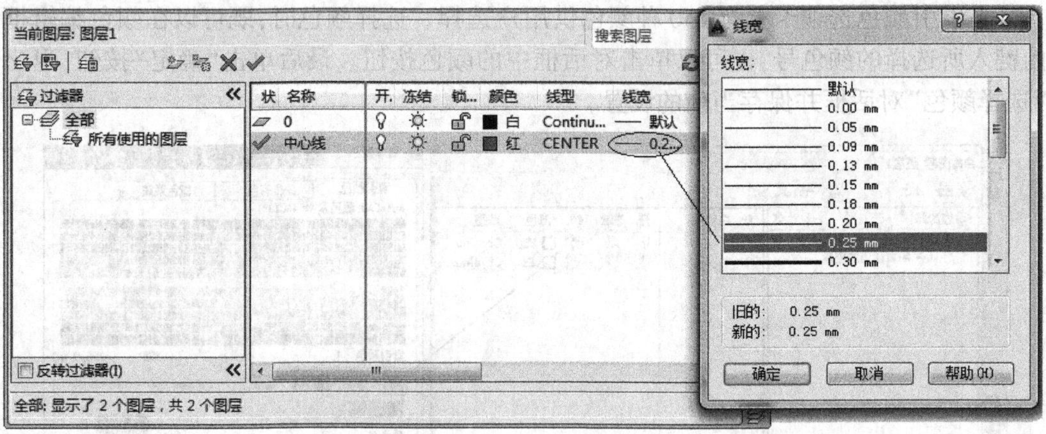
当前图层: 图层1
搜索图层
过滤器
全部
所有使用的图层
状
名称
开.
冻结
锁...
颜色
线型
线宽
0
白
Continu...
默认
中心线
红
CENTER
0.2...
反转过滤器(I)
全部: 显示了 2 个图层，共 2 个图层
线宽
线宽:
默认
0.00 mm
0.05 mm
0.09 mm
0.13 mm
0.15 mm
0.18 mm
0.20 mm
0.25 mm
0.30 mm
旧的:
0.25 mm
新的:
0.25 mm
确定
取消
帮助(H)

图 1-41　设置线宽

g. 置为当前。选择“中心线”图层，单击“置为当前”按钮，选中的图层即被设置成当前图层。

②图层的调用。图层的调用是将需要的图层置为当前。通常用户可以通过“层特性管理器”或“图层”工具栏来完成。

使用“图层特性管理器”时，在其“列表视图”中选择所需要的图层后，单击“置为当前”按钮即可。

使用“图层”工具栏调用图层有两种方式：一种是在“图层”工具栏中，打开下拉列表，单击列表中的图层名；另一种是先选择图形对象，然后单击“将对象的图层置为当前”按钮来调用图层，如图 1-42 所示。

③图层状态的控制。图层状态的控制即控制图层的打开、关闭，冻结、解冻，锁定和解锁。启动系统进入绘图窗口时，图层的默认状态是打开、解冻和解锁。

在绘制图形时，为了方便、快捷控制图层的状态，用户同样可以通过“图层”工具栏来

中心线
将对象的图层置为当前

图 1-42 使用图层工具栏调用图层

完成图层状态的控制。

控制方法:在"图层"工具栏中,打开下拉列表,单击列表中需要控制的图层中的各状态开关按钮即可,如图 1-43 所示。

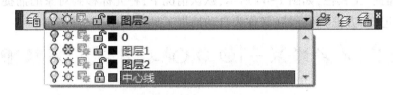
图层2
0
图层1
图层2
中心线

图 1-43 使用图层工具栏控制图层状态

按钮所处状态的含义如下:

——打开图层　　——关闭图层

——解冻图层　　——冻结图层

——解锁图层　　——锁定图层

3. AutoCAD 2014 绘图工具的使用

为了提高绘图的准确性和绘图速度,AutoCAD 系统提供了多种绘图的辅助工具,如视图的缩放与平移、捕捉模式、栅格显示、正交模式、对象捕捉等。

(1)视图的缩放

在绘图过程中,为了方便地进行对象捕捉,准确地绘制实体,常常需要在保持对象的实际尺寸不变的情况下,将当前视图进行全部或局部放大或缩小。这些就是 AutoCAD 中 Zoom 命令的功能。Zoom 命令可实现多种缩放方式,可根据需要按提示操作。

视图的缩放还可以通过单击菜单:"视图"→"缩放"→"缩放子命令"或单击"缩放"工具栏中的相应按钮以及单击"标准"工具栏中的按钮来完成。

对于"草图与注释"空间,在绘图区导航器上单击"缩放"快捷图标,或滚动鼠标滚轮也可以进行快速缩放。

(2)视图平移

在绘图过程中,由于屏幕尺寸有限,当前文件中的图形不一定全部显示在屏幕内,若想察看屏幕外的图形可使用 Pan 命令或单击"标准"工具栏中的"平移" 按钮或按住鼠标滚轮,操作比较直观而且简便,因此在绘图中常使用。

(3)栅格显示

栅格是点或线的矩阵,遍布图形界限的整个区域。使用栅格类似于在图形下放置一张坐标纸。利用栅格可以对齐对象并直观显示对象之间的距离。栅格不被打印。

(4)捕捉模式

捕捉模式是用于限制十字光标,使其按照用户定义的间距移动。当"捕捉"模式打开时,光标套锁定在可见或不可见的栅格结点上。捕捉模式有助于使用箭头键或定点设备来精确的定位点。

(5)正交模式

正交模式可以将光标限制在水平或垂直方向上移动,以便于精确地创建和修改对象。

(6)对象捕捉

使用对象捕捉功能可快速准确地捕捉一些特殊点,如圆心、端点、中点、切点、交点等。打开“对象捕捉”工具栏,如图 1-44 所示,默认情况下,将光标移到对象的捕捉位置时,将显示捕捉标记(小方框)和标签(又称为自动捕捉工具栏提示)。

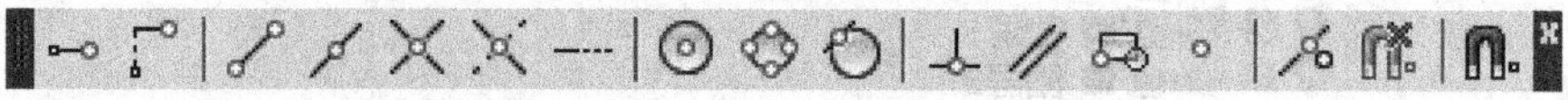

图 1-44 “对象捕捉”工具栏

单击状态栏中的“对象捕捉”按钮可进行打开和关闭的切换,在进行图形绘制时,一定要将对象捕捉功能打开,否则无法做出精确图形。右击状态栏中的“对象捕捉”按钮,弹出“对象捕捉”快捷菜单,可选择各种捕捉方式,如图 1-45(a)所示,单击“设置”选项,打开“草图设置”对话框,在该对话框中,可进行栅格和捕捉设置、极轴设置以及对象捕捉设置等,如图 1-45(b)所示。

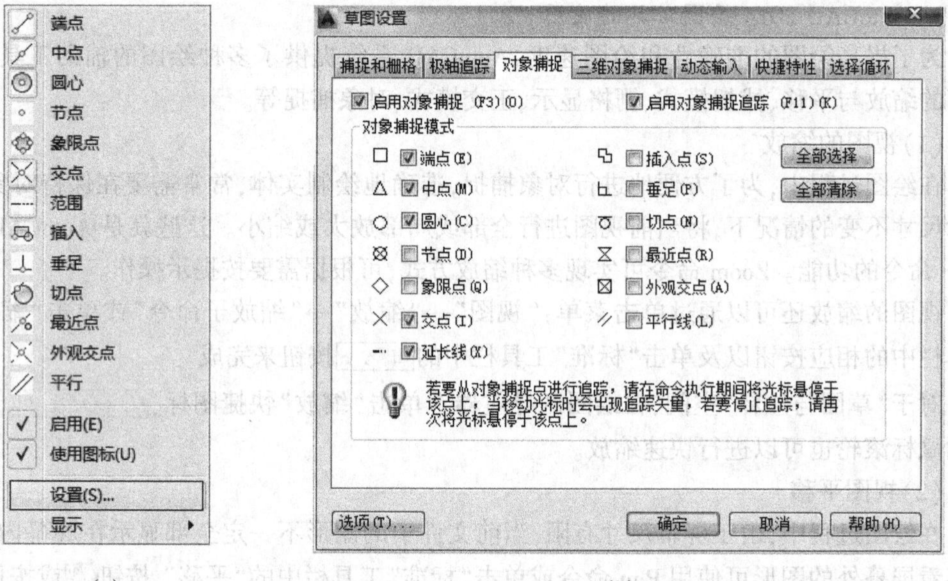
端点
中点
圆心
节点
象限点
交点
范围
插入
垂足
切点
最近点
外观交点
平行
启用(E)
使用图标(U)
设置(S)...
显示
草图设置
捕捉和栅格
极轴追踪
对象捕捉
三维对象捕捉
动态输入
快捷特性
选择循环
启用对象捕捉 (F3)(O)
启用对象捕捉追踪 (F11)(K)
对象捕捉模式
端点(E)
中点(M)
圆心(C)
节点(D)
象限点(Q)
交点(I)
延长线(X)
插入点(S)
垂足(P)
切点(N)
最近点(R)
外观交点(A)
平行线(L)
全部选择
全部清除
若要从对象捕捉点进行追踪,请在命令执行期间将光标悬停于该点上。当移动光标时会出现追踪矢量,若要停止追踪,请再次将光标悬停于该点上。
选项(T)...
确定
取消
帮助(H)

(a) (b)

图 1-45 对象捕捉设置

(7)对象捕捉追踪

使用对象捕捉追踪指定点时,光标可以沿基于其他对象捕捉点的对齐路径进行追踪,该功能相当于对象捕捉和极轴追踪的功能合用。通过单击状态栏中的“对象捕捉追踪”按钮可进行切换,也可以按键盘功能键【F11】进行切换。

二、基本图形的绘制

1. 绘制直线、构造线

(1)直线

直线是通过连接起点和终点形成的线段,两点可以通过输入坐标来定义,也可以直接选取已经存在的点或特殊点来定义。

命令启动方式如下。

◆快捷键:line(L)

◆菜单:“绘图”→“直线”

◆工具栏:“绘图”→“直线”按钮

◆功能区:“常用”选项卡→“绘图”面板→“直线”

【案例 1-2】　绘制图 1-46 所示的直线。

命令:_line

指定第一个点:6,5↙

指定下一点或[放弃(U)]:@10,10↙

指定下一点或[放弃(U)]:@13,5↙

指定下一点或[闭合(C)/放弃(U)]:c

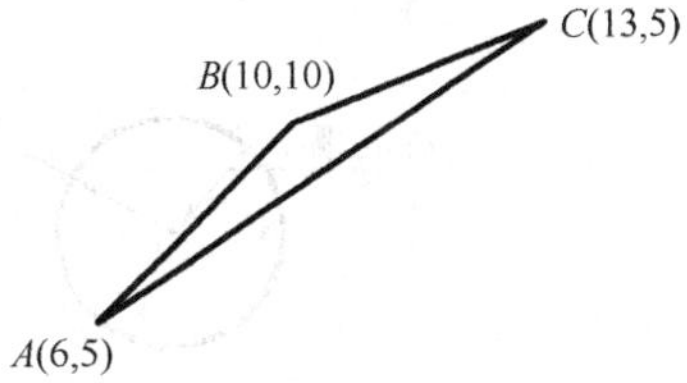
C(13,5)
B(10,10)
A(6,5)

图 1-46　绘制直线

调用“直线”命令后,在命令行提示下用键盘输入 A 点坐标值后回车,继续输入 B 点的坐标值回车,系统会自动生成相对于第一点 A 的坐标,用@表示。接着输入 C 点坐标,画线至 C 点,如果图形需要闭合,输入“c”,图线从 C 点自动与起始点 A 相连。

除了坐标输入外,也可以直接在绘图区单击指定第一点 A 的位置,拖动鼠标指定方向,输入线段长度直接画 AB 及其他线段。

(2)构造线

构造线是通过点沿指定方向向两边无限延长的直线。命令启动方式如下。

◆快捷键: xline(XL)

◆菜单:“绘图”→“构造线”

◆工具栏:“绘图”→“构造线”按钮

◆功能区:“常用”选项卡→“绘图”面板→“构造线”

【案例 1-3】　绘制图 1-47 所示的构造线。

命令:_xline

指定点或[水平(H)/垂直(V)/角度(A)/二等分(B)/偏移(O)]:(用鼠标拾取构造线要通过的 O 点)

指定通过点:(用鼠标拾取 A 点)

指定通过点:(用鼠标拾取 B 点)

指定通过点:(用鼠标拾取 C 点)

指定通过点:(按【Esc】键或回车退出)

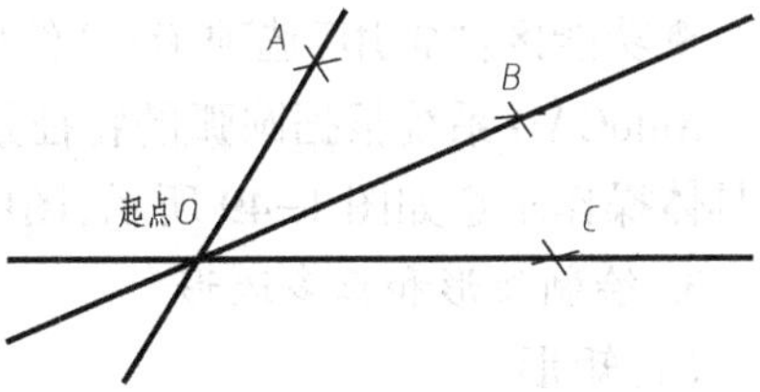
A
B
起点O
C

图 1-47　绘制构造线

构造线可以放置在三维空间的任何地方。创建构造线的默认方法是两点法:指定两点以定义方向,其中第一点是构造线概念上的中点,第二点是构造线通过的点。在绘图过程中构造线一般用作辅助线。

2. 绘制圆和圆弧

(1)圆

根据确定圆的几何条件,AutoCAD 提供了 6 种绘制圆的方法,命令启动方式如下。

◆快捷键:circle(C)

◆菜单:"绘图"→"圆"

◆工具栏:"绘图"→ "圆"按钮

◆功能区:"常用"选项卡→"绘图"面板→ "圆"

启动圆的命令后,有六种绘制圆的方法可以选择,图 1-48 分别注释了绘制圆的每一种方法所需的条件,用户可以根据绘图的具体条件选择绘制圆的方法。

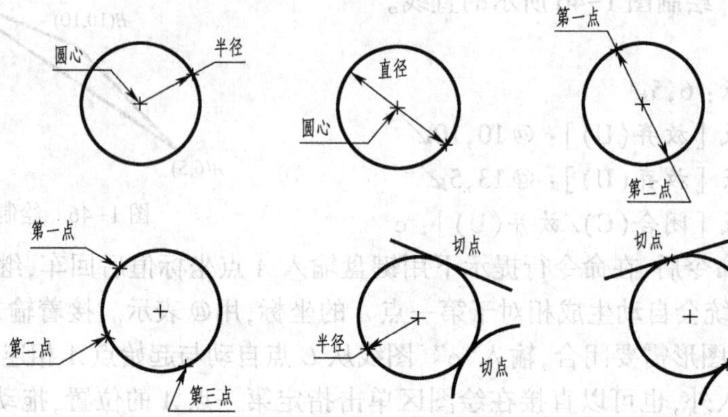
圆心
半径
直径
圆心
第一点
第二点
第一点
第二点
第三点
切点
半径
切点
切点
切点
切点
切点

图 1-48　绘制圆的六种方法图例

(2)圆弧

弧是圆的一部分。一个确定的圆弧比圆具有更多的特性,如圆心、弦长、切线的方向、中心角、半径、起始点、终点等。

命令启动方式如下。

◆快捷键:arc(A)

◆菜单:"绘图"→"圆弧"

◆工具栏:"绘图"→ "圆弧"按钮

◆功能区:"常用"选项卡→"绘图"面板→ "圆弧"

AutoCAD 系统根据圆弧的特征量提供了 11 种绘制圆弧的方法,11 种方法绘制圆弧的具体操作示意如图 1-49 所示,图中①、②、③表示操作顺序。

3. 绘制矩形和正多边形

(1)矩形

命令启动方式如下。

◆快捷键:rectang(REC)

◆菜单:"绘图"→"矩形"

◆工具栏:"绘图"→ "矩形"按钮

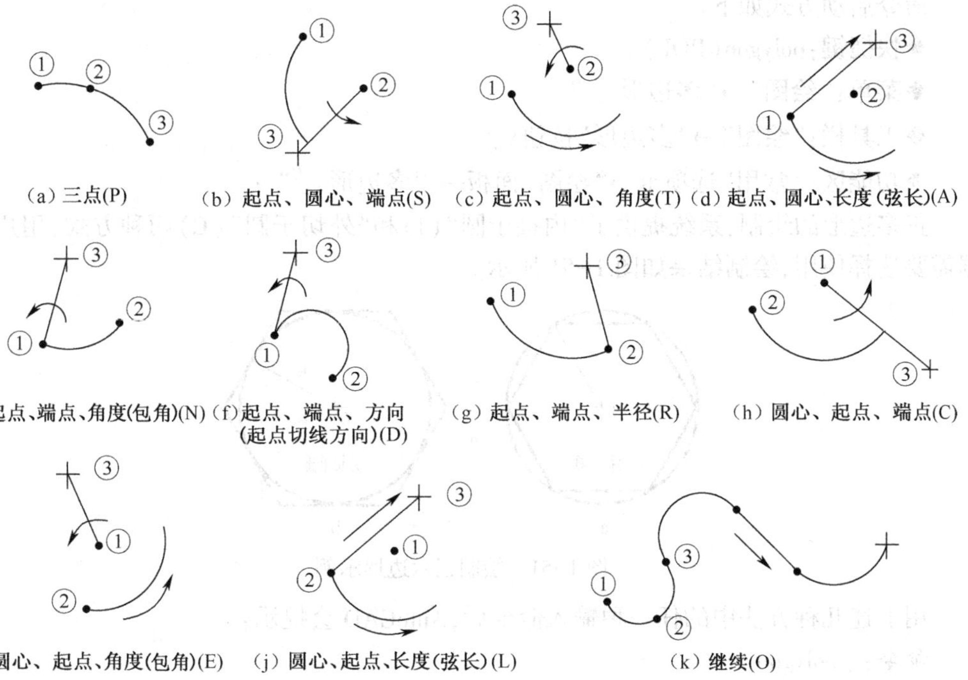
(a) 三点(P)
(b) 起点、圆心、端点(S)
(c) 起点、圆心、角度(T)
(d) 起点、圆心、长度(弦长)(A)
(e)起点、端点、角度(包角)(N)
(f)起点、端点、方向(起点切线方向)(D)
(g) 起点、端点、半径(R)
(h) 圆心、起点、端点(C)
(i)圆心、起点、角度(包角)(E)
(j) 圆心、起点、长度(弦长)(L)
(k) 继续(O)

图 1-49 绘制圆弧的 11 种方法示意图

◆功能区:“常用”选项卡→“绘图”面板→“矩形□”

调用命令后,按提示给出确定矩形位置、大小的两个对角即可。AutoCAD 把用“rectang”绘制出的矩形当作一个实体,其四条边不能分别编辑。需要编辑时,可用“分解”命令 explode 将其分解后,再进行编辑。

【案例 1-4】 绘制图 1-50 所示的矩形。

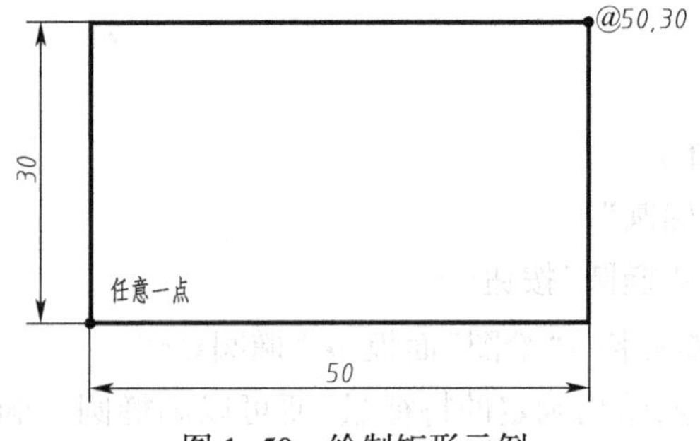
@50,30
30
任意一点
50

图 1-50 绘制矩形示例

用上述几种方法中的任一种输入命令后,AutoCAD 会提示:

命令: _rectang

指定第一个角点或[倒角(C)/标高(E)/圆角(F)/厚度(T)/宽度(W)]:(鼠标指定任意一点)

指定另一个角点或[面积(A)/尺寸(D)/旋转(R)]: @50,30 ↙

(2) 正多边形

正多边形是指由三条或三条以上的线段组成的边长相等的封闭图形。

命令启动方式如下。

◆快捷键:polygon(POL)

◆菜单:“绘图”→“多边形”

◆工具栏:“绘图”→“多边形”按钮

◆功能区:“常用”选项卡→“绘图”面板→ “多边形”

正多边形的绘制,系统提供了“内接于圆”(I)和“外切于圆”(C)两种方式,用户可根据需要选择使用,绘制结果如图 1-51 所示。

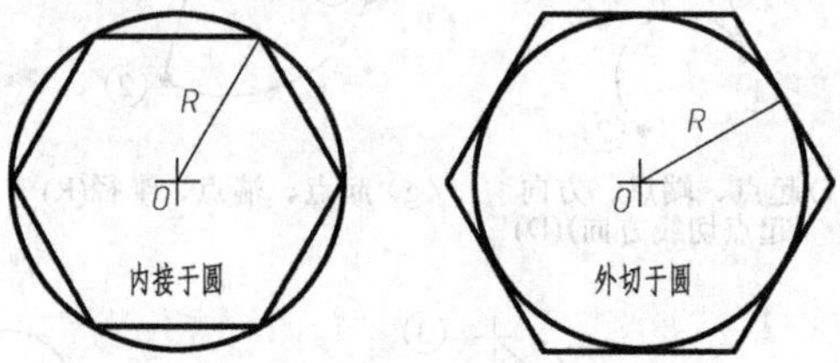
R
O
内接于圆
R
O
外切于圆

a　　b

图 1-51　绘制正六边形示例

用上述几种方法中的任一种输入命令后,AutoCAD 会提示:

命令: _polygon

输入边的数目 <6>:(输入多边形的边数)↙

指定正多边形的中心点或[边(E)]:(指定一点)

输入选项[内接于圆(I)/外切于圆(C)] <I>:(选择多边形的绘制方式)↙

指定圆的半径:(给出半径)↙

在上例中也可以在命令行提示“指定正多边形的中心点或[边(E)]”时输入“e”,用指定边长的方式绘制多边形。

4. 绘制椭圆和椭圆弧

(1)椭圆

命令启动方式如下。

◆快捷键:ellipse(EL)

◆菜单:“绘图”→“椭圆”

◆工具栏:“绘图”→“椭圆”按钮

◆功能区:“常用”选项卡→“绘图”面板→ “椭圆”

发出椭圆的绘制命令,给出确定的特征量,便可以画椭圆。椭圆的特征量包括:椭圆中心坐标及长、短轴的长度。给出的特征量不同,绘制椭圆的方法也有所不同。

基本绘制方式的具体操作示意如图 1-52(a)所示。

操作步骤如下:

命令: _ellipse

指定椭圆的轴端点或[圆弧(A)/中心点(C)]:(指定一点①)

指定轴的另一个端点:(指定另一点②)

指定另一条半轴长度或[旋转(R)]:给出一长度值(这时,鼠标自动跟踪椭圆中心,用户只需单击③点,系统将中心到③点的距离作为另一条半轴长度)

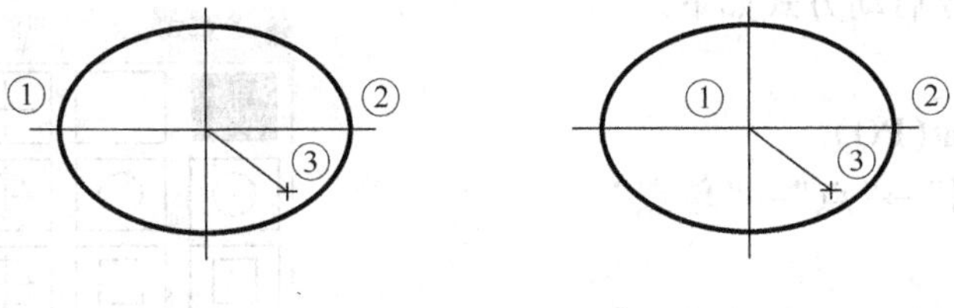
①
②
③

(a) 轴端点　　(b) 中心点(c)

图 1-52　绘制椭圆示例

若选择“圆弧(A)”项,则可绘制椭圆弧;选择“中心点(C)”项绘制椭圆的方法如图 1-52(b) 所示。

(2)椭圆弧

“椭圆弧”命令的调用方法与绘制椭圆时一样,椭圆弧是椭圆的一部分,椭圆弧是在椭圆的基础之上绘成的。

绘制如图 1-53 所示的椭圆弧,具体操作过程如下:

命令: ellipse↙

指定椭圆的轴端点或 [圆弧(A)/中心点(C)]: a↙

指定椭圆弧的轴端点或 [中心点(C)]:(点取点 *A*)

指定轴的另一个端点: 点取点 *B*

指定另一条半轴长度或 [旋转(R)]:(点取点 *C*)

指定起始角度或 [参数(P)]: 30↙

指定终止角度或 [参数(P)/包含角度(I)]: 300↙

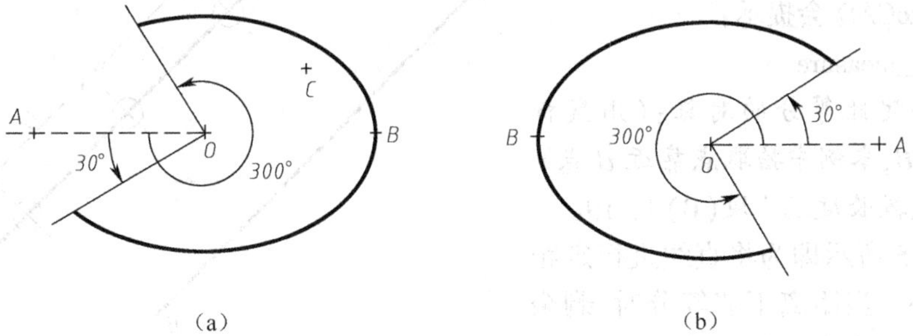
A
C
B
O
30°
300°
B
300°
30°
A
O

(a)　　(b)

图 1-53　椭圆弧的绘制

在绘制椭圆弧过程中,拾取 *A*、*B* 的顺序不同,所绘制的椭圆弧不同。图 1-53(a)、(b)中的是按照上述命令操作时,拾取的 *A* 和 *B* 位置不同所绘制的不同形状的椭圆弧。

5. 绘制点

点是最基础的二维对象,在实际设计过程中,直接使用点的情况不多,但它是构成图的最基本要素。在绘制过程中,首先要设置点的样式和大小,然后调用点命令来绘制点。

使用命令 ddptype 或菜单中“格式”→“点样式(P)…”命令,可打开“点样式”对话框,如图 1-54 所示。

默认情况下,点样式是实心闭合小圆,因此通常在屏幕上是看不到的,有时为了辅助绘图,需要更改点的显示样式,在此对话框中,选择点的形状及对点的大小进行设置,然后单击“确定”按钮即可。

绘制点时，命令启动方式如下。

(1)创建单点

◆快捷键：point(PO)

◆菜单："绘图"→"点"→"单点"

(2)创建多点

◆工具栏："绘图"→"点"按钮

◆菜单："绘图"→"点"→"多点"

◆功能区："常用"选项卡→"绘图"面板→"多点"

(3)定数等分

◆快捷键：divide(DIV)

◆菜单："绘图"→"点"→"定数等分"

◆功能区："常用"选项卡→"绘图"面板→"定数等分"

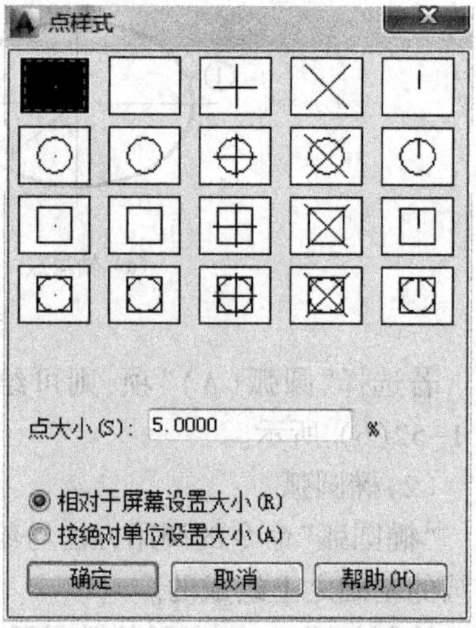
点样式
点大小(S): 5.0000
%
相对于屏幕设置大小(R)
按绝对单位设置大小(A)
确定
取消
帮助(H)

图 1-54 "点样式"对话框

(4)定距等分

◆快捷键：measure(ME)

◆菜单："绘图"→"点"→"定距等分"

◆功能区："常用"选项卡→"绘图"面板→"定距等分"

【案例 1-5】 将直线 *AB* 等分为长度为 19 的若干份线段。

用上述几种方法中的任一种输入命令后，AutoCAD 会提示：

命令：_measure

选择要定距等分的对象：(用鼠标拾取直线 *AB*，本例中拾取点靠近 *B* 点)

指定线段长度或［块(B)］：19↙

图 1-55 所示即为将直线进行定距等分的结果。当距离不够等分时，剩余距离将不再创建等分点。

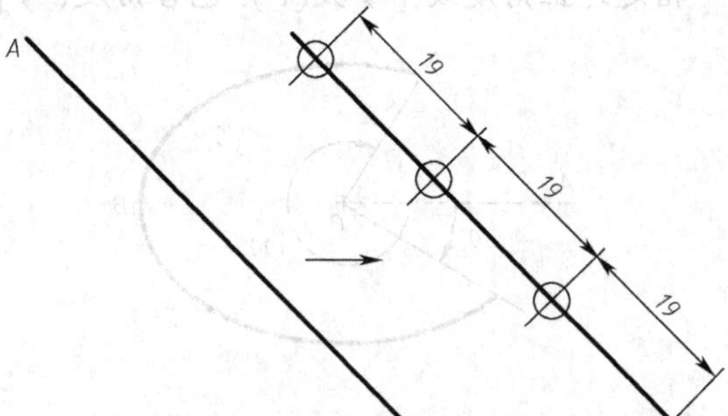
A
B
19
19
19

图 1-55 定距等分

三、图形的编辑

1. 选择编辑对象的方法

(1)点选

点选是系统的默认选择项。在"选择对象："提示下，光标上的十字线变成矩形小框，在操作中，拾取框光标放在所要选则的对象位置上，单击便选中了图形对象，如图 1-56(a) 所示，继续单击其他对象便可以选择多个对象；若拾取框光标没有选取在对象上，则自动转入窗口或窗口交叉的选择方式。

(2)窗口选取

窗口选取方式是将完全在窗口内的对象全部选取。在操作中，需要确定窗口的两对角点的位置。确定原则是：第一角点取在所选取对象的左边，第二角点取在所选取对象的右边，则选取的是完全在窗口内的对象，不完全在窗口内的对象则不被选中，如图 1-56(b)所示。

(3)窗口交叉选取

窗口交叉选取即矩形窗口交叉选取，它的选取方法与窗口选取相似，但它第一角要取在所选取对象的右边，第二角取在所选取对象的左边，选取包括与窗口相交的和窗口内的全部对象，选取范围比窗口选取大，如图 1-56(c)所示。

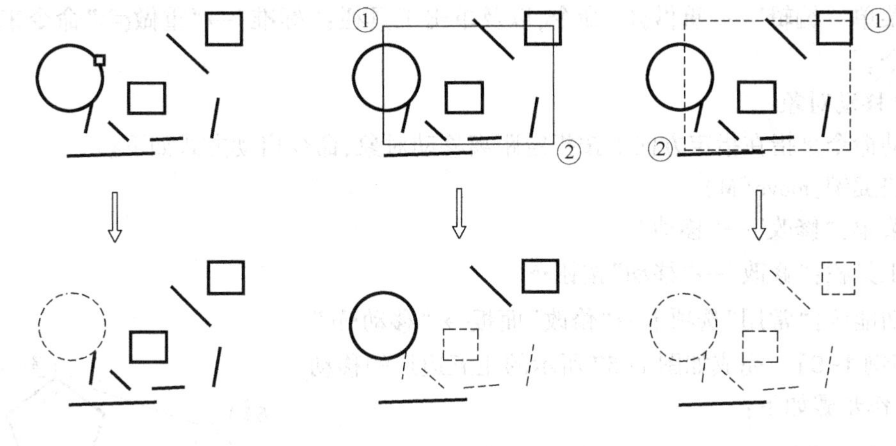
①
②
①
②

(a) 点选　　(b) 窗口选取　　(c) 窗口交叉选取

图 1-56　点选、窗口、窗口交叉选择对象图例

(4)全选

全选，即全部选取图形中所有对象。当调用编辑命令时，命令行提示为"选择对象："时，输入 ALL 即可。也可以选择菜单"编辑"→"全部选择"命令，即可选取屏幕中所有可见和不可见的对象，例外的是，当对象冻结或锁定在图层上时则不能选中。

不论用哪一种方式选取对象，选中的对象均以虚线显示，并且在命令行出现对象被选取的信息和下一次选取对象的提示信息。

2. 调整对象

(1)删除对象

在绘制图形中经常需要删除没用的或错误的图形对象。

命令启动方式如下。

◆快捷键：erase(E)

◆菜单："修改"→"删除"

◆工具栏："修改"→"删除"按钮

◆功能区："常用"选项卡→"修改"面板→"删除"

也可选择要删除的对象，在绘图区中右击，在弹出的快捷菜单中选择"删除"选项，或者选择要删除的对象并按【Delete】键删除。

用上述几种方法中的任一种输入命令后，AutoCAD 会提示：

命令：_erase

选择对象：(选择需要删除的对象)指定对角点：找到 x 个

选择对象：↙

用户如果想要继续删除实体，可在“选择对象：”的提示下继续选取要删除的对象。

(2)放弃和重做操作

系统提供了图形的恢复功能，利用图形恢复功能可以对绘图过程中的错误操作进行放弃。想要进行放弃可以使用命令 Undo；可以单击菜单：“编辑”→“放弃”命令；也可以单击工具栏：“标准”→“放弃”命令。

重做命令和放弃命令正好相反，重做命令可以执行放弃的操作，可以使用命令 Redo，或单击菜单：“编辑”→“重做”命令，以及单击工具栏：“标准”→“重做”命令来执行重做命令。

(3)移动对象

移动命令是指在指定方向上按指定距离移动对象，命令启动方式如下。

◆快捷键：move(M)

◆菜单：“修改”→“移动”

◆工具栏：“修改”→“移动”按钮

◆功能区：“常用”选项卡→“修改”面板→“移动”

【案例1-6】 完成如图1-57所示的正五边形的移动操作，操作步骤如下：

命令：_move

选择对象：(点选正五边形) 找到 1 个

选择对象：↙

指定基点或 [位移(D)] <位移>：(单击 A 点)

指定第二个点或 <使用第一个点作为位移>：(单击 B 点)

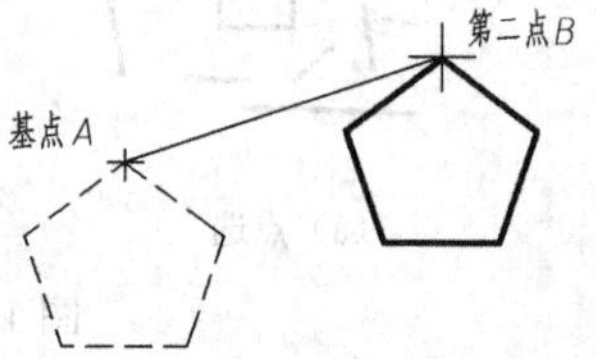
第二点B
基点A

图1-57 移动命令操作示意图

(4)旋转对象

旋转命令是指将对象绕某一点进行旋转，可以旋转移动或旋转复制。在 AutoCAD 系统中，默认情况下，逆时针方向为正向。

命令启动方式如下。

◆快捷键：rotate(RO)

◆菜单：“修改”→“旋转”

◆工具栏：“修改”→“旋转”按钮

◆功能区：“常用”选项卡→“修改”面板→“旋转”

也可以用快捷菜单：选择要旋转的对象，在绘图区域中右击，弹出快捷菜单，在下一级子菜单中选择“旋转”。命令行提示：

命令：_rotate

UCS 当前的正角方向：ANGDIR=逆时针 ANGBASE=0

选择对象：(点选要旋转的对象)

选择对象：↙

指定基点：(指定基点)

指定旋转角度，或 [复制(C)/参照(R)] <0>：(输入角度)

在输入旋转角度时要了解系统默认设置:绕基点旋转,逆时针为正,顺时针为负。

3. 对象的复制

(1)复制对象

复制图形对象,可以得到不同位置,但大小和形状与原图形完全一样的一个或多个图形。在绘图中多用于相同的零件、元器件在同一张图纸中同时出现的绘制,使用“复制”命令可以大大提高绘图效率。

命令启动方式如下。

◆快捷键:copy(CO)

◆菜单:“修改”→“复制”

◆工具栏:“修改”→“复制”按钮

◆功能区:“常用”选项卡→“修改”面板→ “复制”

【案例 1-7】 完成复制图形 1 的操作,如图 1-58 所示(图中“1”为原图;“2”为拷贝后的图形)。

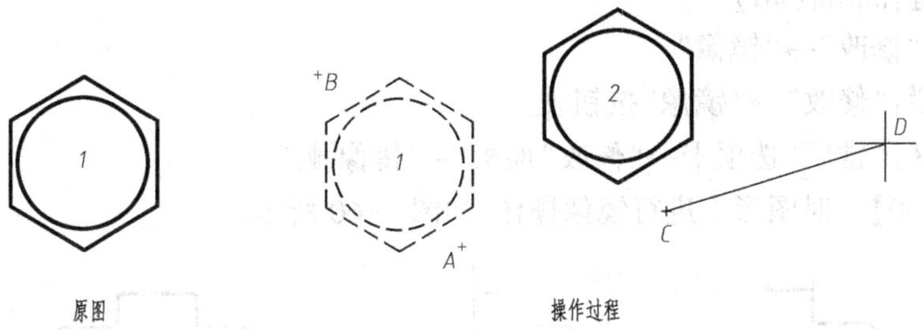
1
B
1
A
2
D
C
原图
操作过程

图 1-58 复制图形过程示意图

用上述几种方法中的任一种输入命令后,AutoCAD 会提示:

命令: _copy

选择对象:(拾取 *A* 点)

指定对角点:(拾取 *B* 点) 找到 2 个

选择对象:↙

当前设置:复制模式 = 多个

指定基点或[位移(D)/模式(O)] <位移>:(拾取 *C* 点)

指定第二个点或[阵列(A)] <使用第一个点作为位移>:(拾取 *D* 点)

指定第二个点或[阵列(A)/退出(E)/放弃(U)] <退出>:↙

【案例 1-8】 使用“复制”命令中的“阵列”选项,将图 1-59 所示的小圆 *A*,等距离复制成 3 个相距为 30 的圆。

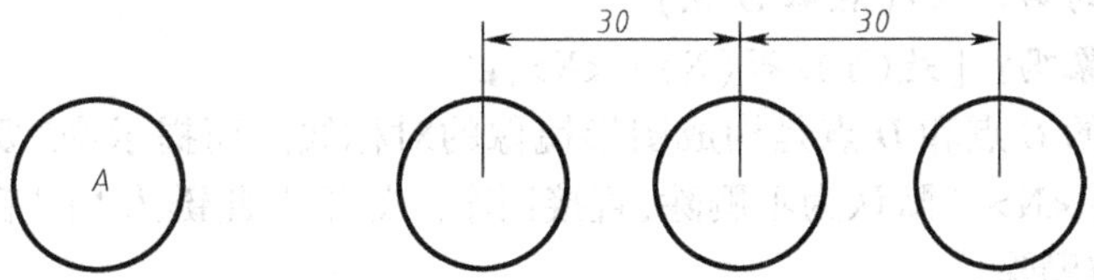
30
30
A

图 1-59 等距离复制图形过程示意图

命令：_copy

选择对象：(点选小圆 A)

选择对象：↙

当前设置：复制模式 = 多个

指定基点或［位移(D)/模式(O)］<位移>：(点选小圆 A 圆心)

指定第二个点或［阵列(A)］<使用第一个点作为位移>：a↙

输入要进行阵列的项目数：3↙

指定第二个点或［布满(F)］：30↙

指定第二个点或［阵列(A)/退出(E)/放弃(U)］<退出>：↙

(2)镜像对象

在绘图过程中常需要绘制对称图形，在 AutoCAD 中，用户只需要绘制出对称图形的一半，然后使用镜像命令复制出对称的另一半即可，采用这种方法又快又准确。

命令启动方式如下。

◆快捷键：mirror(MI)

◆菜单："修改"→"镜像"

◆工具栏："修改"→"镜像"按钮

◆功能区："常用"选项卡→"修改"面板→"镜像"

【案例 1-9】 对图形 1 进行镜像操作，如图 1-60 所示。

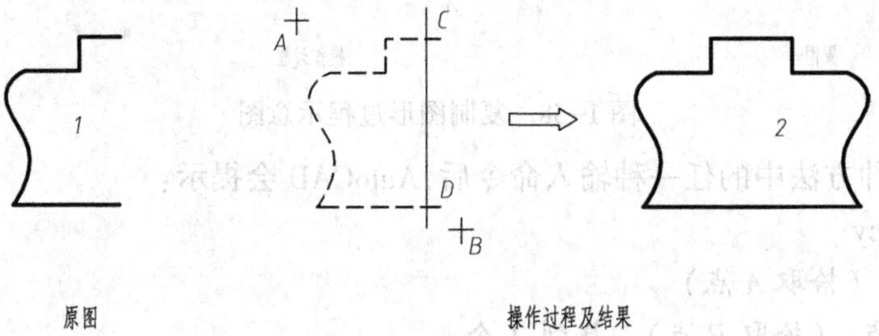
1
A
C
D
B
2
原图
操作过程及结果

图 1-60 镜像命令操作过程示意图

用上述几种方法中的任一种输入命令后，AutoCAD 会提示：

命令：_mirror

选择对象：(拾取 A 点)

指定对角点：(拾取 B 点) 找到 6 个

选择对象：↙

指定镜像线的第一点：(点取 C 点)

指定镜像线的第二点：(点取 D 点)

要删除源对象吗？［是(Y)/否(N)］<N>：↙

操作中指定的 C 点和 D 点是构成图形镜像的对称线。而提示中"要删除源对象吗？［是(Y)/否(N)］<N>："默认为不删除，直接回车。如果在此键入"Y"后再回车，则图形镜像后，源对象被删除。

(3)偏移对象

"偏移"也是复制命令的一种，用它复制出的图形与原图形之间有偏移。即"偏移"命令是用来创建一个与原图形相同或相似的另一个图形。

命令启动方式如下。

◆快捷键：offset(O)

◆菜单："修改"→"偏移"

◆工具栏："修改"→"偏移"按钮

◆功能区："常用"选项卡→"修改"面板→ "偏移"

【案例 1-10】　将图形 1 向外偏移距离为 10，如图 1-61 所示。

当调用"偏移"命令时，系统提示如下：

命令：_offset

当前设置：删除源=否　图层=源　OFFSETGAPTYPE=0

指定偏移距离或［通过(T)/删除(E)/图层(L)］<通过>：10↙

选择要偏移的对象，或［退出(E)/放弃(U)］<退出>：(在原图中拾取任意点 *A*)

指定要偏移的那一侧上的点，或［退出(E)/多个(M)/放弃(U)］<退出>：(在图形外侧拾取任意点 *B*)

选择要偏移的对象，或［退出(E)/放弃(U)］<退出>：↙

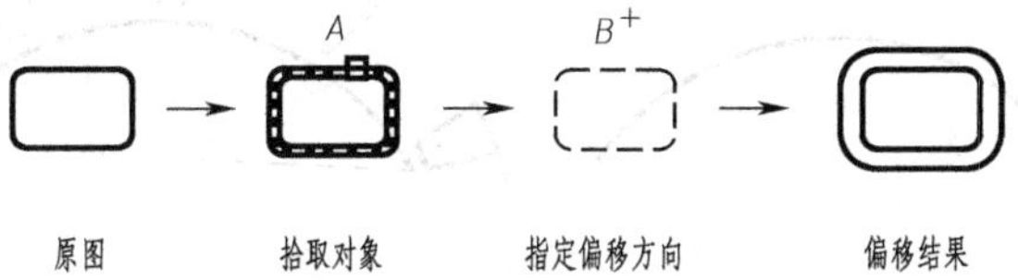
A
B
原图
拾取对象
指定偏移方向
偏移结果

图 1-61　偏移命令操作过程示意图

使用"偏移"命令时，选择要偏移的对象，只能用点选方式选取图形。

(4)阵列对象

阵列复制对象可以以矩形、路径或环形方式复制对象。

命令启动方式如下。

◆快捷键：array(AR)

◆菜单："修改"→"阵列"

◆工具栏："修改"→"阵列"按钮

◆功能区："常用"选项卡→"修改"面板→ "阵列"

①矩形阵列。

【案例 1-11】　将图 1-62 中所示的原形通过"矩形阵列"，复制为 4 行，5 列，其中行偏移为 8，列偏移为 12；阵列角度为 0°。

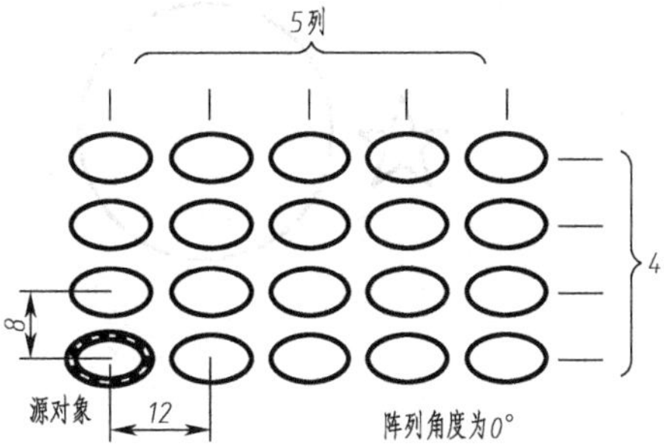
5列
4行
8
源对象
12
阵列角度为0°

图 1-62　矩形阵列示意图

具体操作过程如下：

命令：_arrayrect

选择对象：(拾取椭圆)

选择对象：↙

类型 = 矩形　关联 = 是

选择夹点以编辑阵列或［关联(AS)/基点(B)/计数(COU)/间距(S)/列数(COL)/行数(R)/层数(L)/退出(X)］<退出>：r↙

输入行数数或［表达式(E)］<3>：4↙

指定行数之间的距离或［总计(T)/表达式(E)］<15>：8

指定行数之间的标高增量或［表达式(E)］<0>：↙

选择夹点以编辑阵列或［关联(AS)/基点(B)/计数(COU)/间距(S)/列数(COL)/行数(R)/层数(L)/退出(X)］<退出>：col↙

输入列数数或［表达式(E)］<4>：5↙

指定列数之间的距离或［总计(T)/表达式(E)］<15>：12

选择夹点以编辑阵列或［关联(AS)/基点(B)/计数(COU)/间距(S)/列数(COL)/行数(R)/层数(L)/退出(X)］<退出>：↙

如果输入层数及层距，可以在三维空间阵列复制。

② 路径阵列。沿路径或部分路径均匀分布对象副本，如图 1-63 所示。路径可以是直线、多段线、三维多段线、样条曲线、螺旋、圆弧、圆或椭圆。

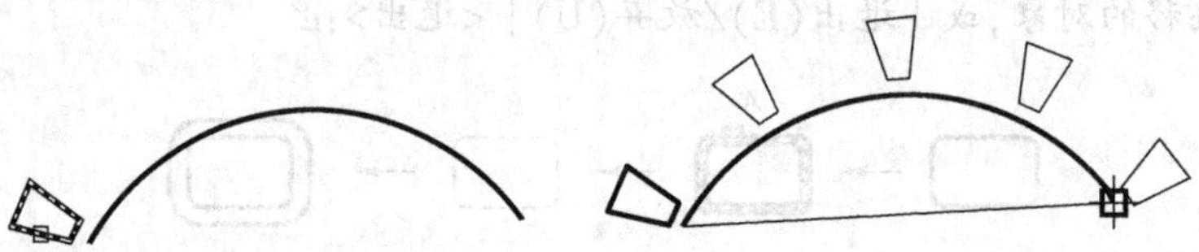

（a）路径阵列前　　（b）路径阵列后

图 1-63　路径阵列示意图

③环形阵列。绕某个中心点或旋转轴形成的环形图案平均分布对象副本。

【案例 1-12】　将图 1-64 中左侧的原形进行“环形阵列”，阵列中心为圆心，阵列后五角星个数为 7 个，阵列角度为 270°。

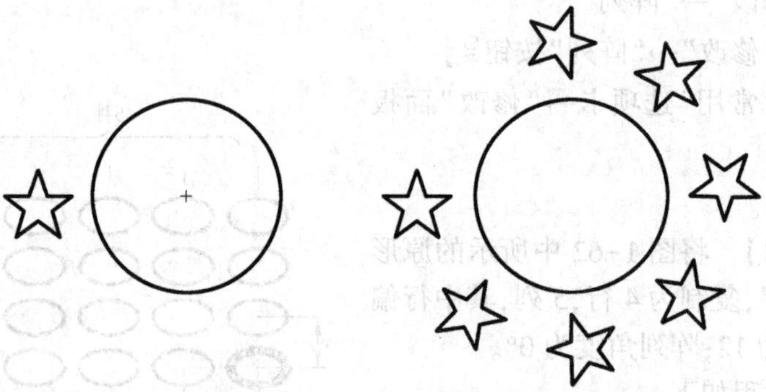

图 1-64　环形阵列示意图

具体操作过程如下：

命令：_arraypolar

选择对象:(选择左侧原图中的五角星)

选择对象:↙

类型 = 极轴 关联 = 是

指定阵列的中心点或[基点(B)/旋转轴(A)]:(选择左侧原图中的圆心)

选择夹点以编辑阵列或[关联(AS)/基点(B)/项目(I)/项目间角度(A)/填充角度(F)/行(ROW)/层(L)/旋转项目(ROT)/退出(X)] <退出>: i↙

输入阵列中的项目数或[表达式(E)] <6>: 7↙

选择夹点以编辑阵列或[关联(AS)/基点(B)/项目(I)/项目间角度(A)/填充角度(F)/行(ROW)/层(L)/旋转项目(ROT)/退出(X)] <退出>: f↙

指定填充角度(+=逆时针、-=顺时针)或[表达式(EX)] <360>: 270↙

选择夹点以编辑阵列或[关联(AS)/基点(B)/项目(I)/项目间角度(A)/填充角度(F)/行(ROW)/层(L)/旋转项目(ROT)/退出(X)] <退出>:↙

阵列后的图形是一个整体,如果要对其进行编辑操作,需要先使用"分解"命令将其分解。

4. 修改对象的形状和大小

(1)修剪

修剪命令可以剪去图形对象中超出所选定的边界的多余部分。就像剪刀裁剪物品一样,图形对象就相当于被裁剪的物品,而被定义的边界就相当于剪刀。

命令启动方式如下。

◆快捷键:trim(TR)

◆菜单:"修改"→"修剪"

◆工具栏:"修改"→"修剪"按钮

◆功能区:"常用"选项卡→"修改"面板→"修剪"

①手动边界修剪。手动边界修剪是在修剪时手动添加边界对象。具体操作是在命令行输入 TR→空格后,手动选取作为修剪边界的图素,确定后再选择要修剪的图素,系统将以修剪边界的图素为界,将被剪切对象上位于拾取点一侧的部分剪切掉。"修剪"操作示意图如图 1-65 所示。

用上述几种方法中的任一种输入命令后,AutoCAD 会提示:

命令: _trim

当前设置:投影=UCS,边=无

选择剪切边...

选择对象或 <全部选择>: (手动点选 *A* 点) 找到 1 个

选择对象:↙

选择要修剪的对象,或按住 Shift 键选择要延伸的对象,或[栏选(F)/窗交(C)/投影(P)/边(E)/删除(R)/放弃(U)]:(手动点选 *B* 点)

选择要修剪的对象,或按住 Shift 键选择要延伸的对象,或[栏选(F)/窗交(C)/投影(P)/边(E)/删除(R)/放弃(U)]:↙

作为剪切边的对象可以是直线、圆弧、圆、椭圆或椭圆弧、多段线、样条曲线、构造线、射线以及文字等。

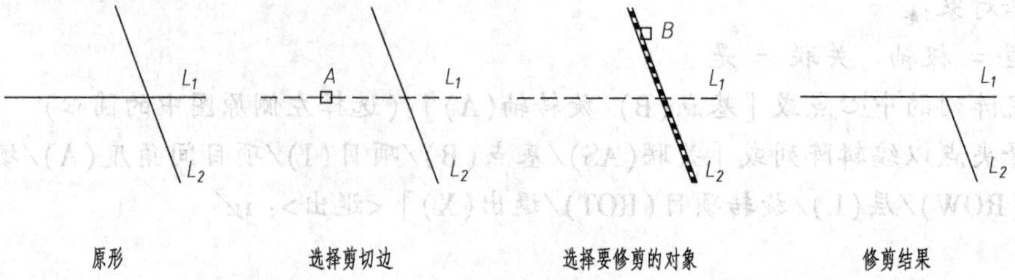
L1
L2
原形
A
L1
L2
选择剪切边
B
L1
L2
选择要修剪的对象
L1
L2
修剪结果

图 1-65　修剪命令默认操作示意图

②自动边界修剪。自动边界修剪是在修剪时用户可以不选择修剪边界对象,而是系统自动侦测边界进行修剪。具体操作是在命令行输入 TR→空格后,系统提示选取边界时,不要选取边界,而是按空格键或回车。此时,系统会把绘图区内的所有图素作为潜在的修剪边界,在进行“选择要修剪的对象”时,凡是与所选要修剪的对象相交的对象,将自动被系统设为边界进行修剪。

(2)延伸

延伸命令是将没有达到边界线的对象延伸到边界线上,它的操作对象是直线或弧。即拉长直线或弧,使它与其他的实体相接。“延伸”操作示意图如图 1-66 所示。

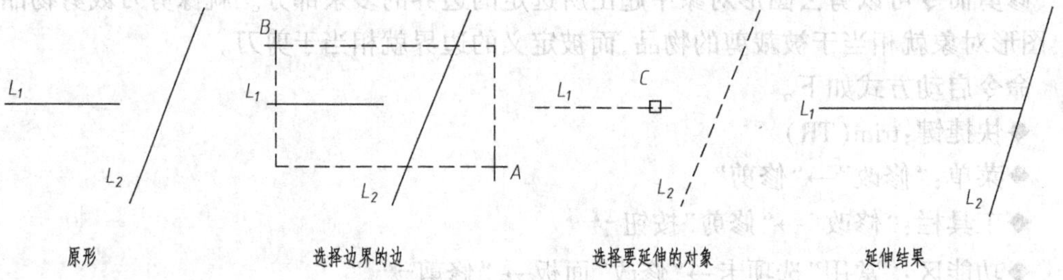
L1
L2
原形
B
L1
A
L2
选择边界的边
L1
C
L2
选择要延伸的对象
L1
L2
延伸结果

图 1-66　延伸命令操作示意图

命令启动方式如下。

◆快捷键:extend (EX)

◆菜单:“修改”→“延伸”

◆工具栏:“修改”→“延伸”按钮

◆功能区:“常用”选项卡→“修改”面板→ “延伸”

用上述几种方法中的任一种输入命令后,AutoCAD 会提示:

命令: _extend

当前设置:投影=UCS,边=无

选择边界的边...

选择对象或 <全部选择>:(窗口交叉全选,先拾取 A,再拾取 B) 找到 1 个

选择对象:↙

选择要延伸的对象,或按住 Shift 键选择要修剪的对象,或[栏选(F)/窗交(C)/投影(P)/边(E)/放弃(U)]:(点选 C 点)

选择要延伸的对象,或按住 Shift 键选择要修剪的对象,或[栏选(F)/窗交(C)/投影(P)/边(E)/放弃(U)]:↙

延伸命令操作的提示与修剪相近,可参照修剪命令说明。

在延伸操作中要注意:被延伸的对象拾取的位置,应取靠近延伸边界线的点。若以带有宽度的多段线作边界线时,系统将以多段线的中心为延伸边界线。

(3)缩放

放大或缩小选定对象,使缩放后的图形不改变原对象的形状。

命令启动方式如下:

◆快捷键:scale (SC)

◆菜单:"修改"→"缩放"

◆工具栏:"修改"→"缩放"按钮

◆功能区:"常用"选项卡→"修改"面板→ "缩放"

①指定缩放的比例因子。"指定比例因子"选项为默认选项。输入比例因子后,系统将根据该值相对于基点缩放对象。"缩放"操作示意图如图 1-67 所示。

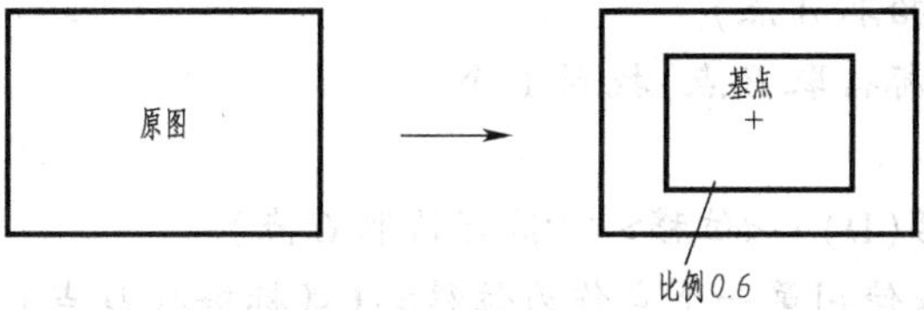
原图
基点
比例0.6

图 1-67　缩放命令操作示意图

比例因子大于 1 时将放大对象,比例因子介于 0 和 1 之间时将缩小对象。

②指定参照。在某些情况下,相对于另一个对象来缩放对象比例,比"指定比例因子"更容易。比如想改变某一对象的大小,使它与另一对象的一个尺寸匹配,或者比例因子是除不尽的小数时,此时可选择"参照(R)"选向。

【案例 1-13】 将图 1-68 中的边长为 30 的多边形,放大为边长为 60 的多边形。

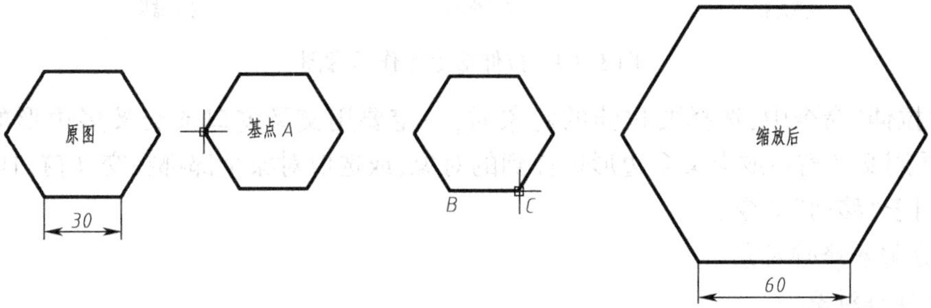
原图
30
基点 A
B
C
缩放后
60

图 1-68　缩放命令操作示意图

命令: _scale

选择对象: (点选原图)找到 1 个

选择对象:↙

指定基点:(点选 A 点)

指定比例因子或 [复制(C)/参照(R)]: r↙

指定参照长度 <1.0000>：（点选 *B* 点） 指定第二点：（点选 *C* 点）

指定新的长度或［点(P)］<1.0000>：60↙

(4)拉伸

拉伸命令的实质是在某一个方向上，将原图形修改成它的类似形的操作。通过移动图形对象的指定部分，同时保持着移动部分与不动部分的连接，达到改变图形形状的目的。

命令启动方式如下。

◆快捷键：stretch（S）

◆菜单："修改"→"拉伸"

◆工具栏："修改"→"拉伸"按钮

◆功能区："常用"选项卡→"修改"面板→"拉伸"

用上述几种方法中的任一种输入命令后，AutoCAD 会提示：

命令：_stretch

以交叉窗口或交叉多边形选择要拉伸的对象...

选择对象：（鼠标拾取 *A* 点）

指定对角点：（鼠标拾取 *B* 点）找到 1 个

选择对象：↙

指定基点或［位移(D)］<位移>：（鼠标拾取 *C* 点）

指定第二个点或 <使用第一个点作为位移>：（鼠标拾取 *D* 点）

"拉伸"操作示意图如图 1-69 所示。

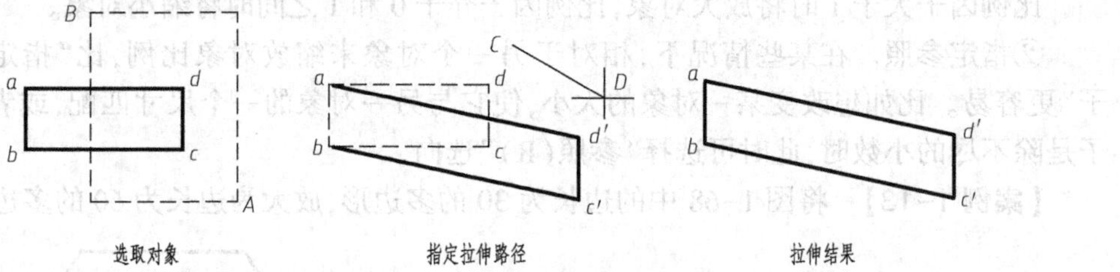
B
a
d
b
c
A
选取对象
C
a
d
D
d'
b
c
c'
指定拉伸路径
a
d'
b
c'
拉伸结果

图 1-69　拉伸命令操作示意图

在"拉伸"命令中，选择要拉伸的对象时，一定要用交叉窗口或交叉多边形的方式。如果不是用交叉窗口或交叉多边形选择到的对象，或选取对象全部都在交叉窗口内，则此命令等同于"移动"命令。

5. 分解和修饰对象

(1)分解对象

分解对象就是将一个整体的复杂对象，转换成一个个单一组成对象。分解多段线、矩形、多边形、圆环，可以将其简化成直线段和圆弧对象，然后可以分别进行编辑修改；如果是带属性的块，分解后图形的属性将消失，并被还原为属性定义的选项。

命令启动方式如下。

◆快捷键：explode（X）

◆菜单："修改"→"分解"

◆工具栏:“修改”→“分解”按钮

◆功能区:“常用”选项卡→“修改”面板→ “分解”

(2)倒角

命令启动方式如下。

◆快捷键:chamfer (CHA)

◆菜单:“修改”→“倒角”

◆工具栏:“修改”→“倒角”按钮

◆功能区:“常用”选项卡→“修改”面板→ “倒角”

在进行“倒角”操作之前,需要确定倒角距离。图 1-70 所示倒角的具体操作如下:

命令: _chamfer

(“修剪”模式) 当前倒角距离 1 = 0.0000,距离 2 = 0.0000

选择第一条直线或[放弃(U)/多段线(P)/距离(D)/角度(A)/修剪(T)/方式(E)/多个 M)]:d↙

指定第一个倒角距离 <0.0000>: 5↙

指定第二个倒角距离 <5.0000>: 8↙

选择第一条直线或[放弃(U)/多段线(P)/距离(D)/角度(A)/修剪(T)/方式(E)/多个(M)]:(点选第一条直线)

选择第二条直线,或按住 Shift 键选择要应用角点的直线: (点选第二条直线)

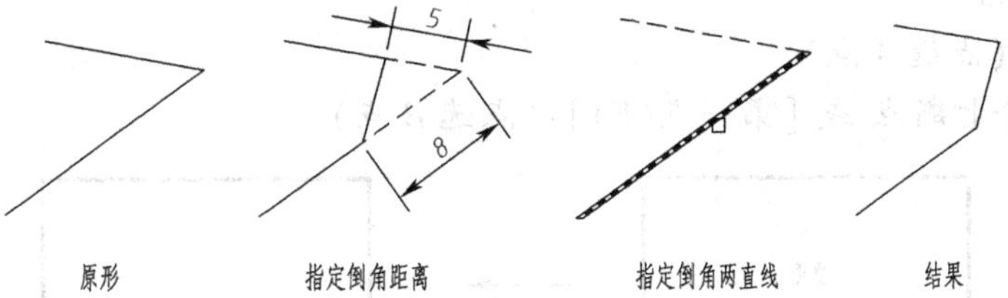
5
8
原形
指定倒角距离
指定倒角两直线
结果

图 1-70 倒角命令操作示意图

(3)圆角

圆角命令是用具有指定半径的圆弧与对象相切的方式连接两个对象的操作。

命令启动方式如下。

◆快捷键:fillet (F)

◆菜单:“修改”→“圆角”

◆工具栏:“修改”→“圆角”按钮

◆功能区:“常用”选项卡→“修改”面板→ “圆角”

用上述几种方法中的任一种输入命令后,AutoCAD 会提示:

命令: _fillet

当前设置: 模式 = 修剪,半径 = 0.0000

选择第一个对象或[放弃(U)/多段线(P)/半径(R)/修剪(T)/多个(M)]: r↙

指定圆角半径 <0.0000>: (输入半径值) ↙

选择第一个对象或[放弃(U)/多段线(P)/半径(R)/修剪(T)/多个(M)]:(点选一

条边)

选择第二个对象,或按住 Shift 键选择对象以应用角点或［半径(R)］:(点选另一条边)

AutoCAD 就会按指定的圆角半径对其倒圆角。

其他选项含义如下。

多段线(P):对二维多段线倒圆角。

半径(R):确定要倒圆角的圆角半径。

修剪(T):确定倒圆角是否修剪边界。

多个(M):顺序执行多个操作。

(4)打断

使用该命令可以将一个对象断开或将其截掉一部分。打断的对象可以是直线、多段线、圆弧、圆、射线和构造线。“打断”操作示意图如图 1-71 所示。

命令启动方式如下。

◆快捷键:break (BR)

◆菜单:“修改”→“打断”

◆工具栏:“修改”→“打断”按钮

◆功能区:“常用”选项卡→“修改”面板→ “打断”

用上述几种方法中的任一种输入命令后,AutoCAD 会提示:

命令: _break

选择对象:(点选 A 点)

指定第二个打断点 或［第一点(F)］:(点选 B 点)

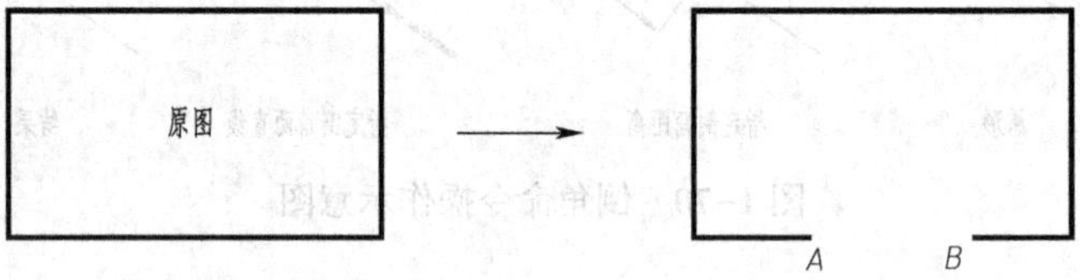
原图
A
B

图 1-71　打断命令操作示意图

6. 夹点编辑

夹点是指对象上的控制点。当我们选中一个图形时,图形亮显的同时会显示一些蓝色的小方框,这些用来标记被选中对象的小方框就是夹点。对于不同的对象,用来控制其特征的夹点的形状、位置和数量也不同,如图 1-72 所示。

(1)拉伸模式

当单击对象上的夹点时,系统便直接进入“拉伸”模式。此时命令行将显示如下提示信息:

＊＊ 拉伸 ＊＊

指定拉伸点或［基点(B)/复制(C)/放弃(U)/退出(X)］:

默认情况下,指定拉伸点(可以通过输入点的坐标或直接用鼠标单击拾取)后,位于拉伸点上的对象被拉伸或移动到新的位置。

如图 1-73 所示,单击夹点 A,进入拉伸模式,指定拉伸点 B,直线即被拉伸。

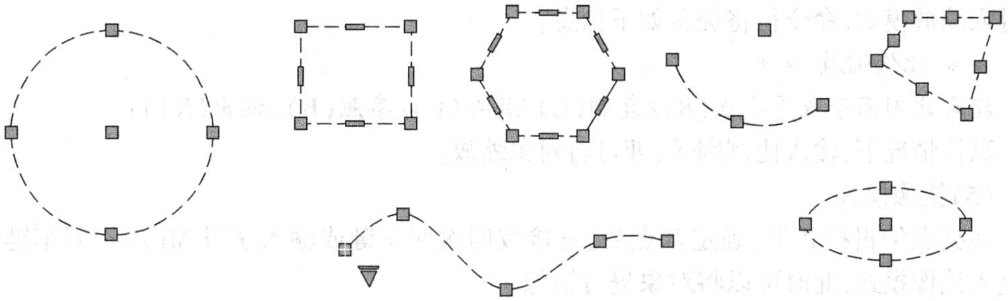

图 1-72 常见图形对象的夹点图例

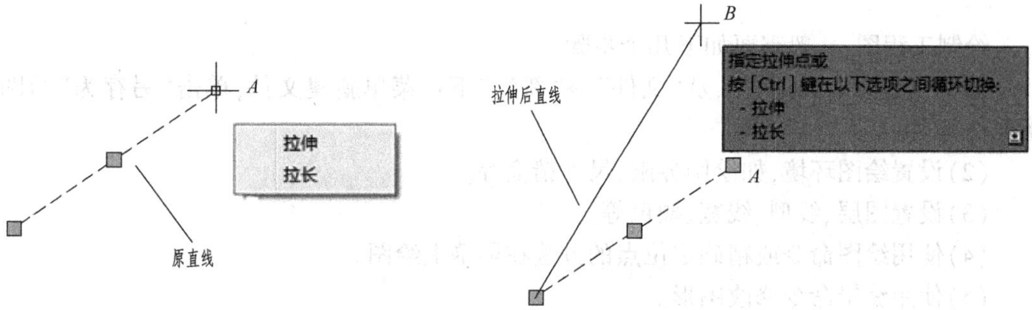
A
拉伸
拉长
原直线
B
拉伸后直线
指定拉伸点或
按[Ctrl]键在以下选项之间循环切换:
- 拉伸
- 拉长
A

图 1-73 拉伸或拉长

下面对各项进行说明。

基点(B):重新确定拉伸的基点。

复制(C):允许用户连续进行多次拉伸重复操作。每指定一个点,就在这点复制出一个图形。

放弃(U):取消上一次的操作。

退出(X):退出拉伸操作。空格或回车均可。

(2)移动模式

在夹点编辑模式下,确定基点后,直接按回车键或输入字母 MO 后按回车键,系统进入移动模式,命令行将提示如下信息:

＊＊ MOVE ＊＊

指定移动点 或 [基点(B)/复制(C)/放弃(U)/退出(X)]:

默认情况下,指定移动方向和距离后,即可将对象沿指定的方向移动用户输入的距离,也可以选择“复制(C)”选项,以复制的方式移动对象。

(3)旋转模式

在夹点编辑模式下,确定基点后,直接按两次回车键或输入字母 RO 后按回车键,系统进入旋转模式,命令行将提示如下信息:

＊＊ 旋转 ＊＊

指定旋转角度或 [基点(B)/复制(C)/放弃(U)/参照(R)/退出(X)]:

默认情况下,输入旋转的角度值或通过拖动方式确定旋转角度后,即可将对象绕基点旋转指定的角度。也可以选择“参照(R)”选项,以参照方式旋转对象。

(4)缩放模式

在夹点编辑模式下,确定基点后,直接按三次回车键或输入字母 SC 后按回车键,系

统进入缩放模式,命令行将提示如下信息:

＊＊ 比例缩放 ＊＊

指定比例因子或 [基点(B)/复制(C)/放弃(U)/参照(R)/退出(X)]:

默认情况下,输入比例因子,即可将对象缩放。

(5)镜像模式

在夹点编辑模式下,确定基点后,直接按四次回车键或输入字母 MI 后按回车键,系统进入镜像模式,此时可以将对象进行镜像。

四、工程图绘制示例

绘制工程图,一般需要如下几个步骤:

(1)开机进入 AutoCAD,从"文件"→"新建"下拉菜单新建文件,单击"另存为"给图形文件起名。

(2)设置绘图环境,如绘图界限、尺寸精度等。

(3)设置图层、线型、线宽、颜色等。

(4)使用绘图命令或精确定位点的方法在屏幕上绘图。

(5)使用编辑命令修改图形。

(6)图形填充及标注尺寸,填写文本。

(7)完成整个图形后,从"文件"→"保存"选项进行存盘,然后退出 AutoCAD。

【案例 1-14】 绘制如图 1-74 所示的平面图形(不标注尺寸)。

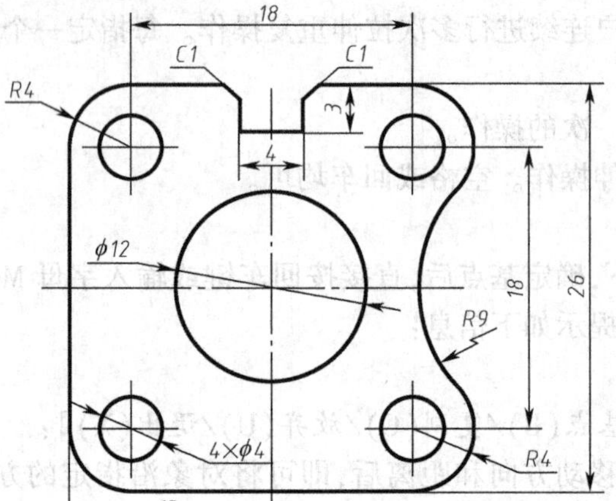

18
C1
C1
R4
3
4
ϕ12
18
26
R9
4×ϕ4
R4
13

图 1-74 平面图形

首先要认真细致地观察图形,分析图形的构成,考虑绘制先后顺序。图 1-73 所示的平面图形,主要是由圆、圆弧、圆角和直线构成;涉及的线型有点画线和粗实线,对此给出绘图的参考步骤如下:

1. 打开 AutoCAD 2014 绘图界面

单击"文件"→"新建"下拉菜单,新建图形文件,单击"另存为"定义图形名称为"Plane1"。

2. 设置绘图环境

参照前面介绍的图形界限的设置方法,使用"格式"菜单→"图形界限"命令,设置 A4

图纸幅面。

3. 设置图层及线型等

在绘制的平面图形中，因不需要标注尺寸，所以图形中只涉及两种线型，即中心线（点画线）和外轮廓线（粗实线）。图层设置结果如图 1-75 所示。

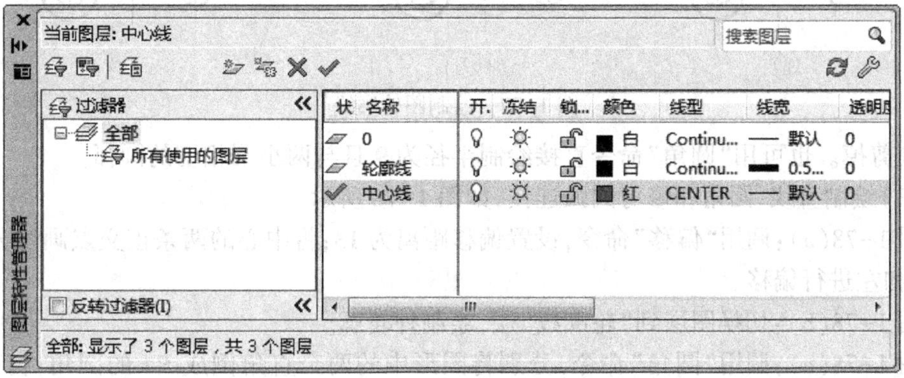
当前图层：中心线
搜索图层
过滤器
全部
所有使用的图层
反转过滤器(I)
状 名称
开. 冻结
锁... 颜色
线型
线宽
透明度
0
白
Continu...
默认
轮廓线
白
Continu...
0.5...
中心线
红
CENTER
默认
全部：显示了 3 个图层，共 3 个图层
图层特性管理器

图 1-75　平面图形图层设置结果

4. 绘制平面图形

（1）根据图形在图纸中的位置，调用中心线图层，按下列步骤在适当的位置画中心线，如图 1-76 所示。

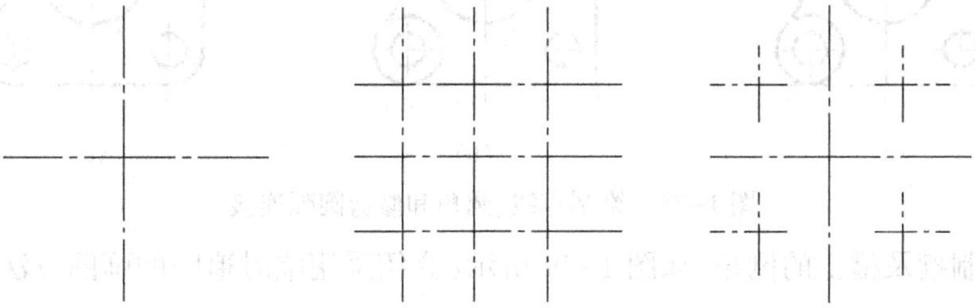

(a)　(b)　(c)

图 1-76　绘制中心线

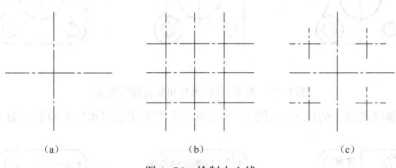

图 1-76(a)：调用“直线”命令，在适当位置绘制两条正交直线，并利用缩放命令调整当前显示。

图 1-76(b)：调用“偏移”命令，设置偏移距离为 9；将两条正交直线分别向上、下和左、右进行偏移。

图 1-76(c)：调用“打断”命令，分别将上、下、左、右四条直线打断并用“夹点”拉伸整理。

（2）切换图层到轮廓线图层，按下列步骤绘制图形轮廓线，如图 1-77 所示。

图 1-77(a)：调用“圆”命令，在图示的位置分别绘制出半径为 2 的圆 4 个；半径为 4 的圆 2 个和一个位于中心，半径为 6 的圆（也可以每种尺寸绘制一个圆，然后“复制”）。

图 1-77(b)：调用“圆”命令，选择“相切、相切、半径”选项，绘制半径为 9 的圆，分别与相邻圆相切。

图 1-77(c)：调用“修剪”命令，分别以半径为 4 的两个圆做剪切边，将半径为 9 的圆

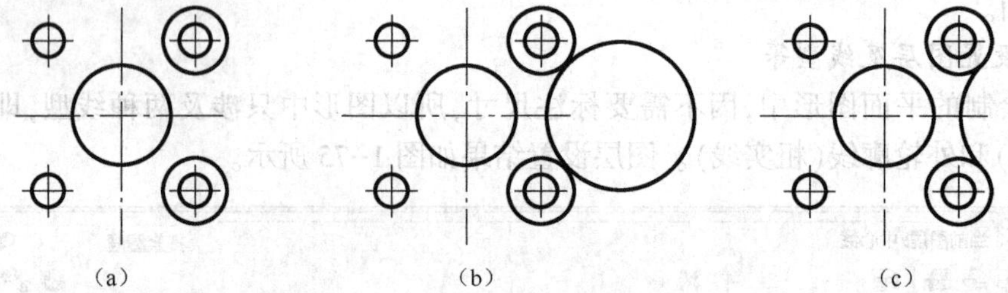
(a)
(b)
(c)

图 1-77　绘制图轮廓线

的右侧剪掉。也可用“圆角”命令直接绘制半径为 9 且与两小圆相切的圆弧。

(3)绘制直线、圆角和修剪圆弧连接,如图 1-78 所示。

图 1-78(a):调用“偏移”命令,设置偏移距离为 13;将中心的两条正交点画线分别向上、下和左进行偏移。

图 1-78(b):切换图层到“轮廓线”层,绘制外轮廓。

图 1-78(c):调用“圆角”命令,分别将图形中的两个直角倒成 $R4$ 的圆角,再用“修剪”命令,修剪完成图形右侧的圆弧连接。

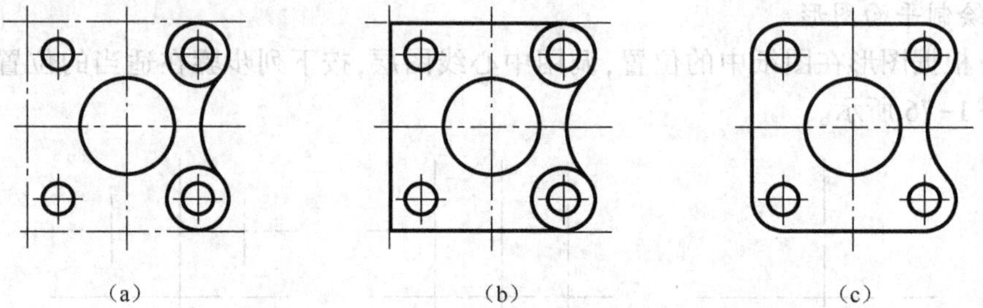
(a)
(b)
(c)

图 1-78　绘制直线、圆角和修剪圆弧连接

(4)绘制槽及槽上的倒角,如图 1-79 所示(介绍采用临时追踪的画图方法)。

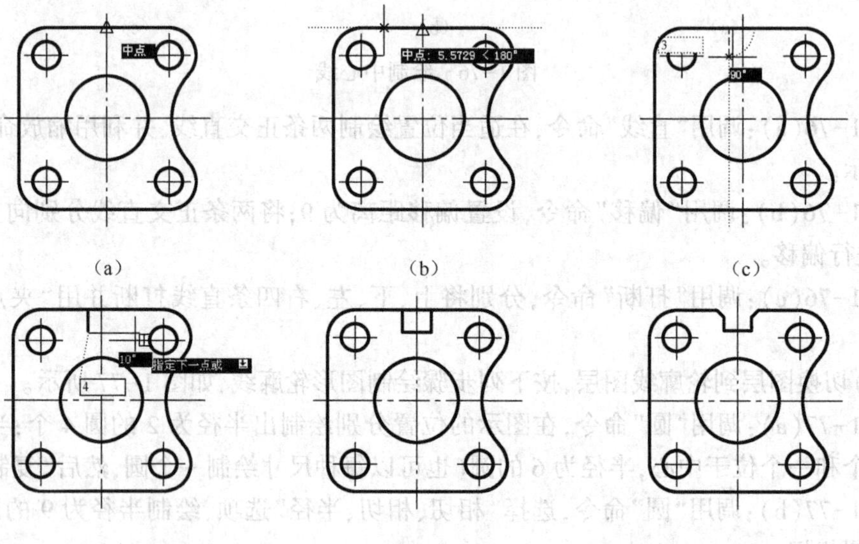
中点
中点: 5.5729 < 180°
90°
10°
指定下一点或
(a)
(b)
(c)
(d)
(e)
(f)

图 1-79　绘制槽及槽上的倒角

将轮廓线层置为当前层。单击“绘图”→“直线”按扭 ，指定追踪位置，如图 1-79(a)中所示的中点；鼠标向左推移，拖出一跟橡皮线，如图 1-79(b)所示；输入距离 3 mm，回车，得到槽最下方的位置，如图 1-79(c)所示；鼠标向右拖拉，输入距离 4 mm，回车，如图 1-79(d)所示；鼠标指向上方，输入距离 3 mm，回车，完成槽的绘制，如图 1-79(e)所示。

调用“修剪”命令，对图形进行修剪，调用“倒角”命令，并设置倒角距离为 1，将槽口进行倒角处理，如图 1-79(f)所示。

5. 存盘后退出

过程略。

任务实施 3

1. 打开 AutoCAD 2014 绘图界面，单击“文件”→“新建”下拉菜单新建文件，单击“另存为”，定义图形名称为 Plane2。

2. 设置绘图环境。参照前面介绍的图形界限的设置方法，使用“格式”菜单→“图形界限”命令，设置 A3 图纸幅面。

输入“Z”(缩放命令)→“A”(全部显示命令)，显示全图。

3. 设置图层及线型等。设置中心线(点画线)、外轮廓线(粗实线)和细实线层。

4. 绘制稳压电源平面图。

(1)绘制面板外形

调用“矩形”命令，在图纸合适位置单击指定矩形左下角，输入(195,150)指定右上角，绘制面板外形如图 1-80(a)所示。

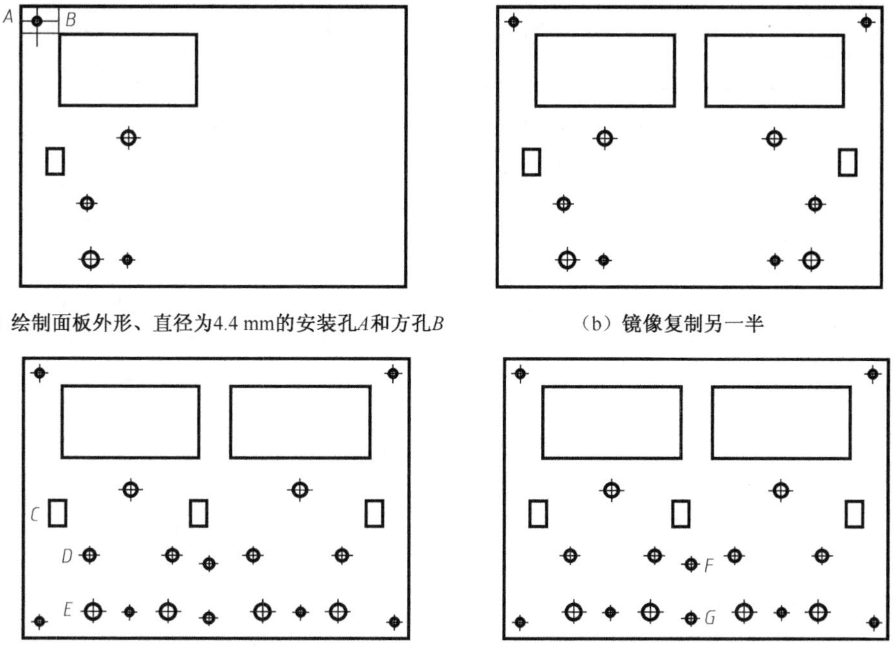
A
B
C
D
E
F
G

(a) 绘制面板外形、直径为4.4 mm的安装孔A和方孔B　　(b) 镜像复制另一半

(c) 复制方孔C、圆孔D和E　　(d) 绘制圆孔F和G

图 1-80　稳压电源面板图绘制

(2)绘制直径为 4.4 mm 的安装孔 *A* 和方孔 *B*

调用“直线”命令，采用临时追踪法，从矩形左上角向下、向右分别捕捉 8.5 mm，找到安装孔 *A* 的圆心。调用“圆”命令，绘制直径为 4.4 mm 的圆。

用同样方法，调用“直线”命令，从矩形左上角向下捕捉 15 mm、向右捕捉 19.5 mm，找到方孔 *B* 的左上角。调用“矩形”命令，指定刚刚定位的左上角，输入(70.5,-38.4)指定右下角，绘制方孔 *B* 如图 1-80(a)所示。

其他小孔的绘制方法同上所述。

(3)绘制另一半

调用“镜像”命令，将绘制好的左侧部分镜像到右边，如图 1-80(b)所示。

(4)复制方孔 *C*、圆孔 *D* 和 *E*

调用“复制”命令，将方孔 *C* 向右移动 71.3 mm 复制成形，圆孔 *D* 和 *E* 的复制方法同此。完成后如图 1-80(c)所示。

(5)绘制圆孔 *F* 和 *G*

采用临时追踪法定位圆孔 *F* 和 *G* 的圆心，调用“圆”命令，绘制两个直径为 5.2 mm 的圆。完成后如图 1-80(d)所示。

5. 存盘后退出

没有进行尺寸标注，用 AutoCAD 2014 软件进行尺寸标注的方法见项目四。

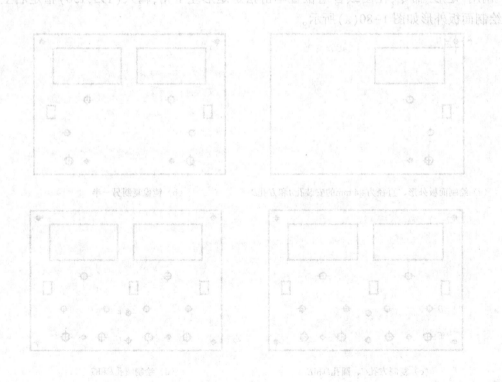

项目二

简单零件的三维造型

知识目标

(1)熟悉世界坐标系、用户坐标系的建立及转换。

(2)熟悉 AutoCAD 建模工具栏的使用方法,熟悉使用“拉伸”、“按住并拖动”、“旋转”、“扫掠”、“放样特征”等方式创建三维实体的方法。

能力目标

(1)能熟练创建长方体、球体、圆柱体、圆锥体等基本形体。

(2)能熟悉使用“拉伸”、“按住并拖动”、“旋转”、“扫掠”等方式创建三维实体。

项目引入

机械零件常可分解为若干基本立体。如图 2-1 所示的手柄,它可看成是由圆球、圆柱和圆台组合而成。

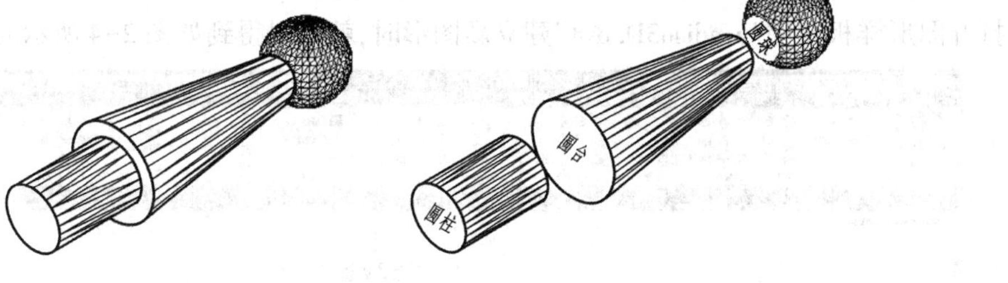
圆球
圆台
圆柱

图 2-1　手柄的组成

按照立体表面的性质不同,立体分为平面立体和曲面立体。平面立体指各表面都是由平面围成,如图 2-2 所示的立体都是平面立体;曲面立体指表面全部或部分由曲面围成,如图 2-3 所示的立体都是曲面立体。

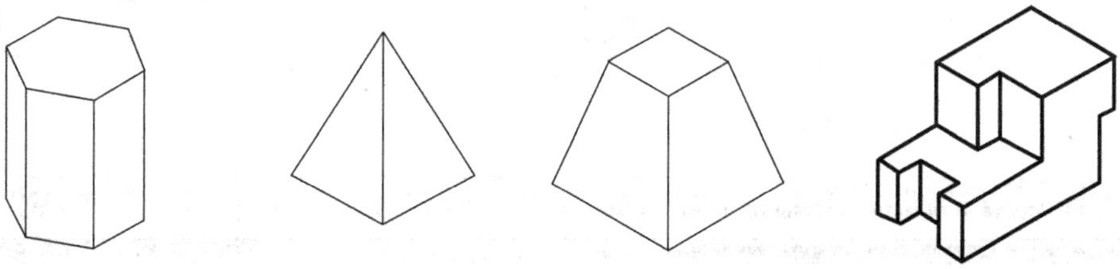

图 2-2　平面立体

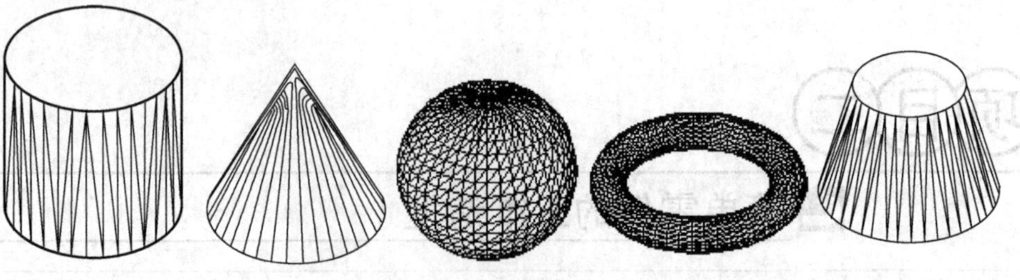

图 2-3　曲面立体

通过该项目,可熟悉 AutoCAD 建模工具栏的使用方法,熟悉使用“拉伸”、“按住并拖动”、“旋转”、“扫掠”、“放样”特征等方式创建三维实体的方法。

任务 1　机柜的三维造型

知识准备及拓展

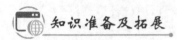

一、AutoCAD 2014 三维实体造型相关基本知识

1. 三维绘图界面

为了提高绘图效率,AutoCAD 2014 提供了专门的三维建模工作空间。从经典工作界面切换到三维绘图工作界面的方法是:选择“工具”→“工作空间”→“三维建模”命令,或在顶部快捷工具栏的对应下拉列表中选择“三维建模”项。

打开的 AutoCAD 2014 三维绘图工作界面如图 2-4 所示,其中关闭了栅格功能。当打开图形样板文件“acadiso3D. dwt”建立新图形时,就可以得到如图 2-4 所示的三维绘图工

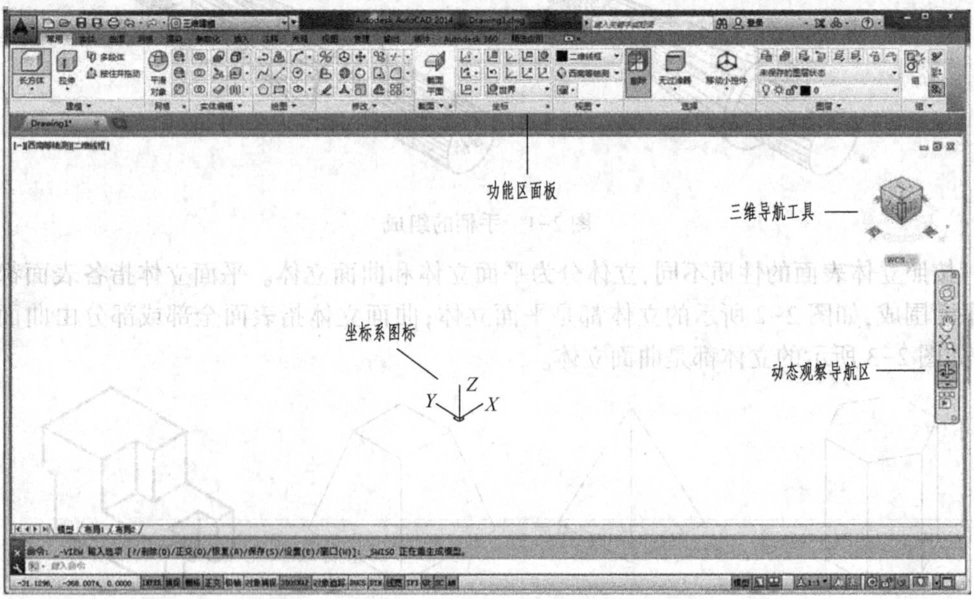
功能区面板
三维导航工具
坐标系图标
动态观察导航区

图 2-4　AutoCAD 2014 的三维绘图工作界面

作界面，它由三维坐标系图标、功能区面板和三维导航工具等组成。

用户可以在上图所示的三维绘图工作界面中，单击“功能区面板”上的图标进行三维操作；也可以在“经典空间”下，打开 AutoCAD 2014 的常用三维操作工具栏，便可以像二维绘图一样，通过工具栏或菜单执行三维命令。

2. 观察三维视图的方法

在 AutoCAD 中，用户可以从各个角度观察三维对象，从而能够从全局把握产品的设计效果。AutoCAD 提供了设置观察视点、标准视点、多种视觉样式、三维导航工具、viewcube 控件等强大的观察工具，使用户可以在空间任何位置观察三维视图。

（1）设置视点进行观察

在三维空间中，我们把观察图形时用户的观察位置称为视点。设置视点可以使用命令 vpoint；也可以单击菜单“视图”→“三维视图”→“视点”命令。

执行视点命令后，命令行提示：

指定视点或［旋转（R）］<显示坐标球和三轴架>：

“指定视点”——为默认项，直接输入或用其他方式确定视点的坐标，观察方向从输入点指向坐标原点。

“旋转（R）”——根据角度确定视点方向。选定该选项后，命令行继续提示：

输入 XY 平面中与 X 轴的夹角：（输入视点方向在 *XY* 平面内与 *X* 轴正方向的夹角）

输入与 XY 平面的夹角：（输入视点方向与其在 *XY* 面上投影的夹角）

执行完以上操作后，AutoCAD 会重新生成模型空间。

（2）利用标准视点观察三维图形

利用“视图”→“三维视图”子菜单中的“俯视”、“仰视”、“左视”、“右视”、“前视”、“后视”、“西南等轴测”、“东南等轴测”、“东北等轴测”和“西北等轴测”命令，可以快速从多个标准视点观察三维视图。在“三维建模”工作界面中，单击“功能区面板”上的视图，或者打开“视图”工具栏，用户也可以进行同样的设置，如图 2-5 所示。

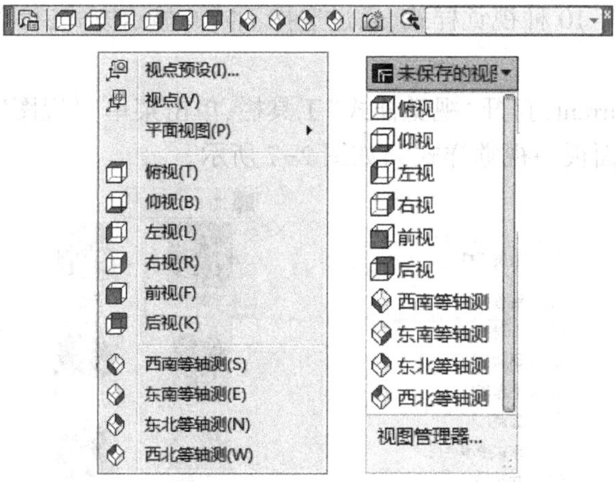
视点预设(I)...
视点(V)
平面视图(P)
俯视(T)
仰视(B)
左视(L)
右视(R)
前视(F)
后视(K)
西南等轴测(S)
东南等轴测(E)
东北等轴测(N)
西北等轴测(W)
未保存的视图
俯视
仰视
左视
右视
前视
后视
西南等轴测
东南等轴测
东北等轴测
西北等轴测
视图管理器...

图 2-5　“视图”工具栏、“三维视图”菜单和功能区“视图面板”

（3）使用三维导航工具观察三图形

三维导航是一个功能非常强大的观察工具，提供了三维平移、三维缩放、动态观察、回旋和漫游等按钮,可以使用户连续地调整观察方向,非常方便地获得不同方向的三维视图。三维导航工具栏对应的命令如图 2-6 所示,其中后三个按钮都有一个◢符号,单击此图标,将弹出下一级按钮。利用三维建模空间的“动态观察导航栏”也可以非常方便的进行观察。

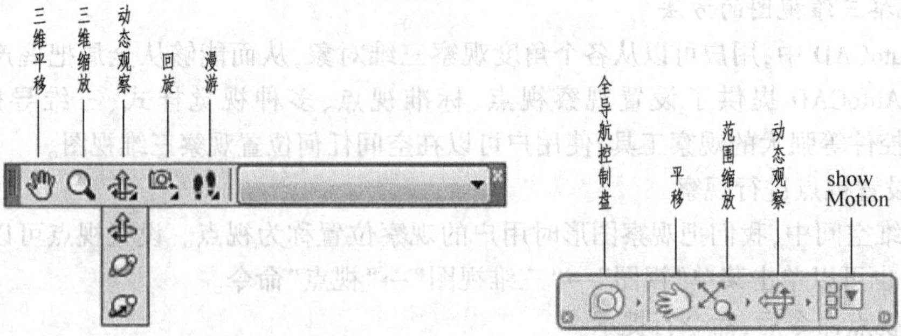
三维平移
三维缩放
动态观察
回旋
漫游
全导航控制盘
平移
范围缩放
动态观察
show Motion

图 2-6　三维导航工具栏、动态观察导航栏

“三维平移”——跟二维中的平移命令相似,用于平移图纸,使用户感兴趣的区域位于屏幕中间,对应的命令为 3Dpan。

“三维缩放”——跟二维缩放命令相似,用于缩放视图,对应的命令为 3Dzoom。

“动态观察”——包括“受约束的动态观察”、“自由动态观察”、“连续动态观察”三种方式。选择“视图”→“动态观察” 子菜单中的相应命令,也可以动态观察三维视图。

“回旋”——启用 3DORBIT 命令,并模拟旋转相机的效果。

“漫游”——交互式更改图中的三维视图,以创建在模型中的漫游外观,通过鼠标和键盘控制视图显示或创建导航动画。

(4) 以不同视觉样式观察三维图形

在进行三维造型时,为了更好地观察三维立体,AutoCAD 2014 提供了二维线框、概念、隐藏、真实、着色等 10 种视觉样式,通过选择不同的显示方式,可以控制三维视图的显示效果。

可使用命令 vscurrent;打开“视觉样式”工具栏;单击菜单:“视图”→“视觉样式”命令或单击功能区“视图面板→视觉样式”,如图 2-7 所示。

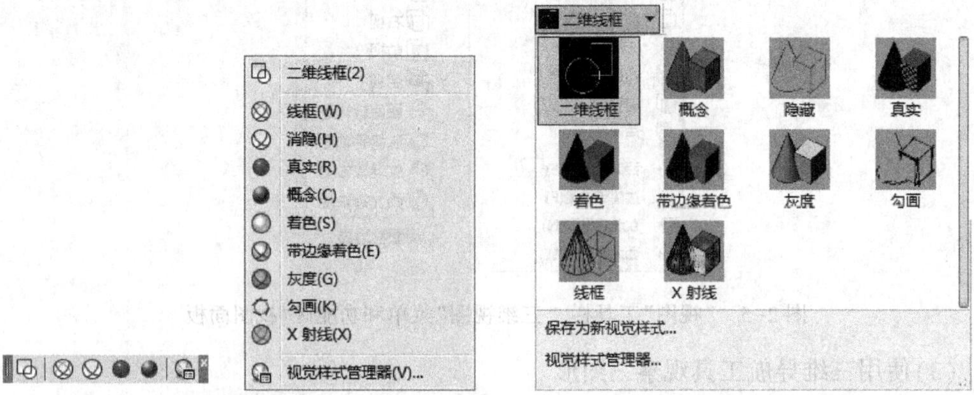
二维线框(2)
线框(W)
消隐(H)
真实(R)
概念(C)
着色(S)
带边缘着色(E)
灰度(G)
勾画(K)
X 射线(X)
视觉样式管理器(V)...
二维线框
二维线框
概念
隐藏
真实
着色
带边缘着色
灰度
勾画
线框
X 射线
保存为新视觉样式...
视觉样式管理器...

图 2-7　“视觉样式”工具栏、菜单和功能区“视图面板→视觉样式”

(5)使用 ViewCube 控件观察三维图形

ViewCube 是用户在二维模型空间或三维视觉样式中处理图形时显示的导航工具。它是持续存在的、可单击和可拖动的界面,可用于在模型的标准与等轴测视图之间切换。

显示 ViewCube 时,它将显示在模型绘图区域中的一个角上,且处于非活动状态。ViewCube 工具将在视图更改时提供有关模型当前视点的直观反映。当光标放置在 ViewCube 工具上时,它将变为活动状态。用户可以拖动或单击 ViewCube,切换至可用预设视图之一,滚动当前视图或更改为模型的主视图。

ViewCube 提供 26 个已定义部分,用户可以单击这些部分来更改模型的当前视图。这 26 个已定义部分按类别分为三组:角、边和面,如图 2-8 所示。其中有 6 个代表模型的标准正交视图:上、下、前、后、左、右,可通过单击 ViewCube 上的一个面设置正交视图。使用其他 20 个已定义部分可以访问模型的带角度视图,单击 ViewCube 上的一个角,可以基于模型三个侧面所定义的视点,将模型的当前视图重定向为四分之三视图。单击一条边,可以基于模型的两个侧面,将模型的视图重定向为半视图。

上
前
上
左
前
左
通过边控制
通过角点控制
通过面控制

图 2-8 通过 ViewCube 控件来控制模型视图

3. 三维坐标系

(1)相关基本知识

AutoCAD 采用笛卡尔坐标系来确定图中点的位置。启动 AutoCAD,系统就自动进入了一个直角坐标系统。该坐标系被称为世界坐标系统(World Coorclinate System,WCS)或通用坐标系统。

世界坐标系(WCS)是 AutoCAD 的系统默认坐标系。也是 AutoCAD 的标准坐标系,其原点和坐标轴的方向是不可改变的。原点(0, 0, 0)设在屏幕的左下角,*X* 轴的坐标表示水平方向的位置,向右为正。*Y* 轴的坐标表示垂直方向的位置,向上为正。*Z* 轴的坐标表示前后方向的位置,指向用户为正,如图 2-9 所示。

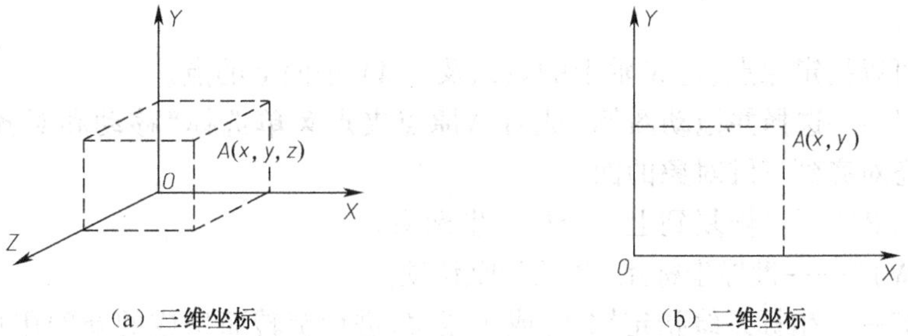
Y
A(x, y, z)
0
X
Z
(a) 三维坐标
Y
A(x, y)
0
X
(b) 二维坐标

图 2-9 WCS 坐标系

(2)用户坐标系

用 AutoCAD 2014 绘制二维图形时,通常是在一个固定坐标系,即世界坐标系(WCS)

中完成的，其原点以及各坐标轴的方向固定不变。用 AutoCAD 进行二维图形绘制，世界坐标系已足以满足要求，但在进行三维图形绘制时，用户常常要在三维空间的某一个平面上绘图或者标注，然而许多操作只能在当前坐标系的 *XY* 平面内进行，这就给用户带来一个难题。

如图 2-10 所示，如果需要在斜屋顶上绘制矩形天窗，在上图左侧的坐标系下绘制准确的图形就比较困难；若定义一个图 2-10 右侧的坐标系，再用 PLAN 命令使之变成当前平面坐标系，于是天窗的绘制便变成简单的二维绘图了。我们把这种为了方便用户在任意三维平面上绘图而定义的坐标系称为用户坐标系（User Coordinate System，UCS）。用户利用它可以自行设定适合自己需要的坐标系，使绘制过程简单化。

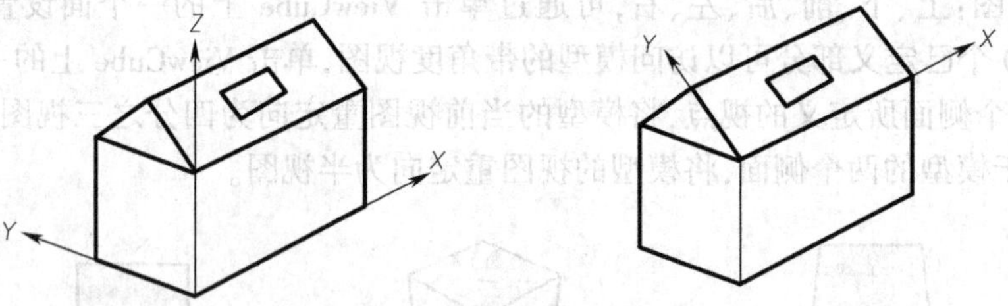
Z
X
Y
Y
X

图 2-10　UCS 坐标系应用

命令启动方式如下。

◆快捷键：ucs

◆菜单："工具"→"新建 ucs"

◆工具栏："ucs"→

◆功能区："常用"选项卡→"坐标"面板→ "ucs"

命令行提示如下：

```
命令: _ucs
当前 UCS 名称: *世界*
UCS 指定 UCS 的原点或 [面(F) 命名(NA) 对象(OB) 上一个(P) 视图(V) 世界(W) X Y Z Z 轴(ZA)] <世界>:
```

下面介绍创建 UCS 的几种常用方法。

指定 UCS 的原点——通过指定一点、两点或三点定义一个新的用户坐标系。如果指定一点：当前 UCS 的原点移动，而 *X*、*Y*、*Z* 轴的方向不会改变。如果指定第二点：则 UCS 旋转以使 *X* 轴正方向通过该点。如果指定第三点：则 UCS 绕新的 *X* 轴旋转来定义 *Y* 轴正方向。

这三点可以指定原点、正 *X* 轴上的点以及正 *XY* 平面上的点。

"面(F)"——选择并拖动图标（或者从原点夹点菜单选择"移动和对齐"），将 UCS 图标与面动态对齐到三维对象的面。

"上一个(P)"——恢复到上一个用户坐标系。

"世界(W)"——世界坐标系，此项为默认项。

"X/Y/Z"——坐标系绕指定轴 *X*（或 *Y* 或 *Z*）进行旋转而生成的新的用户坐标系，用户所输入的角度值可正可负。

【案例 2-1】分别利用"指定 UCS 的原点"、"面(F)"、"绕指定轴 *X*（或 *Y* 或 *Z*）进行旋转"生成新的用户坐标系，将坐标系分别转换到平面 *ABCD*、*CEFG*、*ADGFHJ* 上，并绘制圆形图案，如图 2-11 所示。

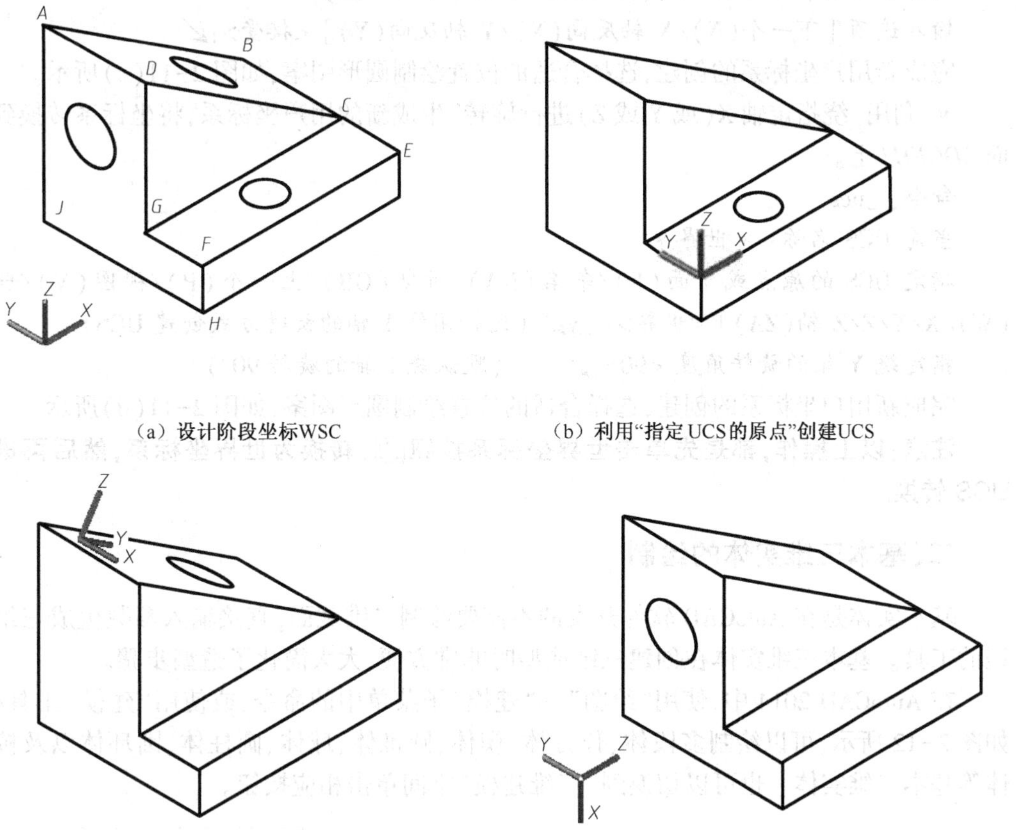
A
B
D
C
E
J
G
F
H
Z
Y
X

（a）设计阶段坐标WSC　（b）利用“指定UCS的原点”创建UCS

（c）利用“面（F）”创建UCS　（d）利用“绕指定轴Y进行旋转”创建UCS

图 2-11　UCS 转换练习

• 利用“指定 UCS 的原点”方式创建用户坐标系，将坐标系转换到平面 *CEFG*，绘制该面上的圆上。

命令：_ucs

当前 UCS 名称：*世界*

指定 UCS 的原点或 [面(F)/命名(NA)/对象(OB)/上一个(P)/视图(V)/世界(W)/X/Y/Z/Z 轴(ZA)] <世界>：（单击 *F* 点作为 UCS 的原点）

指定 X 轴上的点或 <接受>：（单击 *E* 点作为 *X* 轴上的点）

指定 XY 平面上的点或 <接受>：(在平面 *CEFG* 上单击指定 *XY* 平面上的点)

完成新用户坐标系的创建，选择合适的位置绘制圆形图案，如图 2-11(b)所示。

• 利用“面(F)”生成新的用户坐标系，将坐标系转换到平面 *ABCD* 上，绘制该面上的圆。

命令：_UCS

当前 UCS 名称：*世界*

指定 UCS 的原点或 [面(F)/命名(NA)/对象(OB)/上一个(P)/视图(V)/世界

(W)/X/Y/Z/Z 轴(ZA)] <世界>: F

选择实体面、曲面或网格:(在 *ABCD* 平面内单击一点)

输入选项 [下一个(N)/X 轴反向(X)/Y 轴反向(Y)] <接受>:↙

完成新用户坐标系的创建,选择合适的位置绘制圆形图案,如图 2-11(c)所示。

• 利用"绕指定轴 X(或 Y 或 Z)进行旋转"生成新的用户坐标系,将坐标系转换到平面 *ADGFHJ* 上。

命令: _ucs

当前 UCS 名称: *世界*

指定 UCS 的原点或 [面(F)/命名(NA)/对象(OB)/上一个(P)/视图(V)/世界(W)/X/Y/Z/Z 轴(ZA)] <世界>: _y↙ (选择用绕 *Y* 轴的旋转方式创建 UCS)

指定绕 Y 轴的旋转角度 <90>:↙　　(默认绕 *Y* 轴的旋转 90°)

完成新用户坐标系的创建,选择合适的位置绘制圆形图案,如图 2-11(d)所示。

注意:以上操作,都是先单击世界坐标系按钮,转换为世界坐标系,然后再进行 UCS 转换。

二、基本三维实体的绘制

基本实体是在 AutoCAD 软件开发的不需要绘制二维截面,直接输入参数生成三维模型的工具。基本三维实体在创建三维造型时非常方便,大大简化了造型步骤。

在 AutoCAD 2014 中,使用"绘图"→"建模"子菜单中的命令,或使用"建模"工具栏,如图 2-12 所示,可以绘制多段体、长方体、楔体、圆锥体、球体、圆柱体、圆环体以及棱锥体等基本三维实体。也可以切换到"三维建模"空间单击相应按钮。

多段体(P)
长方体(B)
楔体(W)
圆锥体(O)
球体(S)
圆柱体(C)
圆环体(T)
棱锥体(Y)
拉伸(X)
旋转(R)
扫掠(P)
放样(L)
截面平面(E)
曲面(F)
网格(M)
设置(U)

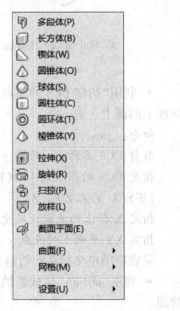

图 2-12　"建模"工具栏和"建模"子菜单

1. 长方体

命令启动方式如下。

◆快捷键：Box

◆菜单："绘图"→"建模"→"长方体"

◆工具栏："建模"→"长方体"

◆三维建模空间功能区："建模"面板→"长方体"

【案例 2-2】创建长 200 mm、宽 120 mm、高 80 mm 的长方体，如图 2-13 所示。

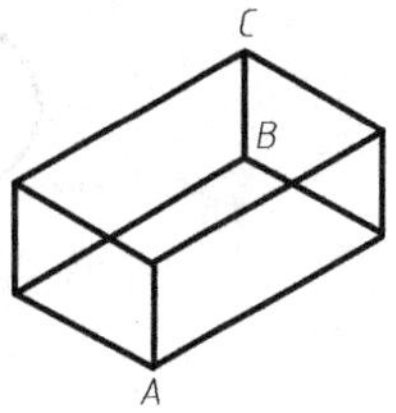
C
B
A

图 2-13　长方体

用上述几种方法中的任一种输入命令后，AutoCAD 会提示：

命令：_box

指定第一个角点或［中心(C)］：

（在绘图区域内单击指定绘图起点 A）

指定其他角点或［立方体(C)/长度(L)］：@200,120↙

（用相对坐标的形式给出对角点 B）

指定高度或［两点(2P)］：80↙（输入高度，绘制结束）

单击"视图"工具栏中的按钮，或者执行菜单命令"视图"→"三维视图"→"西南等轴测"，切换到西南等轴测视图模式，显示结果如图 2-13 所示。

2. 楔体

楔体是长方体沿对角线切成两半后的结果，因此其绘图方法与长方体非常相似，可借鉴长方体的绘制方法。只是斜面的倾斜方向是由 Z 轴正向，向 X 轴正向倾斜，命令启动方式如下。

◆快捷键：wedge

◆菜单："绘图"→"建模"→"楔体"

◆工具栏："建模"→"楔体"

◆三维建模空间功能区："建模"面板→"楔体"

3. 球体

命令启动方式如下。

◆快捷键：sphere

◆菜单："绘图"→"建模"→"球体"

◆工具栏："建模"→"球体"

◆三维建模空间功能区："建模"面板→"球体"

执行球体命令，AutoCAD 提示：

指定中心点或［三点(3P)/两点(2P)/相切、相切、半径(T)］：

"指定中心点"——为默认项，执行该选项，即指定球心位置后，AutoCAD 提示：

指定半径或［直径(D)］：（输入球体的半径，或通过"直径"选项确定直径）

执行此命令后 AutoCAD 根据指定的中心及直径或半径绘出如图 2-14 所示的球体图形。

"三点"——通过指定球体上某一圆周的三点创建球体。

"两点"——通过指定球体上某一直径的二个端点来创建球体。

"相切、相切、半径"——创建与已有两对象相切，且半径为指定值的球体。

绘制球体时可以通过改变 Isolines 变量，来确定每个面上的线框密度，如图 2-14 所示。

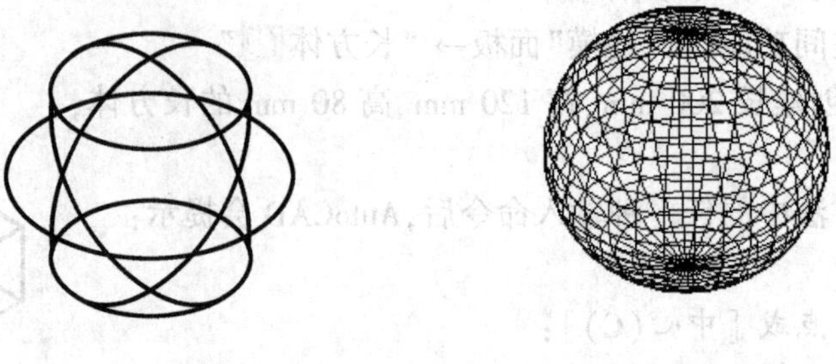

Isolines=4　　　　Isolines=30

图 2-14　球体

4. 圆柱体与圆锥体

命令启动方式如下。

◆快捷键：cylinder

◆菜单："绘图"→"建模"→"圆柱体"

◆工具栏："建模"→"圆柱体"

◆三维建模空间功能区："建模"面板→"圆柱体"

【案例 2-3】绘制一直径为 10 mm，高为 50 mm 的圆柱销，如图 2-15 所示。

图 2-15　圆柱销

命令：_cylinder

指定底面的中心点或［三点(3P)/两点(2P)/切点、切点、半径(T)/椭圆(E)］：

(单击绘图区域下方任一点指定底面的中心点)

指定底面半径或［直径(D)］：*d*↙(指定以输入直径方式绘制圆柱体)

指定直径：10↙(指定圆柱体底面直径)

指定高度或［两点(2P)/轴端点(A)］：50↙(指定圆柱体高度)

除了直接指定高度创建圆柱体外，"两点"选项将要求用户指定两点，以这两点之间的距离为圆柱体的高度。"轴端点"选项根据圆柱体另一端面上的圆心位置创建圆柱体。

"三点(3P)/两点(2P)/相切、相切、半径(T)"——这三个选项分别用于以不同方式确定圆柱体的底面圆，其操作与用 circle 命令绘制圆相同。确定圆柱体的底面后，命令行提示：

指定高度或［两点(2P)/轴端点(A)］：(在此提示下响应即可)

单击"建模"工具栏上的(圆锥体)按钮，选择"绘图"→"建模"→"圆锥体"命令，或在三维建模空间"建模"面板单击(圆锥体)按钮即执行 cone 命令。圆锥体绘制过程与圆柱体非常相似，这里不再介绍。

任务实施 1

创建机柜：长 800 mm、宽 600 mm、高 1 600 mm，厚度为 2 mm，如图 2-16 所示。

说明：机柜一般由冷轧钢板或合金钢板制作而成，用来存放计算机、交换机、路由器、服务器以及相关控制设备。可以提供对存放设备的保护、屏蔽电磁干扰，有序、整齐地排列设备，方便以后维护设备。

1. 画长方体外形

命令：_box

指定第一个角点或［中心(C)］：(在绘图区域内单击指定绘图起点 A)

指定其他角点或［立方体(C)/长度(L)］：l↙（用输入长度方式绘制长方体）

指定长度 ：800↙（输入长度）

指定宽度 ：600↙（输入宽度）

指定高度或［两点(2P)］：1600↙（输入高度，绘制结束）

2. 调整显示效果

单击“视图”工具栏中的“西南等轴测”按钮，切换到西南等轴测视图模式；执行菜单命令“视图”→“视觉样式”→“消隐”，结果如图 2-16(a)所示。

3. 抽壳

打开“实体编辑”工具栏，单击“抽壳”按钮，或者执行菜单命令“修改”→“实体编辑”→“抽壳”，命令行提示如下：

Solidedit 选择三维实体：(单击选择长方体)

删除面或［放弃(U)/添加(A)/全部(ALL)］：(单击选择长方体前表面)↙

找到一个面，已删除 1 个。

输入抽壳偏移距离：2↙

成型后，执行菜单“视图”→“视觉样式”→“真实”命令，完成后的机柜如图 2-16(b)所示。

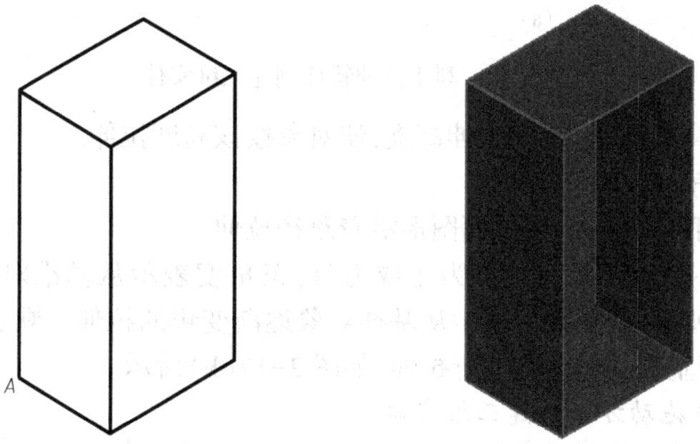
A

(a) 机柜外形　　(b) 机柜抽壳后

图 2-16　机柜

任务2　稳压电源面板的三维造型

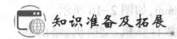

知识准备及拓展

一、利用形体特征创建三维实体

在 AutoCAD 中,可以通过二维图形进行“拉伸”、“按住并拖动”、“旋转”、“扫掠”等形成新实体。

1. 利用拉伸特征创建三维实体

将二维封闭对象包括多段线、多边形、矩形、圆、椭圆、闭合的样条曲线、圆环和面域,按指定的高度或路径拉伸来创建三维实体,如图 2-17 所示。

命令启动方式如下。

◆快捷键:extrude(EXT)

◆菜单:“绘图”→“建模”→“拉伸”

◆工具栏:“建模”→“拉伸”

◆三维建模空间功能区:“建模”面板→“拉伸”

执行“拉伸”命令, AutoCAD 提示:

选择要拉伸的对象:(选择拉伸对象,单击选择二维图形)

选择要拉伸的对象:↙(也可以继续选择对象)

指定拉伸的高度或[方向(D)/路径(P)/倾斜角(T)]:

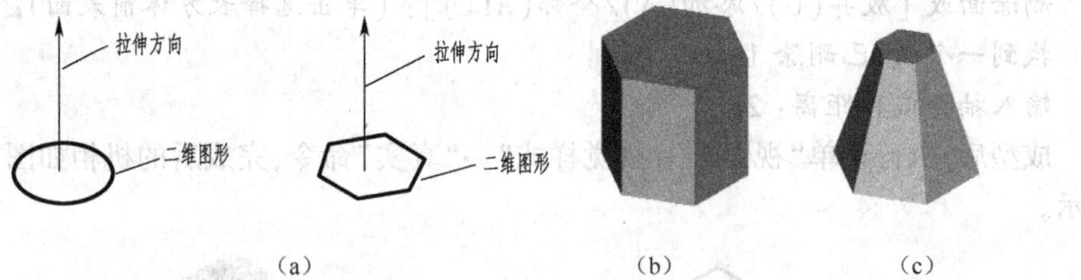
拉伸方向
二维图形
拉伸方向
二维图形

(a)　(b)　(c)

图 2-17　利用拉伸特征创建三维实体

“指定拉伸的高度”——确定拉伸高度,使对象按该高度拉伸。

“方向”——确定拉伸方向。

“路径”——可指定路径,使平面图形沿着路径拉伸。

“倾斜角”——拉伸倾斜角可以为正或为负,正角度表示从基准对象逐渐变细的拉伸,如图 2-17(c)所示,而负角度表示从基准对象逐渐变粗的拉伸。默认为 0°,表示在与二维对象所在平面垂直的方向上进行拉伸,如图 2-17(b)所示。

2. 利用按住并拖动方式创建三维实体

该方式通过拉伸和偏移动态的修改对象。在选择二维对象以及由闭合边界或三维实体面形成的区域后,在移动光标时可获取视觉反馈。按住或拖动行为响应所选择的对象类型以创建拉伸和偏移。

命令启动方式如下。

◆快捷键:presspull(PRES)

◆菜单:“绘图”→“建模”→“按住并拖动”

◆工具栏:“建模”→“按住并拖动”

◆三维建模空间功能区:“建模”面板→ “按住并拖动”

命令行提示选项含义如下。

“选择对象或边界区域”:选择要修改的对象、边界区域或三维实体面。选择面是可拉伸面, 且不影响相邻面。如果按住【Ctrl】键并单击面,该面将发生偏移,而且更改也会影响相邻面,如图 2-18 所示。

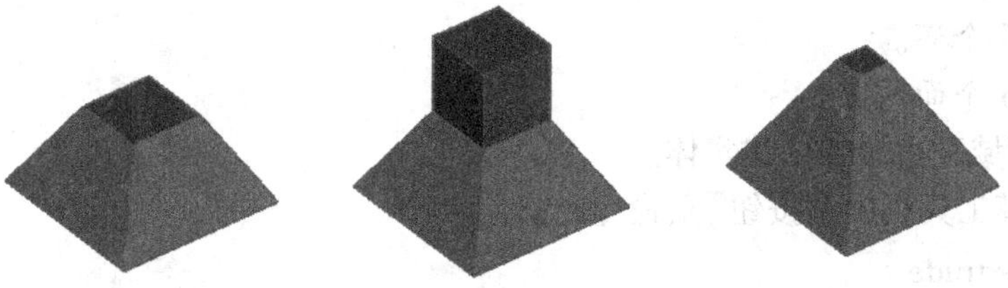

(a) 原始　(b) 拉伸　(c) 按住【Ctrl】键偏移

图 2-18　利用按住并拖动创建三维实体

“多个”:指定要进行多个选择。也可以按住【Shift】键并单击以选择多个。

“偏移距离”:如果选定了三维实体的面,可通过移动光标或输入距离指定偏移。

“拉伸高度”:如果选定了二维对象或单击了闭合区域内部,可通过移动光标或输入距离指定拉伸高度。平面对象的拉伸方向垂直于平面对象,并处于非平面对象的当前 UCS 的 Z 方向。

【案例 2-4】将下图所示的底板平面图形,创建成高度为 5 的三维实体,如图 2-19 所示。

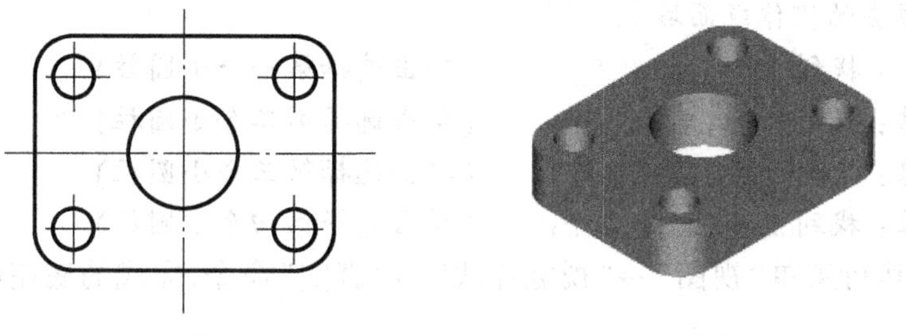

(a) 平面图形　(b) 底座

图 2-19　利用按住并拖动特征创建三维实体

因“按住并拖动”命令会将鼠标选中部分内由各种线围成的区域拖拉成实体,为避免一个个小区域分别拉伸,应先删除底座平面图中的点画线。

命令: presspull

选择对象或边界区域:(鼠标单击图形内空白区域,向上拖动)

指定拉伸高度或［多个(M)］:5↙

成型“着色”后的底座如图 2-19(b)所示。“按住并拖动”命令只拖动图形线与线之间的空白区域,所以可一次性成型,五个孔均自动形成。

如果使用“拉伸”命令创建底座,则步骤如下:

“拉伸”命令能将二维封闭对象按指定的高度或路径拉伸来创建三维实体,所以,在拉伸之前要先将不封闭的平面图形转换为面域。

(1)将表达底板特征的平面图形转换为面域。

单击绘图工具栏中的按钮,命令行提示:

命令:_region

选择对象:指定对角点:找到 13 个　　(框选绘制好的平面图)

选择对象:↙　　(结束选择)

已提取 6 个环。

已创建 6 个面域。

(2)将面域垂直拉伸创建实体。

单击建模工具栏中的按钮,命令行提示:

命令:_extrude

当前线框密度: ISOLINES=4

选择要拉伸的对象:找到 6 个　　(框选平面图)

选择要拉伸的对象:↙　　(结束选择)

指定拉伸的高度或[方向(D)/路径(P)/倾斜角(T)/表达式(E)]:5↙

单击“视图”工具栏中的按钮,或者执行菜单命令“视图”→“三维视图”→“西南等轴测”,切换到西南等轴测视图模式。

(3)单击建模工具栏中的按钮,完成差集操作。

命令:_subtract 选择要从中减去的实体或面域...

选择对象:找到 1 个(单击选择带圆角的四方体)

选择对象:↙

选择要减去的实体或面域..

选择对象:找到 1 个　　(单击选择第一个小圆柱)

选择对象:找到 1 个,总计 2 个　　(单击选择第二个小圆柱)

选择对象:找到 1 个,总计 3 个　　(单击选择第三个小圆柱)

选择对象:找到 1 个,总计 4 个↙　　(单击选择第四个小圆柱)

成型后,执行菜单“视图”→“视觉样式”→“真实”命令,完成的底座如图 2-19(b)所示。

3. 利用旋转特征创建三维实体

将封闭二维对象绕旋转轴旋转来创建三维实体,如图 2-20 所示。

命令启动方式如下。

◆快捷键:revolve(REV)

◆菜单:“绘图”→“建模”→“旋转”

◆工具栏:“建模”→“旋转”

◆三维建模空间功能区:“建模”面板→“旋转”

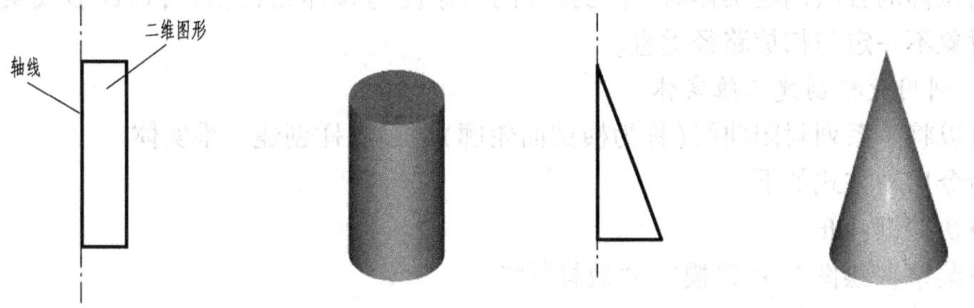
二维图形
轴线

图 2-20　利用旋转特征创建三维实体

4. 利用扫掠特征创建三维实体

将封闭二维对象按指定的路径扫掠来创建三维实体。

命令启动方式如下。

◆快捷键：sweep（SW）

◆菜单："绘图"→"建模"→"扫掠"

◆工具栏："建模"→"扫掠"

◆三维建模空间功能区："建模"面板→"扫掠"

执行"扫掠"命令，AutoCAD 提示：

选择要扫掠的对象：（选择要扫掠的对象，选择扫掠截面）

选择要扫掠的对象：↙（也可以继续选择对象）

选择扫掠路径或［对齐(A)/基点(B)/比例(S)/扭曲(T)］：（选择螺旋线）↙

结果如图 2-21 所示。

"选择扫掠路径"——用于选择路径进行扫掠。

"对齐"——确定扫掠前是否先将用于扫掠的对象垂直对齐于路径。

"基点"——用于确定扫掠基点。

"比例"——用于指定扫掠比例因子，使从起点到终点的扫掠按此比例均匀放大或缩小。

"扭曲"——用于指定扭曲角度或倾斜角度，使得在扫掠同时，从起点到终点按给定的角度扭曲或倾斜。

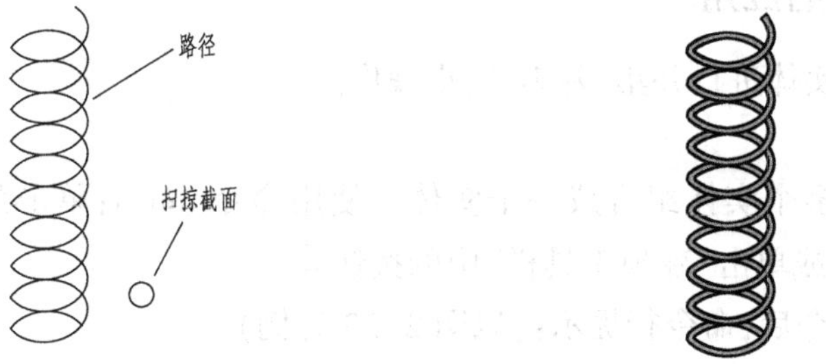
路径
扫掠截面

（a）螺旋线　（b）圆柱弹簧

图 2-21　利用扫掠特征创建圆柱弹簧

用拉伸的方法创建实体时，作为拉伸的对象应与拉伸路径垂直；扫掠形成实体时，扫掠的对象不一定与扫掠路径垂直。

5. 利用放样创建三维实体

可以将一系列封闭曲线（称为横截面轮廓）通过放样创建三维实体。

命令启动方式如下。

◆快捷键：loft

◆菜单："绘图"→"建模"→"放样"

◆工具栏："建模"→"放样"

◆三维建模空间功能区："建模"面板→"放样"

执行"放样"命令，AutoCAD 提示：

按放样次序选择横截面：（按顺序选择放样截面）

按放样次序选择横截面：↙（结束选择）

输入选项［导向(G)/路径(P)/仅横截面(C)/设置(S)］<仅横截面>：p↙

选择图示的路径，结果如图 2-22 所示。

"导向"——使用导向曲线控制放样，每条导向曲线必须与每一个截面相交，并且起始于第一个截面，结束于最后一个截面。

"路径"——指定用于绘制放样对象的路径，此路径必须与每一个截面相交。

"仅横截面"——在不使用导向或路径的情况下，创建放样对象。

"设置"——显示"放样设置"对话框。

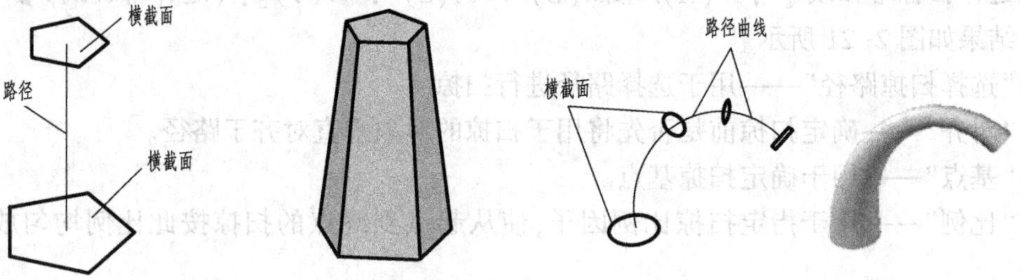
横截面
路径
横截面
路径曲线
横截面

图 2-22　利用放样创建三维实体

二、布尔操作的应用

布尔运算指对实体进行并集、差集、交集操作。

1. 并集

并集操作指将多个实体组合成一个实体。使用命令 union；单击菜单"绘图"→"建模"→"并集"命令；或单击"建模工具栏"中的按钮。

执行"并集"命令后，命令行提示：（以图 2-23 为例）

选择对象：（选择要进行并集操作的球体）

选择对象：（继续选择要进行并集操作的圆锥）

选择对象：↙（结束选择）

执行结果将球体和圆锥组合成一个实体如图 2-23 右侧所示。

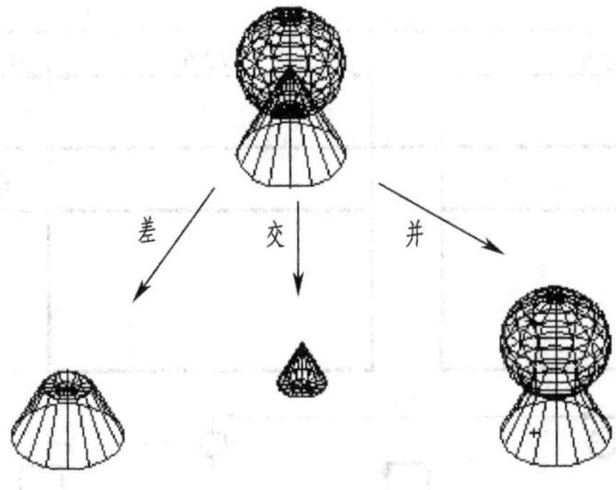
差
交
并

图 2-23 布尔运算

2. 差集

差集操作指从一些实体中去掉另一些实体,从而得到一个新实体。使用命令 subtract;单击菜单:“绘图”→“建模”→“ 差集”命令;或单击“建模工具栏”中的按钮。

执行“差集”命令后,命令行提示:(以图 2-23 为例)

选择要从中减去的实体或面域

选择对象:(选择要进行差集操作的圆锥)

选择对象:↙(结束选择)

选择要减去的实体或面域...

选择对象:(选择要减去的球体)

选择对象:↙(结束选择)

执行结果从圆锥中去掉球体后得到一个新实体如图 2-23 左侧所示。

3. 交集

由各实体的公共部分创建新实体。使用命令 intersect;单击菜单:“绘图”→“建模”→“ 交集”命令;或单击“建模工具栏”中的按钮。

执行“交集”命令后,命令行提示:(以图 2-23 为例)

选择对象:(选择进行交集操作的球体)

选择对象:(继续选择进行交集操作的圆锥)

选择对象:↙(结束选择)

执行结果取球体和圆锥的公共部分,形成的新实体如图 2-23 中间所示。

任务实施 2

完成图 2-24 所示的稳压电源面板图的三维造型,面板厚度 2 mm。

1. 删除多余图线

关闭“中心线”层和“尺寸标注”层,或者删除所有中心线和尺寸标注。

2. 利用按住并拖动方式创建稳压电源面板三维实体

调用“按住并拖动”命令,单击稳压电源外围与小安装孔之间的空白区域,向上拖动,输入拉伸高度 2mm 即成型。

3. 调整显示效果

单击“视图”工具栏中的“西南等轴测”按钮,切换到西南等轴测视图模式。

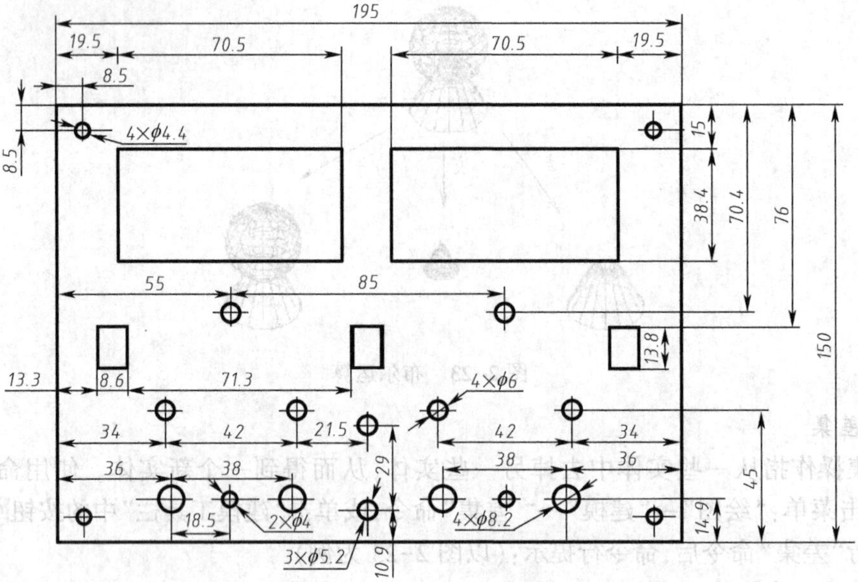
195
19.5
70.5
70.5
19.5
8.5
8.5
4×φ4.4
15
38.4
70.4
76
150
55
85
13.8
13.3
8.6
71.3
4×φ6
34
42
21.5
42
34
36
38
38
36
29
45
14.9
18.5
2×φ4
4×φ8.2
3×φ5.2
10.9

图 2-24　稳压电源面板图

执行菜单命令“视图”→“视觉样式”→“真实”，结果如图 2-25 所示。

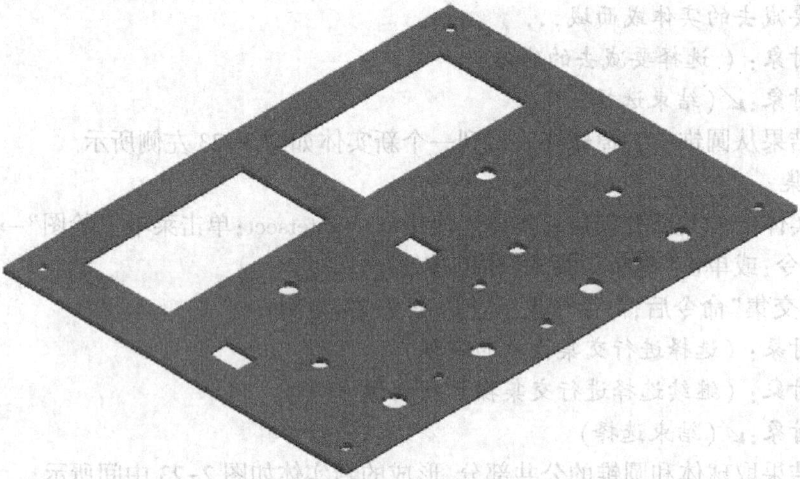

图 2-25　稳压电源面板立体图

项目三

简单零件的三视图

知识目标

(1)掌握正投影的基本概念和投影的基本规律。
(2)掌握点、直线、平面的投影特性和绘图方法。
(3)认知基本体的概念、分类及应用。
(4)认知基本体的三视图及基本体表面上定点的投影方法。
(5)掌握立体表面截交线的类型、性质和作图方法。
(6)了解相贯线的类型、性质和作图方法。

能力目标

(1)能找出简单物体与其投影的对应关系。
(2)能根据投影规律绘制基本形体的三视图。
(3)能正确判断平面与基本体相交的截交线的形状并正确绘制。
(4)能正确判断两曲面相交的相贯线的形状并会简化画法。
(5)初步培养学生的空间想象和思维能力。

项目引入

人们生活在三维空间中，所接触的物体都是三维形体，而人们常用的描绘物体的方式是“图”，将“图”绘制在纸张或其他平面上，就形成了图形，如何用二维的平面图形表达空间的三维立体呢？

图 3-1 所示为钩头楔键立体图，常用来连接轴和装在轴上的转动零件(如齿轮、带轮等)，使它们一起转动。它的三视图该如何表达？

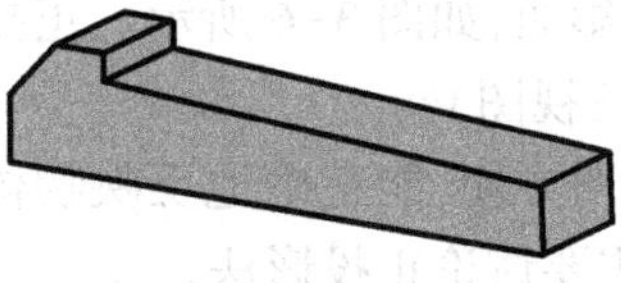

图 3-1　钩头楔键

任务1　钩头楔键的三视图

知识准备及拓展

一、投影法

1. 投影基本知识

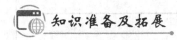

当灯光或日光照射物体时，墙壁上或地面上就会出现物体的影子，这是自然投影现象，如图3-2所示。人们将这种自然投影现象加以抽象研究，总结规律，提出了投影的方法。投影的构成要素如图3-3所示，这种通过从光源发出的投射线使物体在投影面上产生图形的方法，称为投影法。这里提到的投射线是假想的光线或者理解为人的视线。工程上常用各种投影法来实现图样绘制。

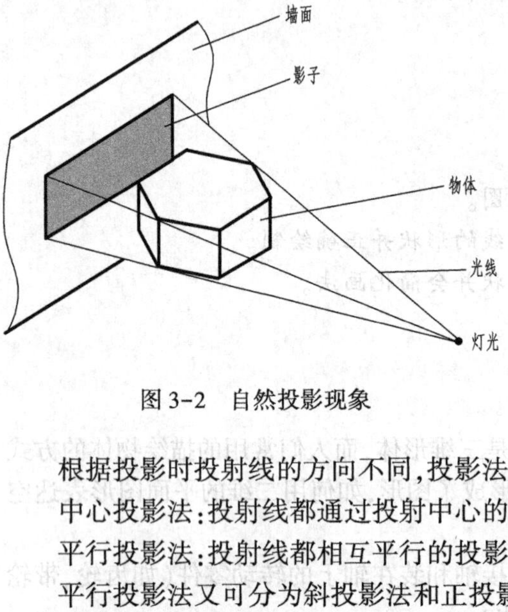
墙面
影子
物体
光线
灯光

图3-2　自然投影现象

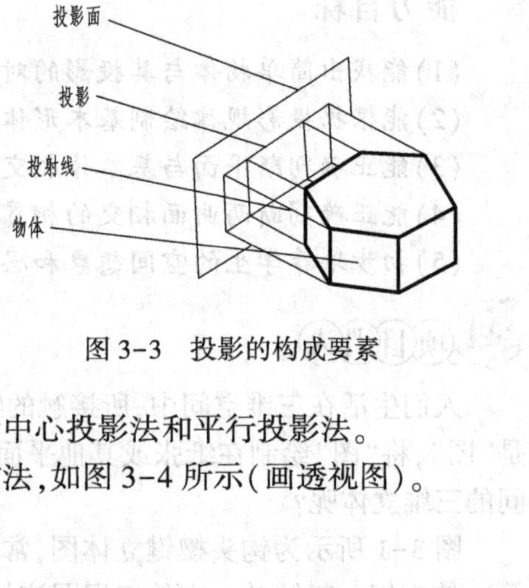
投影面
投影
投射线
物体

图3-3　投影的构成要素

根据投影时投射线的方向不同，投影法可分为中心投影法和平行投影法。

中心投影法：投射线都通过投射中心的投影方法，如图3-4所示（画透视图）。

平行投影法：投射线都相互平行的投影方法。

平行投影法又可分为斜投影法和正投影法。

斜投影法：投射线倾斜于投影面，如图3-5所示（画斜轴测图）。

正投影法：投射线垂直于投影面，如图3-6所示。正投影法又可分为单面投影（画标高图及正轴测图）和多面投影（三视图）。

由于正投影法度量性好，作图方便，能正确地反映物体的形状和大小，所以工程图样多采用正投影法绘制。本书中主要讨论正投影法。

2. 正投影的基本投影特性

正投影的基本特性包括：实形性、积聚性、平行性、类似性、从属性和定比性。其中从属性是指直线上点的投影，必定在直线的投影上；定比性是指空间的点分割线段的比例，投影后保持不变。其他特性如表3-1所示。

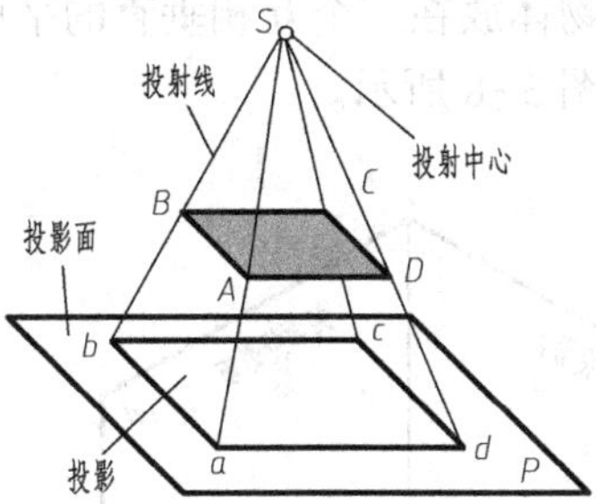
S
投射线
投射中心
B
C
A
D
投影面
b
c
a
d
P
投影

图 3-4　中心投影法

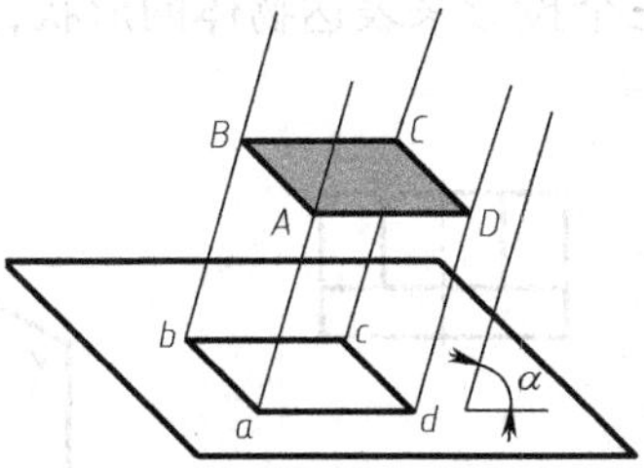
B
C
A
D
b
c
a
d
α

图 3-5　斜投影法

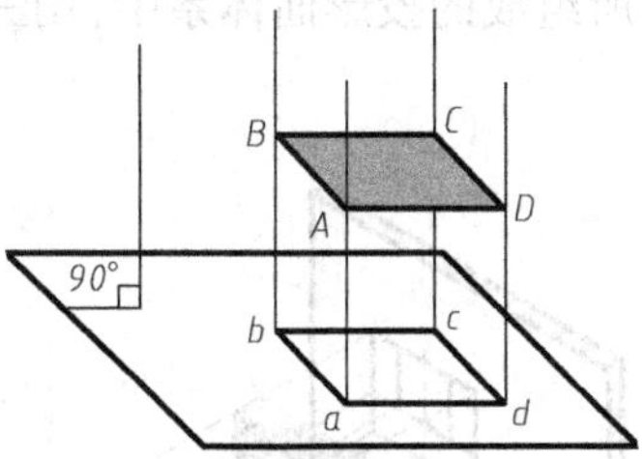
B
C
A
D
90°
b
c
a
d

图 3-6　正投影法

表 3-1　正投影的基本特性

性质	实形性	积聚性
图例	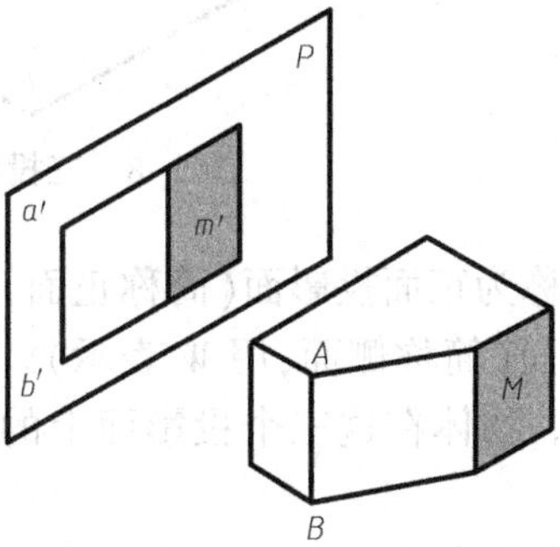P a′ m′ b′ A M B	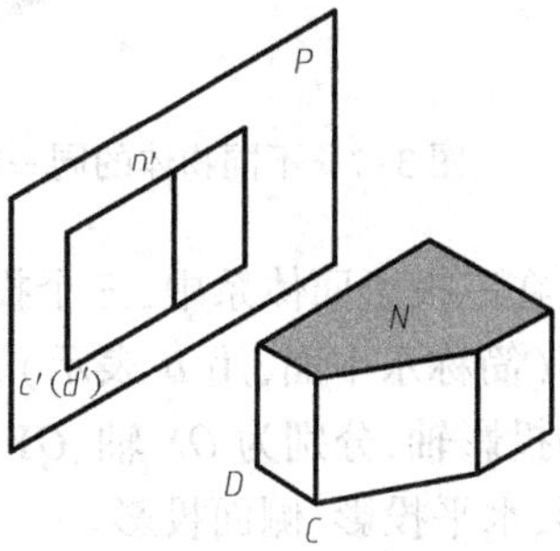P n′ N c′(d′) D C
投影特性	直线 *AB* 平行于投影面 *P*,得到的投影 *a′b′* 反映直线的实长 平面 *M* 平行于投影面 *P*,得到的投影 *m′* 反映平面 *M* 的实形	直线 *CD* 垂直于投影面 *P*,其投影集聚为点 平面 *N* 垂直与投影面 *P*,得到的投影积聚一条直线
性质	平行性	类似性
图例	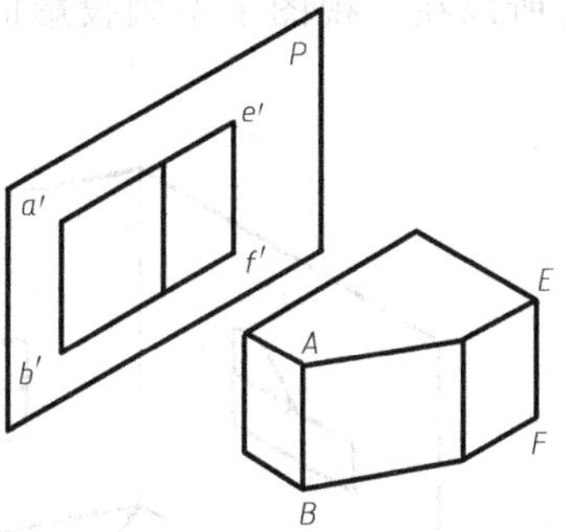P e′ a′ f′ b′ A E F B	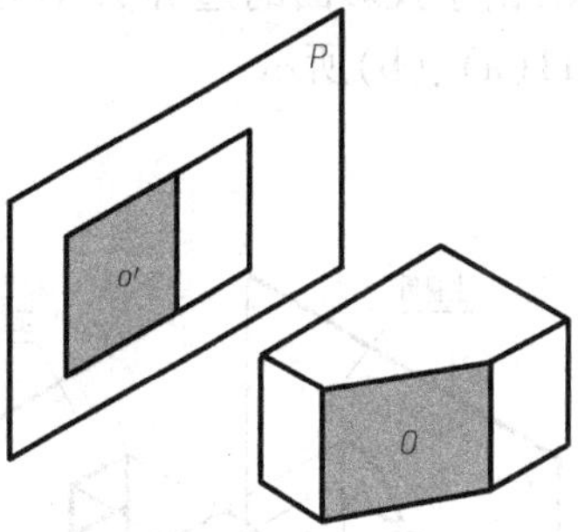P o′ O
投影特性	空间互相平行的直线 *AB* 和 *EF*,其投影 *a′b′* 与 *e′f′* 一定平行 空间互相平行的平面,其积聚性的投影互相平行	立体中的平面 *O* 与投影面 *P* 倾斜,得到的投影图 *o′* 与平面 *P* 在面积上不等,但在形状上类似

二、物体的三视图

1. 三投影面体系和三视图的形成

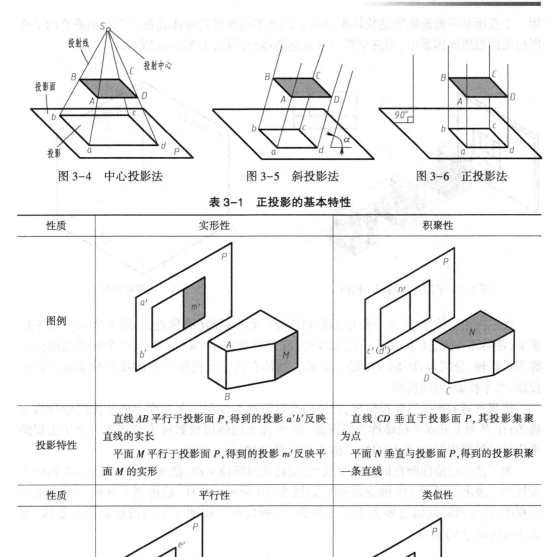

形状不同的物体在同一投影面上得到的投影可能是相同的,如图 3-7 表示,所以仅

用一个投影是不能准确表达物体形状的。因此工程图常把物体放在三个互相垂直的平面所组成的投影面体系中,用三个投影来表达物体的形状,如图 3-8 所示。

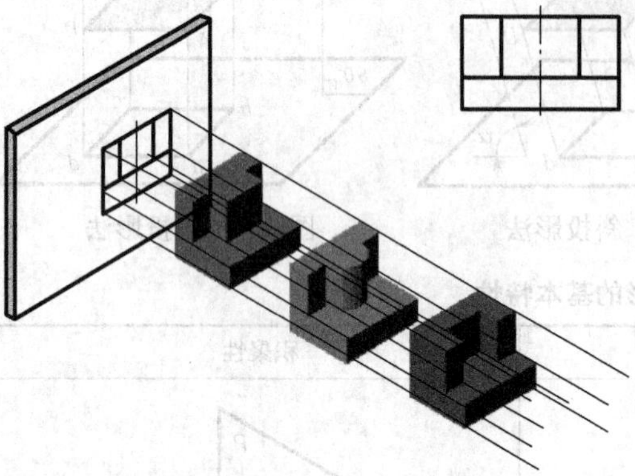

图 3-7　不同物体的同一视图

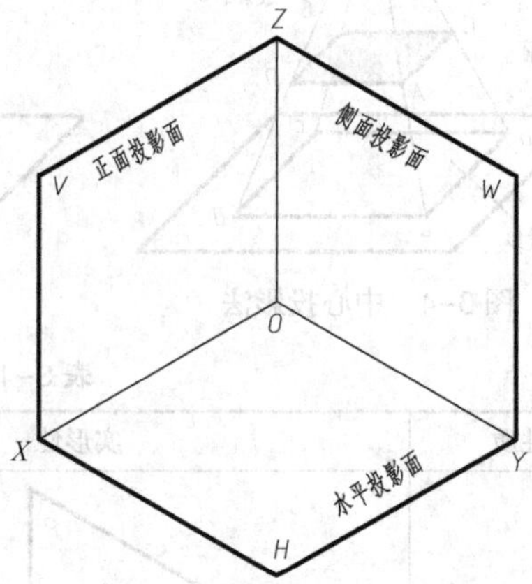
Z
正面投影面
侧面投影面
V
W
O
X
Y
水平投影面
H

图 3-8　三投影面体系

在三投影面体系中,三个投影面分别称为正面投影面(简称正面,用 *V* 表示)、水平投影面(简称水平面,用 *H* 表示)、侧面投影面(简称侧面,用 *W* 表示)。三个投影面的交线称为投影轴,分别为 *OX* 轴、*OY* 轴、*OZ* 轴。物体在这三个投影面上的投影分别称为正面投影、水平投影、侧面投影。

把观察者的视线当作投射线,物体的投影就称为视图。在 *V* 面上的正面投影称为主视图;在 *H* 面上的水平投影称为俯视图;在 *W* 面上的侧面投影称为左视图。由于工程图常用这三种视图表达,所以习惯上称为三视图,如图 3-9 所示。

为了使三视图能画在同一张图纸上,应将正面保持不动,把水平投影面绕 *OX* 轴向下旋转 90°,侧投影面绕 *OZ* 轴旋转 90°,如图 3-10 所示。这样,就得到了在同一平面上的三视图,由于投影面的边界大小与投影无关,所以在三视图中不画投影面的边框线,如图 3-11(a)、(b)所示。

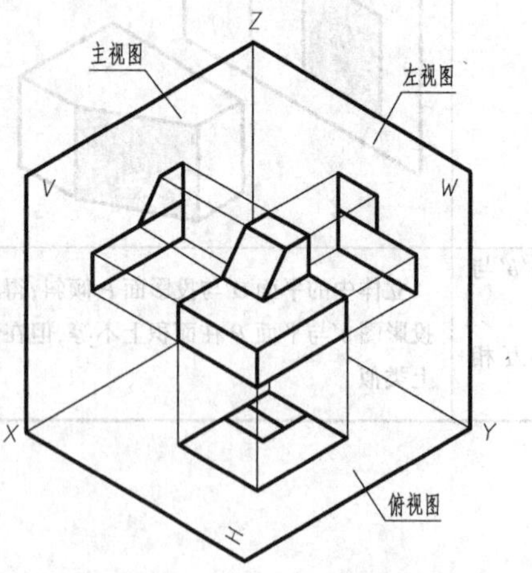
Z
主视图
左视图
V
W
X
Y
俯视图
H

图 3-9　三投影面视图

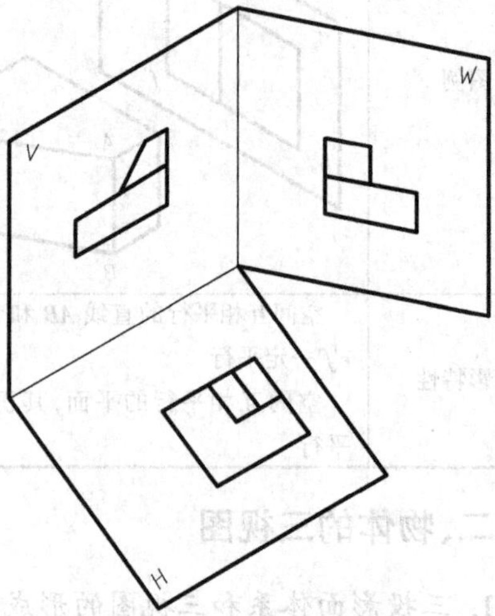
W
V
H

图 3-10　三视图的展开

2. 三视图投影规律

根据图 3-11(b)可知：主视图和俯视图都反映了物体的长度，主视图和左视图都反映了物体的高度，左视图和俯视图都反映了物体的宽度。因此，三视图之间存在以下对应关系：

主、俯视图——长对正；

主、左视图——高平齐；

俯、左视图——宽相等。

除了整体保持“三等”关系外，每一局部也保持“三等”关系，其中特别要注意的是俯、左视图的对应，在度量宽度时，度量基准必须一致，度量方向必须一致。

从图 3-11(c)可知，形体与视图在方位上也存在以下对应关系；

主视图——反映了形体的上、下、左、右方位关系；

俯视图——反映了形体的左、右、前、后方位关系；

左视图——反映了形体的上、下、前、后位置关系。

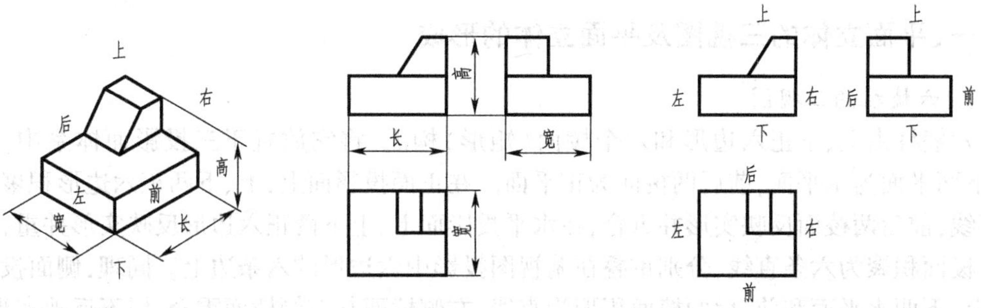
上
右
后
高
左
前
宽
长
下

(a) 立体上的尺寸与方位　(b) 三视图之间的对应关系　(c) 三视图之间的方位关系

图 3-11　三视图之间的投影规律及方位关系

任务实施 1

1. 结构分析、选择主视图、布图、画基准线。

分析钩头楔键的结构，选择主视图。只需要主视图和俯视图就可以将该零件表达清楚，左视图省略。

2. 布图，按三视图之间的投影规律，根据长对正，画出主视图和俯视图。

3. 视图检查、整理、加深，完成后如图 3-12 所示。

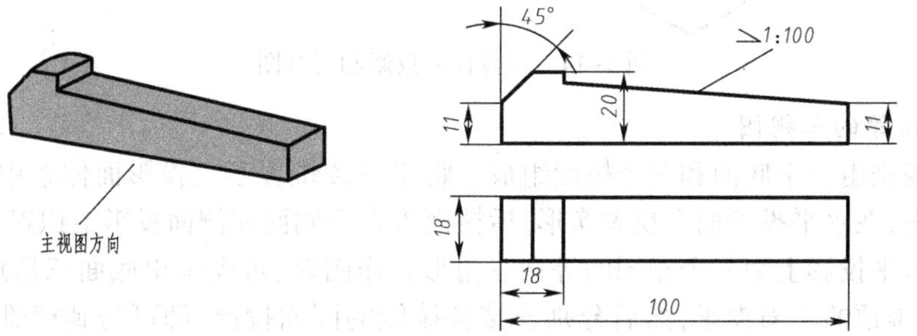
主视图方向
45°
1:100
20
11
11
18
18
100

图 3-12　钩头楔键的主视图选择与三视图绘制

任务2　六角头螺母的三视图

六角头螺母和六角头螺栓互相配合，可以用来连接和紧固一些零部件。六角头螺母是在六棱柱的基础上加工制造出来的，那么六棱柱(见图 3-13)的三视图该如何绘制呢？

(a) 六棱柱　　(b) 六角头螺母

图 3-13　六棱柱及六角头螺母

知识准备及拓展

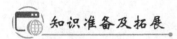

一、平面立体的三视图及平面立体的形成

1. 六棱柱的三视图

六棱柱由上、下正六边形和六个棱面(矩形)构成，将它放置于三投影面体系中，使上、下两平面为水平面，前后两棱面为正平面。在正面投影面上，上、下两正六边形积聚为一直线，前后两棱面反映实形并重合，在水平投影面上，上下两正六边形反映实形并重合。六个棱面积聚为六条直线，分别重叠在俯视图投影中六边形的六条边上。同理，侧面投影上，上、下两水平面和前、后两棱面积聚为直线，左侧棱面与右侧棱面重合，但不反映实形，投射为类似形。其三个视图如图 3-14 所示。

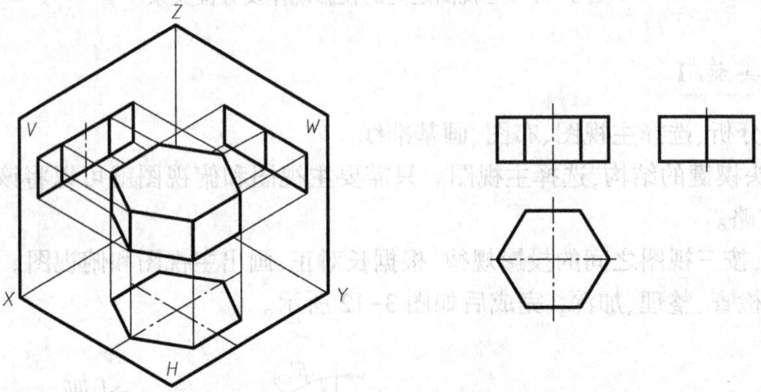
Z
V
W
X
Y
H

图 3-14　六棱柱的投影和三视图

2. 三棱锥的三视图

正三棱锥由一个底面和三个棱面组成。将正三棱锥置于三投影面体系中，使底面平行于水平面，在水平投影面上反映实形，后棱面垂直于侧面在侧面投影中积聚为直线。三个棱面在水平投影上为三个相同的等腰三角形。作图时，可先画出底面三角形的三面投影，再画出锥顶的三面投影，然后分别连接各棱线的同面投影，即可得到棱锥三面投影。图 3-15 为正三棱锥的三视图。

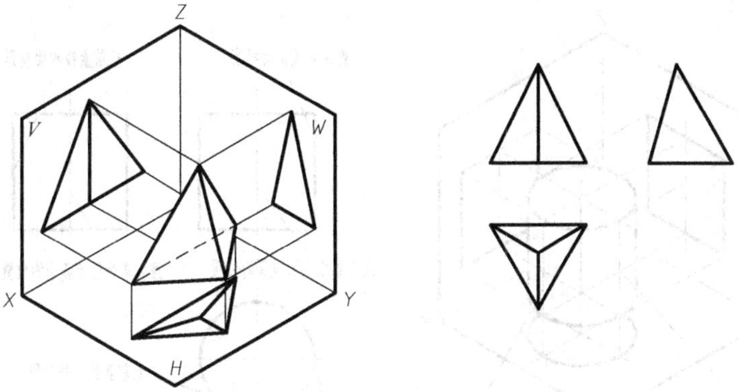
Z
V
W
X
Y
H

图 3-15　三棱锥的投影和三视图

3. 平面立体的形成

平面立体种类很多,最常见的有三种形式:棱柱、棱锥与棱台。

棱柱体一般由上下底面和若干棱线组成,棱面垂直于底面,各条棱线互相平行,在三维造型时,只要将棱柱体的底面垂直拉伸一定高度,即可形成棱柱体。

棱锥体一般由底面和具有公共顶点的若干棱面组成,各条棱线汇聚于顶点,在三维造型时,先做出棱锥底面,然后以一定的倾斜角度拉伸到所需要的高度,即可形成棱锥体。

棱台体可以看作是棱锥截了头,在三维造型时先做出棱台的底面,然后以一定角度拉伸到所需要的高度,即可形成棱台;也可以用切割的方式将棱锥体截头形成棱台。

二、回转体的三视图及回转体的形成

工程中常见的曲面立体是一些基本回转体。如圆柱、圆锥、圆球和圆环等,它们都是由回转体或回转面与平面围成的立体,如图 3-16 所示。回转面由一动线绕轴线回转而形成。动线又称为母线,在回转面上母线的任一位置称为素线,母线上任一点的旋转轨迹是一个圆,称为纬圆。

1. 圆柱的三视图

圆柱体由上下底平面(圆形)和圆柱面组成,其中圆柱面可看成是一直母线绕平行于母线的回转轴旋转而成,如图 3-16(a)所示。

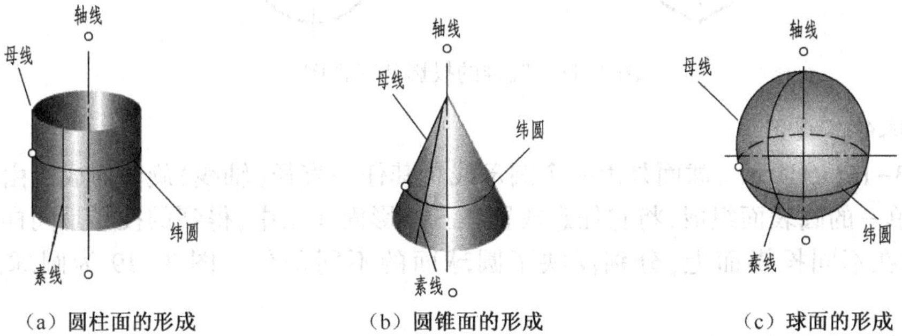
轴线
母线
纬圆
素线
轴线
母线
纬圆
素线
轴线
母线
纬圆
素线

(a) 圆柱面的形成　(b) 圆锥面的形成　(c) 球面的形成

图 3-16　回转面的形成

将圆柱体置于三投影面体系中,在水平面上,圆柱面投影积聚为一个圆周,并与圆柱上下底面圆周的投影重合。图 3-17 为圆柱的三个视图。

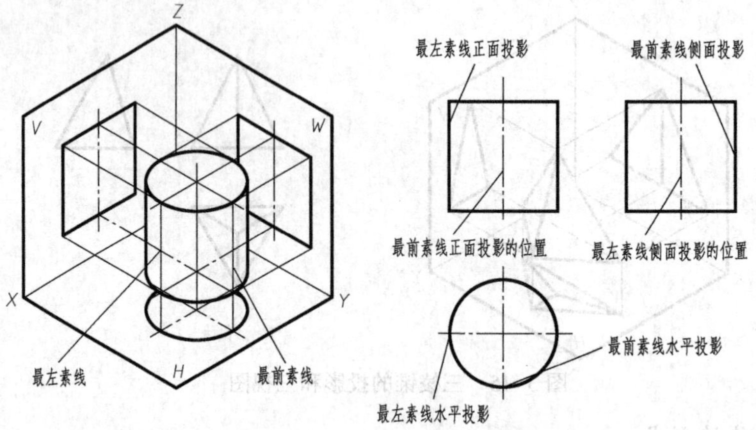
Z
V
W
X
Y
H
最左素线
最前素线
最左素线正面投影
最前素线侧面投影
最前素线正面投影的位置
最左素线侧面投影的位置
最前素线水平投影
最左素线水平投影

图 3-17　圆柱的投影和三视图

2. 圆锥的三视图

圆锥体由底圆和圆锥面围成，圆锥面可看成是由一条直母线绕与它相交的轴线旋转而成，如图 3-16(b)所示。

将圆锥体置于三投影面体系中，底面的水平投影反映实形，在其余两投影面上积聚为一直线。圆锥体在正面和侧面两个投影面上的投影都是等腰三角形。图 3-18 为圆锥的三个视图。

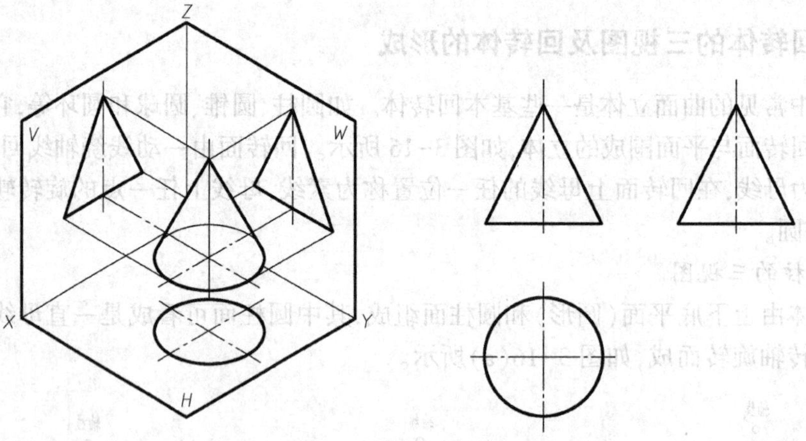
Z
V
W
X
Y
H

图 3-18　圆锥的投影和三视图

3. 圆球的三视图

如图 3-16(c)所示，球面是由一个圆母线绕其任一直径(轴线)旋转而成。由于圆球的表面由单一的圆表面组成，将它任意放置在三投影面体系中，得到的投影是同样直径大小的圆，但在不同投影面上，分别反映了圆球面的不同部位。图 3-19 为圆球的三个视图。

4. 任意回转体的形成

矩形框绕其一边旋转一周形成的回转体是圆柱；直角三角形绕其直角边旋转一周形成的回转体是圆锥；圆绕其直径旋转一周形成的回转体是圆球；任意平面图形绕一固定轴旋转一周都可以形成回转体，也就是曲面立体。

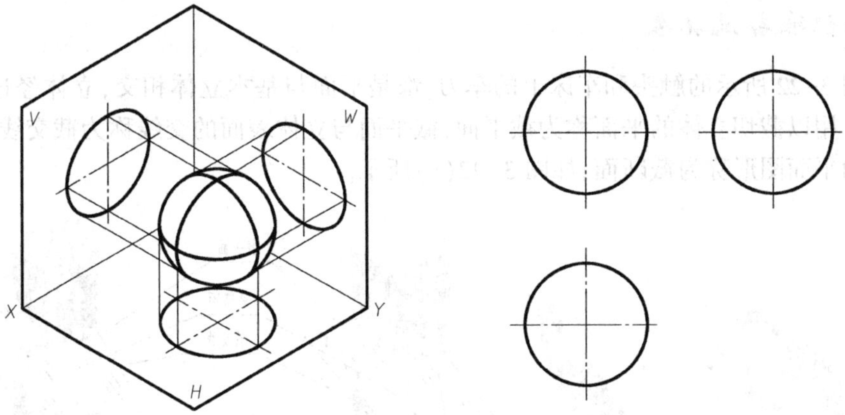
V
W
X
Y
H

图 3-19　圆球的投影和三视图

任务实施 2

1. 结构分析、选择主视图、布图、画基准线。

2. 画特征图。六棱柱的形状特征反映在水平投影面上，所以应先画俯视图，如图 3-20(a)所示。

3. 画其他两视图。根据长对正、高平齐、宽相等的投影规律，画主视图和左视图，如图 3-20(b)所示。

4. 视图检查、整理 加深，标注尺寸后如图 3-20(c)所示。

5. 加工后的六角头螺母的视图表达在项目七中介绍。

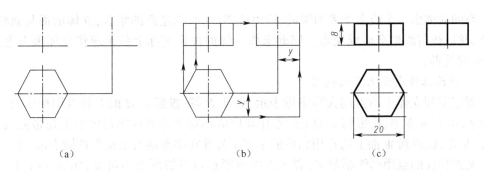

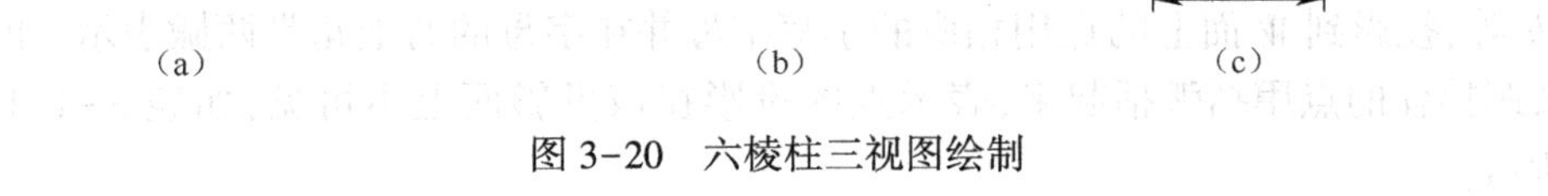
y
y
8
20
(a)
(b)
(c)

图 3-20　六棱柱三视图绘制

任务 3　半圆头螺钉头部的三视图

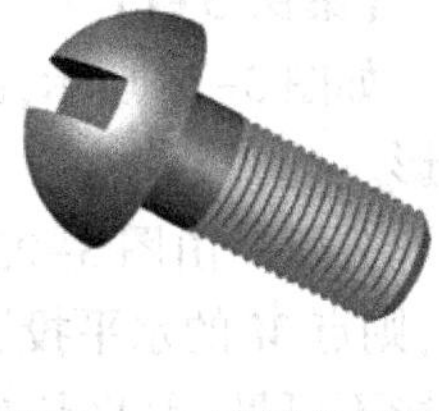

图 3-21　半圆头螺钉

螺钉一般用在不经常拆卸且受力不大的地方。通常在较厚的零件上制出螺孔，另一零件上加工出通孔。连接时，将螺钉穿过通孔旋入螺孔拧紧即可。图 3-21 所示为一半圆头螺钉，其头部为半球形开一通槽，在工程上经常会遇到这种平面与立体相交的情形。

知识准备及拓展

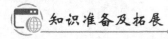

如图 3-22 所示的触头和车床上的车刀,都是平面与基本立体相交,立体经过截切后形成的。用以截切立体的平面称为截平面,截平面与立体表面的交线称为截交线,由截交线围成的平面图形称为截断面,如图 3-22(c)所示。

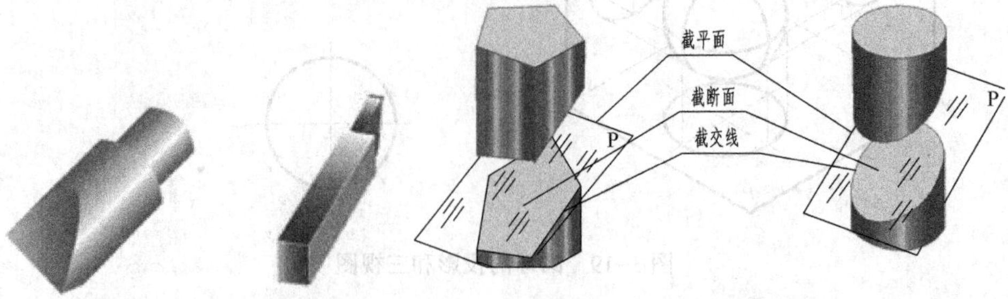
截平面
截断面
截交线
P
P

(a) 触头　(b) 车刀　(c) 截交的基本概念

图 3-22　平面与立体相交

基本立体的表面性质和截平面与基本立体的相对位置不同,截交线的形状也不同,但任何截交线都具有以下性质:

(1)截交线是截平面与立体表面的共有线,截交线上任一点都是截平面和立体表面的共有点。

(2)单一截平面与立体表面的截交线一定是封闭的平面图形。

由此可知,求做截交线的投影实质就是求截平面与立体表面共有点的投影。

一、立体表面上几何元素的投影分析

空间立体由一个或多个表面围成,面由线围成,而线是点的集合,立体的面与面相交形成交线,线与线相交形成交点。因此求作立体的投影实际上就是求作立体表面上点、线、面的投影。

1. 平面立体表面上点的投影

规定空间立体上的点用大写字母表示,如 A、B 等;投影到 H 面上的点用相应的小写字母表示,如 a、b 等;投影到 V 面上的点用相应的小写字母并在字母的右上角带撇表示,如 a'、b'等;投影到 W 面上的点用相应的小写字母并在字母的右上角带两撇表示,如 a''、b''等。被遮挡住的点用括弧括起来,表示点的投影在该投影面上不可见,如表 3-1 中的立体图所示。

立体表面上点的三面投影仍满足投影规律。

【案例 3-1】

如图 3-23 所示,已知六棱柱上点 M 的正面投影 m',点 N 的水平面投影 n,求其余两投影。

分析　由图 3-23 可知,由于 m'可见,点 M 在左前棱面上,该棱面水平投影具有积聚性,则点 M 的水平投影 m 也必在积聚投影上,然后根据 m 和 m'求出 m'';由于 N 点的水平投影不可见,因此点 N 在底面上,底面的正面和侧面投影都积聚为一直线,所以,N 点的正面和侧面投影都在该直线上。

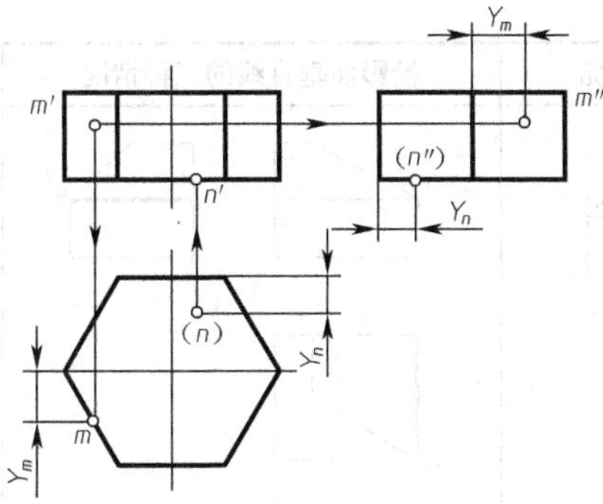
Ym
m'
m''
(n'')
n'
Yn
(n)
Yn
m
Ym

图 3-23　六棱柱上点的三面投影

(1)由 m' 向 H 面作投影连线,与左前棱面的水平投影相交于 m,作与左视图高平齐的直线。在俯视图中,量取 m 到中心线的垂直距离 Y_m,然后在左视图中高平齐的线上,从中心向前量取 Y_m 得到 m''。

(2)从 n 向 V 面作投影连线,与底面的正面投影相交于 n',量取 Y_n 得到 n''。

(3)判别可见性:可见性判别原则是,如果点所在的平面可见或有积聚性,则点可见。所以 m'、m''、n'、n'' 均可见。

立体表面取点法的依据是立体几何定理:若点在平面上,则点必在平面内的一条直线上。

2. 平面表立体上直线的投影

直线的投影可由直线上两点的同面投影连接得到。在三投影面体系中,直线对投影面的相对位置可以分为三种:投影面平行线、投影面垂直线、投影面倾斜线。前两种称为特殊位置直线,后一种称为一般位置直线。各种位置直线的投影特性见表 3-2。

表 3-2　各种位置直线的投影特性

名称	投影面平行线的三种情况	投影面垂直线的三种情况	一般位置直线
直线特点	与一个投影面平行,与另外两个投影面倾斜 正平线://V 面,∠H、∠W 面 水平线://H 面,∠V、∠W 面 侧平线://W 面,∠V、∠H 面	与一个投影面垂直,必与另外两个投影面平行 正垂线:⊥ V 面,//H、//W 面 铅垂线:⊥ H 面,//V、//W 面 侧垂线:⊥ W 面,//H、//V 面	与三个投影面都倾斜
立体图	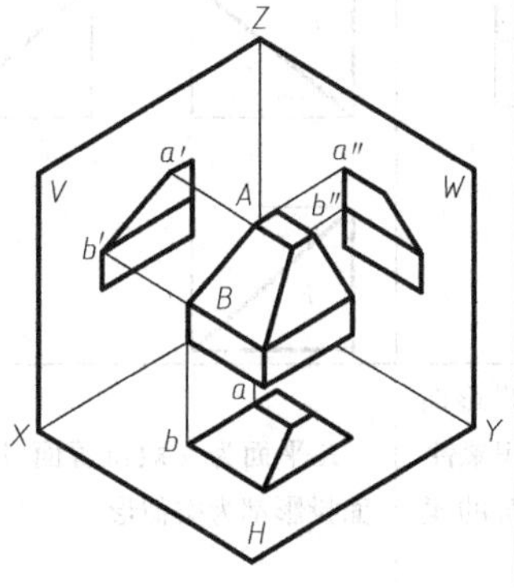Z a' a'' V W A b'' b' B a X b Y H	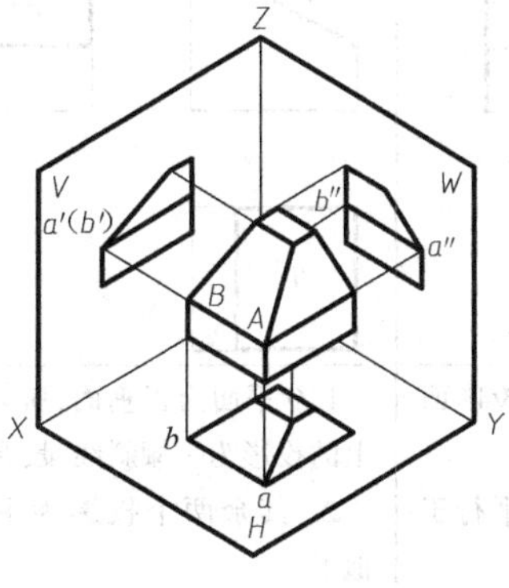Z V W b'' a'(b') a'' B A X b Y a H	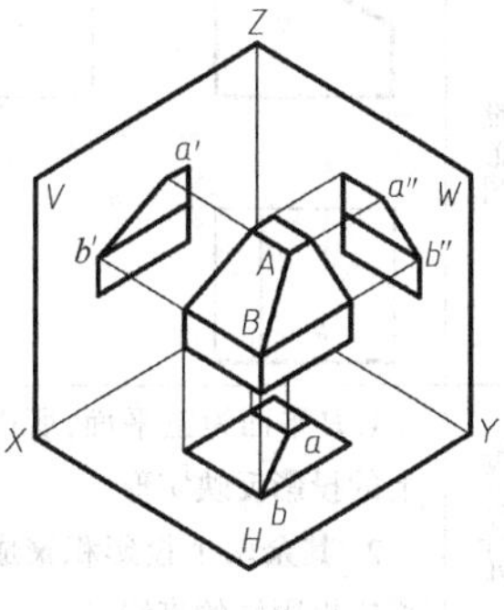Z a' V a'' W b' b'' A B X a Y b H

续表

名称	投影面平行线的三种情况	投影面垂直线的三种情况	一般位置直线
投影图	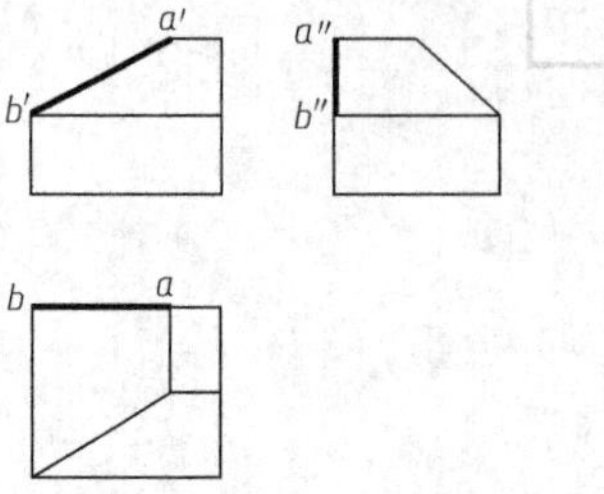	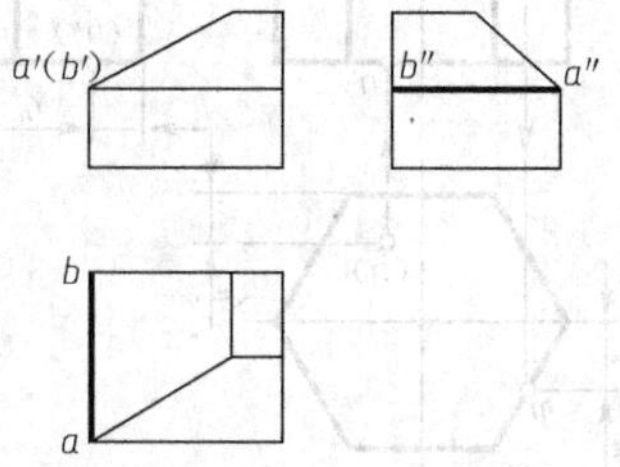	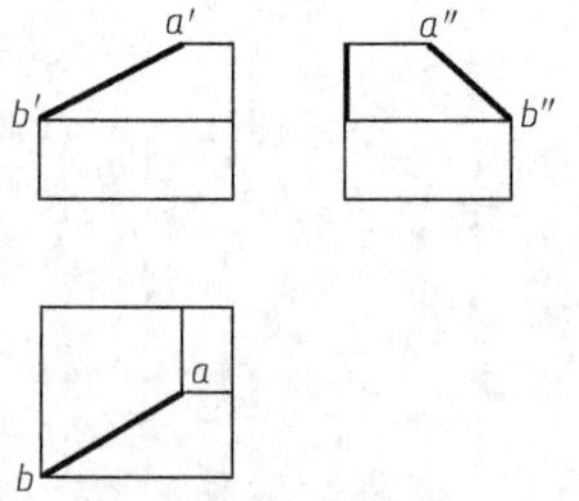
投影特性	*AB* 为正平线 1. 正面投影反映实长 2. 水平投影平行 *X* 轴 3. 侧面投影平行 *Z* 轴	*AB* 为正垂线 1. 正面投影积聚为一点 2. 水平投影和侧面投影都平行于 *Y* 轴,并反映实长	*AB* 为一般位置直线 三面投影与投影轴都不平行,并且不反映实长。

3. 平面立体表面上平面的投影(见表 3-3)

表 3-3 各种位置平面的投影特性

名称	投影面平行面的三种情况	投影面垂直面的三种情况	一般位置平面
平面特点	平行于一个投影面而与另外两个投影面垂直的平面 正平面://*V* 面,⊥*H*、⊥*W* 面 水平面://*H* 面,⊥*V*、⊥*W* 面 侧平面://*W* 面,⊥*V*、⊥*H* 面	垂直于一个投影面而与另外两个投影面倾斜的平面 正垂面:⊥ *V* 面,∠*H*、∠*W* 面 铅垂面:⊥ *H* 面,∠*V*、∠*W* 面 侧垂面:⊥ *W* 面,∠*H*、∠*V* 面	与三个投影面都倾斜的平面
立体图	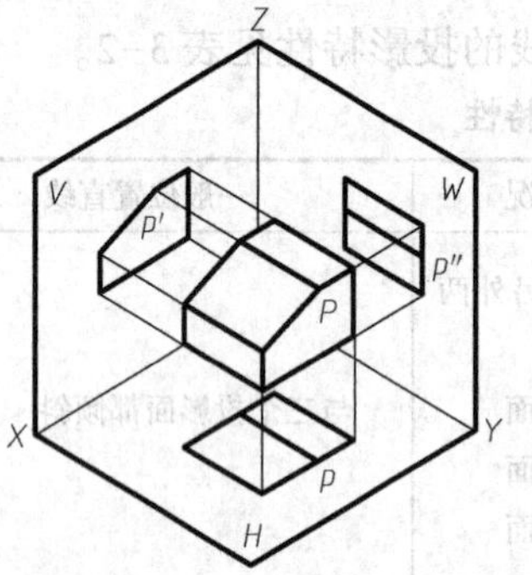	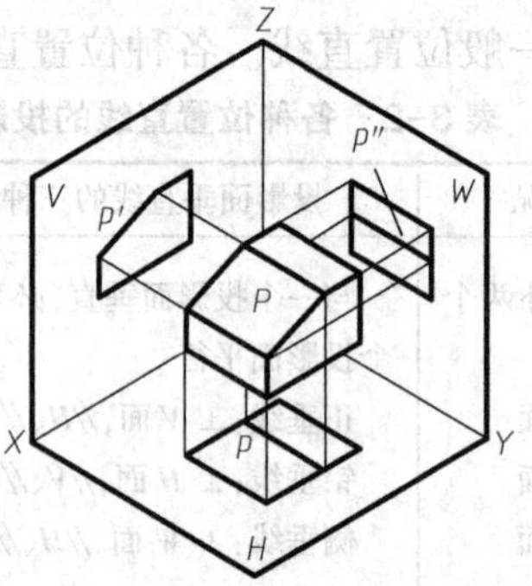	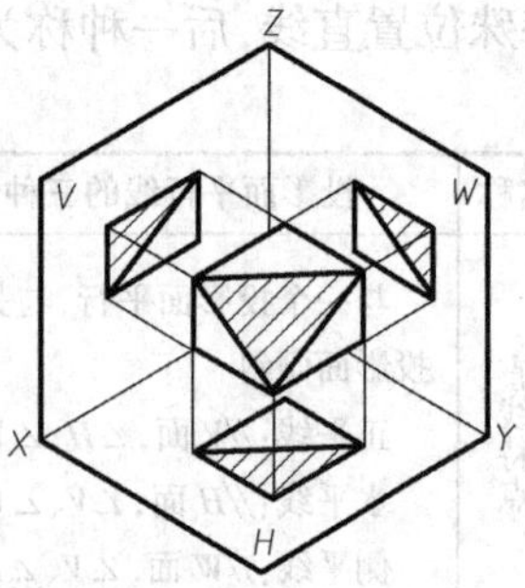
投影图	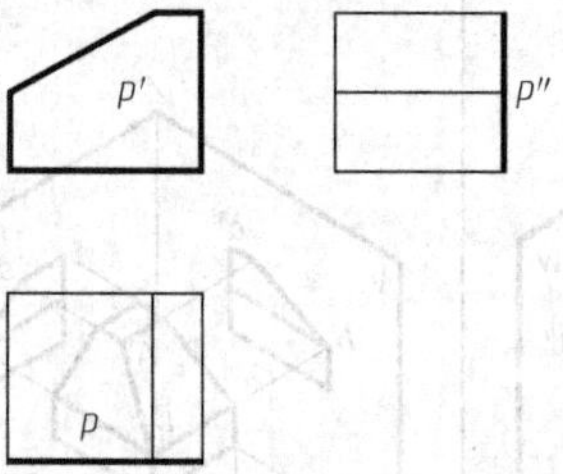	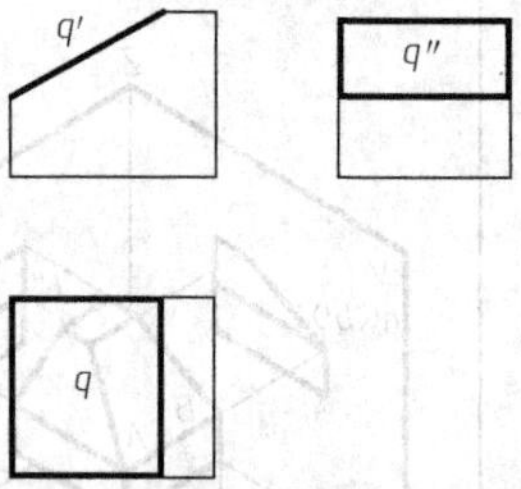	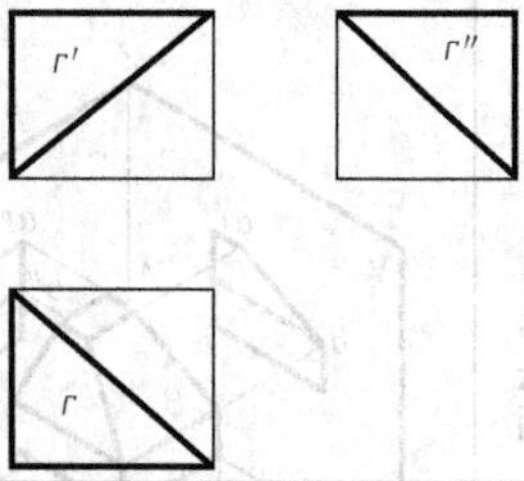
投影特性	1. *P* 平面为正平面,所以投影面上的投影反映实形 2. 其余两个投影积聚成平行于相应投影轴的直线	1. *Q* 平面为正垂面,所以投影面上的投影为一倾斜线段,有积聚性 2. 其余两个投影为平面的类似形	*R* 平面为一般位置面,所以三面投影都为类似形

4. 曲面立体表面上的点与线

在曲面立体表面上取点，要根据其所在表面的几何性质分别利用积聚性、辅助素线法和辅助纬圆法作图，其中最常见的方法是辅助纬圆法。表 3-4 列出了在常见回转体表面上取点的方法。

在回转体表面上取线的一般方法是先求出线上的一系列点，然后依次光滑连接。

表 3-4 常见回转体表面上取点的方法

名称	作图过程	作图方法
圆柱面	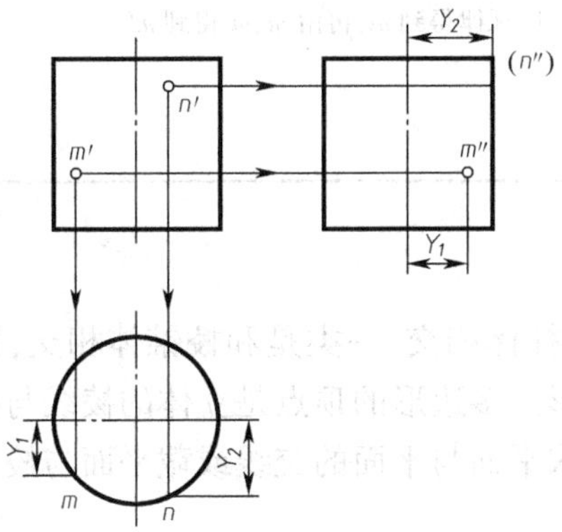Y_2 (n″) n′ m′ m″ Y_1 Y_1 Y_2 m n	例：已知圆柱面上点 M、N 的正面投影 m'、n'，求作它们的另两面投影。 由于圆柱面的水平投影积聚为圆，利用“长对正”即可求出点 M、N 的水平投影 m、n。再按点的投影规律求得侧面投影，因 M 点位于左半个圆柱面，其侧面投影是可见的，而 N 点位于右半个圆柱面，其侧面投影为不可见，用(n'')表示
圆锥面	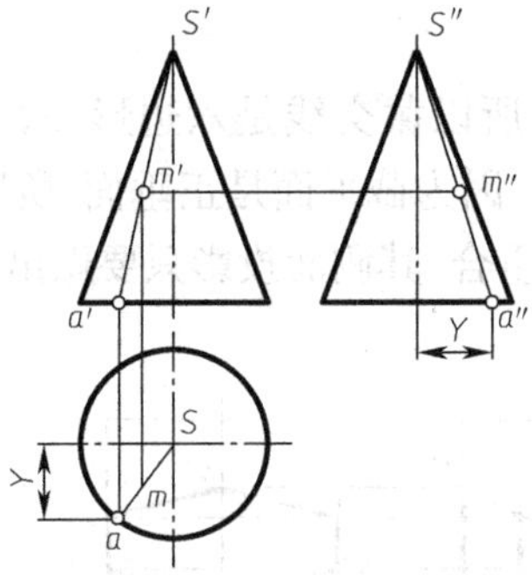S′ S″ m′ m″ a′ Y a″ S Y m a	例：已知圆锥面上点 M 的正面投影 m'，求其余两面投影。 方法一（辅助素线法）： 过锥顶通过 M 点作一条辅助素线 SA，作出该素线的三面投影 $s'a'$、sa、$s''a''$，根据线上求点的原理，点 M 在 SA 上，M 的三面投影必定也在 SA 的三面投影上，故可由 m'在 sa、$s''a''$上分别按点的投影规律求出 m、m''
圆锥面	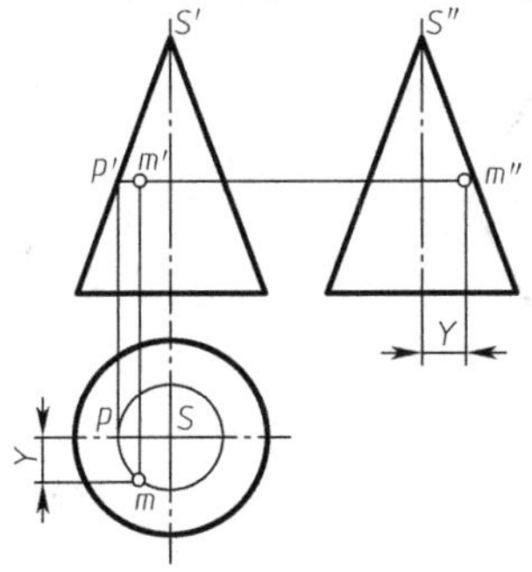S′ S″ p′ m′ m″ Y p S Y m	方法二（辅助纬圆法）： 在圆锥面上，平行于底面的任意圆叫纬圆。根据这一原理过 M 点作一辅助纬圆，先求纬圆的投影，再求 M 点的投影

续表

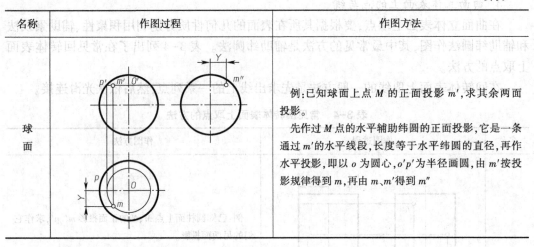

名称	作图过程	作图方法
球面	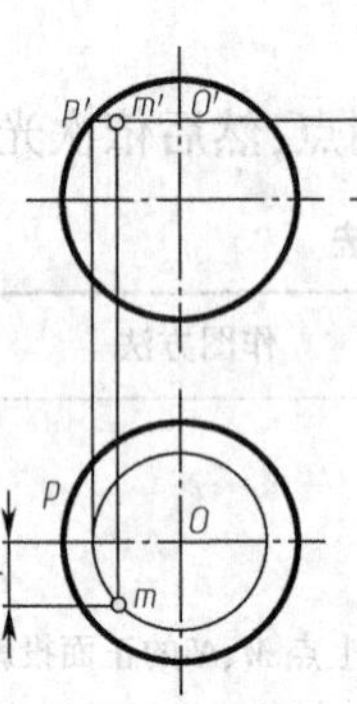 Y p' m' o' m" p o m Y	例:已知球面上点 M 的正面投影 m',求其余两面投影。 先作过 M 点的水平辅助纬圆的正面投影,它是一条通过 m' 的水平线段,长度等于水平纬圆的直径,再作水平投影,即以 o 为圆心,$o'p'$为半径画圆,由 m' 按投影规律得到 m,再由 m、m'得到 m''

二、平面与平面立体相交

平面和平面立体相交有两类,一类是和棱柱体相交,一类是和棱锥体相交,形成的截交线都是一个由直线组成的封闭的平面多边形。多边形的顶点是立体的棱线与截平面的交点。所以,求平面立体的截交线,可归结为求平面与平面的交线或截平面与棱线的交点问题。

【案例 3-2】绘制带切口的正六棱柱的三视图

如图 3-24(a)所示,已知正六棱柱被正垂面截切后的正面和水平投影,求正六棱柱截交线的侧面投影。

分析　由于截平面与六棱柱的六个棱面相交,所以截交线是六边形,六个顶点即六条棱线与截平面的交点,其立体图如图 3-24(c)所示。因为截平面是正垂面,所以截交线的正面投影积聚在直线 P'上,而水平投影与六棱柱投影重合,其侧面投影只要做出六边形即可。

作图步骤如下[见图 3-24(b)]:

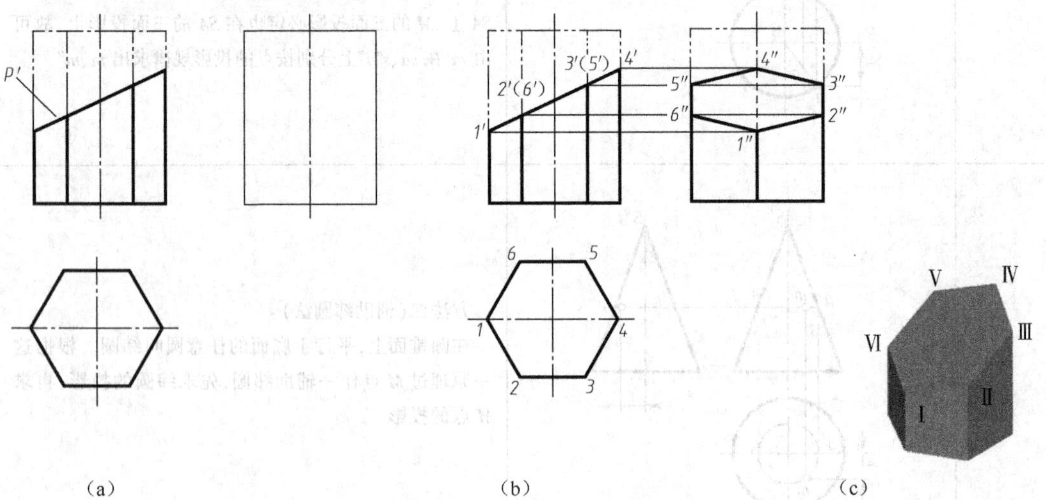
P'
3'(5') 4'
2'(6')
1'
5"
6"
4"
3"
2"
1"
6 5
1 4
2 3
V Ⅳ
Ⅵ Ⅲ
Ⅰ Ⅱ
(a)
(b)
(c)

图 3-24　平面与正六棱柱相交

(1)找到正垂面与正六棱柱六条棱线的交点，并标注出来，被挡住看不见的点加括号；在俯视图中找到相应的六个交点，并标注出来；然后应用学过的表面取点法，根据高平齐、宽相等的三视图投影规则，在左视图中分别找到这六个点的投影。将1″2″3″4″5″6″顺次连接成线，即为截交线的侧面投影。

(2)擦去已截去的部分，将看得到的部分用实线表示，看不到的部分变为虚线即完成。

【案例3-3】绘制带切口的四棱锥的三视图。

如图3-25(a)所示，已知四棱锥被截切后的正面投影，求水平投影和侧面投影。

分析　有两个截平面，其中平面 *P* 是水平面，平面 *Q* 是侧平面，要逐个分析截平面以及产生的交线，其立体图如图3-25(d)所示。当平面立体只有局部被截切时，先假想为整体被截切，求出截交线后再取局部。水平面 *P* 与四棱锥的四条棱线相交，截交线为四边形，其左侧投影为一直线，水平投影是与底面相似的四边形。

作图步骤如下[见图3-25(b)]：

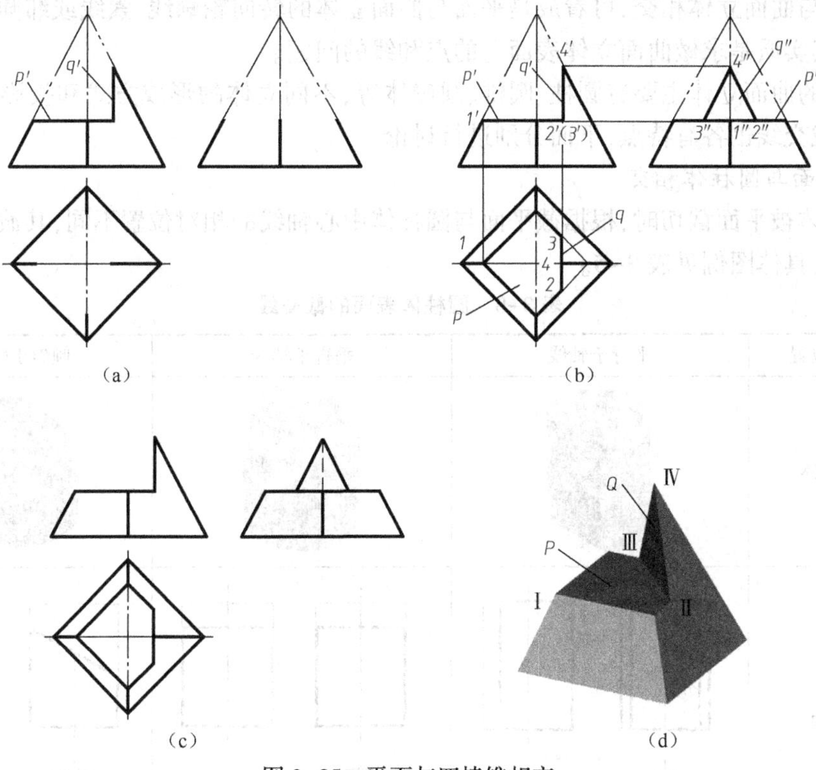
p′
q′
4′
1′
2′(3′)
q″
4″
p″
3″
1″2″
q
1
3
4
2
p
Q
Ⅳ
Ⅲ
P
Ⅰ
Ⅱ
(a)
(b)
(c)
(d)

图3-25　平面与四棱锥相交

(1)在主视图中找到截平面 *P* 与四棱锥左侧棱线的交点1′，长对正，找到在水平面内的投影1，从1点分别做相应底边的平行线，分别与棱线的投影相交，得到截平面 *P* 的水平投影。

(2)侧平面 *Q* 与右侧棱线相交于Ⅳ点，与四棱锥的右前侧面和右后侧面分别相交于点Ⅱ、Ⅲ，同时Ⅱ、Ⅲ两点分别是与截平面 *P* 的交点。在主视图中标出2′(3′)、4′点，然后应用学过的表面取点法，根据高平齐、宽相等的三视图投影规则，在俯视图和左视图中分别找到这三个点的投影。将 2、3 连线，即为截平面 Q 的水平投影，将 $2''3''4''$ 顺次连接成线，即为截交线的侧面投影。

(3) 擦去已截去的部分，将看得到的部分用实线表示，看不到的部分变为虚线即完成，如图 3-25(c) 所示。

通过以上案例，将平面与平面立体相交的作图方法及步骤归纳如下：

(1) 分析立体的构成方式，基本几何体的类型及所处的位置。

(2) 分析截平面的类型和空间位置。

(3) 求棱线与截平面的交点。

(4) 判断可见性，依次连接各点即得到截交线的投影。

(5) 擦去基本几何体已被截切的部分，补充立体上未截切部分的投影，整理完成全图。

三、平面与曲面立体相交

平面与曲面立体相交，可看成是平面与曲面立体的转向轮廓线、素线或纬圆等几何元素相交，其实质是求做曲面立体表面上的点和线的问题。

常见的曲面立体主要有圆柱、圆锥、圆球体等，不同立体的形成方式和投影特征各有不同，其截交线也各有特点，下面分别进行讨论。

1. 平面与圆柱体相交

圆柱体被平面截切时，根据截平面与圆柱体中心轴线的相对位置不同，其截交线分为三种情况，具体图例见表 3-5。

表 3-5　圆柱体表面的截交线

截平面位置	平行于轴线	垂直于轴线	倾斜于轴线
空间形体		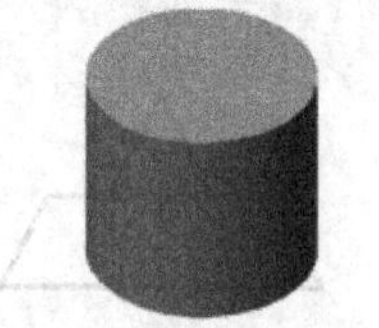	
投影图	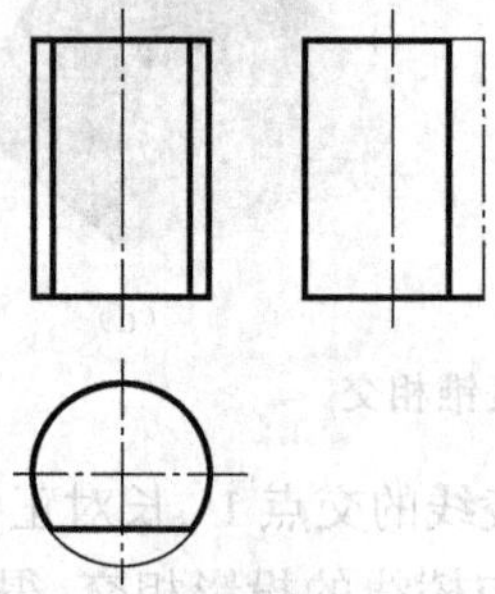	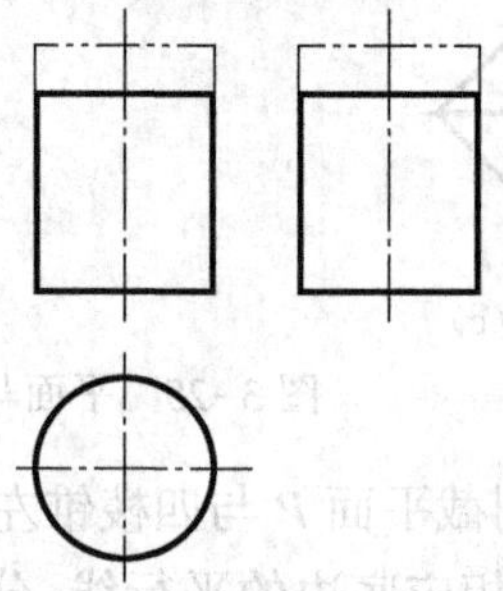	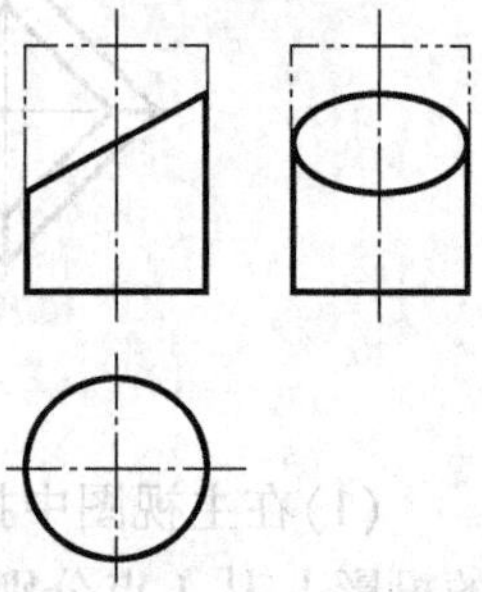
截交线形状	矩形	圆	椭圆

2. 平面与圆锥体相交

平面与圆锥体相交时，根据截平面与圆锥轴线的相对位置不同，截平面与圆锥体的交线有五种情况，见表 3-6。

表 3-6　圆锥体表面的截交线

截平面位置	垂直于轴线	倾斜于轴线 $\theta>\alpha$	倾斜于轴线 $\theta=\alpha$	平行或倾斜于轴线 $\theta=0$ 或 $\theta<\alpha$	过锥顶
空间形体	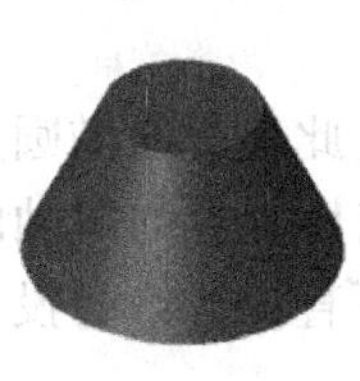	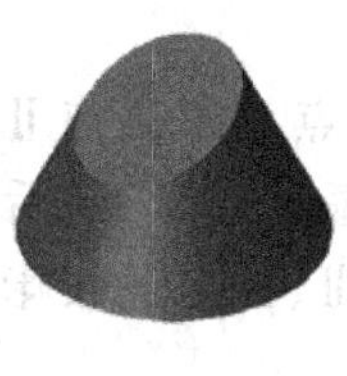	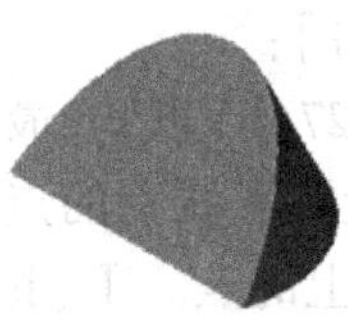	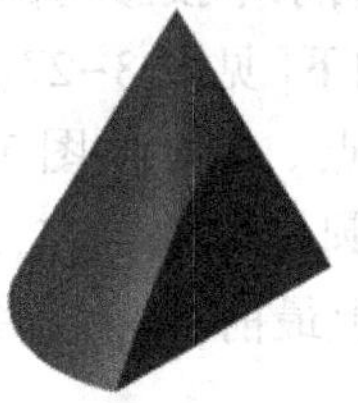	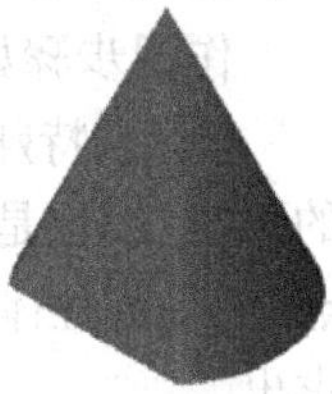
投影图	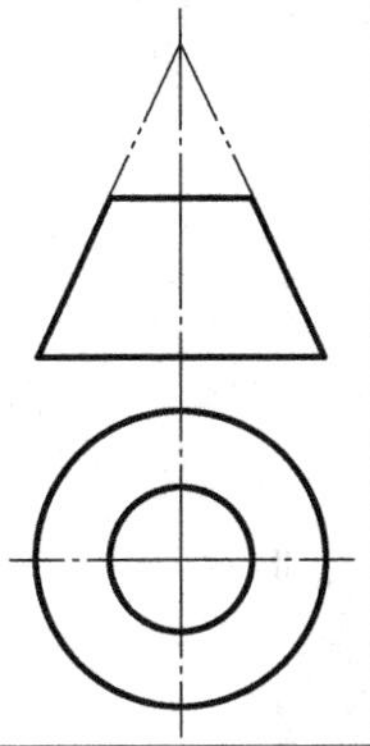	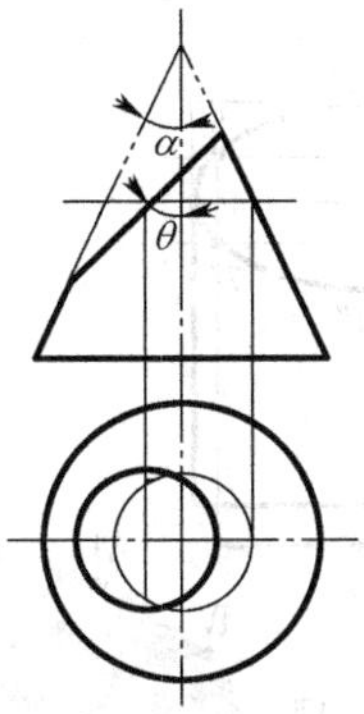	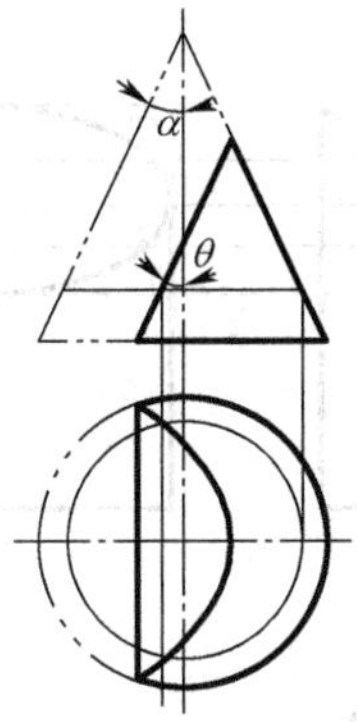	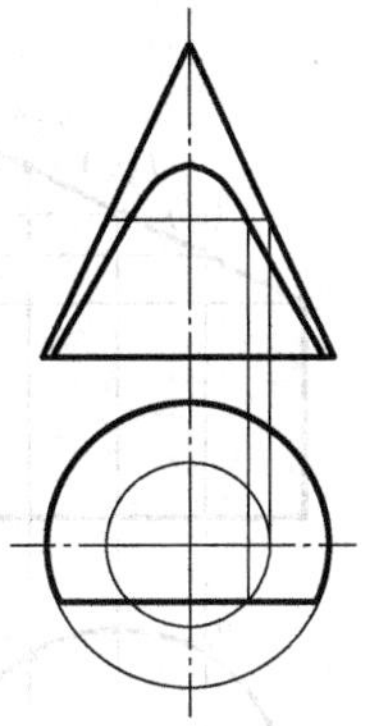	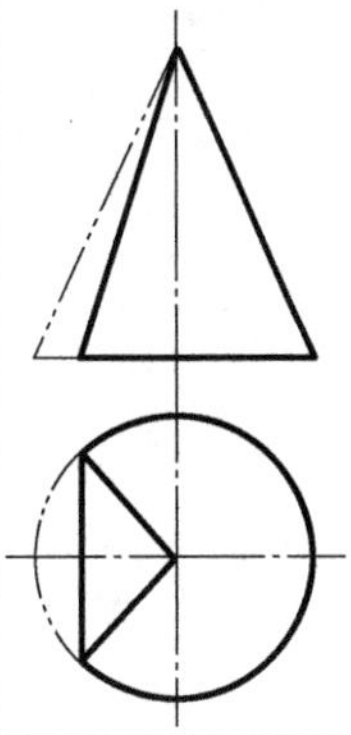
截交线形状	圆	椭圆	抛物线与直线	双曲线与直线	等腰三角形

3. 平面与圆球体相交

平面与圆球体相交，截交线的形状都是圆，当截平面为投影面平行面时，截交线在该投影面内的投影反应圆的实形，而其余两个投影积聚为直线段，长度等于圆的直径。如图 3-26 所示，水平面与圆球体相交时截交线为圆，其水平投影为圆，正面和侧面投影积聚为直线段。

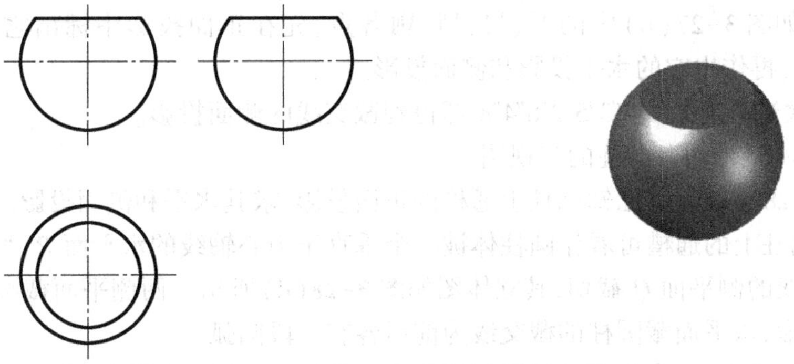

图 3-26　水平面与圆球体相交

从以上三种曲面立体截交线的分析中可以看出：当截平面与曲面立体的轴线垂直时，截交线是圆，该圆是曲面立体的纬圆。当截平面不垂直于曲面立体的轴线时，截交线在曲面上的部分，一般是非圆曲线，特殊情况下为直线。

【**案例 3-4**】斜截圆柱的三视图。

如图 3-27 所示,求一正垂面截切圆柱体后截交线的投影。

分析:圆柱体表面被正垂面截切后,对照表 3-5 可知,其截交线为一椭圆,其正面投影积聚为一直线,水平投影与圆柱面的水平投影重合,只需要求出截交线的侧面投影。

作图步骤如下[见图 3-27(a)]:

(1)求特殊点。由立体图 3-27(b)可知,最低点Ⅰ,最高点Ⅱ是此截交线椭圆上长轴的两端点,也是圆柱体上最左,最右素线上的点,最前点Ⅲ,最后点Ⅳ是椭圆短轴的两端点,也是圆柱体上最前、最后素线上的点。Ⅰ、Ⅱ、Ⅲ、Ⅳ点的投影可直接按点的投影规律求出。

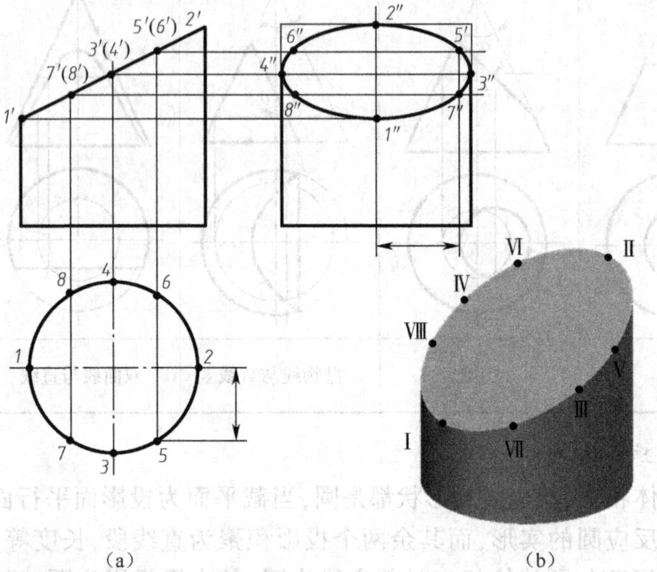
5′(6′)
2′
3′(4′)
7′(8′)
1′
2″
6″
5″
4″
3″
8″
7″
1″
8
4
6
1
2
7
3
5
Ⅵ
Ⅱ
Ⅳ
Ⅷ
Ⅴ
Ⅲ
Ⅰ
Ⅶ
(a) (b)

图 3-27 平面与圆柱体相交

(2)求一般位置点。为了保证截交线的准确性,还需要在特殊点之间求出适当数量的一般点。如图 3-27(b)中的Ⅴ、Ⅵ、Ⅶ、Ⅷ各点,先在正面投影中标出它们的位置 5′(6′)、7′(8′),再作出它的水平投影和侧面投影。

(3)依次光滑连接 1″7″3″5″2″6″4″8″即得到截交线的侧面投影。

【**案例 3-5**】带切口圆柱的三视图

如图 3-28(a)所示,已知圆柱上通槽的正面投影,求其水平和侧面投影。

分析:圆柱上的通槽可看作圆柱体被一个垂直于中心轴线的水平面 P、两个对称的平行于中心轴线的侧平面 Q 截切,其立体图如图 3-28(d)所示。两侧平面截圆柱形成的截交线为一矩形,水平面截圆柱的截交线为前后各有一段圆弧。

在正面投影中,三个平面的投影均积聚为直线段;在水平投影中,两个侧平面积聚为直线段,水平面为带圆弧的平面图形,如图 3-28(b)所示;在侧面投影中,两个侧平面积聚为矩形,反映实形,水平面积聚为直线段,其中被侧平面挡住的部分应为虚线。特别要注意,因圆柱面上侧面的轮廓素线在通槽处被切去,所以应擦去。

对于开槽的空心圆柱,如图 3-28(e)所示,可看作在图 3-28(d)所示的开槽圆柱内挖去了一个小的开槽圆柱,作图方法与上例基本相同,应特别注意的是,挖去的部分的正面和侧面投影应用虚线表示。其投影图如图 3-28(c)所示。

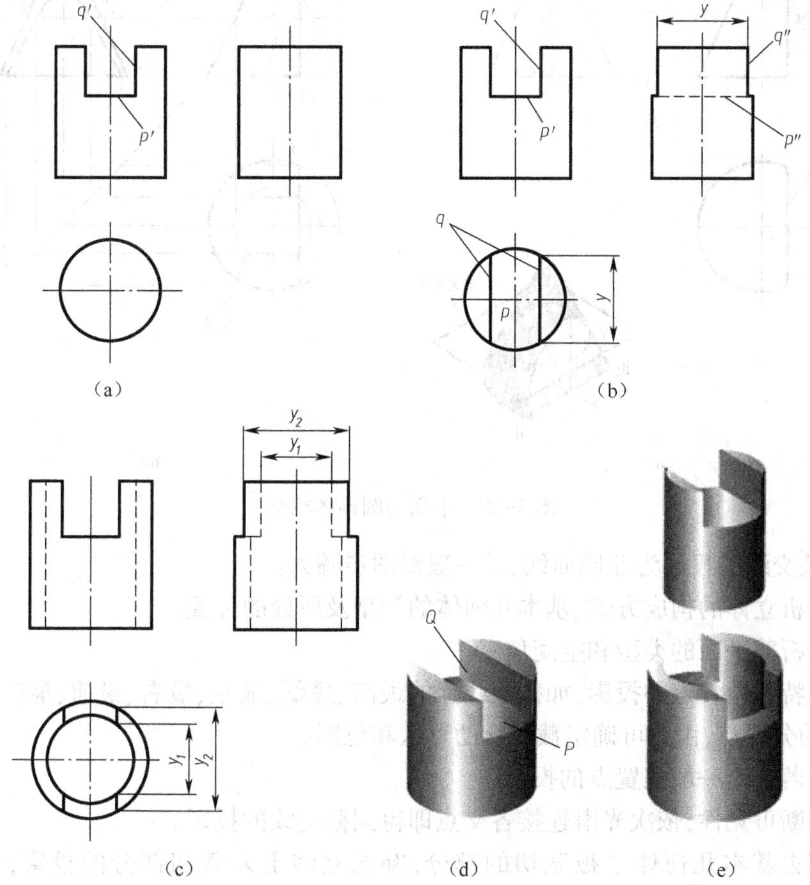
q'
p'
q'
p'
y
q''
p''
q
p
y
(a)
(b)
y2
y1
y1
y2
Q
P
(c)
(d)
(e)

图 3-28　平面与圆柱体相交

【**案例 3-6**】截切口圆锥的三视图

如图 3-29(a)所示,求侧平面截切圆锥体的投影。

分析:由于侧平面平行于圆锥体的轴线,对照表 3-6 可知,其截交线为双曲线,其正面和水平面投影都积聚为一直线段,所以截交线的正面和水平面投影已知,问题转化为已知点的两面投影,求第三面的投影。

作图步骤如下[见图 3-29(b)]:

(1)求特殊点:最高点Ⅰ,最前点Ⅱ,最后点Ⅲ。Ⅰ、Ⅱ、Ⅲ点的投影可直接按点的投影规律求出。

(2)求一般位置点:在最高点和最低点之间做一辅助平面,该平面与圆锥面的交线为一纬圆,与截交线相交于Ⅳ、Ⅴ两点,先在水平投影内做辅助圆确定 4、5,再按投影规律求出 4′(5′)和 4″、5″。

(3)依次光滑连接 3″5″1″4″2″即得到截交线的侧面投影。

通过以上案例,将平面与曲面立体相交的作图方法及步骤归纳如下:

如果截交线的投影为直线或圆,依投影规律可直接画出。

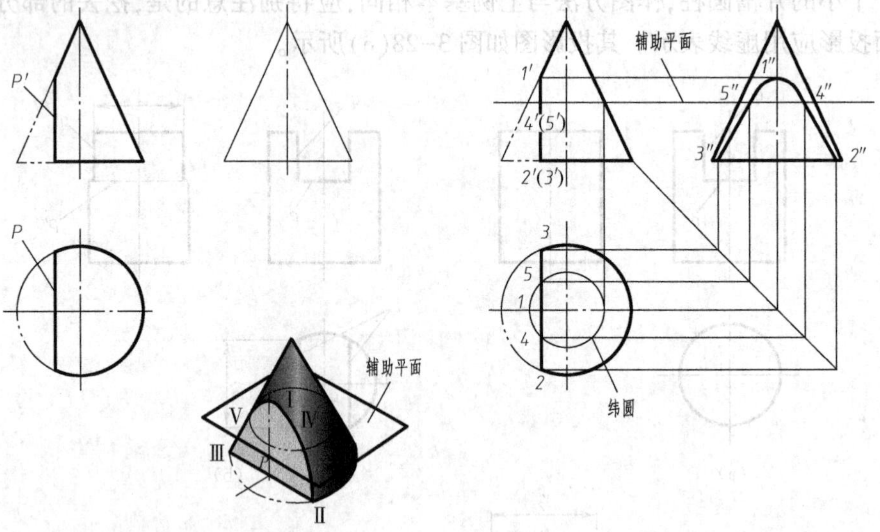
P′
P
辅助平面
Ⅰ
Ⅱ
Ⅲ
Ⅳ
Ⅴ
1′
4′(5′)
2′(3′)
1″
5″
4″
3″
2″
3
5
1
4
2
纬圆

(a)　　　　　　　　　　　　(b)

图 3-29　平面与圆锥体相交

如果截交线的投影为非圆曲线,其一般作图步骤为:

(1)分析立体的构成方式、基本几何体的类型及所处的位置。

(2)分析截平面的类型和空间位置。

(3)求特殊位置点的投影,如截交线上的最高、最低、最左、最右、最前、最后点和可见与不可见的分界点,由此可确定截交线的形状和范围。

(4)求若干个一般位置点的投影。

(5)判断可见性,依次光滑连接各交点即得到截交线的投影。

(6)擦去基本几何体已被截切的部分,补充立体上未截切部分的投影,整理完成全图。

任务实施 3

画出半圆头螺钉头部的三视图(带切口的圆球)。

如图 3-30(a)所示,画出半圆头螺钉头部的俯视图和左视图。

分析:半球体切槽可看成是由一个水平面 Q 和两个侧平面 P 截切半球体而成,槽的正面投影具有积聚性,均积聚为直线段,因此可从正面投影入手,求出其他两投影。

作图步骤如下:

(1)作水平面 Q 的投影。当立体只有局部被截切时,先假想为整体被截切,求出截交线后再取局部。平面 Q 截半球体的截交线为纬圆,正面和侧面投影为直线段,长度为纬圆直径。如图 3-30(b)所示,以直线段的长度为直径在俯视图画圆,因两个侧平面 P 限定了平面 Q 的范围,所以,水平投影由前后对称的圆弧组成。

(2)作两个侧平面 P 的投影。因切槽的两侧面为侧平面,且左右对称,在侧面投影上重合为一圆弧,半径从正面投影中获得,在俯视图上积聚为直线,如图 3-30(c)所示。

(3) 整理完成全图,特别注意平面 Q 的侧面投影,被平面 P 挡住的部分为虚线,没挡住的部分为实线，如图 3-30(d)所示。

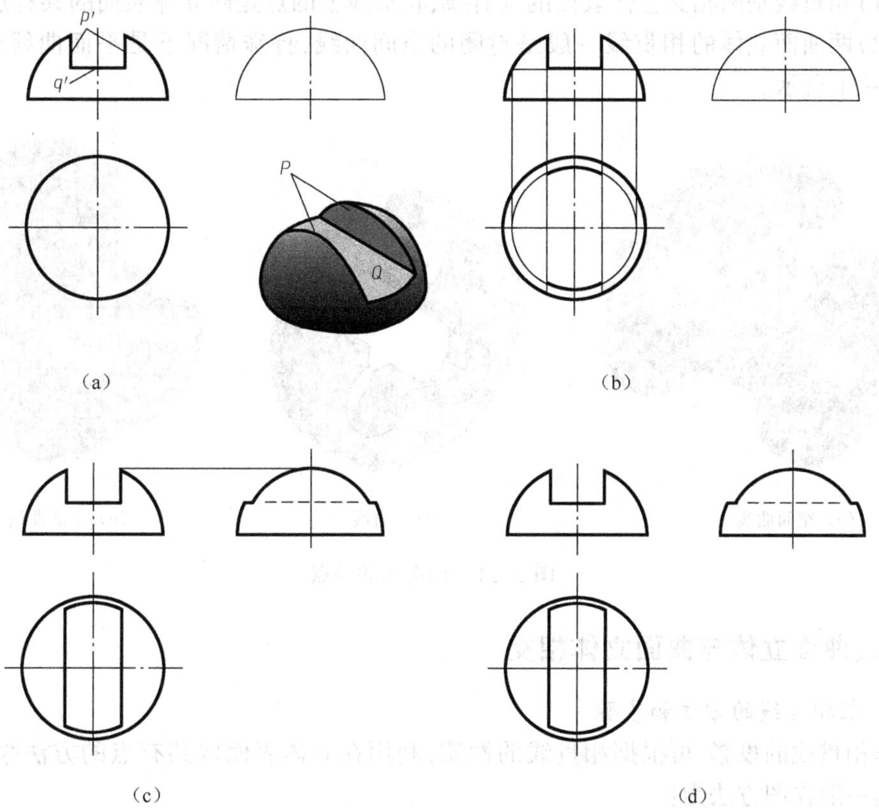
p'
q'
P
Q
(a)
(b)
(c)
(d)

图 3-30　球头螺钉头部的三视图绘制

任务 4　三通管接头的三视图

三通是具有三个口子，即一个进口，两个出口；或两个进口，一个出口的一种管件，有 T 形与 Y 形，有等径管口，也有异径管口，用于三条相同或不同管路汇集处，主要作用是改变流体方向。图 3-31(c)所示为一等径三通管接头。

知识准备及拓展

一、平面与立体相交

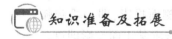

立体与立体相交，根据立体的几何性质不同，可分为三种：

(1)平面立体与平面立体相交。

(2)平面立体与曲面立体相交。

(3)曲面立体与曲面立体相交。

其中平面立体与平面立体相交、平面立体与曲面立体相交的实质是平面与立体相交，这些内容在任务 3 中已详细讨论，下面主要介绍曲面立体和曲面立体相交。

两曲面立体相交,其表面产生的交线称为相贯线,有下列基本特性:

(1)相贯线是两相交立体表面的共有线,相贯线上的点是两立体表面的共有点。

(2)两曲面立体的相贯线一般是封闭的空间曲线,特殊情况下是平面曲线或直线。如图 3-31 所示。

(a) 空间曲线

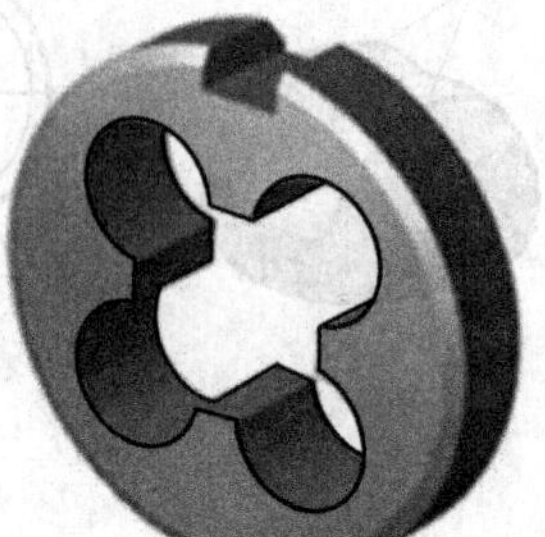

(b) 直线

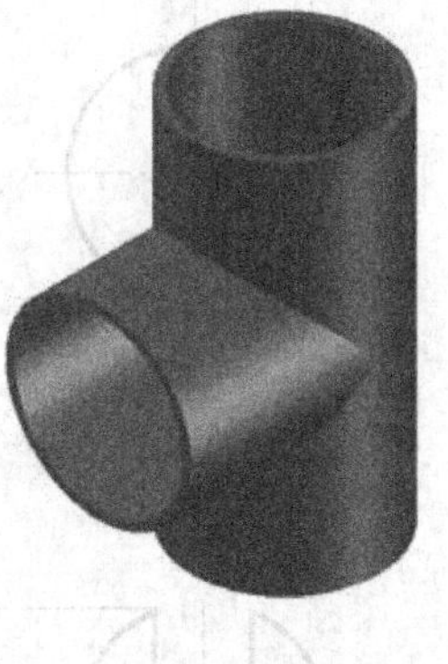

(c) 平面曲线

图 3-31　相贯线的特点

二、曲面立体与曲面立体相交

1. 求相贯线的方法和步骤

作相贯线的投影,可根据相贯线的性质,利用在立体表面取共有点的方法来画相贯线。其一般作图方法为:

(1)分析两曲面立体的形状、相对大小、相对位置,弄清楚相贯线是空间曲线还是平面曲线或直线;

(2)求特殊位置点,包括确定曲线范围的最高、最低、最前、最后、最左、最右以及处于转向线上的点。

(3)求一般位置点,判别可见性并依次光滑连接。

【案例 3-7】如图 3-32(a)所示,求两圆柱相贯时[见图 3-32(b)]的相贯线。

分析:两圆柱轴线垂直正交,相贯线为一条封闭的空间曲线,且前后对称,左右也对称。其中小圆柱的水平投影积聚为圆,该圆也是相贯线的水平投影;大圆柱的侧面投影积聚为圆,相贯线的侧面投影是大圆柱与小圆柱的公共部分的侧面投影,即一段圆弧。因此,相贯线的水平投影和侧面投影已知,只需要利用表面取点法求其正面投影即可。

作图步骤如下[见图 3-32(c)]:

(1)求特殊点。小圆柱上最左、最右素线与水平圆柱最上素线的交点 Ⅰ、Ⅱ 是相贯线上的最左、最右点,同时也是最高点,根据点、线投影关系可求得水平投影 1、2,正面投影 1′、2′以及侧面投影 1″(2″)。直立圆柱的最前点 Ⅲ、最后点 Ⅳ,也是最低点,其侧面投影 3″、4″可直接求得,再由此求得水平投影 3、4 以及正面投影 3′(4′)。

(2) 求一般位置点。在小圆柱的水平投影上,取相贯线上点的水平投影 5、6,再求得侧面投影 5″(6″)。由两面投影即可求得正面投影 5′、6′。同理,根据需要还可求出其他一般位置点。

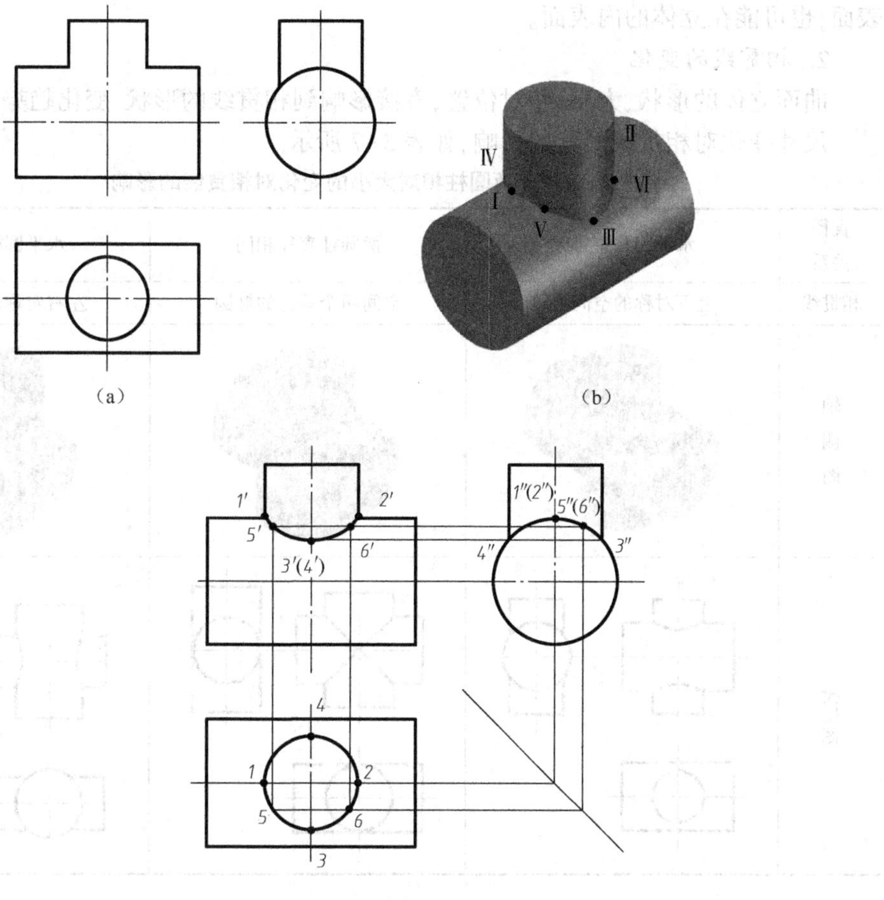
Ⅱ
Ⅳ
Ⅵ
Ⅰ
Ⅴ
Ⅲ
(a)
(b)
1′
2′
5′
6′
3′(4′)
1″(2″)
5″(6″)
4″
3″
4
1
2
5
6
3
(c)

图 3-32　正交圆柱的相贯线

(3) 将各点依次光滑连接起来,即得到相贯线的正面投影。

两圆柱正交的相贯线,在机械零件上是常见的, 如图 3-33 所示, 它可能在立体的外

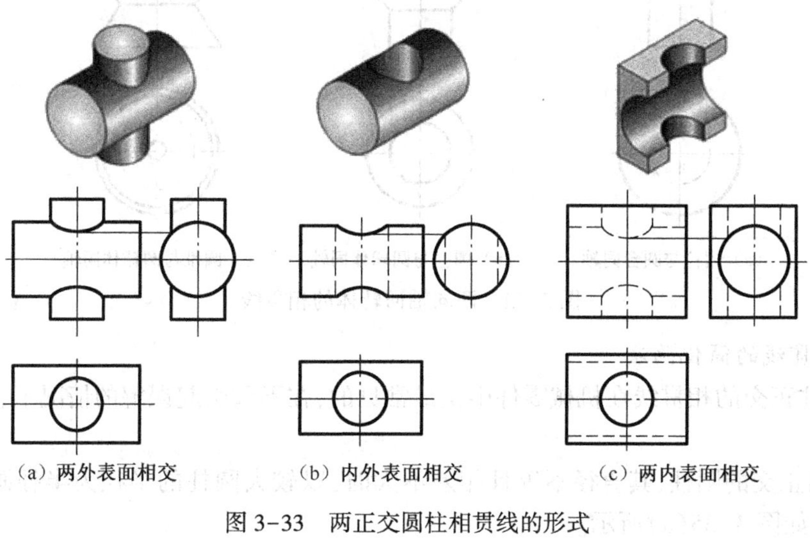

(a) 两外表面相交　　(b) 内外表面相交　　(c) 两内表面相交

图 3-33　两正交圆柱相贯线的形式

表面，也可能在立体的内表面。

2. 相贯线的变化

曲面立体的形状、大小、相对位置，直接影响到相贯线的形状、变化趋势及数量。

尺寸变化对相贯线形状的影响，如表 3-7 所示。

表 3-7　两圆柱相对大小的变化对相贯线的影响

直径关系	水平圆柱直径大	两圆柱直径相同	水平圆柱直径小
相贯线	上下对称的空间曲线	空间两个垂直的椭圆	左右对称的空间曲线
轴侧图	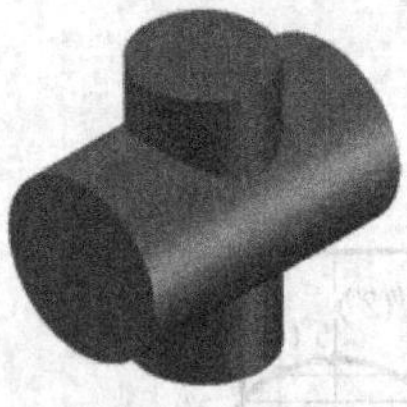		
投影图	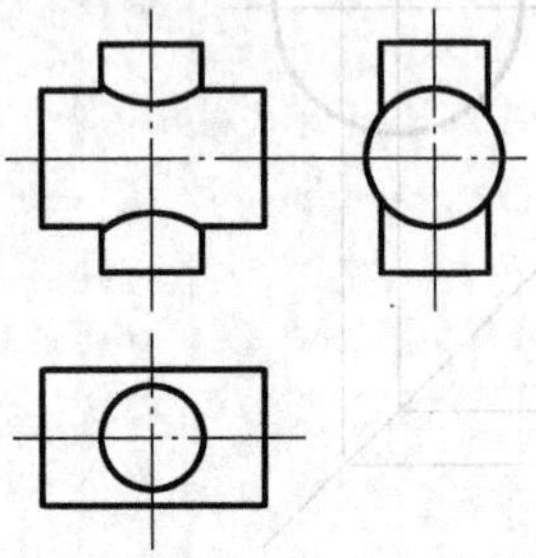	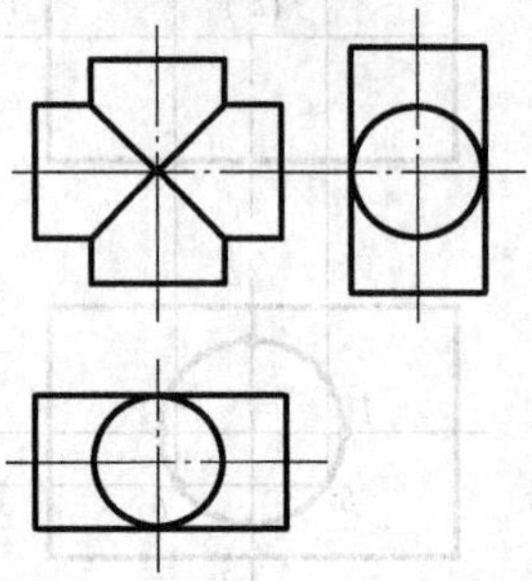	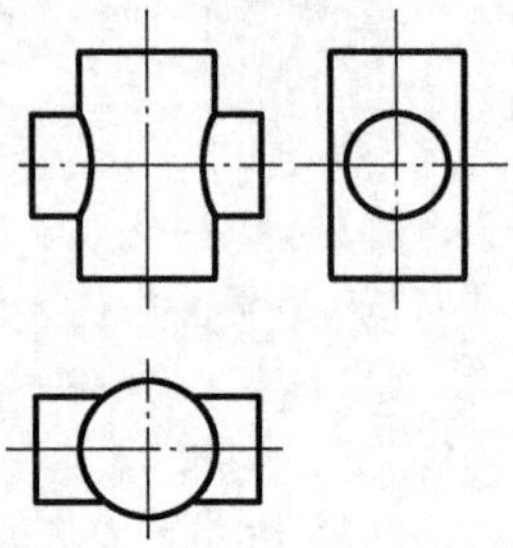

当两个回转体具有公共轴线时，相贯线为垂直于轴线的圆，如图 3-34 所示。

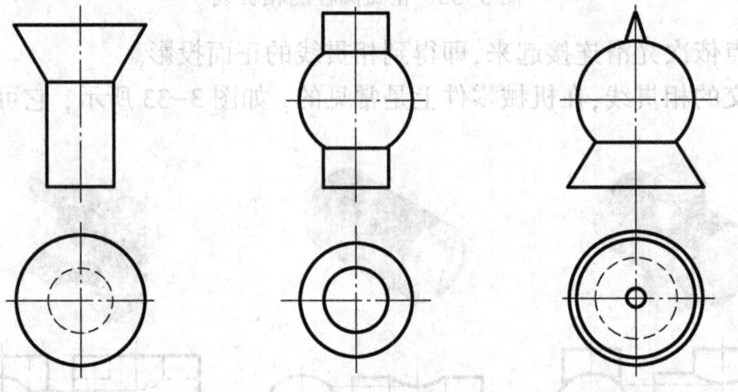

（a）圆柱与圆台同轴　（b）圆柱与圆球体同轴　（c）圆锥与圆球体同轴

图 3-34　两同轴回转体的相贯线

3. 相贯线的简化画法

两圆柱正交的相贯线在机械零件中是最常见的，在不致引起误解的情况下，可以采用简化画法。

(1)两正交的圆柱，其直径不等且相差不大时，以较大圆柱的半径为半径画圆弧，代替相贯线，如图 3-35(a)所示。

（2）当小圆柱直径与大圆柱直径相差很大时，相贯线可用直线代替，如图 3-35（b）所示。

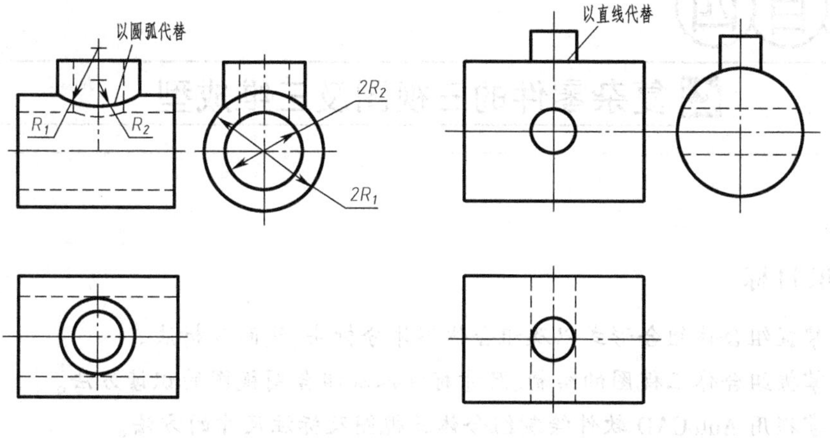
以圆弧代替
R_1
R_2
$2R_2$
$2R_1$
以直线代替

（a）以圆弧代替　　（b）以直线代替

图 3-35　两圆柱正交时相贯线的简化画法

任务实施 4

（1）分析相贯体的构成：如图 3-36（a）所示为三通管接头，该零件由两个直径相同的圆柱垂直相交而成，而且内腔也是两个直径相同的圆柱孔垂直相交。相贯线的形状是空间两个垂直相交的半椭圆。

（2）绘图步骤：先绘制圆柱、圆柱孔的三视图，再依次画相贯线。先画外相贯线，内相贯线在主视图中与外相贯线重合，不再画。

（3）视图检查、整理 加深，标注尺寸后如图 3-36（b）所示。

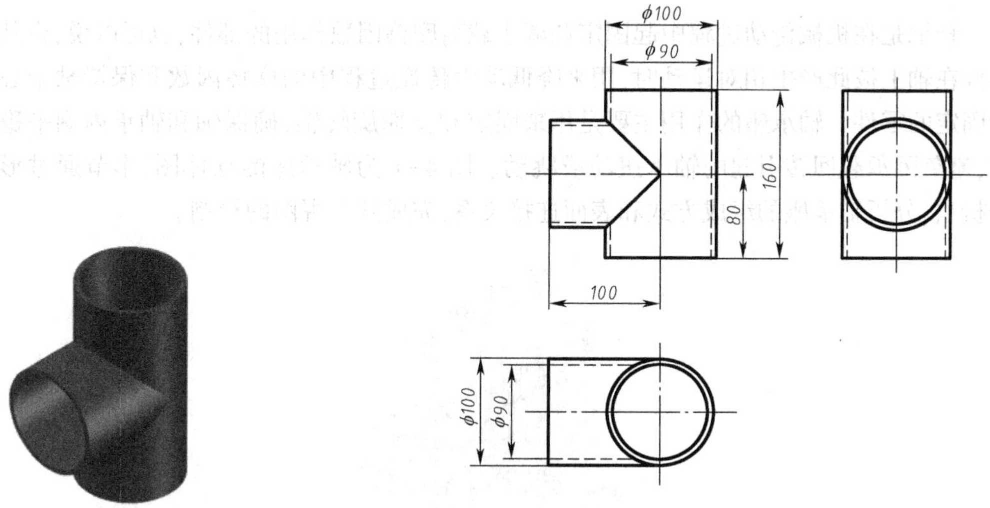
ϕ100
ϕ90
160
80
100
ϕ100
ϕ90

（a）　　（b）

图 3-36　三通管接头的三视图绘制

项目四

复杂零件的三视图及三维成型

知识目标

(1)掌握组合体组合形式以及组合体形体分析法、线面分析法。

(2)掌握组合体三视图的绘制、尺寸标注以及组合图视图的识读方法。

(3)掌握用 AutoCAD 软件绘制组合体三视图及标注尺寸的方法。

(4)掌握用 AutoCAD 软件进行叠加形体、切割形体三维造型的方法。

能力目标

(1)能综合运用形体分析法和线面分析法分析组合体组成形式。

(2)能够运用已学知识,完成组合体三视图的绘制及尺寸标注。

(3)掌握阅读组合体三视图的基本方法,能根据视图想象组合体空间形状,具有根据已知两视图补画第三视图的能力。

(4)能熟练使用 AutoCAD 软件,绘制组合体三视图并完成较简单的组合体的三维造型。

项目引入

轴承是在机械传动过程中起固定和减小载荷摩擦因数作用的部件,也可以说,当其他零件在轴上彼此产生相对运动时,用来降低动力传递过程中的摩擦因数和保持轴中心位置固定的零件。轴承座的作用主要是用来固定和支撑旋转轴,确保轴和轴承内圈平稳回转,避免因承载回转引起的轴承扭动或跳动。图 4-1 为轴承座的立体图,本节通过形体分析法,分析轴承座的组成方式和表面连接关系,完成其三视图的绘制。

图 4-1　轴承座的立体图

任务1　叠加式组合体——轴承座的三视图

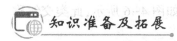

知识准备及拓展

一、组合体及其组合方式

从形体角度来看,任何复杂的物体都是由一些简单的平面立体和曲面立体组成的。我们将由两个或两个以上平面立体和曲面立体组合而形成的物体称为组合体。

组合体的组成方式有叠加和切割(包括穿孔)两种形式。如图4-2(a)所示的轴承座,它分别由空心圆柱体Ⅰ、Ⅱ,支撑板Ⅲ,肋板Ⅳ和底板Ⅴ五个基本形体由叠加方式形成。而轴承座的五个组成部分则分别由切割方式形成。其中空心圆柱体Ⅰ、Ⅱ可看成是由圆柱体穿孔加工而成;支撑板Ⅲ,肋板Ⅳ和底板Ⅴ可看成是由棱柱截切加工而成。

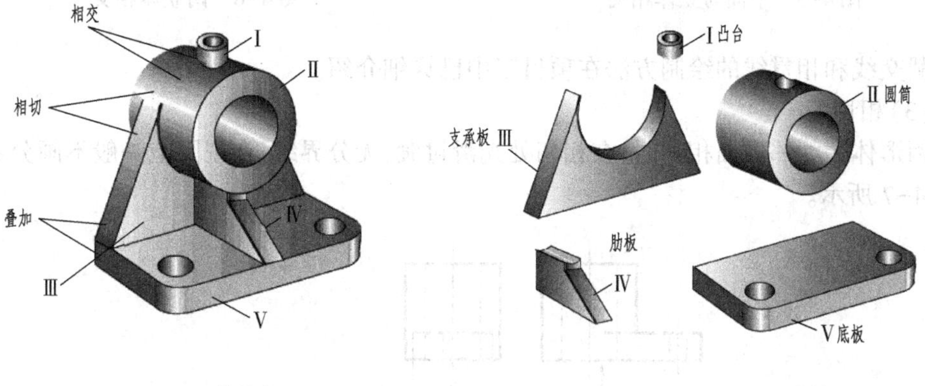
相交
Ⅰ
Ⅱ
相切
叠加
Ⅳ
Ⅲ
Ⅴ
Ⅰ凸台
Ⅱ圆筒
支承板 Ⅲ
肋板
Ⅳ
Ⅴ底板
(a) 轴承座　　(b) 分析

图4-2　组合体的组合方式

二、组合体表面连接关系

组合体中相邻两基本形体之间的表面连接关系可分为平齐、相交和相切三种。

(1)平齐

两形体表面连接时,可以相互重合而平齐为一个平面,此时两表面连接处无分界线,如图4-3所示。当两形体的表面不平齐时,相应视图中间应该有线隔开,如图4-4所示。

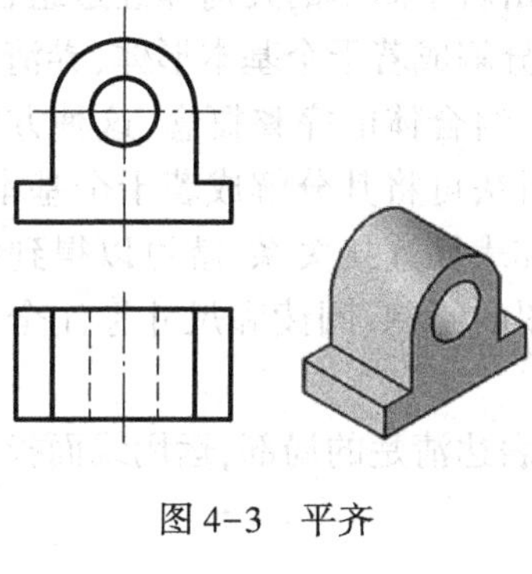
图4-3　平齐

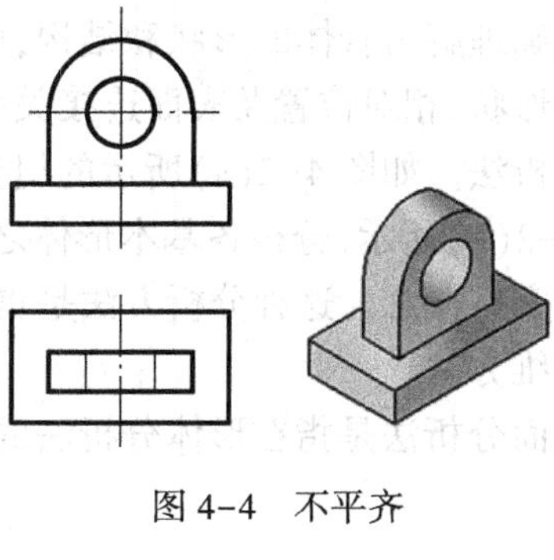
图4-4　不平齐

(2)相交

当平面与基本体或两基本体表面相交时,在相交处会产生各种形状的交线,视图的相应位置应画出交线的投影。交线分为两种,一种是平面与立体相交产生的交线,如图 4-5 所示,此类交线称为截交线;一种是两立体相交产生的交线,如图 4-6 所示,此类交线称为相贯线。

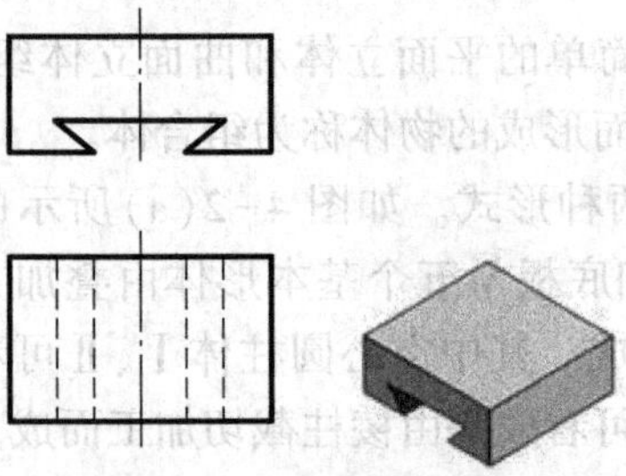

图 4-5　平面与立体相交

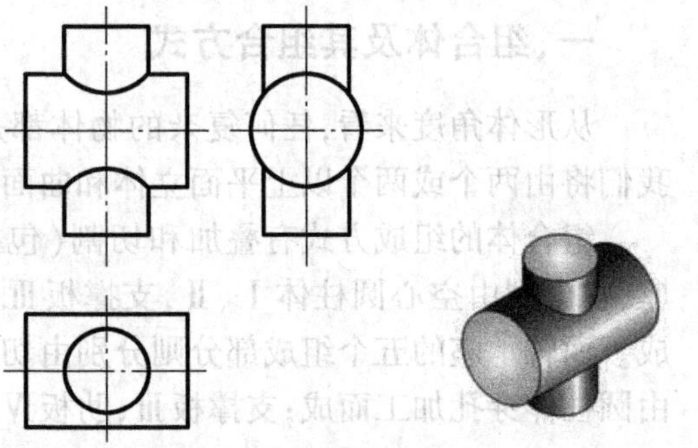

图 4-6　两立体相交

截交线和相贯线的绘制方法在项目三中已详细介绍。

(3)相切

两形体的相邻表面相切时,在相切处光滑过渡,无分界线,在视图上一般不画分界线,如图 4-7 所示。

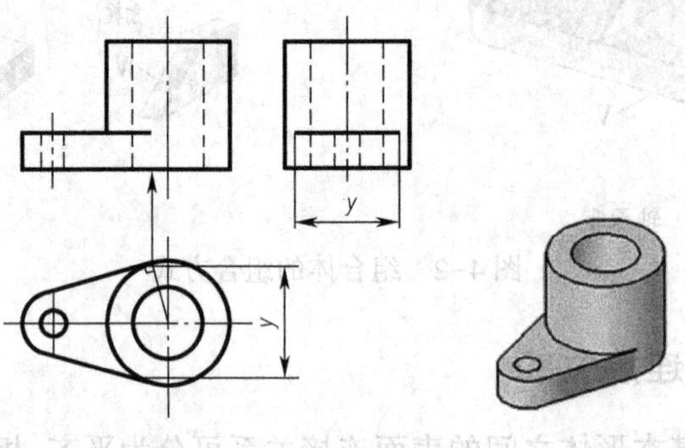
y
y

图 4-7　两立体相切

三、形体分析法和线面分析法

由上述分析可见,任何复杂的组合体都可以看作由若干简单的几何体经过组合而成,为了准确理解组合体的形状和结构,可假想将组合体分解成若干个基本形体,弄清各基本形体的形状、相对位置及表面连接关系,从而产生整个组合体的完整概念,这种方法称为形体分析法。如图 4-2(a)所示的组合体,用形体分析法可将其分解成若干个基本形体,如图 4-2(b)所示,分析各基本形体之间的相对位置和表面连接关系,就可以得到整个组合体的完整概念。这种分析方法是贯穿于所有工程图的绘制、阅读和尺寸标注全过程的基本思维方法。

线面分析法是指在形体分析法的基础上,对不易表达清楚的局部,运用线面投影特性对其表面、棱线、交线等几何要素的空间位置、形状、相互关系、投影特征等进行分析的方法。对于用切割方式形成的组合体，常常利用线面分析法对组合体的主要表面，特别是组合体上的交线、切口的投影进行分析、检查，这样可大大提高读图、绘图的速度和准确率。

任务实施 1

画组合体视图的过程就是在分析组合体的形成方式、各基本体的形状、相对位置及表面过渡关系的基础上，选择合适的观察角度，正确、完整、清晰的表达组合体的过程。画组合体视图的基本方法是形体分析法，对不易表达清楚的局部，还要运用线面投影特性来加以分析。

1. 进行形体分析

将组合体分解成若干个基本形体，弄清各基本形体的形状、相对位置及表面过渡关系。从图 4-8 所示的轴承座可以看出，该组合体主要由五个部分以叠加方式形成：注油用的凸台，支承轴的圆筒，支承圆筒的支承板和肋板，安装用的底板。分析如下：

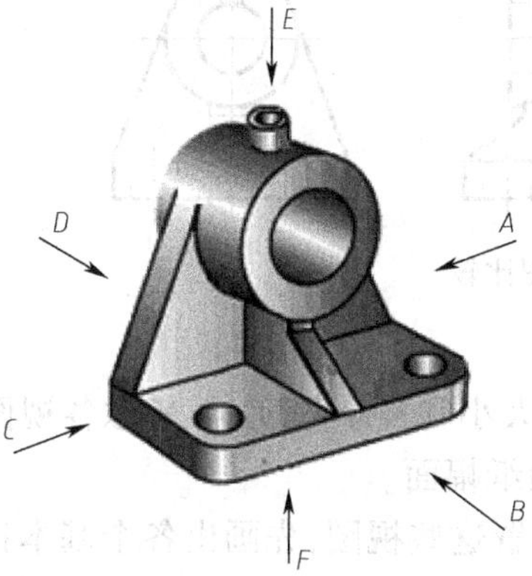
E
D
A
C
B
F
(a) 组合体的立体图

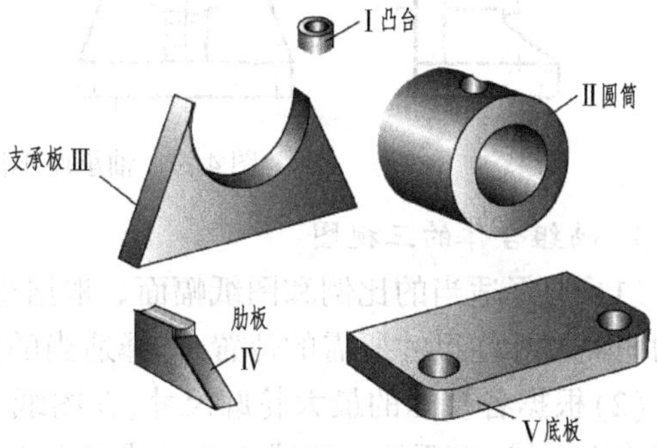
I 凸台
II 圆筒
支承板 III
肋板
IV
V 底板
(b) 组合体的形体分析

图 4-8　轴承座

(1) 底板为长方体，被截出两个圆角并钻有两个圆柱孔。

(2) 凸台和圆筒可看成是由圆柱体穿孔加工而成，其中圆筒位于底板上方的中间部位，前后位置以底板为准向后突出，凸台与圆筒正交相贯，凸台内孔通向圆筒内孔，所以有两条相贯线，分别是内孔与内孔相贯，外圆柱面与外圆柱面相贯。通过凸台为转动的轴添加润滑油。

(3) 支承板和肋板可看成是由棱柱截切加工而成。其中支承板在背后方向与底板靠齐，左右方向与圆筒外表面相切，相切处无轮廓线；肋板实质上也是起着支承的作用，与支承板构成丁字形支承，叠加于底板上方，后面与支承板靠齐，左右侧面与圆筒外表面相交，交线为两条素线。考虑到实体内部无线，圆筒外圆柱面与支承板、肋板相交的一段，其侧面转向轮廓线不存在。

通过分析可以看出轴承座左右对称，为上、中、下结构，绘图时选择以圆筒为基准，然后分析并绘出底板、支承板、肋板和凸台的相对位置、形状和表面连接关系。

2. 视图选择

画视图的目的是为了正确、完整、清晰的表达物体，在三视图中，主视图是最主要的视图，通常反映零件的主要形状特征。主视图方向选择的原则是：

（1）将组合体按自然位置放置。

（2）能清晰表达组合体的结构及各组成部分的关系，尽可能保证物体的主要平面（或轴线）平行或垂直于投影面

（3）使各视图虚线尽可能少。

如图 4-8（a）所示，将轴承座自然放置，对所示六个方向投影所得视图进行比较，如图 4-9 所示：*E*、*F* 方向的投影，五个组成部分的投影均压缩在一起，不能反映彼此之间的结构和位置关系，三条都不满足；其他四个方向的投影如图 4-9 所示 *A*、*C* 方向均不能很好地体现轴承座各部分的形状特征，且 *C* 方向会造成左视图中虚线过多；*D* 方向上，由于支承板的缘故，肋板及底板形状在主视图中均不可见，主视图中虚线过多；而在 *B* 向视图上，轴承座各组成部分的形状特点及其相互位置反映得最清楚，所以，确定 *B* 向为主视图投射方向。

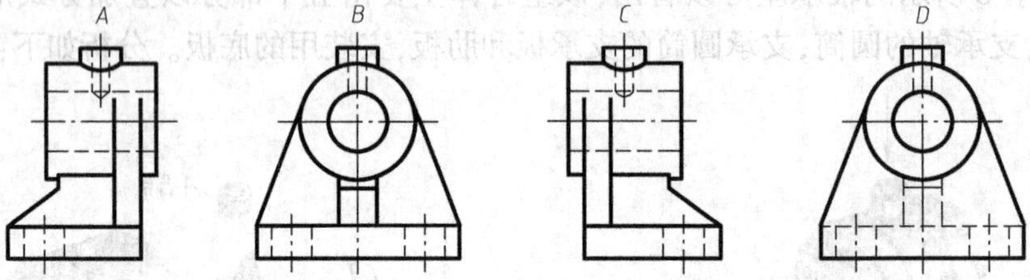
A
B
C
D

图 4-9　轴承座不同方向视图比较

3. 画组合体的三视图

（1）选择适当的比例和图纸幅面。根据组合体的大小和复杂程度，再考虑各视图之间的间隔及标注尺寸所需的位置，选择适当的比例和图纸幅面。

（2）根据各视图的最大轮廓尺寸，在图纸上均匀布置这些视图，先画出各个基本视图的对称中心线，主要轮廓线或主要轴线和中心线。

（3）从主要形体入手，分析各自之间的相对位置，按照先主后次、先大后小、先整体后细节的原则逐个画出各基本体的视图。同时应注意：同一部分的几个视图应联系起来画，并且从已知尺寸以及反映形状特征的视图入手，以便利用投影之间的对应关系。这样既能保证各部分的投影关系，又能尽量减少尺寸的量取次数，提高绘图效率。具体过程如表 4-1 所示。

表 4-1　叠加式组合体的画图步骤

（a）布图	（b）画圆筒
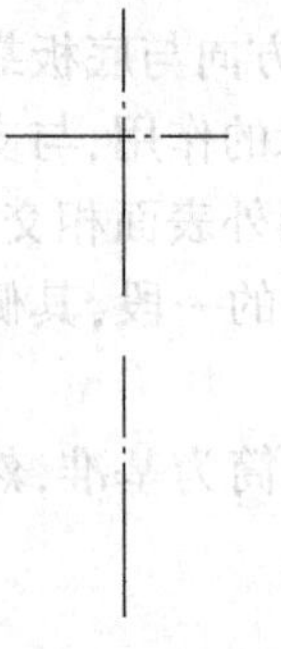	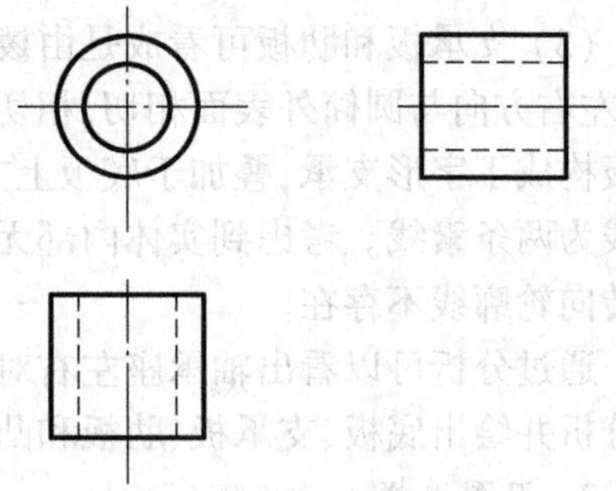
先画出各个基本视图的对称中心线	先画主视图，再画其他两视图

续表

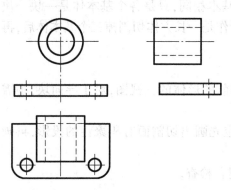

(c)画底板 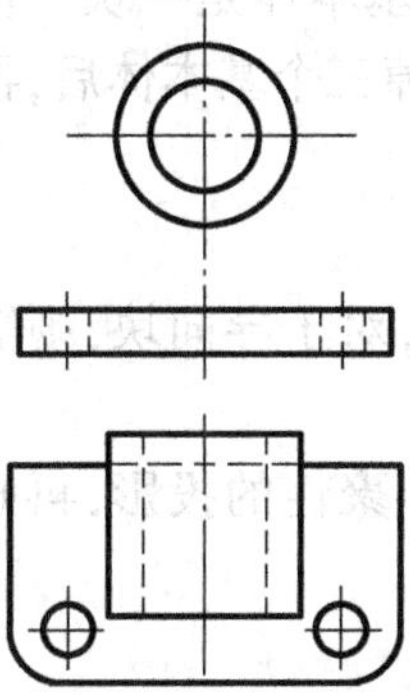 先画俯视图注意量取底板与圆筒中心的高度以及与圆筒后侧面的距离	(d)画支承板 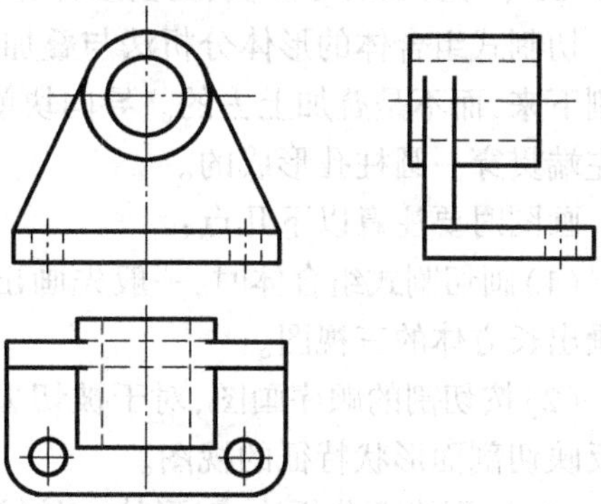 先画主视图,再画其他两视图,支承板与圆筒外表面相切处无轮廓线;考虑到实体内部无线,圆筒外圆柱面与支承板相交的一段,其对侧面和水平面的转向轮廓线不存在
(e)画肋板 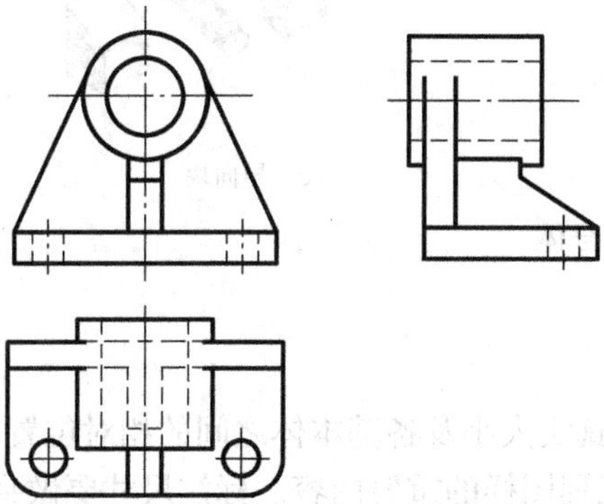 先画主视图,再画其他两视图,肋板左右侧与圆筒外表面相交,交线为两条素线。考虑到实体内部无线,圆筒外圆柱面与肋板相交的一段,其对侧面的转向轮廓线不存在	(f)画凸台、检查、加深 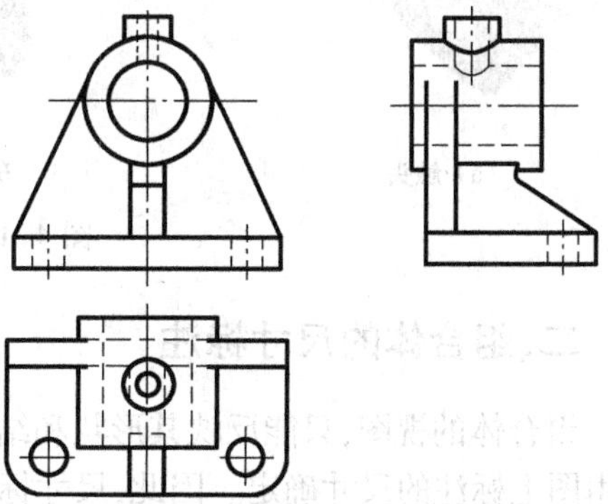 凸台与圆筒正交相贯,凸台内孔通向圆筒内孔,所以有两条相贯线,分别是内孔与内孔相贯,外圆柱面与外圆柱面相贯

(4)完成底稿后,仔细检查,修改错误,擦去多余图线,按规定将图线加深。

任务2　切割式组合体——支座的三视图

知识准备及拓展

一、切割式组合体画法

如图4-10所示的触头、车床上的车刀和导向块,都是平面与基本立体相交,立体经过切割后形成的，画切割式组合体三视图时主要采用线面分析法，线面分析法的应用在平面与立体相交一节中已详细阐述。对较为复杂的由切割方式形成的组合体，如图 4-10（c）所示的导向块，需要形体分析法和线面分析法配合使用。

切割式组合体的形体分析法与叠加式组合体基本相同，只是各个基本体是一块一块切割下来，而不是叠加上去的。导向块就可以可看作是一长方体切割掉三个基本体后，再在左端贯穿一圆柱孔形成的。

画图时要注意以下几点：

（1）画切割式组合体时，一般先画出没有切割前的形体的三视图，对于导向块，则需先画出长方体的三视图。

（2）按切割的顺序画图，对于被切去的形体，应先画出切割面有积聚性的投影，再画出反映切剖面形状特征的视图。

（3）运用线面分析法，对形体中的线面进行分析、检查。

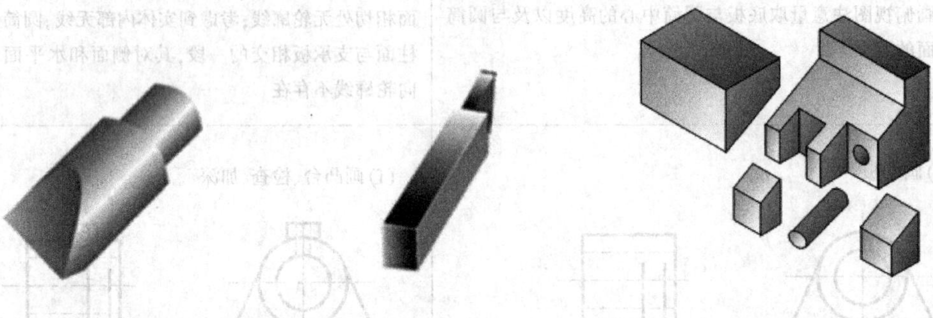

（a）触头　（b）车刀　（c）导向块

图 4-10　切割式组合体

二、组合体的尺寸标注

组合体的视图，只能反映其形状和结构，而它的真实大小及各基本体之间的相对位置必须由图上标注的尺寸确定。因此，尺寸标注是绘制工程图样的重要内容。标注尺寸要做到：

正确，严格遵守相关国家标准的规定来标注尺寸。

完整，所注尺寸可完全确定物体各部分形状大小及相对位置，不得遗漏，也不得重复。

清晰，标注在最能反映物体特征的位置上，且排布整齐、便于读图和理解。

合理，尺寸标注应满足工程设计和制造工艺的要求。而对于组合体，尺寸标注的合理性主要体现在尺寸标注基准的选择及运用上。

1. 基本体的尺寸标注

对于基本几何形体，一般标注长、宽、高三个方向的尺寸以确定其形状；对于回转体，标注直径时应在数值前加“ϕ”，半径注“R”；球体直径前应注写“$S\phi$”，半径注“SR”，如表 4-2 所示。

2. 有截交线、相贯线形体的尺寸标注

对于有截交线的形体，除标注基本形体的尺寸外，须标注截平面的位置尺寸；对于有相贯线的形体，除标注基本形体的尺寸外，还须标注两基本体的相对位置尺寸。截交线、相贯线的形状尺寸则不须标注，如表 4-3 所示。

表 4-2　基本体的尺寸标注

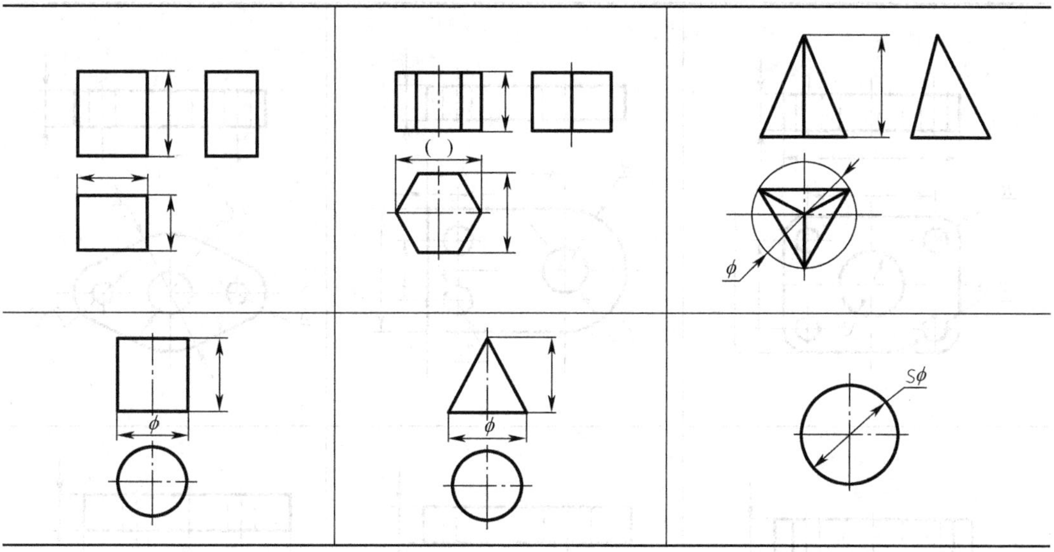
( )
ϕ
ϕ
ϕ
Sϕ

表 4-3　有截交线、相贯线形体的尺寸标注

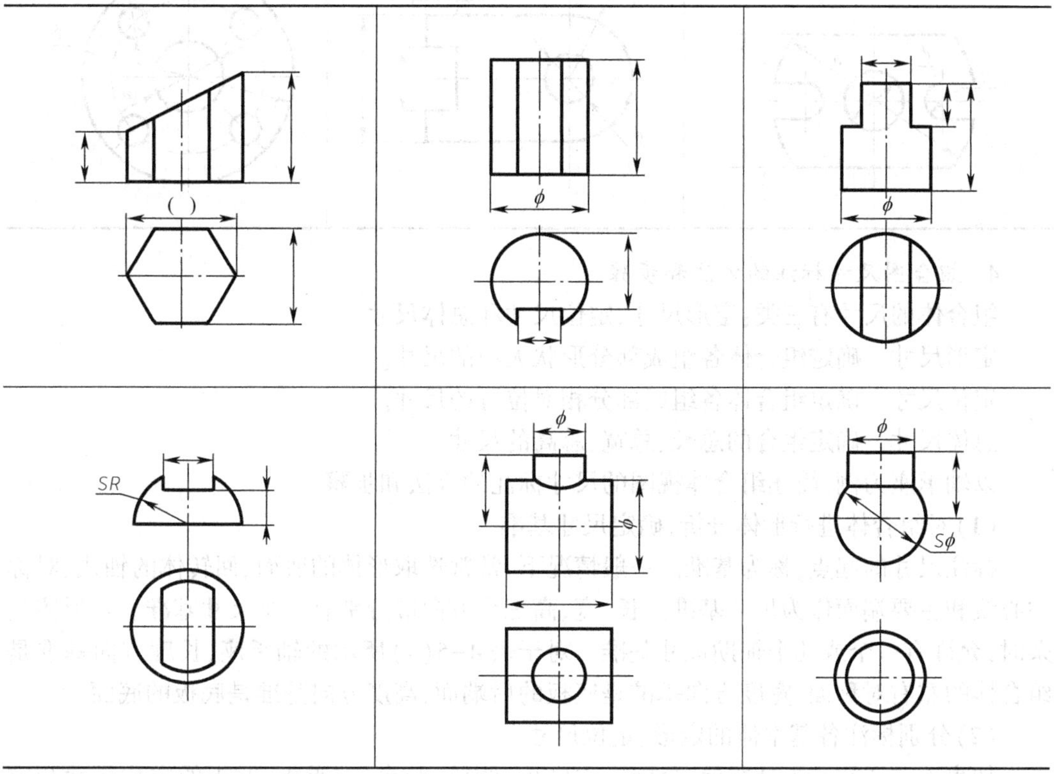
( )
ϕ
ϕ
SR
ϕ
ϕ
ϕ
Sϕ

3. 常见底板的尺寸标注

零件上常见的底板都是柱体，其表面上的棱线或素线互相平行并与形状相同的上下两个底面垂直，柱体的尺寸包括确定底面形状的尺寸和高度尺寸，标注方法如表 4-4 所示。

表 4-4　常见底板形状的尺寸标注

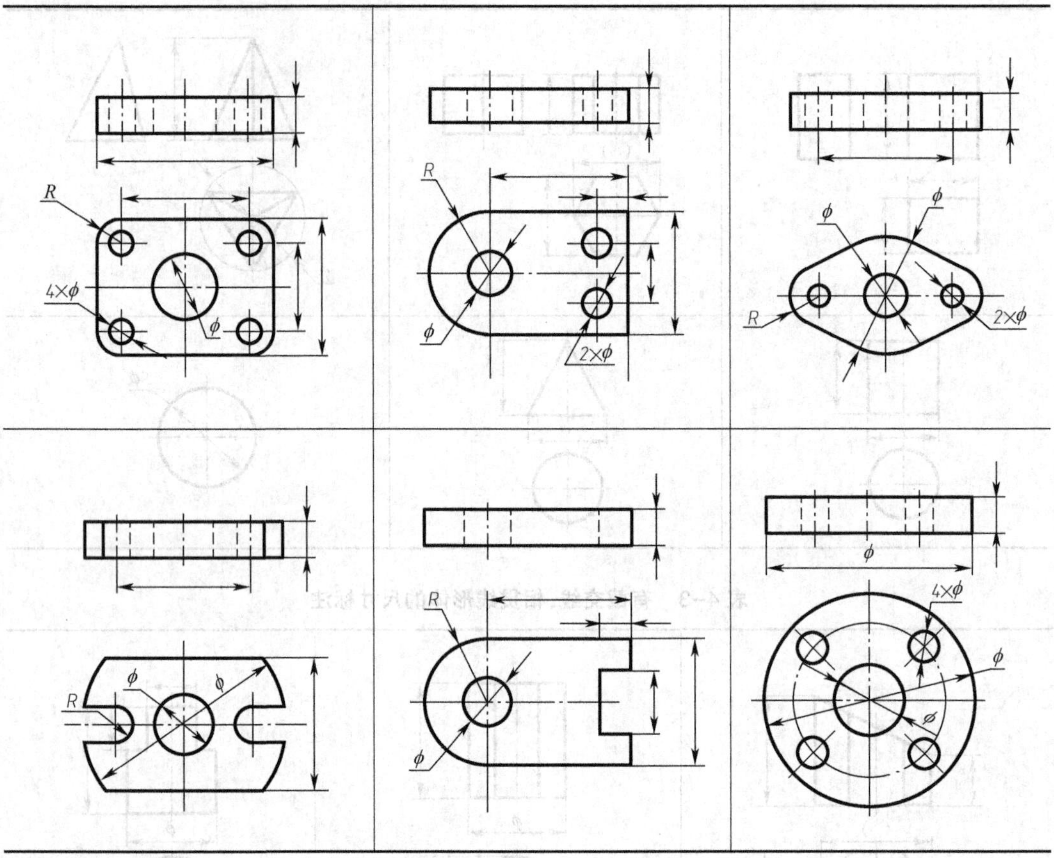
R
4×φ
φ
2×φ
4×φ
2×φ

4. 组合图尺寸标注的方法和步骤

组合体的尺寸有三类:定形尺寸、定位尺寸和总体尺寸。

定形尺寸　确定组合体各组成部分形状大小的尺寸。

定位尺寸　确定组合体各组成部分相对位置的尺寸。

总体尺寸　确定组合的总长、总宽、总高的尺寸。

以轴承座为例,简述组合体视图的尺寸标注的方法和步骤。

(1)对组合体进行形体分析,确定尺寸基准

标注尺寸的起点,称为基准。一般情况下,常常选取形体的底面、回转体的轴线、对称中心线和主要端面作为尺寸基准。长、宽、高三个方向应分别有一个尺寸基准。当形体复杂时,允许有一个或几个辅助尺寸基准。对于表 4-5(a)所示的轴承座,长度方向基准是组合体的左右对称面,宽度方向基准是底板的后端面,高度方向基准是底板的底面。

(2)分别标注各基本体的定形、定位尺寸

如表 4-5(b)(c)(d)所示,分别标注底板、圆筒、凸台、支承板、肋板的定位尺寸和定形尺寸。

(3)根据需要,调整并标注总体尺寸

轴承座的总高尺寸为 87,总长尺寸为 90,图中已标注,总宽尺寸应为 67,但该尺寸不宜标注。因为,若标注总宽尺寸,则尺寸 7 和 60 为重复标注,但尺寸 7 和 60 的标注,能清

晰表达底板与圆筒在宽度方向上的定位尺寸。

检查整理完成的尺寸如图 4-11 所示。

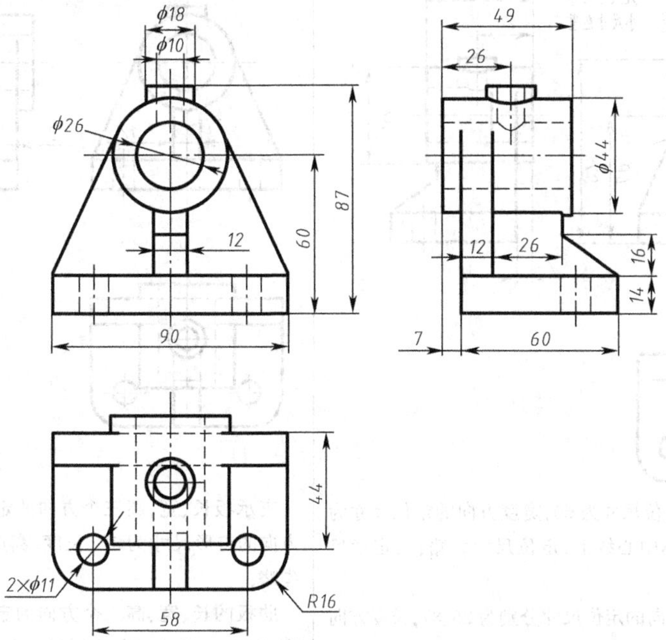
ϕ18
ϕ10
ϕ26
12
60
87
90
49
26
ϕ44
12
26
16
14
7
60
44
2×ϕ11
58
R16

图 4-11 轴承座的尺寸标注

表 4-5 组合体尺寸标注的方法和步骤

(a)确定尺寸基准

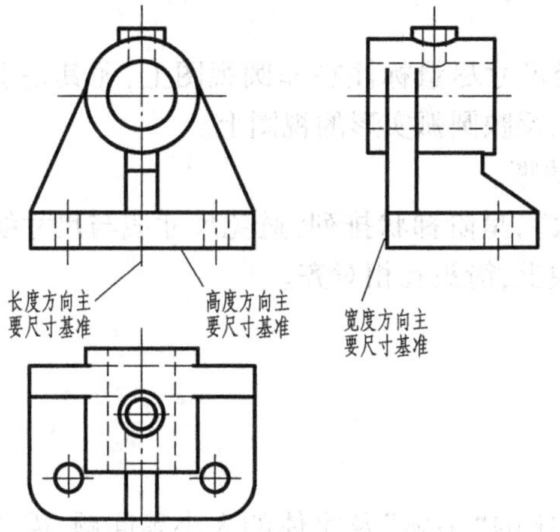
长度方向主要尺寸基准
高度方向主要尺寸基准
宽度方向主要尺寸基准

(b)标注底板尺寸

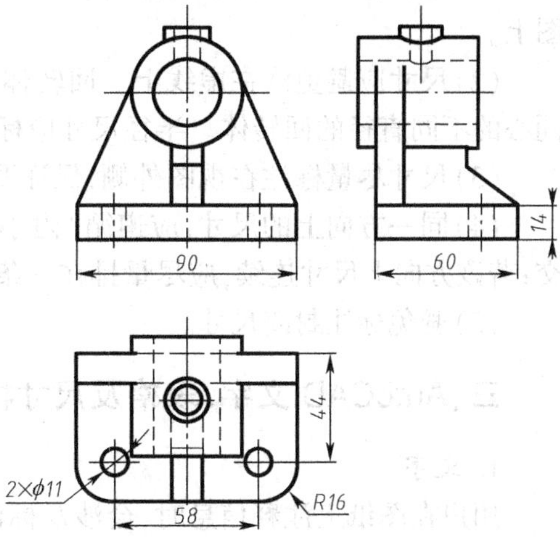
14
90
60
44
2×ϕ11
58
R16

底板长、宽、高的定形尺寸为 90、60、14，定位尺寸则省略；底板上的圆柱孔、圆角的定形、定位尺寸分别为 2×ϕ11、*R*16、58、44

续表

(c)标注圆筒、凸台的尺寸	(d)标注支承板、肋板的尺寸
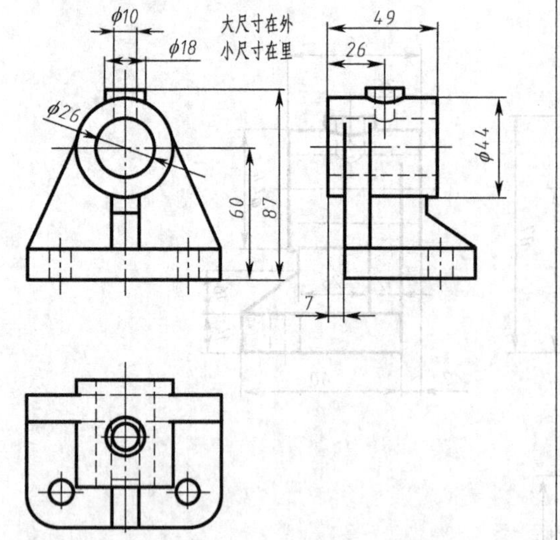 φ10 φ18 大尺寸在外 小尺寸在里 49 26 φ26 φ44 60 87 7	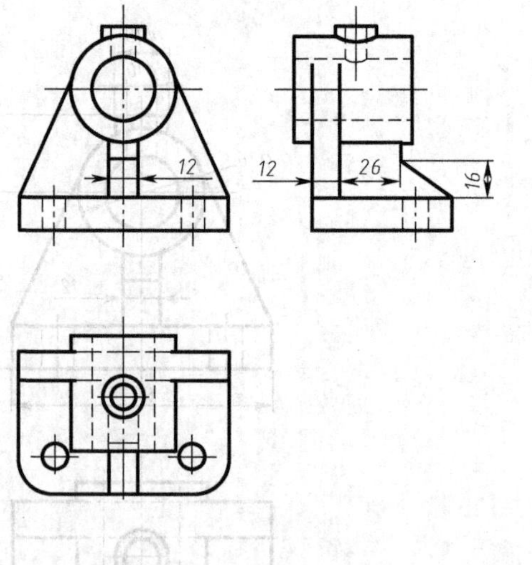 12 12 26 16
圆筒高度方向的定位尺寸为60,宽度方向的定位尺寸为7,长度方向因在对称中心线上,定位尺寸省略;其定形尺寸为 ϕ44,ϕ26,49; 凸台宽度、高度方向的定位尺寸分别为26、87,长度方向的定位尺寸省略;其定形尺寸为 ϕ18,ϕ10	支承板长、宽、高三个方向的定位尺寸省略;宽度方向的定形尺寸为12,长度、高度方向的定形尺寸省略; 肋板的长、宽、高三个方向的定位尺寸亦省略;长度、宽度、高度方向的定形尺寸为12、26、16

5. 标注尺寸应注意的问题

尺寸标注在满足完整、准确要求的同时,还应注意尺寸之间的配置,使图形清晰易懂。为此应注意如下几点:

(1)组合体中每个简单形体的尺寸,应尽量集中标注在反映其形状特征最明显的视图上。

(2)尺寸应避免注在虚线上。回转体直径尺寸尽量标注在非圆视图上,尤其是多个同心的不同直径的回转体。半径尺寸应标注在反映圆弧实形的视图上。

(3)尺寸尽量标注在视图外侧,保证图面清晰。

(4)同一方向上的尺寸,应遵循"内小外大",呈阶梯状排列,避免尺寸线与尺寸线相交;若该方向上尺寸连续,应尽量排在一条直线上,箭头互相对齐。

(5)避免标注封闭尺寸。

三、AutoCAD 文字、表格及尺寸标注

1. 文字

用户在图纸上注释信息时,会涉及标注文字的"字体"及字体的大小等问题,需要进行文字样式的设置。

(1)文字样式的设置

使用 style 命令,或单击"格式"菜单中的"文字样式"命令,都可以打开"文字样式"对话框,如图 4-12 所示,在该对话框中可以定义和修改文字样式。

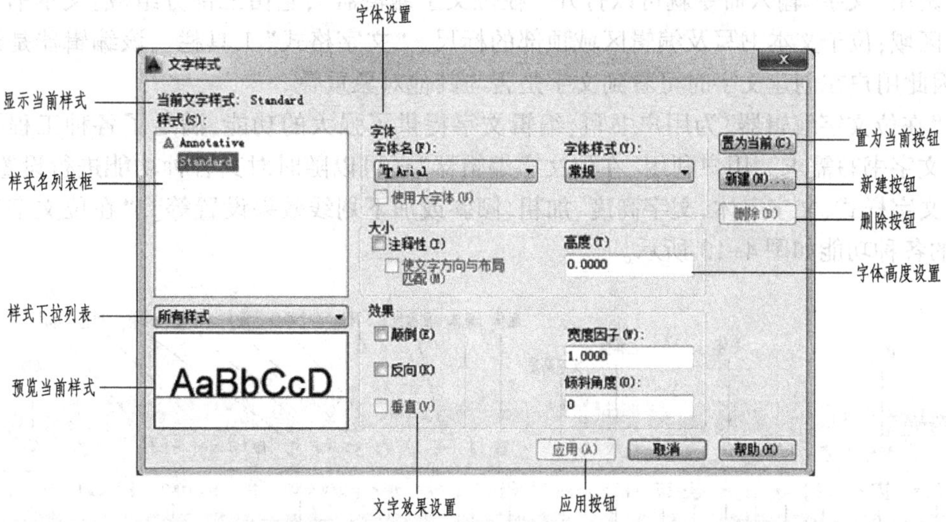
字体设置
文字样式
显示当前样式
当前文字样式：Standard
样式(S)：
Annotative
Standard
样式名列表框
字体
字体名(F)：
Arial
使用大字体(U)
字体样式(Y)：
常规
置为当前(C)
置为当前按钮
新建(N)...
新建按钮
删除(D)
删除按钮
大小
注释性(I)
使文字方向与布局匹配(M)
高度(T)
0.0000
字体高度设置
样式下拉列表
所有样式
效果
颠倒(E)
反向(K)
垂直(V)
宽度因子(W)：
1.0000
倾斜角度(O)：
0
预览当前样式
AaBbCcD
应用(A)
取消
帮助(H)
文字效果设置
应用按钮

图 4-12 “文字样式”对话框及组成

“文字样式”对话框主要由显示和预览当前正在使用文字样式及“样式名”显示框和下拉列表；“字体”、“大小”、“效果”选项组；“置为当前”、“新建”、“删除”、“应用”按钮等组成。

在文字样式对话框中，可以显示和预览当前正在使用文字样式；显示“样式名”并可以利用下拉列表框控制显示“样式名”；可以设置文本字体、字体的大小和文字的效果等。

如果在文字“高度”文本框中，将文字高度设定为 0，在使用 Text 命令创建文字时，命令行将提示要求输入文字高度。如果输入文字高度，则在使用 Text 命令创建文字时，命令行不再提示指定高度。

(2)文字的输入

①单行文字。单行文字可以由字母、单词或完整的句子组成。用这种方式创建的每一行文字都是一个单独的 AutoCAD 对象，可对每行文字单独进行编辑操作。

命令启动方式如下。

◆快捷键：text(T)

◆菜单：“绘图”→“文字”→“单行文字 AI ”

◆工具栏：“文字”→“ AI ”按钮

◆功能区：“常用”选项卡→“注释”面板→ “单行文字 AI ”

②多行文字。多行文字又称段落文字，是一种更易于管理的位置对象。可以由两行以上的文字组成，而且各行文字都作为一个整体处理。

命令启动方式如下。

◆快捷键：mtext(MT)

◆菜单：“绘图”→“文字”→“多行文字 A”

◆工具栏：“文字”→“ A”按钮

◆功能区：“常用”选项卡→“注释”面板→ “多行文字 A”

(3)“在位文字编辑器”的组成与功能

调用“文字”输入命令就可以打开 “在位文字编辑器”，它由三部分组成：文本书写及编辑区域；位于文本书写及编辑区域顶部的标尺、“文字格式”工具栏。该编辑器是透明的，因此用户在创建文字时可看到文字是否与其他对象重叠。

“在位文字编辑器”为用户书写、编辑文字提供了强大的功能，满足了各种工程图样中的文字书写需求。用户利用“在位文字编辑器”还可以随时对其各种功能进行设置，如进行文字样式、文字字体、文字高度、加粗、倾斜或加下划线效果设置等。“在位文字编辑器”的各种功能如图 4-13 所示。

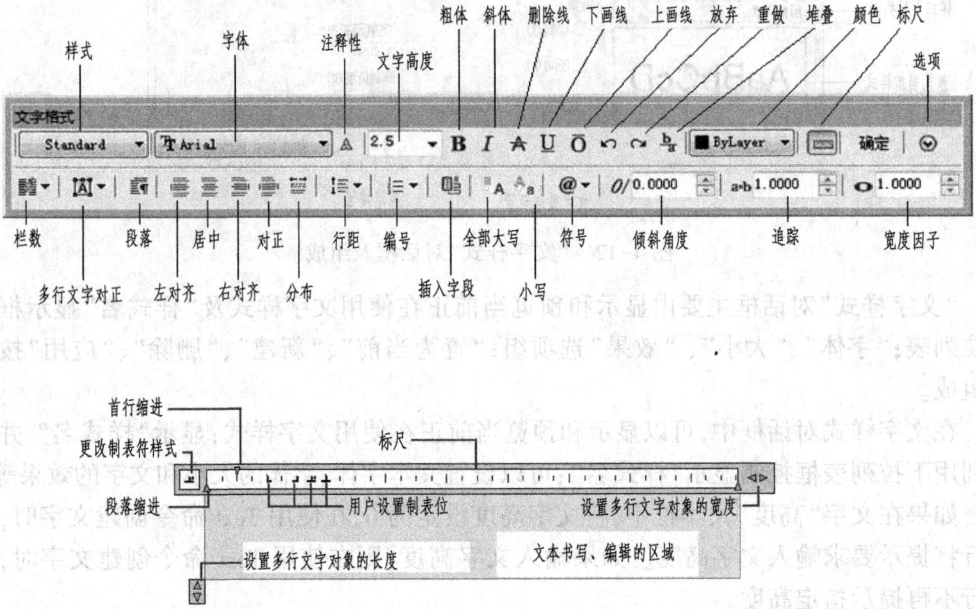
粗体
斜体
删除线
下画线
上画线
放弃
重做
堆叠
颜色
标尺
样式
字体
注释性
文字高度
选项
文字格式
Standard
Arial
2.5
ByLayer
确定
0.0000
a•b 1.0000
1.0000
栏数
段落
居中
对正
行距
编号
全部大写
符号
倾斜角度
追踪
宽度因子
多行文字对正
左对齐
右对齐
分布
插入字段
小写
首行缩进
标尺
更改制表符样式
段落缩进
用户设置制表位
设置多行文字对象的宽度
设置多行文字对象的长度
文本书写、编辑的区域

图 4-13 “在位文字编辑器”中“文字格式”工具栏、标尺和文字书写、编辑区功能说明

2\. 表格

用户可以利用 AutoCAD 系统提供的表格功能创建表格，也可以将表格链接到 Microsoft Excel 电子表格。

(1)“表格样式”对话框

可以通过“表格样式”对话框来修改或指定表格样式。

命令启动方式如下。

◆快捷键：tablestyle

◆菜单：“格式”→“表格样式”

◆工具栏：“样式”→“表格样式”按钮

◆功能区：“注释”选项卡→“表格”→ “表格样式”

执行上述任一方式启动后，显示“表格样式”对话框如图 4-14 所示。

在该对话框中，可以显示当前表格样式与样式预览，可将已有的样式置为当前，通过“新建...”“修改...”按钮打开相应的对话框、创建新的表格样式或修改已设置好的表格样式。

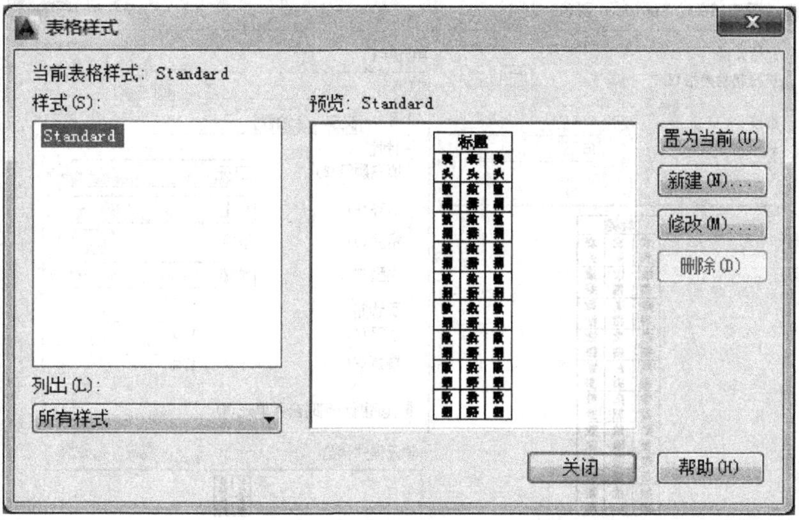
表格样式
当前表格样式: Standard
样式(S):
Standard
预览: Standard
标题
置为当前(U)
新建(N)...
修改(M)...
删除(D)
列出(L):
所有样式
关闭
帮助(H)

图 4-14　“表格样式”对话框

(2)创建新的表格样式

在图 4-14 所示的“表格样式”对话框中,单击“新建 . . . ”按钮,弹出“创建新的表格样式”对话框,如图 4-15 所示。

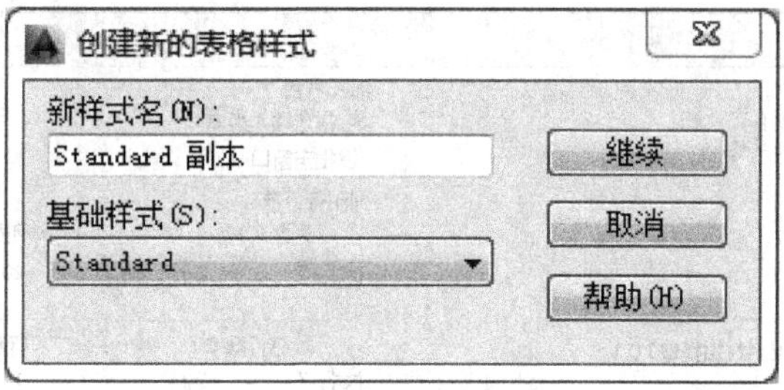
创建新的表格样式
新样式名(N):
Standard 副本
继续
基础样式(S):
Standard
取消
帮助(H)

图 4-15　“创建新的表格样式”对话框

单击“创建新的表格样式”对话框中的“继续”按钮,弹出“新建表格样式”对话框如图 4-16 所示。

在“建新表格样式”对话框中,有“常规”“文字”“边框”三个选项卡,通过“常规”选项卡可以设置表格单元的填充颜色、文字对齐方式和类型。“文字”选项卡用来设置文字特性参数,包括文字样式、高度、颜色及角度。“边框”选项卡用来设置边框特性参数,包括线宽、线型、颜色、双线及边框外观。

(3)创建表格

命令启动方式如下。

◆快捷键:table(TB)

◆菜单:“绘图”→“表格”

◆工具栏:“绘图”→“表格”按钮

◆功能区:“常用”选项卡→“注释”面板→ “表格”

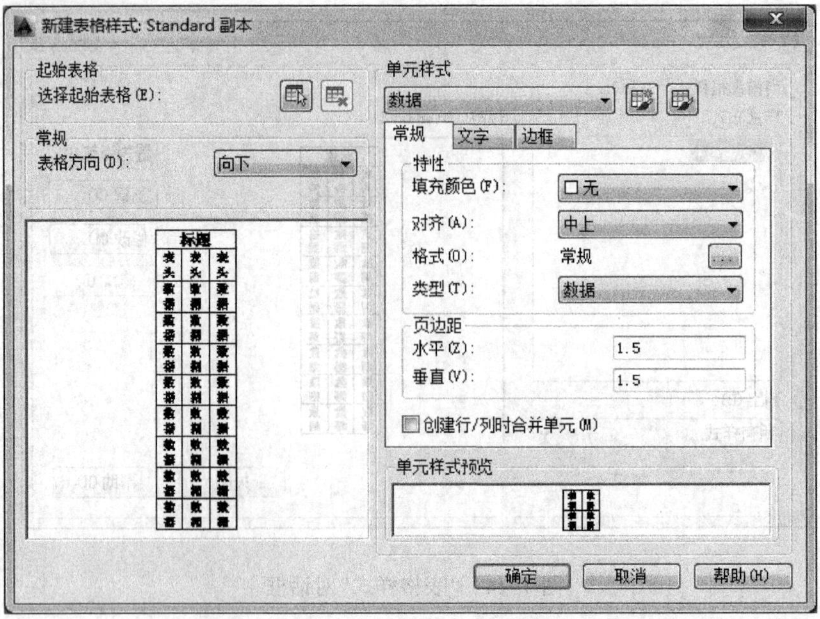
新建表格样式: Standard 副本
起始表格
选择起始表格(E):
常规
表格方向(D):
向下
标题
单元样式
数据
常规
文字
边框
特性
填充颜色(F):
口无
对齐(A):
中上
格式(O):
常规
类型(T):
数据
页边距
水平(Z):
1.5
垂直(V):
1.5
创建行/列时合并单元(M)
单元样式预览
确定
取消
帮助(H)

图 4-16　“新建表格样式:Standard 副本”对话框

执行上述任一方式启动后,显示“插入表格”对话框如图 4-17 所示。此对话框用于选择表格样式,设置表格的有关参数,各项含义如下。

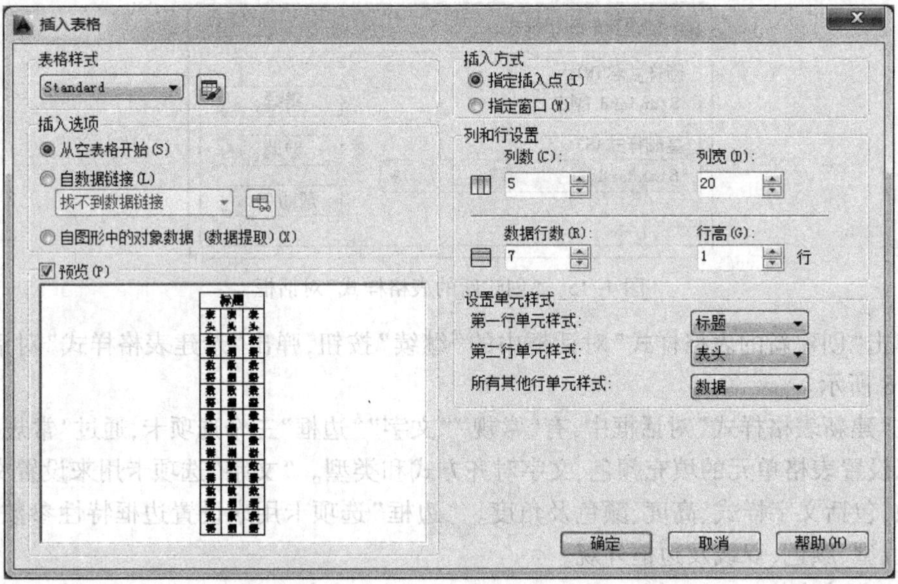
插入表格
表格样式
Standard
插入选项
从空表格开始(S)
自数据链接(L)
找不到数据链接
自图形中的对象数据 (数据提取)(X)
预览(P)
标题
插入方式
指定插入点(I)
指定窗口(W)
列和行设置
列数(C):
5
列宽(D):
20
数据行数(R):
7
行高(G):
1
行
设置单元样式
第一行单元样式:
标题
第二行单元样式:
表头
所有其他行单元样式:
数据
确定
取消
帮助(H)

图 4-17　“插入表格”对话框

①“表格样式”:用于选择所使用的表格样式。通过单击下拉列表旁边的按钮,可以创建新的表格样式。

②“插入选项”:用于确定如何为表格填写数据。

●“从空表格开始”:创建可以手动填充数据的空表格。

●“自数据连接”:利用外部电子表格中的数据创建表格。将 Microsoft Excel 创建的表格链接到 AutoCAD 中。

●自图形中的对象数据(数据提取):启动“数据提取”向导。

③ “预览”:用于预览表格的样式。

④ “插入方式”:设置将表格插入到图形时的插入方式

●“指定插入点”:指定表格左上角的位置。如果将表格的方向设置为由下而上读取,则插入点位于表格的左下角。

●“指定窗口”:指定窗口的大小和位置。可以使用定点设备,也可以在命令行提示下输入坐标值。选定此项时,行数、列数、列宽和行高取决于窗口的大小及列和行的设置。

⑤“列和行设置”:用于设置表格中的行数、列数以及行高和列宽。

⑥“设置单元样式”:选项组分别设置第一行、第二行和其他行的单元样式。

通过“插入表格”对话框确定表格数据后,单击“确定”按钮,而后根据提示确定表格的位置,即可将表格插入到图形中,且插入后 AutoCAD 弹出“文字格式”工具栏,并将表格中的第一个单元格醒目显示,此时就可以向表格输入文字。

除了直接用 AutoCAD 的表格功能创建表格外,还可以从 Microsoft Excel 导入表格。先将做好 Excel 表格复制,切换到 AutoCAD,单击“编辑”菜单→“选择性粘贴”→AutoCAD 图元。

(4)编辑表格

表格创建完成后,用户单击表格上的任意网格线可以选中该表格,然后通过使用图 4-16“新建表格样式”对话框中的特性选项板修改该表格,利用夹点来修改该表格更便捷,如图 4-18 所示。

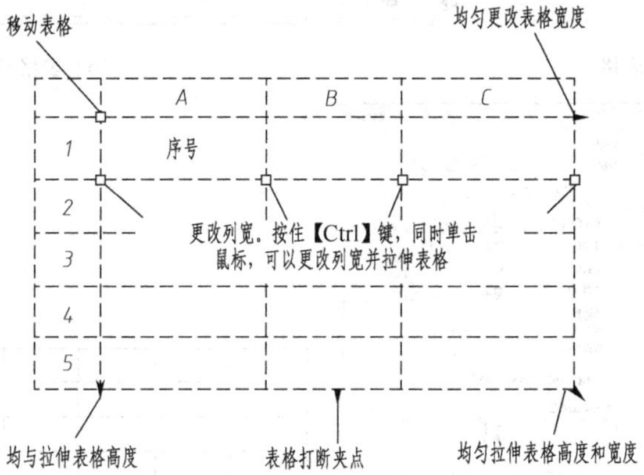
移动表格
均匀更改表格宽度
A
B
C
1
序号
2
3
4
5
更改列宽。按住【Ctrl】键，同时单击
鼠标，可以更改列宽并拉伸表格
均与拉伸表格高度
表格打断夹点
均匀拉伸表格高度和宽度

图 4-18 利用夹点修改表格

【案例】采用表格和文字功能绘制如图 4-19 所示的标题栏。

①创建表格。

a. 创建表格 2 行,7 列。在命令行输入“TB”→空格,系统弹出“插入表格”对话框,设置列数为 7,行数为 2;设置“第一行单元样式”、“第二行单元样式”均为数据,如图 4-20(a)所示。

b. 修改表格样式。在“插入表格”对话框中单击“修改样式”按钮,系统弹出“表格

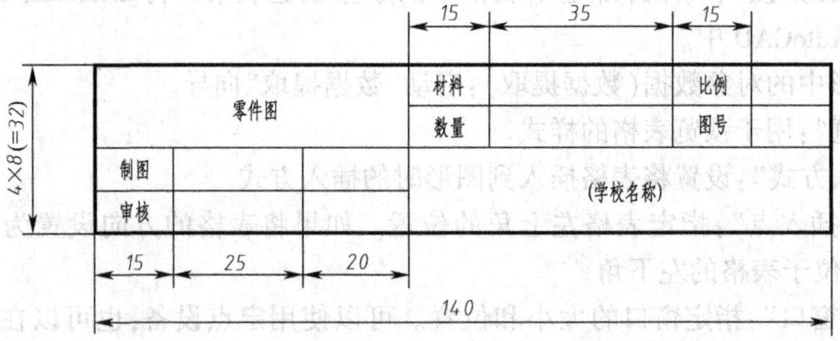
15
35
15
材料
比例
零件图
数量
图号
制图
审核
(学校名称)
4×8(=32)
15
25
20
140

图 4-19　标题栏

样式”对话框，如图 4-20(b)所示。

c. 设置文字对齐样式。在“表格样式”对话框中单击“修改(M)...”按钮，系统弹出“修改表格样式:Standard”对话框，设置文字为正中对齐，如图 4-20(c)所示。

d. 在“修改表格样式:Standard”对话框中单击“确定”按钮，完成参数设置。在绘图区域指定插入点，生成表格如图 4-20(d)所示。

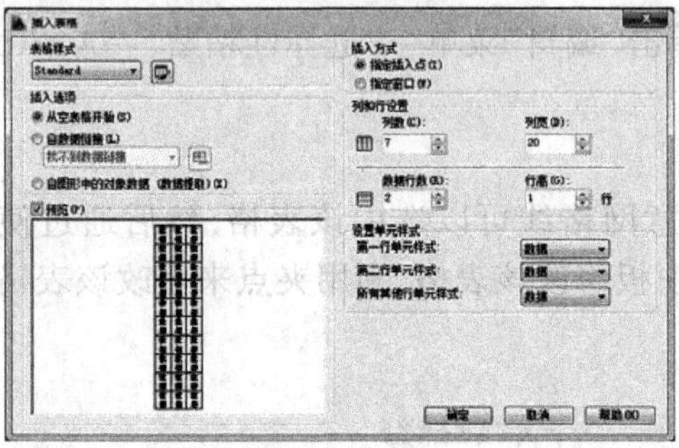

(a) 插入表格

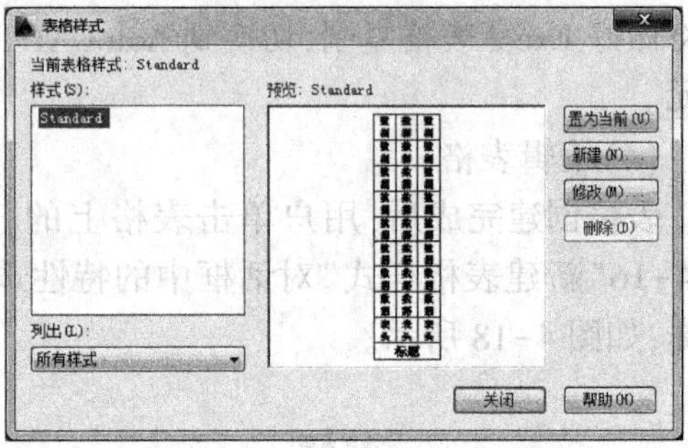

(b) 表格样式

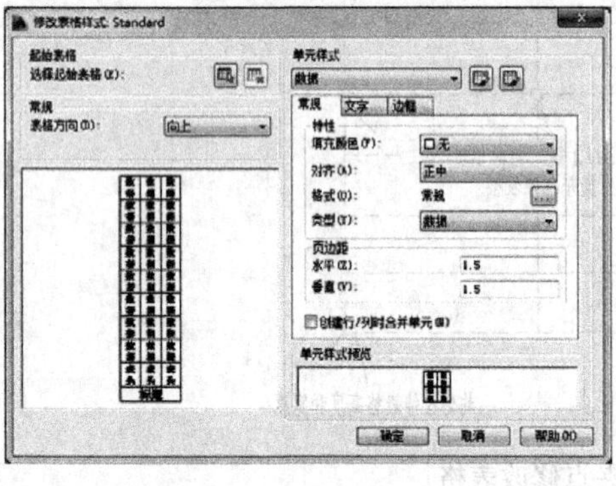

(c) 设置文字对齐

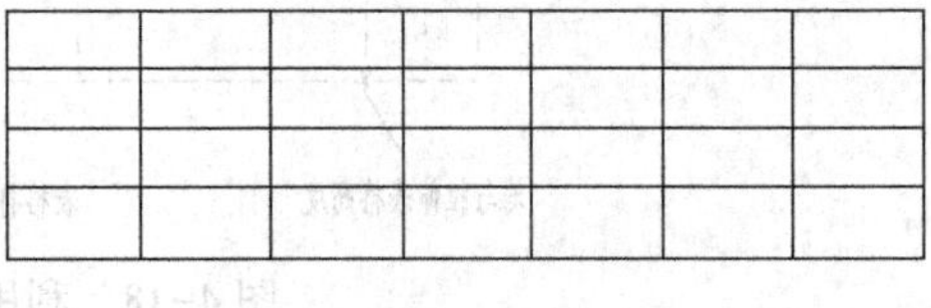

(d) 插入表格

图 4-20　创建表格

②编辑表格。

a. 统一修改表格中各单元的高度。双击表格，系统弹出“特性”窗口，如图 4-21(a)所示。选取表格左上角单元格，按住【Shift】键，用鼠标选取单元格“G”，如图 4-21(b)所示。将表格全部选中后，在“特性”窗口的“水平单元边距”文本框中输入数值 0.5 后按

【Enter】键,在“垂直单元边距”文本框中输入数值 0.5 后按【Enter】键;在“表格高度”文本框中输入数值 8 后按【Enter】键。

b. 修改表格中各单元的宽度。选取第一列或第一列中的任意单元,如图 4-21(c)所示。在“特性”窗口的“表格宽度”文本框中输入数值 15 后按【Enter】键。

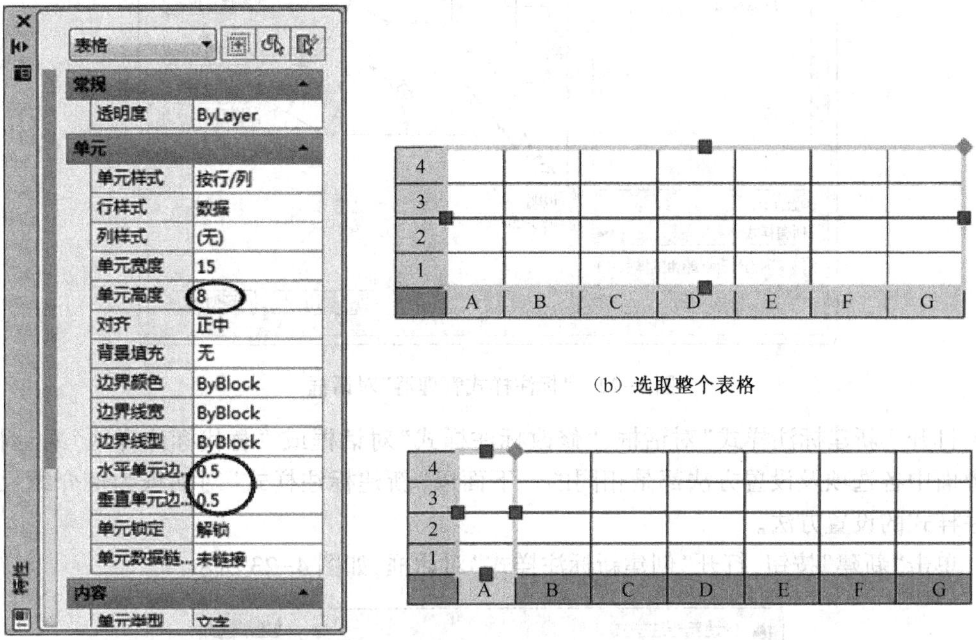
表格
常规
透明度　ByLayer
单元
单元样式　按行/列
行样式　数据
列样式　(无)
单元宽度　15
单元高度　8
对齐　正中
背景填充　无
边界颜色　ByBlock
边界线宽　ByBlock
边界线型　ByBlock
水平单元边...　0.5
垂直单元边...　0.5
单元锁定　解锁
单元数据链...　未链接
内容
4 3 2 1
A B C D E F G

(a) 特性窗口　(b) 选取整个表格　(c) 选取列

图 4-21　编辑表格

同样方法修改各列宽度为 25、20、15、35、15。

c. 合并单元格。选取表格左上角单元格,按住【Shift】键,用鼠标选取区域的右下角单元格,右击,在系统弹出的快捷菜单中选择“合并”→“全部”命令。

③填写标题栏。双击单元格,然后输入相应汉字,并设置文字的样式,完成后如图 4-19 所示。连续输入序号时,可借鉴 Excel 表格的拖动功能。

④转换线型。首先使用“分解”命令将表格分解,然后将标题栏的外轮廓用“格式刷”改变至“粗实线层”,就完成了标题栏的绘制。

3. 尺寸标注

在 AutoCAD 中对图形进行尺寸标注时,要针对图样的标注要求,首先设置尺寸标注的样式,然后再使用各种标注命令进行标注。

(1)尺寸标注样式的设置

尺寸标注样式是通过“标注样式管理器”对话框进行设置的,也可以通过命令 dimstyle 设置;单击菜单:“格式”→“标注样式…”或单击“标注”工具栏的“标注样式”按钮均可以打开“标注样式管理器”对话框,如图 4-22 所示。

在“标注样式管理器”对话框中,可以显示出当前标注样式与样式预览;可以选择已有的样式置为当前;可以通过“新建(N)…”、“修改(M)…”、“替代(O)…”和“比较(C)…”按钮打开相应的对话框,进行相应的操作。

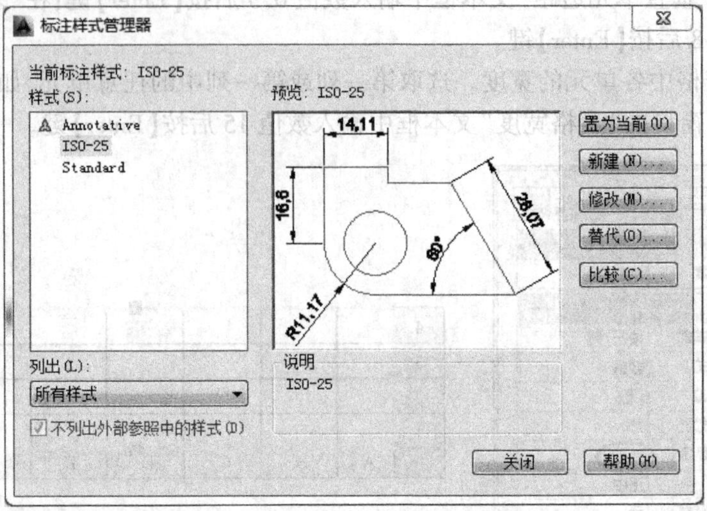
标注样式管理器
当前标注样式: ISO-25
样式(S):
Annotative
ISO-25
Standard
预览: ISO-25
14,11
16,6
28,07
60°
R11,17
置为当前(U)
新建(N)...
修改(M)...
替代(O)...
比较(C)...
列出(L):
所有样式
不列出外部参照中的样式(D)
说明
ISO-25
关闭
帮助(H)

图 4-22 “标注样式管理器”对话框

打开“新建标注样式”对话框、“修改标注样式”对话框或“替代标注样式”对话框，其界面中各选项及设置方法都是相同的。下面以“新建标注样式”对话框为例介绍尺寸标注样式的设置方法。

单击“新建”按钮，打开“创建新标注样式”对话框，如图 4-23 所示。

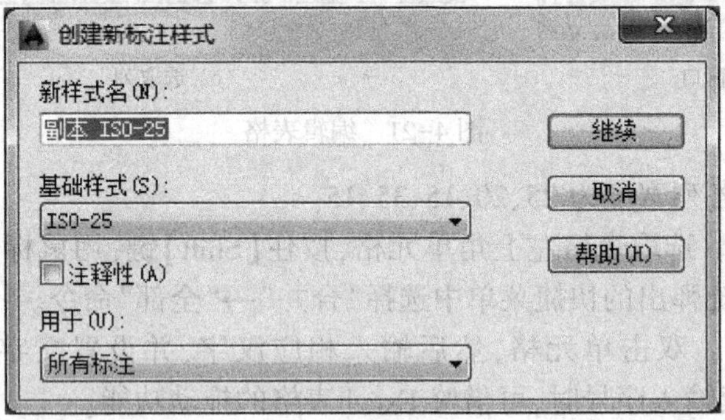
创建新标注样式
新样式名(N):
副本 ISO-25
继续
基础样式(S):
ISO-25
取消
注释性(A)
帮助(H)
用于(U):
所有标注

图 4-23 “创建新标注样式”对话框

在此对话框中，可以在“新样式名”中为新建标注样式命名；在“基础样式”中设置新标注样式的基础样式；可以选择标注样式的“注释性”；可以在“用于”中指示要应用新样式的标注类型。

当用户设置好以上各项后，单击“继续”按钮，打开“新建标注样式：副本 ISO-25”对话框，如图 4-24 所示。此对话框最初显示的是图 4-23 “创建新标注样式”对话框中所选择的基础样式的特性。

在“新建标注样式”对话框中，包含七个选项卡，分别为：“线”、“符号和箭头”、“文字”、“调整”、“主单位”、“换算单位”和“公差”选项卡。

①“线”选项卡。该项包含：“尺寸线”、“尺寸界线”选项组和预览图片。可根据需要设置尺寸线、尺寸界线，并可以预览设置效果。

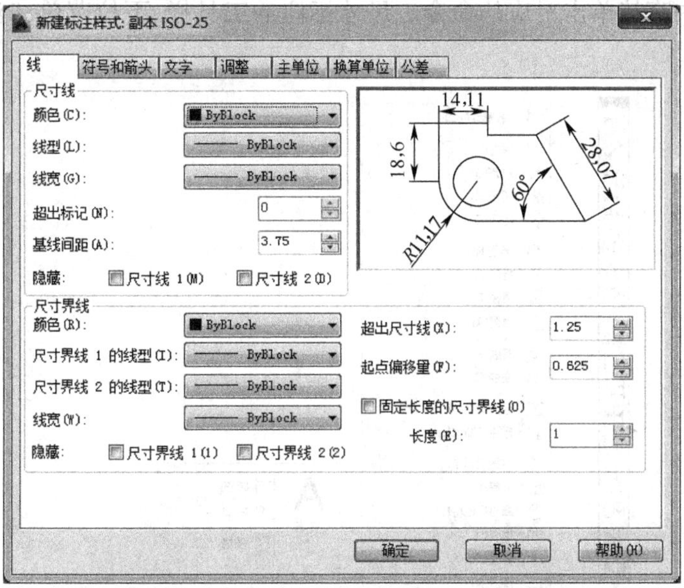
新建标注样式: 副本 ISO-25
线
符号和箭头
文字
调整
主单位
换算单位
公差
尺寸线
颜色(C):
ByBlock
线型(L):
ByBlock
线宽(G):
ByBlock
超出标记(N):
0
基线间距(A):
3.75
隐藏:
尺寸线 1(M)
尺寸线 2(D)
14,11
18,6
28,07
60°
R11,17
尺寸界线
颜色(R):
ByBlock
尺寸界线 1 的线型(I):
ByBlock
尺寸界线 2 的线型(T):
ByBlock
线宽(W):
ByBlock
隐藏:
尺寸界线 1(1)
尺寸界线 2(2)
超出尺寸线(X):
1.25
起点偏移量(F):
0.625
固定长度的尺寸界线(O)
长度(E):
1
确定
取消
帮助(H)

图 4-24　“新建标注样式:副本 ISO-25”对话框

②“符号和箭头”选项卡。该项包含:“箭头”、“圆心标记”、“折断标注”、“弧长符号”、“半径折弯标注”、“线性折弯”选项组和“预览图片”。使用“符号和箭头”选项卡可以设置箭头、圆心标记、弧长符号和折弯半径标注的样式和特性,并可以预览设置效果。

③“文字”选项卡。该项包含:“文字外观”、“文字位置”、“文字对齐”选项组和“预览图片”。可根据需要设置标注文字的格式、放置和对齐方式,并可以预览设置的效果。

④“调整”选项卡。该项包含:“调整选项”、“文字位置”、“标注特征比例”、“优化”选项组和“预览图片”。使用“调整”选项卡可以控制标注文字、箭头、引线和尺寸线的位置。

⑤“主单位”选项卡。该项包含:“线性标注”、“测量单位比例”、“角度标注”选项组和“预览图片”。可根据需要设置主标注单位的格式和精度,并设置标注文字的前缀和后缀。例如,需要标注回转体非圆视图中的直径,在“前缀”栏输入%%C,则用线性尺寸标注的尺寸前均会产生直径符号“ϕ”。

⑥“换算单位”选项卡。该项包含:“显示换算单位”复选框、“换算单位”、“消零”、“位置”选项组和“预览图片”。使用“换算单位”选项卡可以指定标注测量值中换算单位的显示并设置其格式和精度。

⑦“公差”选项卡。该项包含: “公差格式”、“公差对齐”、“换算单位公差”选项组和“预览图片”。可根据需要控制标注文字中公差的格式及显示。

(2)尺寸标注方法

为了方便、快捷地进行尺寸标注,AutoCAD 系统提供了各种类型的尺寸标注方法及命令的调用方式。可以在命令行直接输入命令;可以在“经典空间”单击尺寸标注下拉菜单中的各命令或直接单击工具栏中对应的命令;也可以在“草图与注释空间”功能区的

“注释”选项卡中直接单击对应的命令。尺寸标注的工具栏、下拉菜单、“注释”选项卡如图 4-25 所示。

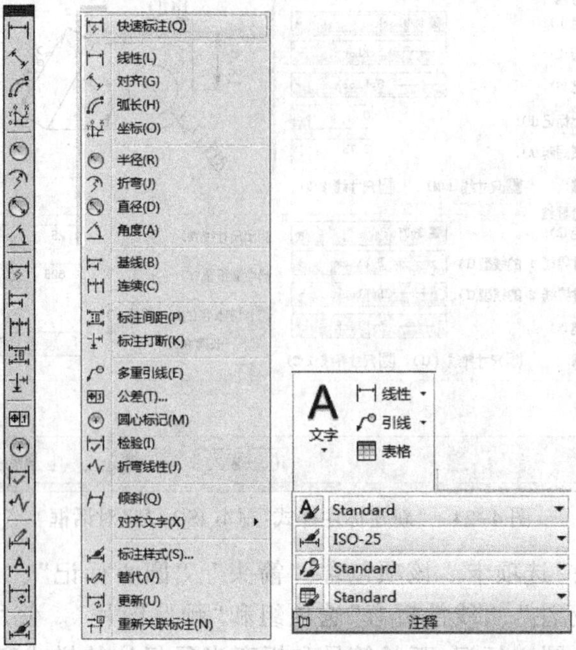
快速标注(Q)
线性(L)
对齐(G)
弧长(H)
坐标(O)
半径(R)
折弯(J)
直径(D)
角度(A)
基线(B)
连续(C)
标注间距(P)
标注打断(K)
多重引线(E)
公差(T)...
圆心标记(M)
检验(I)
折弯线性(J)
倾斜(Q)
对齐文字(X)
标注样式(S)...
替代(V)
更新(U)
重新关联标注(N)
文字
线性
引线
表格
Standard
ISO-25
Standard
Standard
注释

图 4-25　尺寸标注的工具栏、下拉菜单、“注释”选项卡

尺寸标注的类型是多种多样的，常见的类型有：线性、对齐、弧长、半径、直径、角度标注、圆心标记、基线、连续、折弯和折弯线性等，标注示例如图 4-26 所示。用户可以根据图形标注的需要进行选择。

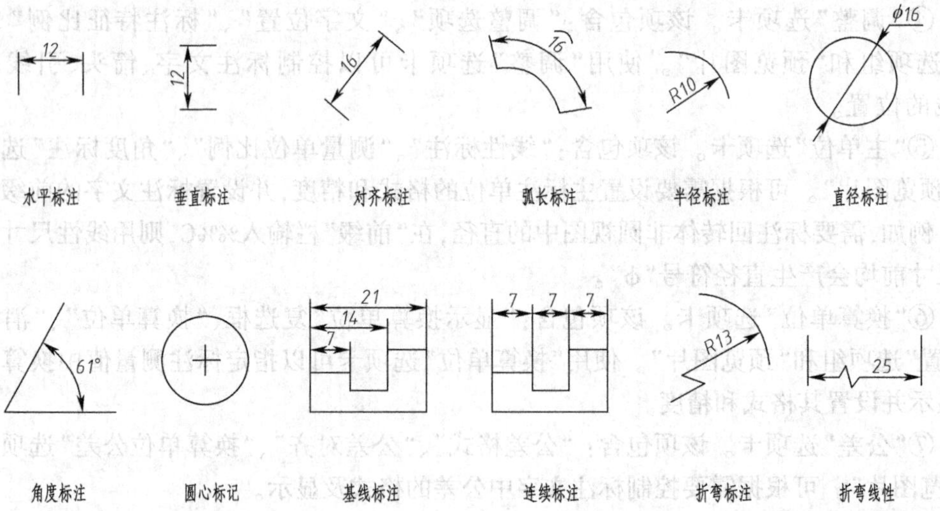
12
12
16
16
R10
ϕ16
水平标注
垂直标注
对齐标注
弧长标注
半径标注
直径标注
61°
21
14
7
7
7
7
R13
25
角度标注
圆心标记
基线标注
连续标注
折弯标注
折弯线性

图 4-26　常用尺寸标注类型示例

标注尺寸时先要根据标注尺寸的类型调用相应的命令，然后确定其尺寸界线的位置、尺寸线的位置以及尺寸文本。

如图 4-27 所示的线性标注具体操作如下：

单击线性标注按钮 ,命令行提示：

命令：_dimlinear 指定第一条尺寸界线原点或 <选择对象>：(鼠标指定 *A* 点)

指定第二条尺寸界线原点：(鼠标指定 *B* 点)

创建了无关联的标注。

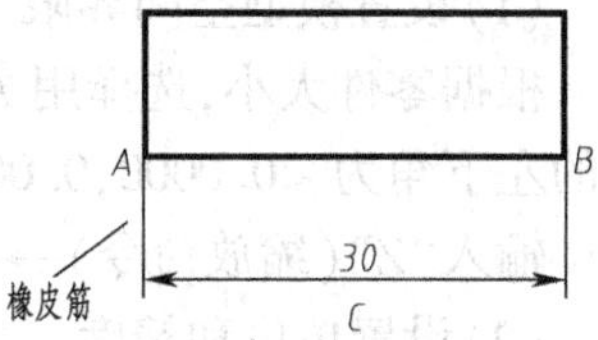
A
B
30
C
橡皮筋

图 4-27　线性标注示例

指定尺寸线位置或[多行文字(M)/文字(T)/角度(A)/水平(H)/垂直(V)/旋转(R)]：鼠标指定 *C* 点

标注文字 = 30

对操作过程中各提示行含义的说明如下。

①在提示行“指定第一条尺寸界线原点或 <选择对象>：”中如果采用“<选择对象>”则在选择对象之后，自动确定第一条和第二条尺寸界线的原点。

②在“指定第二条尺寸界线原点：”提示下，当用户指定了第二条尺寸界线后，出现由鼠标带动的橡皮筋，用户如果直接指定尺寸线位置，则按实际测量值标注。

③提示行“指定尺寸线位置或[多行文字(M)/文字(T)/角度(A)/水平(H)/垂直(V)/旋转 R)]：”中各选项的含义如下。

指定尺寸线位置：使用指定点定位尺寸线并且确定绘制尺寸界线的方向。

多行文字(M)：显示在位文字编辑器，可用它来编辑标注文字。

文字(T)：自定义标注文字。生成的标注测量值显示在尖括号中。

角度(A)：修改标注文字的角度。

水平(H)：创建水平线性标注。

垂直(V)：创建垂直线性标注。

旋转(R)：创建旋转线性标注。

任务实施 2

用软件绘制如图 4-28 所示支座的三视图，并标注完整的尺寸。

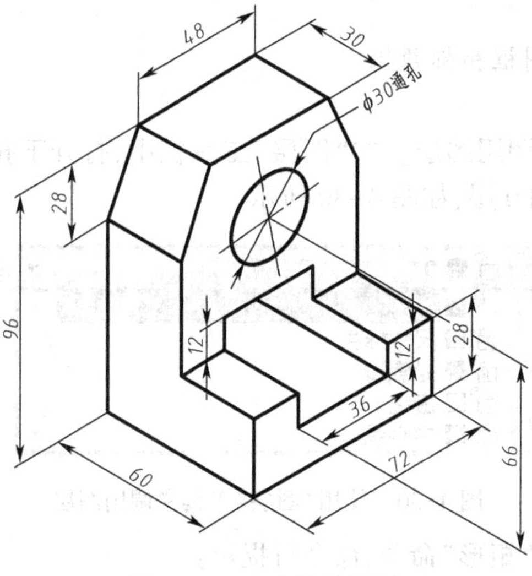
48
30
φ30通孔
28
96
12
12
28
36
72
60
66

图 4-28　支座的轴测图

1. 设置图形界限、单位及精度

(1)设置模型空间界限

根据零件大小,选择用A3图纸。利用菜单“格式”→“图形界限”命令,设置图形界限的左下角为 <0.0000,0.0000>,右上角为<420,297 >。

输入“Z”(缩放命令)→“A”(全部显示命令),显示全图,便于图形定位。

(2)设置单位和精度

利用菜单“格式”→“单位…”命令,打开“图形单位”对话框,设置绘图单位为毫米(为系统默认),精度为保持整数位。

2. 设置图层

绘制该零件的三视图,除系统默认图层外,还需要设置四个图层,分别是“中心线”、“轮廓线”、“虚线”和“尺寸标注”图层。

单击“图层管理器”图标,打开“图层特性管理器”对话框,按项目一介绍的设置图层的步骤进行设置,其设置结果如图4-29所示。

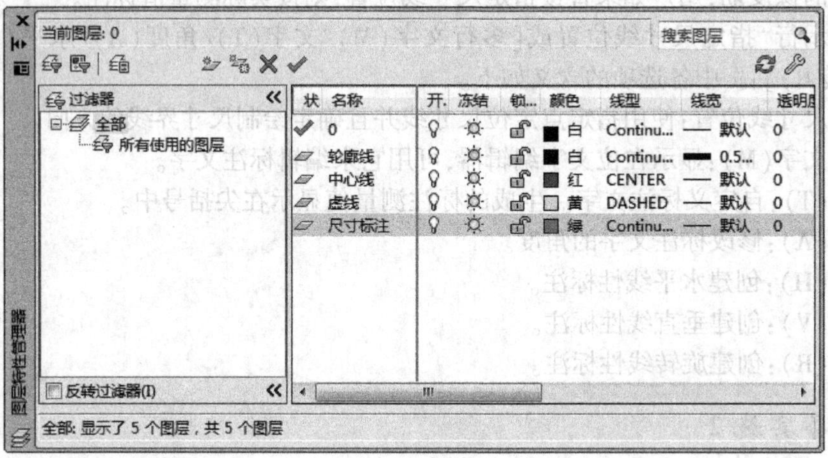
当前图层: 0
搜索图层
过滤器
全部
所有使用的图层
反转过滤器(I)
状
名称
开.
冻结
锁...
颜色
线型
线宽
0
白
Continu...
默认
轮廓线
白
Continu...
0.5...
中心线
红
CENTER
默认
虚线
黄
DASHED
默认
尺寸标注
绿
Continu...
默认
全部: 显示了 5 个图层，共 5 个图层
图层特性管理器

图4-29　图层设置

3. 绘制图纸边界、图框和标题栏

(1)绘制图纸边界

使用“图层”工具栏调用图层。在“图层”工具栏中,打开下拉列表,单击列表中的图层名。绘制图纸时,调用0层,如图4-30所示。

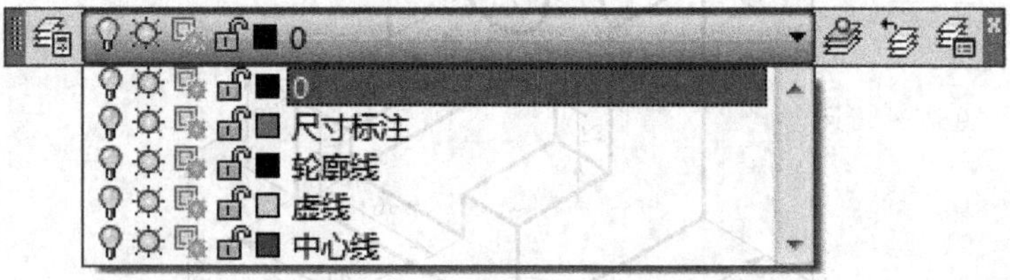
0
0
尺寸标注
轮廓线
虚线
中心线

图4-30　使用“图层”工具栏调用图层

单击“绘图”工具栏“矩形”命令,命令行提示:

命令：_rectang

指定第一个角点或［倒角(C)/标高(E)/圆角(F)/厚度(T)/宽度(W)］：0,0↙

指定另一个角点或［面积(A)/尺寸(D)/旋转(R)］：420,297↙

完成A3图纸绘制。使用zoom命令,调整图形的显示。

(2)绘制图框

命令：_rectang

指定第一个角点或［倒角(C)/标高(E)/圆角(F)/厚度(T)/宽度(W)］：25,5↙

指定另一个角点或［面积(A)/尺寸(D)/旋转(R)］:390,287↙

单击状态栏“线宽”按钮显示线宽。

(3)绘制标题栏

在1.4节“AutoCAD文字、表格及尺寸标注”中,已采用表格和文字功能绘制了标题栏,如图4-19所示。

本例中使用绘图与编辑命令绘制标题栏本身,并采用文本标注的方式完成标题栏书写。

①使用各种绘图命令、编辑命令绘制标题栏。下面给出如图4-31所示的一种参考画法：

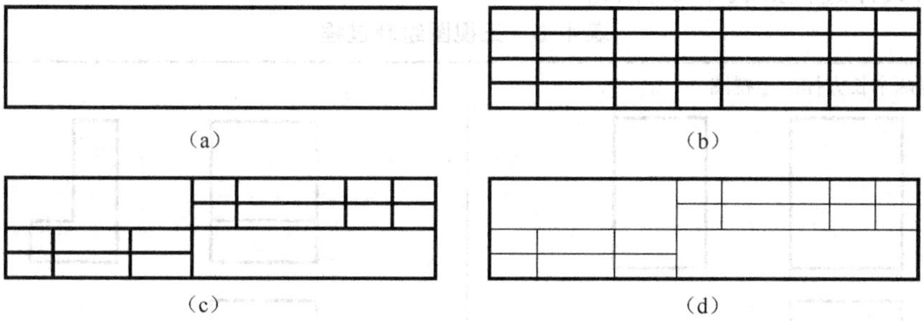
(a)
(b)
(c)
(d)

图4-31　标题栏绘制过程示意图

a. 先绘制一矩形,第一角点为任意点,第二角点输入:140,32 。然后使用“分解”命令,将矩形分解。

b. 使用“偏移”命令,偏移距离分别为8、15、25、20、15、35、15 。

c. 使用“修剪”命令,剪掉多余的线。

d. 用“格式刷”改变框内的线的图层到0层,就完成了标题栏的绘制。

②在标题栏中标注文本。单击“绘图”工具栏中的“文字图标”,用鼠标指定文本的位置后,打开在位文字编辑器,输入文本。最后,将标题栏移至图框的右下角完成绘制任务,其绘制出的结果如图4-32所示。

4. 绘制三视图

通过对零件轴测图的形体分析可知,该零件先由两个长方体叠加而成,然后从实体中挖切掉一个圆柱体、一个长方体和两个楔形块,形成了一个形状稍复杂的组合体。所以在画图时,先画长方体的三视图,然后用线面分析法,将各切割形体与长方体各表面的交线、交点找到,连点成线,线围成面,即可得到各切割形体的投影,擦去多余图线,即完成组合体的三视图。

绘制图样时,为了提高绘图的准确性和绘图速度,需要综合使用多种绘图辅助工具,

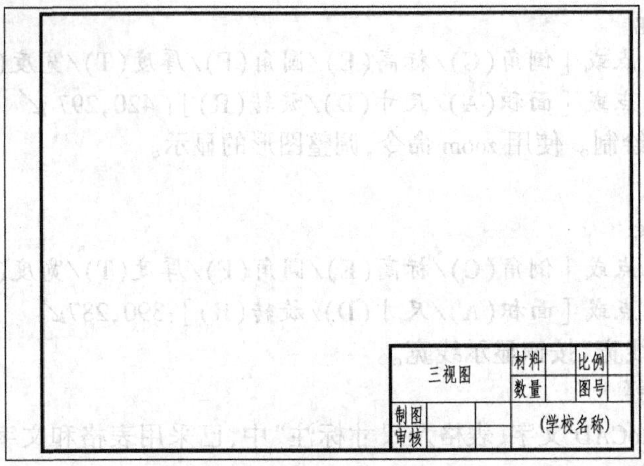
三视图
材料
比例
数量
图号
制图
审核
(学校名称)

图 4-32　图纸、图框和标题栏的绘制

如视图的缩放与平移、正交模式、对象捕捉、对象追踪等。使用对象捕捉和对象追踪可指定对象上的精确位置,绘图过程中点的定位主要采用此方法。对象捕捉和对象追踪的画图方法在项目一的任务三中已简单介绍,为方便介绍,本例中对一些距离上的定位采用偏移的方式,具体过程如表 4-6 所示。

表 4-6　三视图绘制过程

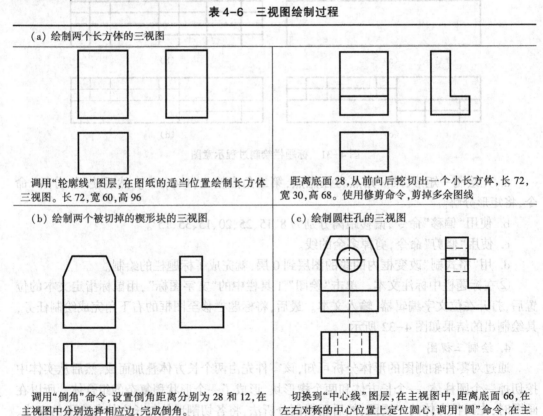

<table>
<tr><td colspan="2">(a) 绘制两个长方体的三视图</td></tr>
<tr><td>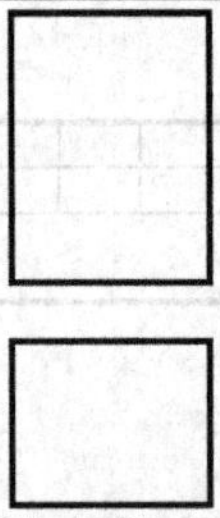
调用“轮廓线”图层,在图纸的适当位置绘制长方体三视图。长 72,宽 60,高 96</td><td>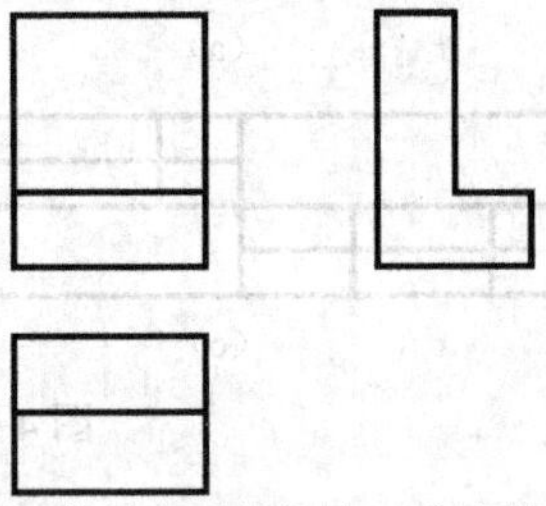
距离底面 28,从前向后挖切出一个小长方体,长 72,宽 30,高 68。使用修剪命令,剪掉多余图线</td></tr>
<tr><td>(b) 绘制两个被切掉的楔形块的三视图
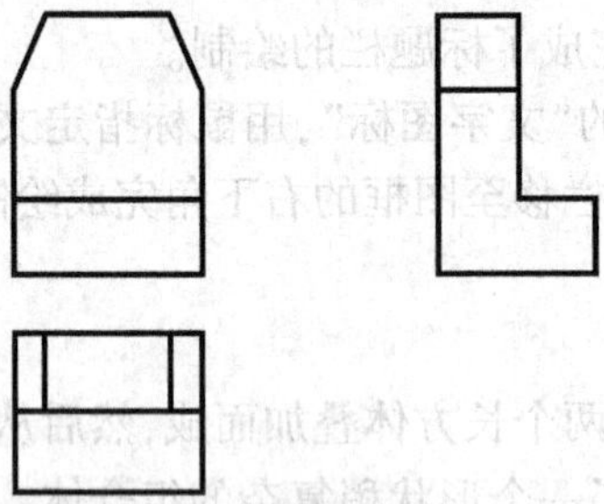
调用“倒角”命令,设置倒角距离分别为 28 和 12,在主视图中分别选择相应边,完成倒角。
再按“高平齐”绘制左视图上的投影线;以“长对正”绘制俯视图上的投影线</td><td>(c) 绘制圆柱孔的三视图
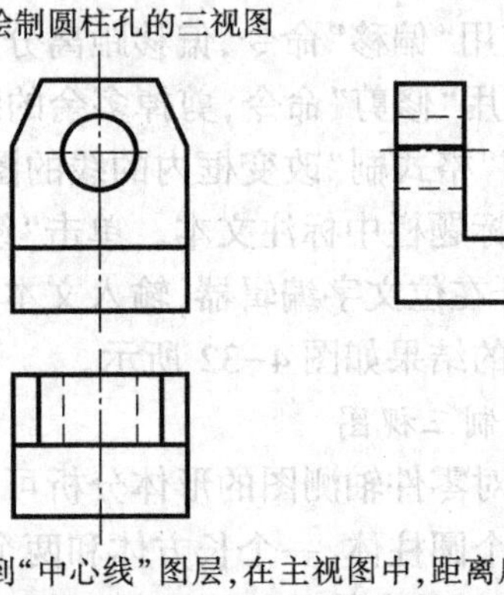
切换到“中心线”图层,在主视图中,距离底面 66,在左右对称的中心位置上定位圆心,调用“圆”命令,在主视图上画直径为 30 的圆
切换到“虚线”图层,用“直线”命令,按“高平齐”绘制圆在左视图上的投影线;以“长对正”绘制圆在俯视图上的投影线</td></tr>
</table>

续表

(d) 绘制被挖切掉的长方体通槽的三视图	
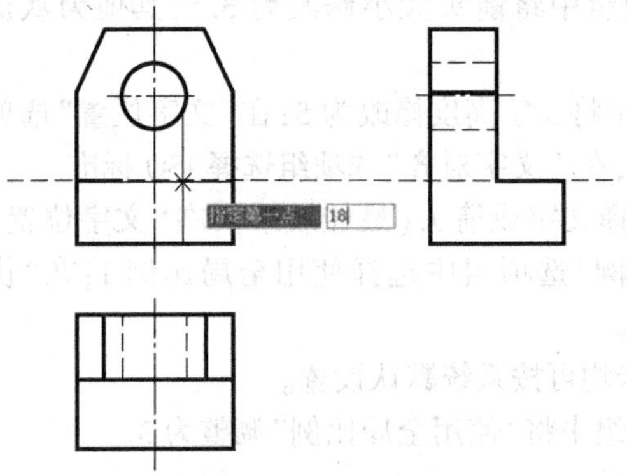指定第一点 18	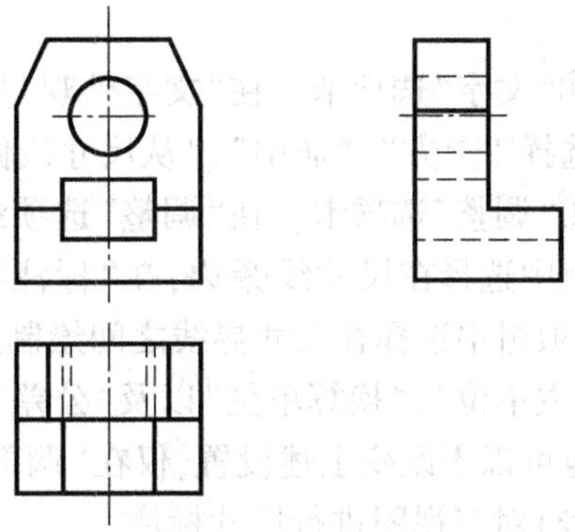
将“轮廓线”置为当前层，单击“绘图”工具栏的“直线”按扭，指定追踪位置，如上图所示的中点，鼠标向右推移，拖出一跟橡皮线，输入距离 18，回车，得到槽最右侧的位置；鼠标向上推移，输入距离 12，回车；鼠标向左推移，输入距离 36，回车；按尺寸依次绘制，图形封口后，完成槽的绘制	切换到“虚线”层，用“直线”命令，按“高平齐”绘制长方体在左视图上的投影线；以“长对正”绘制长方体在俯视图上的不可见投影线。 切换到“轮廓线”层，调用“直线”命令绘制长方体在俯视图上的可见投影线

5. 标注三视图的尺寸

切换图层到“尺寸标注”层，进行标注尺寸，完成三视图的绘制。

(1)设置尺寸标注样式

单击“标注”工具栏中的“标注样式”按钮打开“标注样式管理器”对话框，如图 4-22 所示。

在“标注样式管理器”对话框中新建标注样式。单击“新建”按钮，打开“新建标注样式：副本 ISO-25”对话框，如图 4-33 所示。

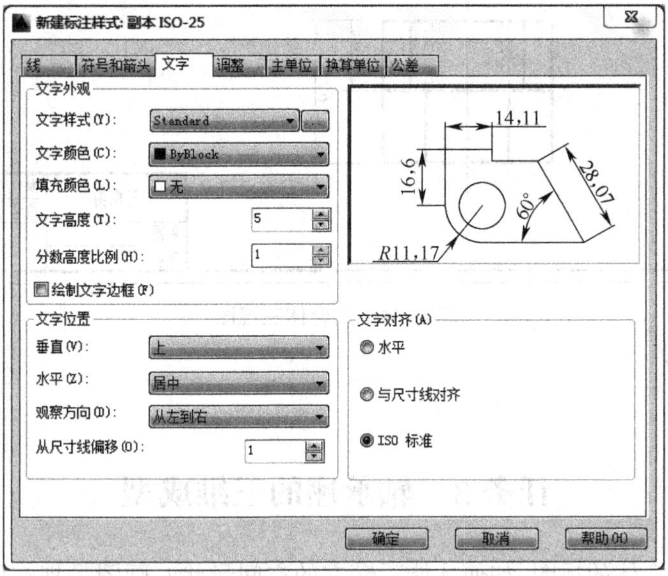
新建标注样式: 副本 ISO-25
线
符号和箭头
文字
调整
主单位
换算单位
公差
文字外观
文字样式(Y):
Standard
文字颜色(C):
ByBlock
填充颜色(L):
无
文字高度(T):
5
分数高度比例(H):
1
绘制文字边框(F)
14,11
16,6
28,07
60°
R11,17
文字位置
垂直(V):
上
水平(Z):
居中
观察方向(D):
从左到右
从尺寸线偏移(O):
1
文字对齐(A)
水平
与尺寸线对齐
ISO 标准
确定
取消
帮助(H)

图 4-33　“新建标注样式：副本 ISO-25”对话框

对如下内容进行修改：

①“线”选项卡。在“尺寸界线”选项组中将超出尺寸线修改为3，其他为默认设置。

②“符号和箭头”选项卡。在“箭头”选项组中将箭头大小修改为3.5，其他为默认设置。

③“文字”选项卡。在“文字外观”选项组中将文字高度修改为5；在“文字位置”选项组中选择“上方”、“居中”、“从尺寸线偏移1”；在“文字对齐”选项组选择ISO标准。

④“调整”选项卡。在“调整”选项组中选择文字或箭头(最佳效果)；在“文字位置”选项组中选择在尺寸线旁边；在“标注特征比例”选项组中选择使用全局比例1；在“优化”选项组中选择在尺寸界线之间绘制尺寸线。

“主单位”、“换算单位”以及“公差”选项卡均可按系统默认设置。

也可以不改变上述设置，仅在“调整”选项组中将“使用全局比例”调整为3。

(2)对三视图进行尺寸标注

分别标注水平的线性尺寸、垂直的线性尺寸以及圆的直径尺寸，结果如图4-34所示。

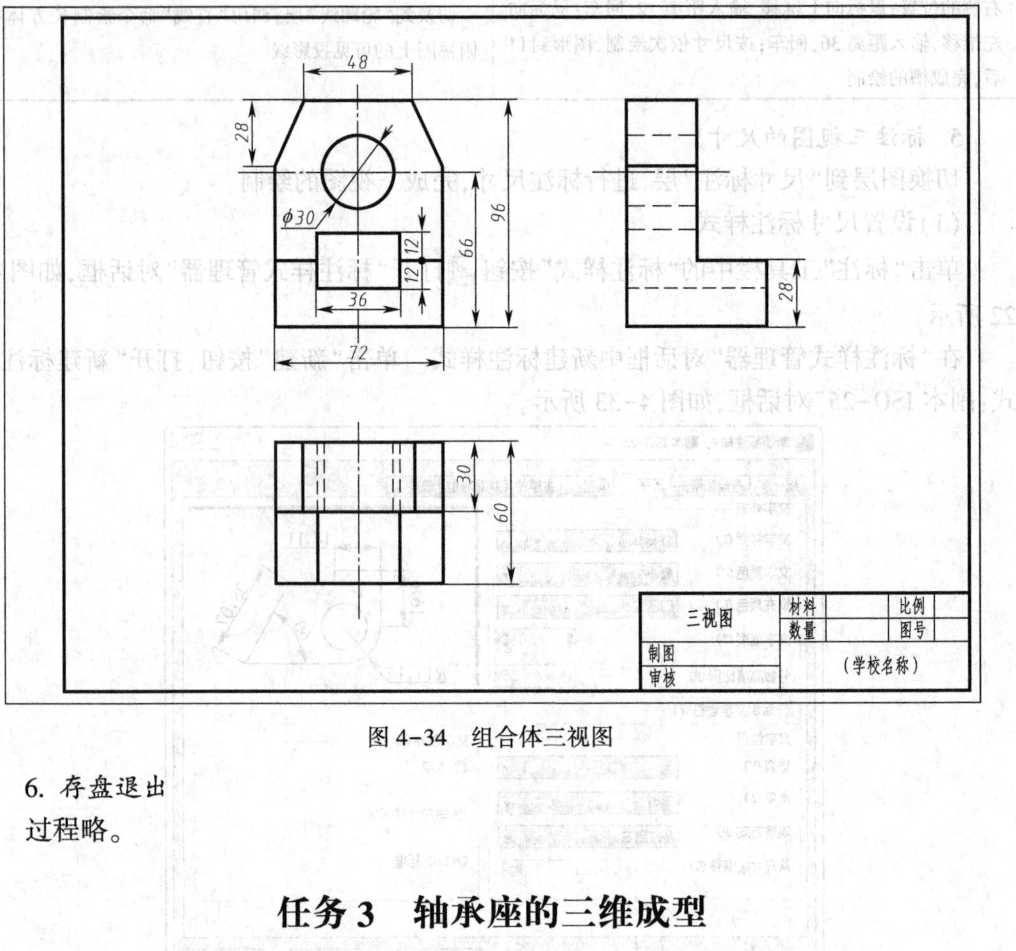
48
28
96
66
12
12
36
72
φ30
28
30
60
三视图
材料
比例
数量
图号
制图
审核
(学校名称)

图4-34　组合体三视图

6. 存盘退出

过程略。

任务3　轴承座的三维成型

拿到一张组合体的视图，如何才能看懂它的空间形状？画图是把空间的物体用正投影法表达在平面上；而读图则是运用正投影的规律，根据平面图形，综合想象出空间物体的形状。看图的基本方法，仍然是形体分析法，对不易看懂的局部，还应结合线面分析法进行分析。

知识准备及拓展

一、读组合体视图

1. 读组合体视图的要点

（1）读图时构思物体的方法——拉伸

画图的思维过程是将空间物体沿投射方向压缩到投影面上，形成平面视图；而读图的过程则可以认为是由平面视图沿投射方向拉伸还原空间物体的形状。如图 4-35 所示的视图，读图时，可将俯视图垂直向上拉伸，对于台体，拉伸时还应给予一定角度，即得到空间形体。

（2）把几个视图联系起来进行分析

通常，一个视图不能确定物体的形状和相邻表面的相对位置。例如图 4-35（a）、（b）的主视图都是等腰梯形，图 4-35（b）~（e）的俯视图都是两个同心圆，但它们却分别表示四棱台、圆台、圆柱与圆柱叠加、空心圆柱、圆柱与圆台叠加等五种不同的形体。

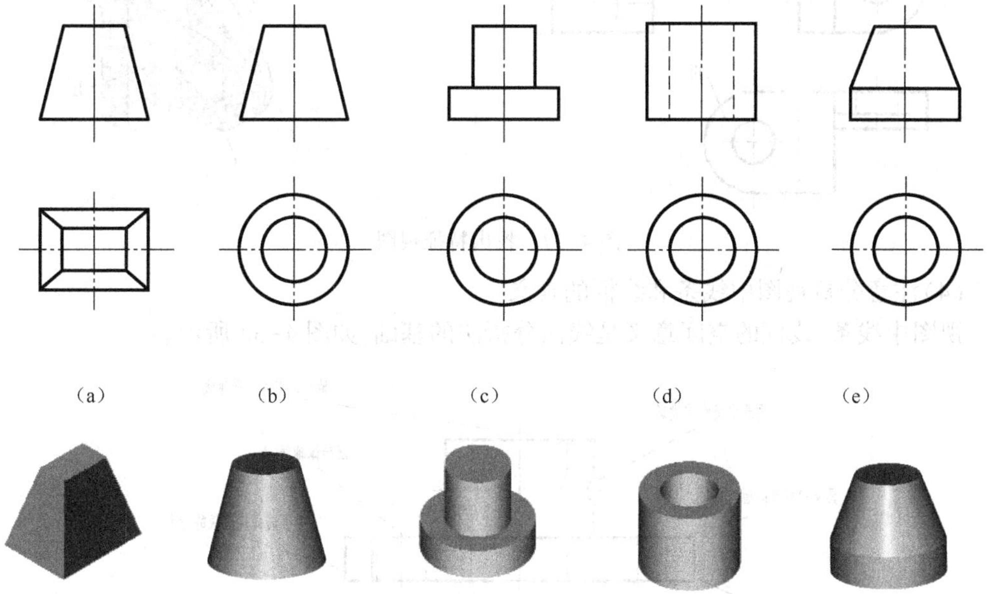
(a)
(b)
(c)
(d)
(e)

图 4-35　几个视图联系起来进行分析

又如图 4-36（a）~（d）的主、左两个视图完全相同，但俯视图不同，则它们表示的是完全不同的形体（柱体）。

所以，读图时，必须把各个视图联系起来进行分析，才能弄请空间形体的形状。

（3）抓特征视图，构思空间物体

特征视图就是最能反映组合体形状特征的那个视图。形体各组成部分的形状特征，并非总是集中在一个视图上，而是可能每个视图都有一些。例如图 4-37 所示的支架是

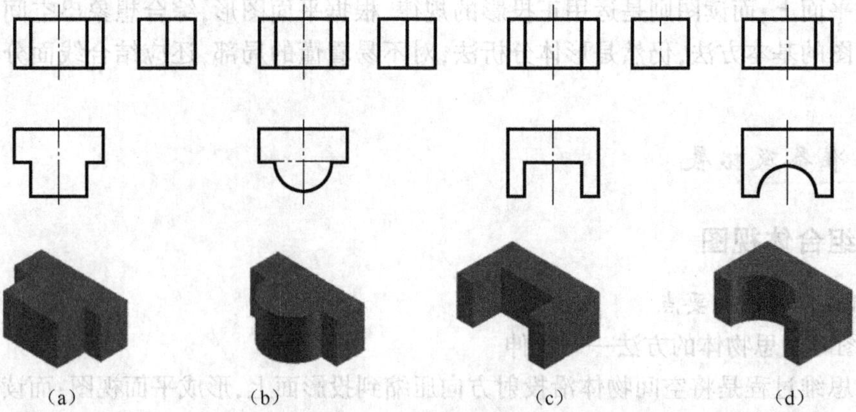
(a)
(b)
(c)
(d)

图 4-36　几个视图联系起来进行分析

由四个形体叠加而成。主视图反映形体Ⅰ、Ⅳ的特征，俯视图反映形体Ⅲ的特征。看图时要抓住反映特征较多的视图。

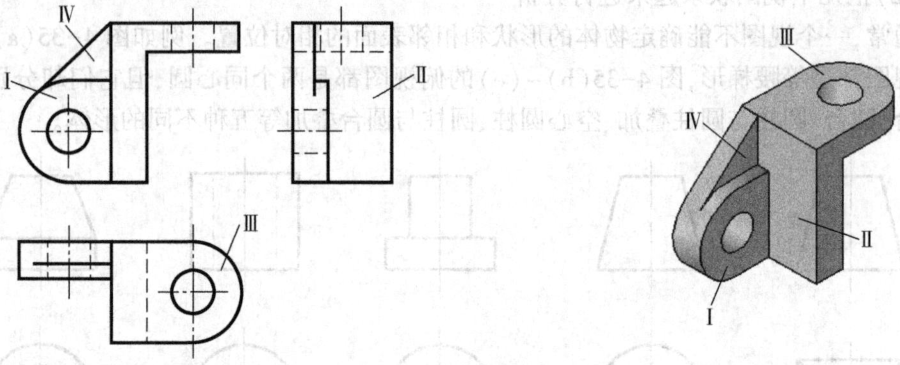
Ⅳ
Ⅰ
Ⅱ
Ⅲ
Ⅲ
Ⅳ
Ⅱ
Ⅰ

图 4-37　找出特征视图

(4)注意分析视图中线条和线框的含义

视图中线条、线框的空间意义是线面分析法的基础，如图 4-38 所示。

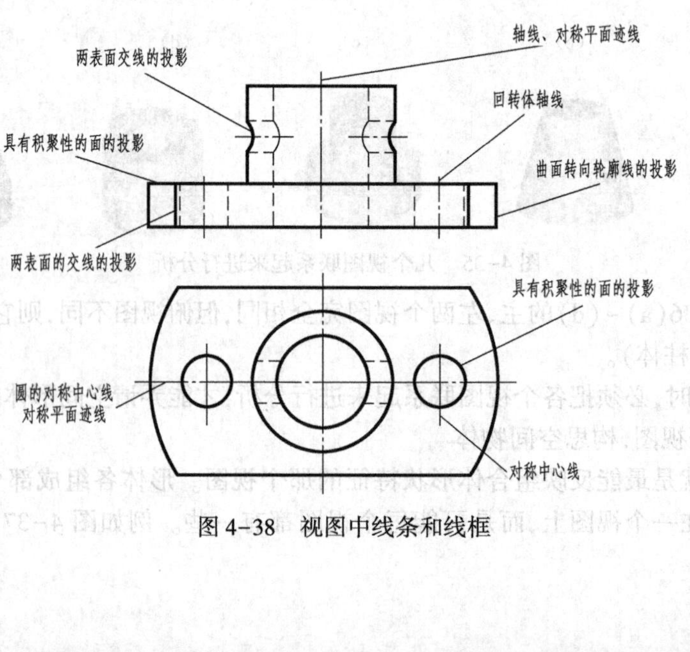
轴线、对称平面迹线
两表面交线的投影
回转体轴线
具有积聚性的面的投影
曲面转向轮廓线的投影
两表面的交线的投影
具有积聚性的面的投影
圆的对称中心线
对称平面迹线
对称中心线

图 4-38　视图中线条和线框

2. 读图的方法与步骤

(1)形体分析法读图

通常是从反映组合体形状特征的主视图着手，把视图分解成若干个封闭线框，根据投影关系，对照其他视图，想象出各部分的形状，然后再弄清楚这些基本形体间的组合方式和相对位置，最后综合想象出物体的整个形状。

下面以图 4-39 为例，说明看图的方法与步骤：

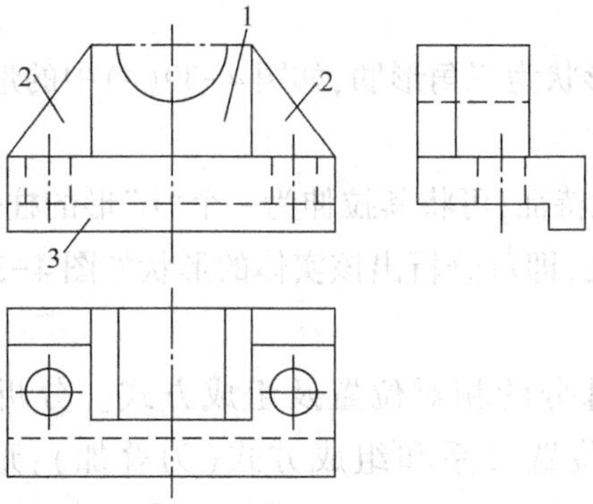
1
2
2
3

(a) 分线框

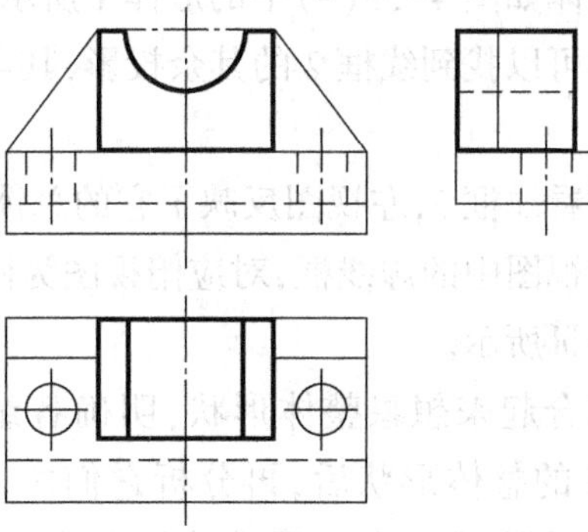

(b) 对线框1拉伸成型

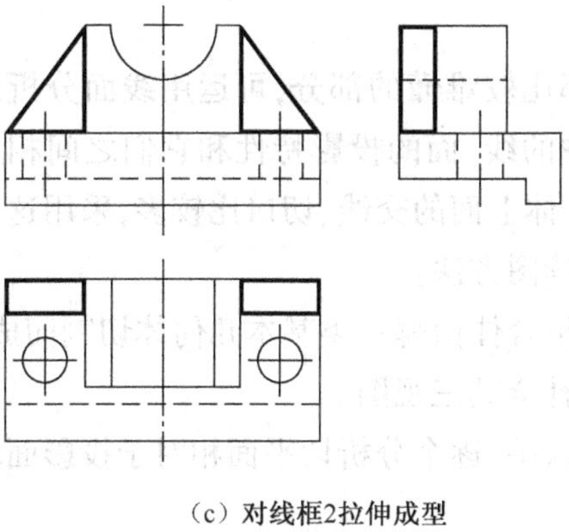

(c) 对线框2拉伸成型

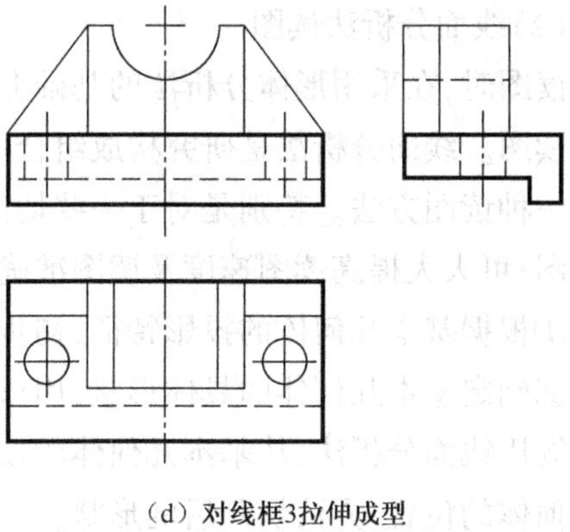

(d) 对线框3拉伸成型

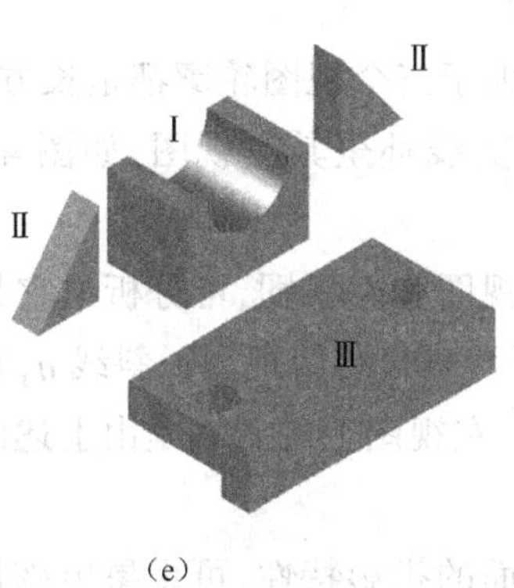
Ⅱ
Ⅰ
Ⅱ
Ⅲ

(e)

(f)

图 4-39 形体分析法读组合体视图

①分割线框对投影。

如图 4-39(a)所示为一轴承座的三视图,以主视图为主,按投影关系联系其他视图,将主视图分为三个封闭线框 1、2、3。

②逐个分析,想象各组成部分的形状。

首先分析线框 1,在俯、左视图里分别找到它所对应的线框,如图 4-39(b)所示。主视图反映了几何体的形状特征,将其拉伸,拉伸的距离由俯视图中的线框宽度决定,最终形成的实体如图 4-39(e)中的形体Ⅰ所示。

同样可以找到线框 2 的其余投影,其实体形状为三角形肋,如图 4-39(e)中的形体Ⅱ所示。

最后看线框 3,左视图反映了它的总体形状特征,可将其拉伸为一个“L”形的柱体;最后考虑主视图中的虚线框,对应俯视图为两圆孔,即可分析出该实体的形状如图 4-39(e)中的形体Ⅲ所示。

③综合起来想象整体形状,明确各组成部分的相对位置及组成方式。分析出实体 1、2、3 的整体形状后,再分析它们之间的位置关系和组成方式(为叠加):形体 1 为上半部分挖了一个半圆槽的长方体,叠加在底板 3 的上面,形体 2 为三角形肋,叠加在形体 1 的左右两侧,所有形体的后端面平齐。综合想象出该组合体的形状如图 4-39(f)所示。

(2)线面分析法读图

读图时,在采用形体分析法的基础上,对局部比较难懂的部分,可运用线面分析法来帮助读图。线面分析法是研究构成组合体视图中的线、面的投影特性和它们之间相互位置的一种读图方法。特别是对于一些切割式组合体上面的交线、切口比较多,采用这种方法读图,可大大提高读图速度及读图准确率。其读图方法:

①根据基本几何体的投影特征,初步判断该组合体由哪一类基本几何体切割而成。

②确定基本几何体的具体形状,用双点画线补全其三视图。

③用线面分析法,从基本几何体的投影变化入手,逐个分析切平面相对于投影面和基本几何体的位置,弄清切割后的形状。

下面以图 4-40(a)为例,说明看图的方法与步骤:

①初步了解。先用形体分析法分析整个形体。由于三个视图轮廓都是长方形(只是缺了几个角),所以,它的基本形体是长方体,用细实线补全其三视图,如图 4-40(b)所示。

②分线框,对投影。主视图上的直线 p',对应俯视图和左视图,可分析出它是由一正垂面 P 在长方体上斜切一刀而成,如图 4-40(b)所示。同理,俯视图一斜线 q,是用铅垂面 Q 在长方体上斜切一刀而成,如图 4-40(c)所示。左视图上的斜线是由上述两个垂直面斜切后相交而成

③综合起来想整体。根据上述分析,再根据线、面的投影特性,可想象出该物体的形状如图 4-40(d)所示。

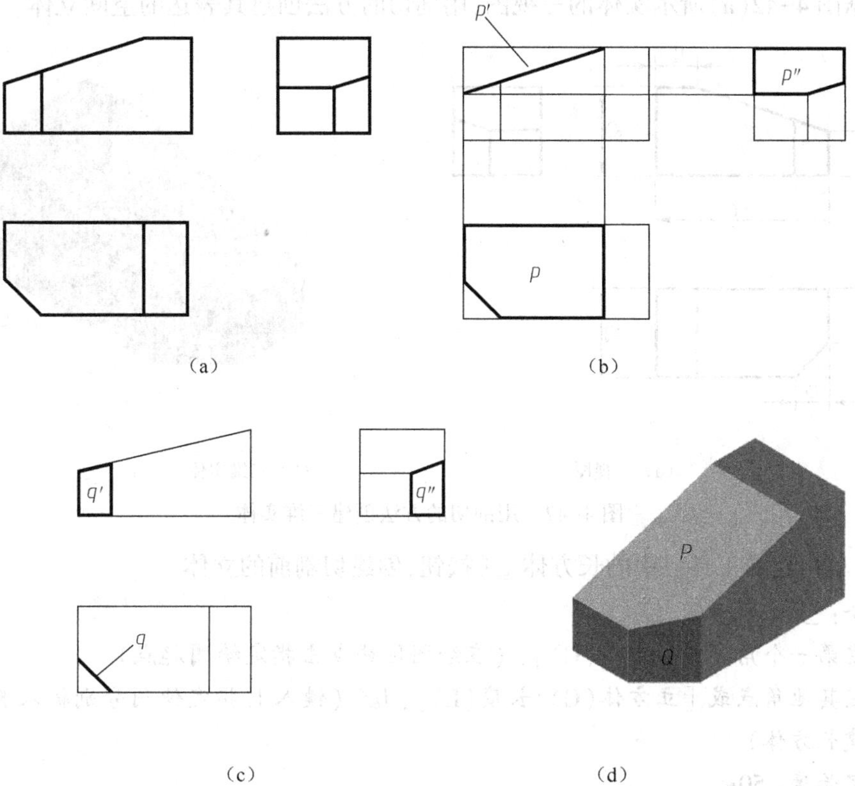
p'
p''
p
(a)
(b)
q'
q''
q
P
Q
(c)
(d)

图 4-40　线面分析法读组合体视图

二、组合体三维成型方法

1. 组合体的构型分析

任何复杂的组合体都可以看作由若干简单的基本体经过叠加组合而成，在进行这种由叠加形成的组合体的三维造型时，先完成简单基本体的造型，然后分析各基本形体之间的相对位置和表面连接关系，将各基本体组合在一起即可完成。

对于通过切割方式形成的组合体，先完成基本体的造型，再分析切口的位置、形成的交线，将基本体进行切割即可完成。

2. 用 AutoCAD2014 完成切割式组合体的三维造型

对于切割式组合体，可采用剖切的方法创建。单击“修改”菜单→“三维操作”→“剖切”命令，如图 4-41 所示。

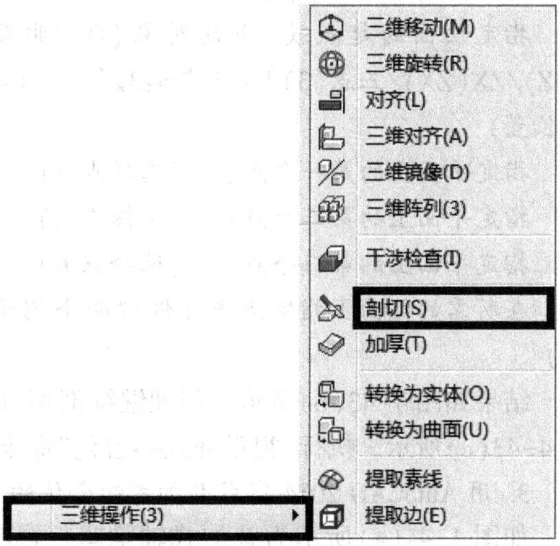
三维移动(M)
三维旋转(R)
对齐(L)
三维对齐(A)
三维镜像(D)
三维阵列(3)
干涉检查(I)
剖切(S)
加厚(T)
转换为实体(O)
转换为曲面(U)
提取素线
提取边(E)
三维操作(3)

图 4-41　“剖切”命令菜单

根据图 4-42(a)所示实体的三视图,用剖切的方法创建其表达的空间立体。

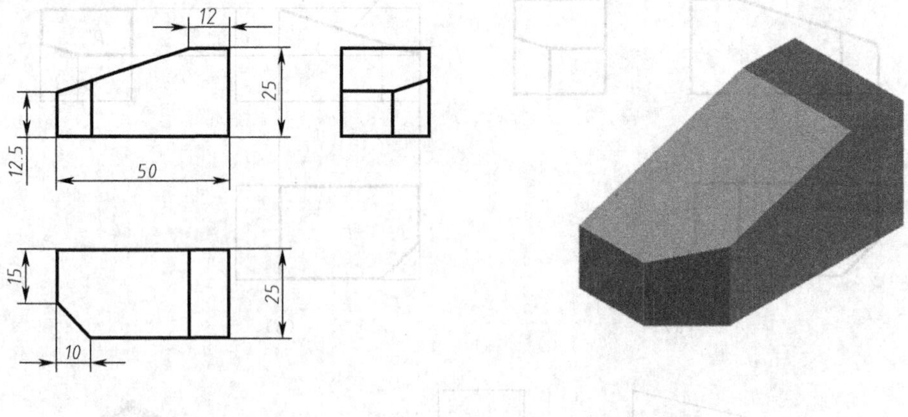
12
25
12.5
50
15
25
10

(a) 三视图　　　　(b) 三维实体

图 4-42　用剖切的方法创建三维实体

(1)单击建模工具栏中的长方体按钮,创建切割前的立体。

命令: _box

指定第一个角点或[中心(C)]:(在绘图区域点击指定绘图起点)

指定其他角点或[立方体(C)/长度(L)]: l↙ (键入 l,指定使用分别输入长宽高的方式创建长方体)

指定长度: 50↙

指定宽度:25↙

指定高度或[两点(2P)]:25↙　[结束,完成的实体如图 4-43(a)所示]

(2)单击选择“剖切”命令,剖切长方体。

命令: _slice

选择要剖切的对象: 找到 1 个 (选择长方体)

选择要剖切的对象: ↙

指定切面的起点或[平面对象(O)/曲面(S)/Z 轴(Z)/视图(V)/XY(XY)/YZ(YZ)/ZX(ZX)/三点(3)] <三点>:3↙　(指定选择切面上的三个点来确定剖切平面的位置)

指定平面上的第一个点:　(选择点 *A*)

指定平面上的第二个点:　(选择点 *B*)

指定平面上的第三个点:　(选择点 *C*)

在所需的侧面上指定点或[保留两个侧面(B)] <保留两个侧面>:(在 *BC* 右侧点击)

结果如图 4-43(b)所示。同理继续剖切,选择 *DEF* 为剖切平面,完成的三维立体如图 4-43(c)所示。执行“视觉样式→着色”命令,即得到图 4-42(b)所示的三维实体。

3. 用 AutoCAD 2014 完成叠加式组合体的三维造型

如图 4-44(a)所示为叠加式轴承座三视图,可使用“按住并拖动”“三维旋转”“面域”“拉伸”和“布尔操作”创建其表达的空间立体。

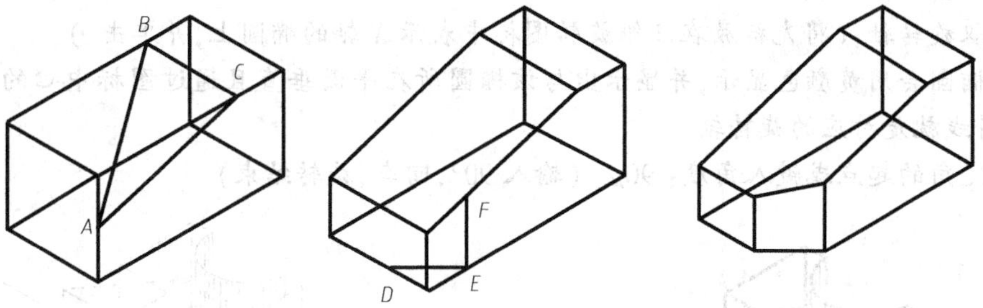
B
C
A
F
D
E

（a）　　（b）　　（c）

图 4-43　用剖切方法创建三维实体

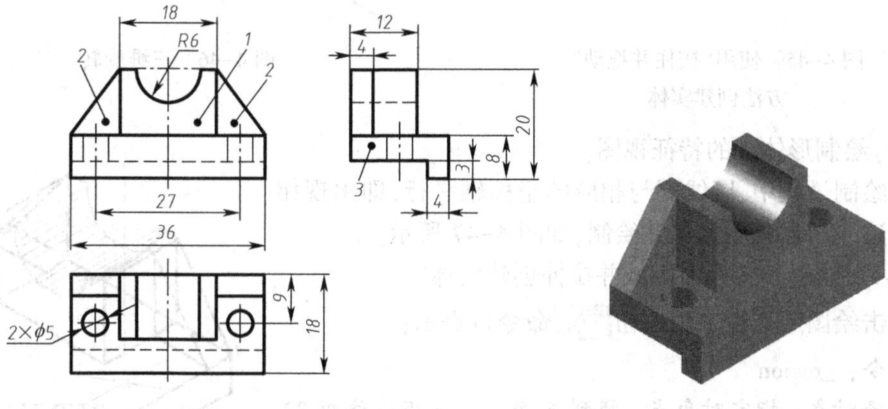
18
R6
2
1
2
27
36
12
4
20
8
3
3
4
9
18
2×φ5

（a）三视图　　（b）三维实体

图 4-44　轴承座的三视图及三维实体图

任务实施 3

分析：该组合体由四部分叠加组合而成，标注的线框 1、2、3 分别是四部分的特征视图。

其三维实体造型步骤如下：

（1）使用“按住并拖动”方法创建实体。

删除主视图的中心线，单击建模工具栏中的按钮，命令行提示：

单击有限区域以进行按住或拖动操作

分别单击主视图中左右两个线框 2，拉伸高度 4mm。

再次单击主视图中线框 1，拉伸高度 12mm。

删去多余线条，单击“视图”工具栏中的按钮，切换到西南等轴测视图模式，如图 4-45 所示。

（2）将创建的三个实体旋转，使之与俯视图垂直。

单击 “修改”菜单→“三维操作”→“三维旋转”命令，命令行提示：

选择对象：↙（框选已创建的三个实体）

指定基点：（单击图 4-45 中 *A* 点，如图 4-46 所示）

拾取旋转轴：（将光标放在三维旋转图标中表示 *X* 轴的椭圆上，并单击。）

该椭圆会用黄颜色显示，并显示出与该椭圆所在平面垂直且通过图标中心的一条斜线，该斜线就是对应的旋转轴。

指定角的起点或键入角度：90↙（输入 90°，回车，旋转结束）

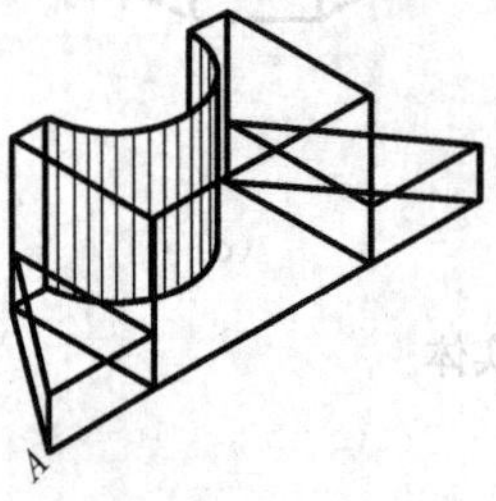
A

图 4-45　使用“按住并拖动”方法创建实体

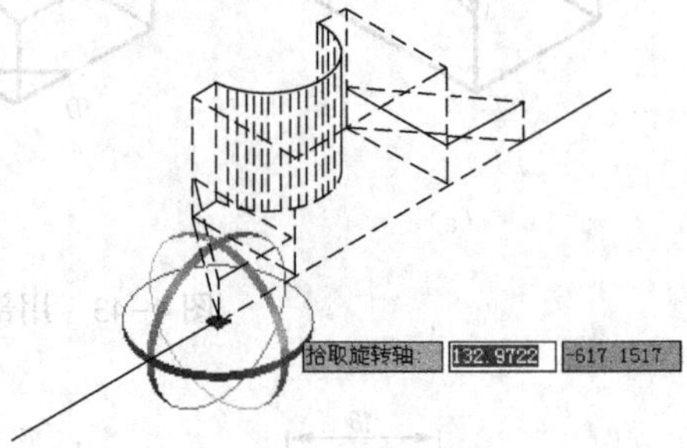
拾取旋转轴:
132.9722
-617.1517

图 4-46　三维旋转

（3）绘制形体 3 的特征视图。

在绘制过程中，图线要与相应的坐标轴平行，即出现相应的轨迹线后才可输入尺寸绘制，如图 4-47 所示。

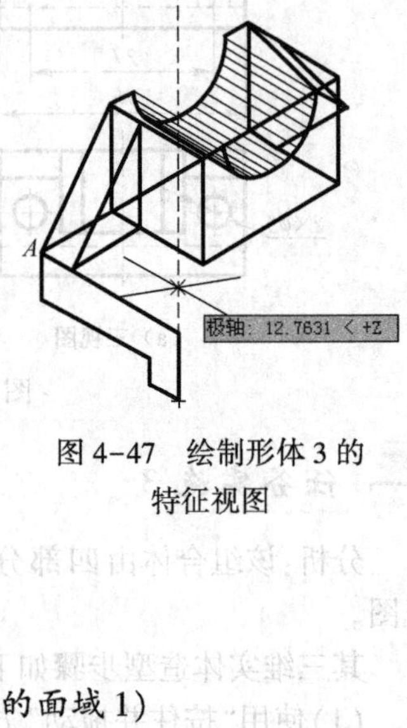
A
极轴: 12.7631 < +Z

图 4-47　绘制形体 3 的特征视图

（4）将线框 3 转换为面域并拉伸创建实体。

单击绘图工具栏中的按钮，命令行提示：

命令：_region

选择对象：指定对角点：找到 6 个　　（框选线框 3）

选择对象：↙　　（结束选择）

已提取 1 个环。

已创建 1 个面域。

单击建模工具栏中的按钮，命令行提示：

命令：_extrude

当前线框密度：　ISOLINES＝4

选择要拉伸的对象：找到 1 个　　（单击已创建的面域 1）

选择要拉伸的对象：↙　　（结束选择）

指定拉伸的高度或［方向（D）/路径（P）/倾斜角（T）］：36↙（输入拉伸的高度）

选择拉伸路径或［倾斜角（T）］：↙　　（直接回车，拉伸结束）

如图 4-48（a）所示。

（5）单击视图工具栏中的按钮，快速切换到俯视图。

在俯视图中按图 4-48（b）所示尺寸确定圆孔的圆心，绘制两圆，直径为 5mm。

（6）单击“视图”工具栏中的按钮，切换到西南等轴测视图模式。

将圆孔沿 *Z* 轴反方向垂直拉伸 5mm（在指定拉伸高度时，输入-5），形成两圆柱，如图 4-48（c）所示。

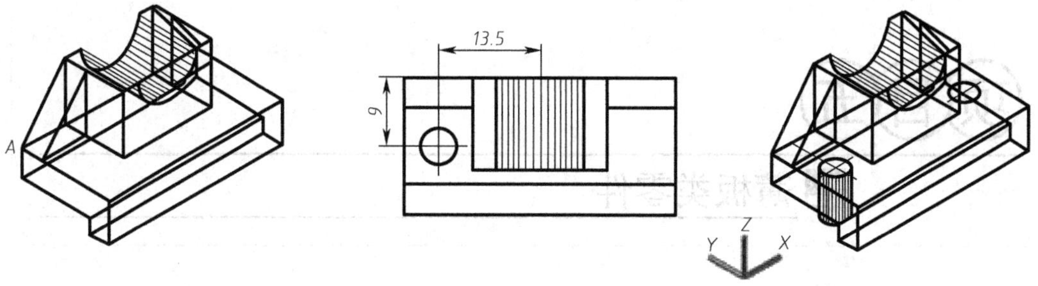
A
13.5
9
Z
Y
X

（a）绘制完成形体3　　（b）在俯视图绘制圆　　（c）沿Z轴反方向垂直拉伸

图 4-48　圆孔的绘制

(7)单击建模工具栏中的差集按钮,将圆柱从底板中挖去。单击建模工具栏中的并集按钮,将四个组成部分合并在一起,完成创建。

项目五 薄板类零件

知识目标

(1)掌握视图的表达与标注方法。
(2)掌握剖视图的表达与标注方法。
(3)掌握断面图的表达与标注方法。
(4)掌握局部放大和各种规定的简化画法。
(5)掌握用软件进行图案填充的方法。

能力目标

(1)能正确使用视图表达零件的外形结构。
(2)能正确、熟练应用剖视图表达零件的内部结构。
(3)能正确使用断面图表达零件的截面形状。
(4)能正确灵活的运用局部放大和规定的简化画法表达零件。
(5)能综合运用各种表达方法合理表达零件的内、外结构形状。
(6)能看懂薄板类零件的零件图。

项目引入

机器是由零件装配而成的,虽然零件的结构千变万化,其表达方案也各异,但是可根据其几何特征分为四大类:薄板类(平板类和支架类)、轴套类、盘盖类和箱壳类零件。大类又可以细分,而每一个细类和细类中的各个零件的作用、结构细节也有明显的差异。但不管差异如何,同类零件在视图表达、尺寸、技术要求以及加工工艺流程等方面还是有许多共性的。

薄板类零件在电讯、仪表、家电等设备中应用较多,如机架、压板、屏蔽罩、底板、面板、焊片、簧片等都属于薄板类零件。它们通常都是用一定厚度的板料、带料经过剪切、冲孔,再冲压成型,在零件的折弯处一般都有小圆角,有的还具有凸包、卷边、切口、插槽等局部结构。如图 5-1 所示为一面板零件,这类零件上一般有许多直径不同的孔,用来安装电容器、电位器、开关、旋钮、印刷电路板的电子元器件等,这些孔一般都是通孔,故只在反映其实形的视图上画出,而在其他视图上只用中心线定位。

零件图的表达要求准确、完整、清晰,仅用前面学的三视图很难做到。为此,国家标准《技术制图》和《机械制图》标准规定了视图、剖视图、断面图和简化画法等基本表示方法,采用这些方法就可以简洁明了的表达各种物体。

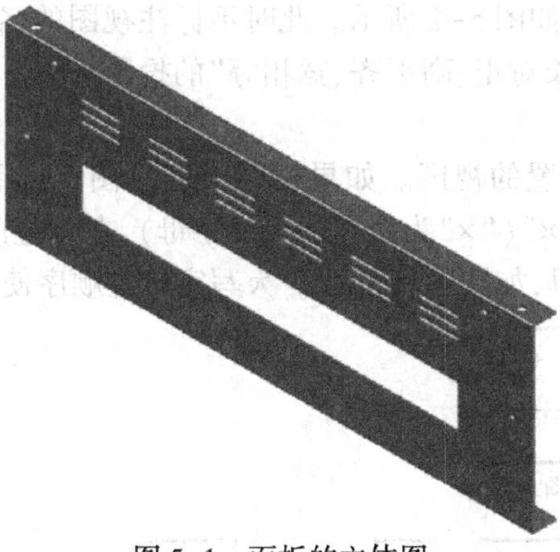

图 5-1 面板的立体图

任务 1 平板类零件图的识读

知识准备及拓展

一、物体外形的表达——视图

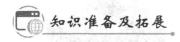

视图主要用来表达物体的外部结构形状,通常有基本视图、向视图、局部视图和斜视图。

1. 基本视图

在原有三个投影面的基础上,再增加三个投影面,组成一正六面体,这六个投影面为基本投影面。将物体置于正六面体内,向这六个投影面投射所得的视图为基本视图。这六个视图分别是主视图、俯视图、左视图、右视图、仰视图和后视图。各基本投影面的展开方式如图 5-2 所示。

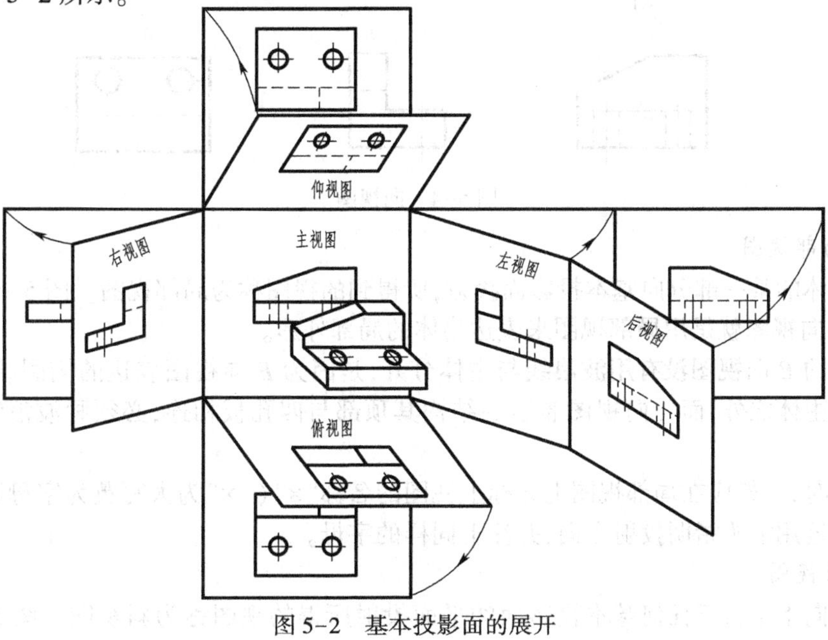
仰视图
右视图
主视图
左视图
后视图
俯视图

图 5-2 基本投影面的展开

展开后各视图的配置如图5-2所示。此时不标注视图的名称，而且展开后的六个基本视图之间仍然要符合“长对正、高平齐、宽相等”的投影规律。

2. 向视图

向视图是可以自由配置的视图。如果视图不能按图5-3配置时，则应按向视图配置，在向视图的上方标注“×”（“×”为大写的英文字母），在相应的视图附近用箭头指明投射方向，并注上相同的字母，如图5-4所示。大写字母应顺序使用是任何时候水平写。

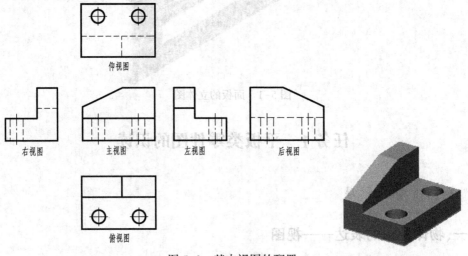

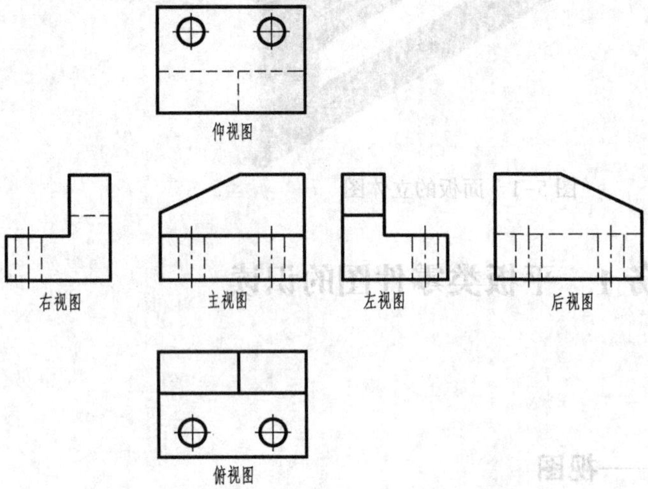
仰视图
右视图
主视图
左视图
后视图
俯视图

图5-3　基本视图的配置

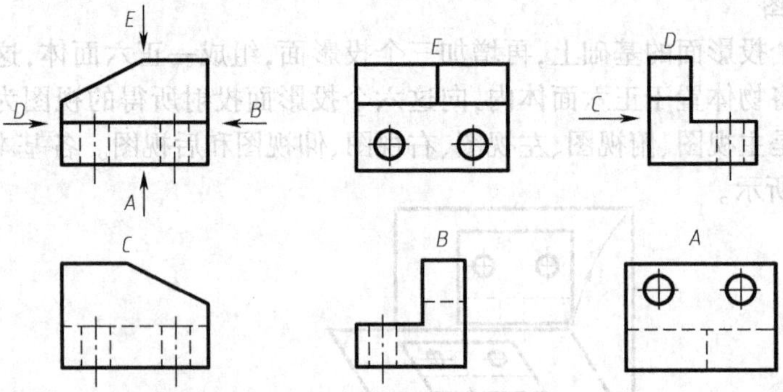
E
D
B
A
E
D
C
C
B
A

图5-4　向视图

3. 局部视图

将物体的某一部分向基本投影面投射，所得到的视图称为局部视图。图5-5中，*A*向视图和*B*向视图就是用局部视图来表达物体的局部外形。

图中的*B*向视图没有用波浪线与主体分开，是因为*B*向视图表达的椭圆结构，独立的凸出在主体之外，而*A*向视图表达的结构其顶部与四孔板相连，必须画波浪线与主体分开。

画图时，一般应在局部视图上方标上视图的名称“×”（“×”为大写英为字母），在相应的视图附近用箭头指明投射方向，并注上同样的字母。

4. 斜视图

物体向不平行于任何基本投影面的平面投射所得的视图称为斜视图。图5-6所示

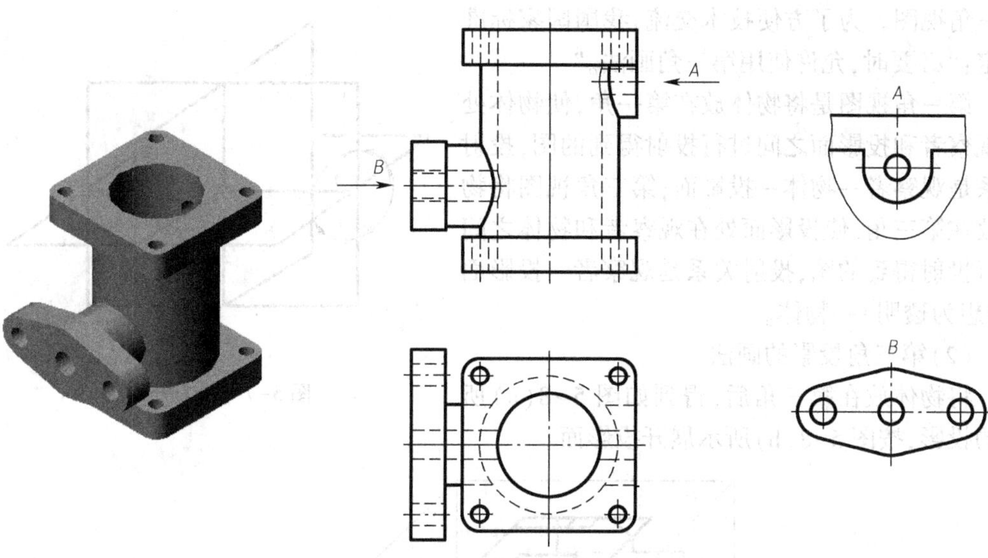
A
A
B
B

图 5-5 局部视图

的物体，其倾斜部分在基本视图上不能反映实形，给读图、绘图和标注尺寸带来困难。为此可选用一个新的投影面，使它与物体上的倾斜部分表面平行，然后将倾斜部分向新投影面投影，这样便可在新投影面上反映实形。

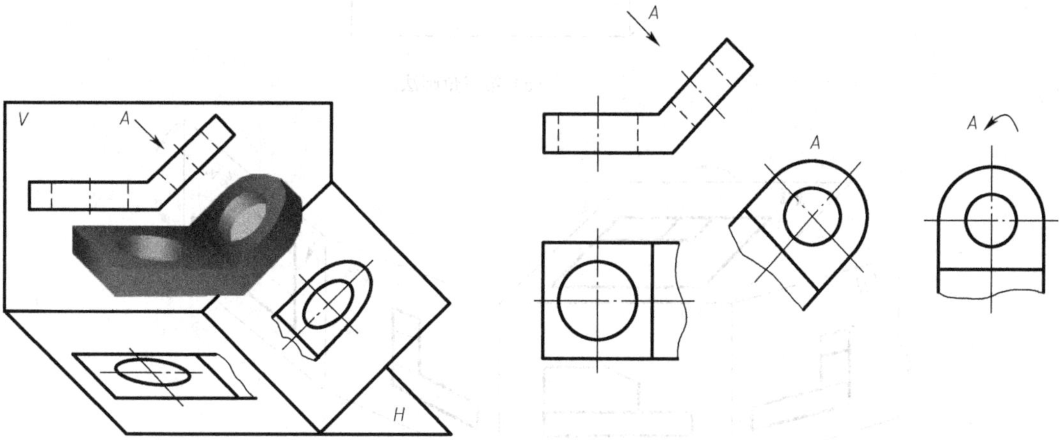
V
A
H
A
A
A

图 5-6 斜视图

斜视图一般按向视图的形式配置并标注，必要时也可配置在其他适当位置，在不引起误解时，允许将视图旋转配置，表示该视图名称的大写拉丁字母应靠近旋转符号的箭头端，如图 5-6 所示。

5. 第三角投影简介

(1)第三角投影的概念

图 5-7 所示三个互相垂直的投影面 *V*、*H*、*W*，将空间划分为八个区域，*W* 面左侧空间按顺序分别称为第一角、第二角、第三角、第四角。

目前世界各国的工程图有两种表达形式：第一角视图和第三角视图。世界上多数国家如中国、英国、法国、德国等都采用第一角视图，而美国、日本、新加坡等其他国家则采用第三角视图。为了方便技术交流，我国国家标准规定："必要时，允许使用第三角画法。"

第一角视图是将物体放在第一角，使物体处在观察者和投影面之间进行投射得到的图，投射关系是观察者—物体—投影面；第三角视图将物体放在第三角，使投影面处在观察者和物体之间进行投射得到的图，投射关系是观察者—投影面（假想为透明）—物体。

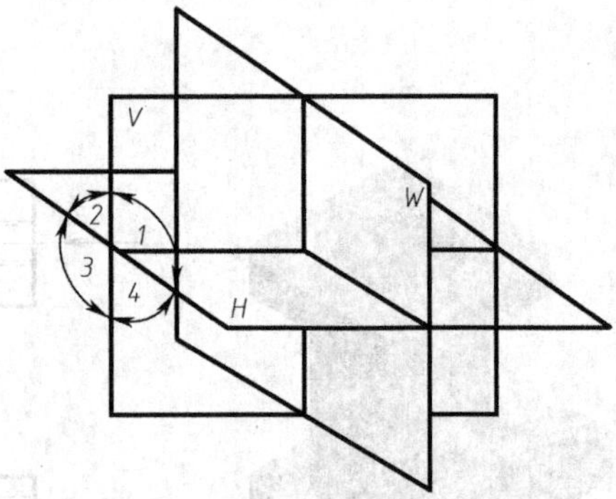
V
W
H
1
2
3
4

图 5-7　八个分角

（2）第三角投影的画法

将物体放在第三角后，得到如图 5-8（a）所示的投影，按图 5-8（b）所示展开投影面。

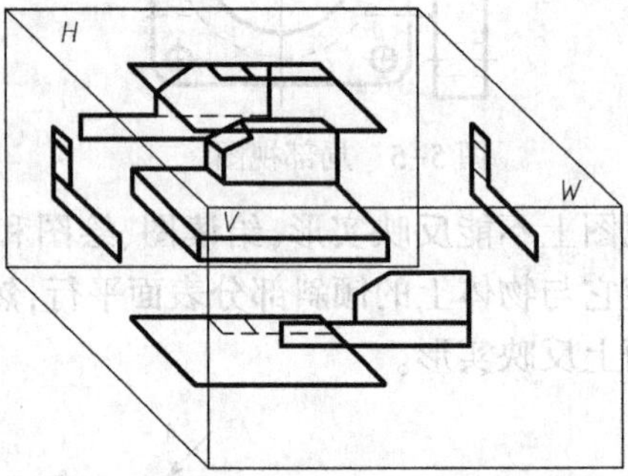
H
W
V

（a）第三角画法

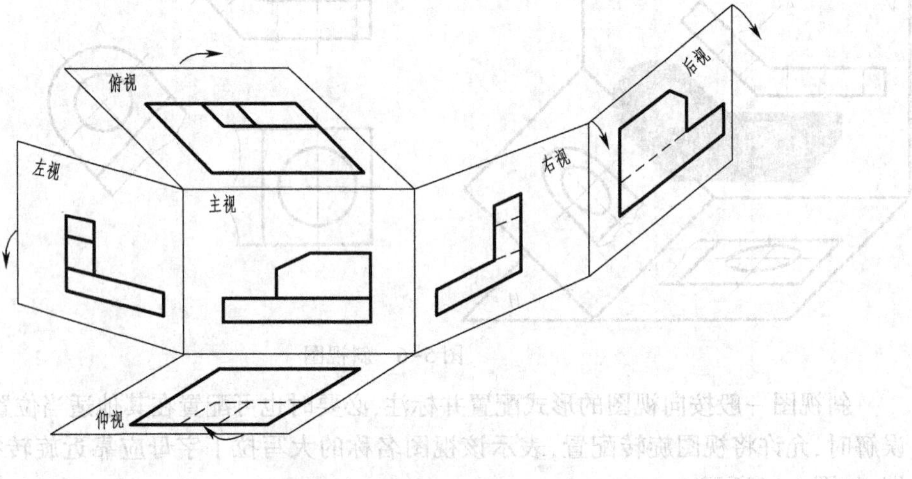
俯视
后视
左视
主视
右视
仰视

（b）第三角画法投影面的展开

图 5-8　第三角画法及投影面的展开

该立体模型的六个基本视图的画法和配置如图 5-9 所示。

与之相对比的第一角画法的六个基本视图的画法和配置如图 5-10 所示。

（3）第三角视图的识别符号

为了区别第三角画法与第一角画法，可在标题栏中专设的格内用规定的符号加以区分,如图 5-11 所示。

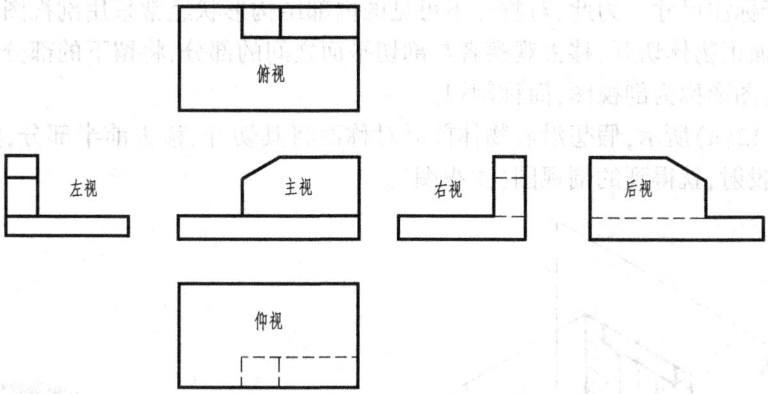
俯视
左视
主视
右视
后视
仰视

图 5-9　第三角画法视图的配置

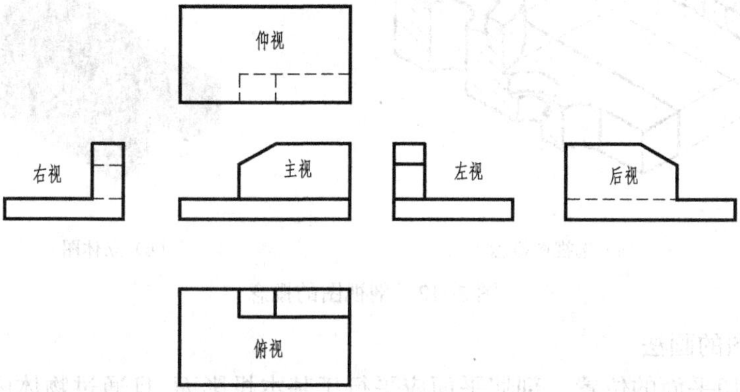
仰视
右视
主视
左视
后视
俯视

图 5-10　第一角画法视图的配置

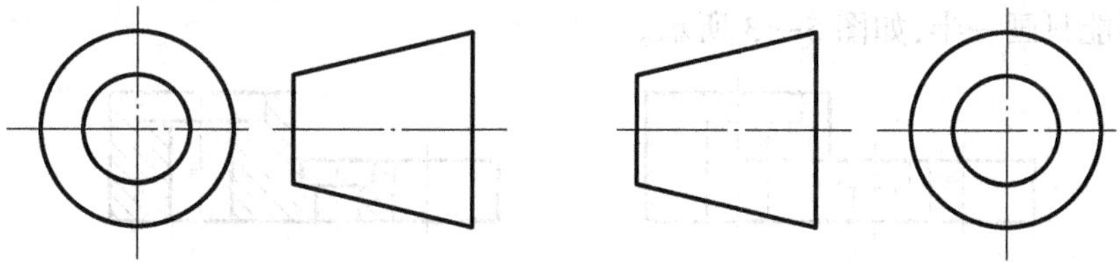

(a) 第三角画法的识别符号　　(b) 第一角画法的识别符号

图 5-11　第三角画法与第一角画法的识别符号

采用第三角画法时,必须在图样标题栏的专设格中画出图 5-11 所示的识别符号;采用第一角画法时,一般不需画出识别符号。

二、物体内形的表达——剖视图

剖视图主要用来表达物体的内部结构形状。剖视图分为全剖视图、半剖视图和局部剖视图三种。获得三种剖视图的剖切面和剖切方法有:单一剖切面剖切、几个相交的剖切平面剖切、几个平行的剖切平面剖切、组合的剖切平面剖切。

1. 剖视图概念

(1)剖视图的概念

当物体的内部结构比较复杂时,在视图中会出现许多虚线,虚线多会影响图形的清晰,也不便于标注尺寸。为此,对物体不可见的内部结构形状经常采用剖视图来表达。假想用剖切平面把物体切开,移去观察者与剖切平面之间的部分,将留下的部分向投影面投射,所得到的图形称为剖视图,简称剖视。

如图 5-12(a)所示,假想沿着物体前后对称面将其切开,移去前半部分,将后半部分向正投影面投射,就得到的剖视图(主视图)。

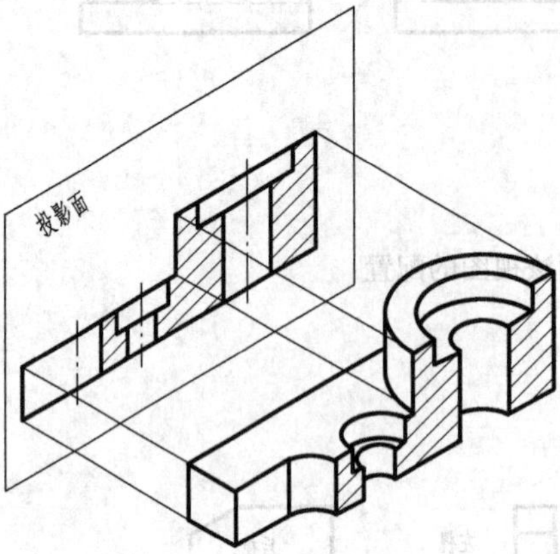
投影面

(a) 剖视图概念

(b) 立体图

图 5-12　剖视图的概念

(2)剖视图的画法

①确定剖切平面的位置。剖切平面应平行于基本投影面,且通过物体内部孔的轴线。

②画剖视图应注意以下问题。由于是假想剖切物体,所以其他视图仍应按完整的结构画出,不能只画一半,如图 5-13 所示。

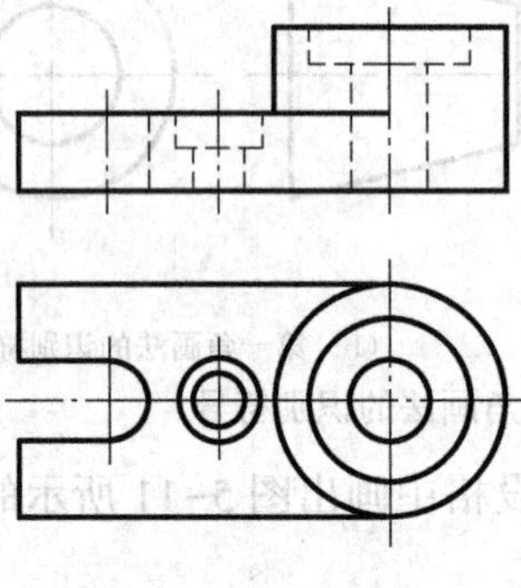

(a) 视图

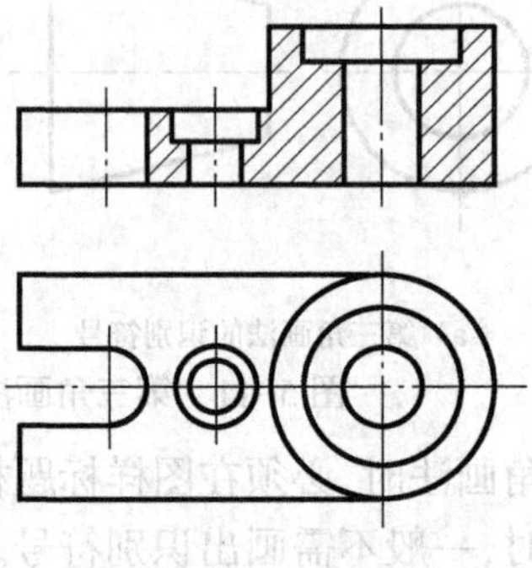

(b) 剖视图

图 5-13　视图与剖视图

剖切平面后的可见轮廓线应全部画出。不可见部分的轮廓线(虚线),在不影响对物体形状完整表达的前提下不再画出。通过图 5-14 所示的一组正误对比图形来加深这一概念。

③在剖面区域内画剖面符号。为表明是剖视图,必须在剖切面通过的实体区域内画

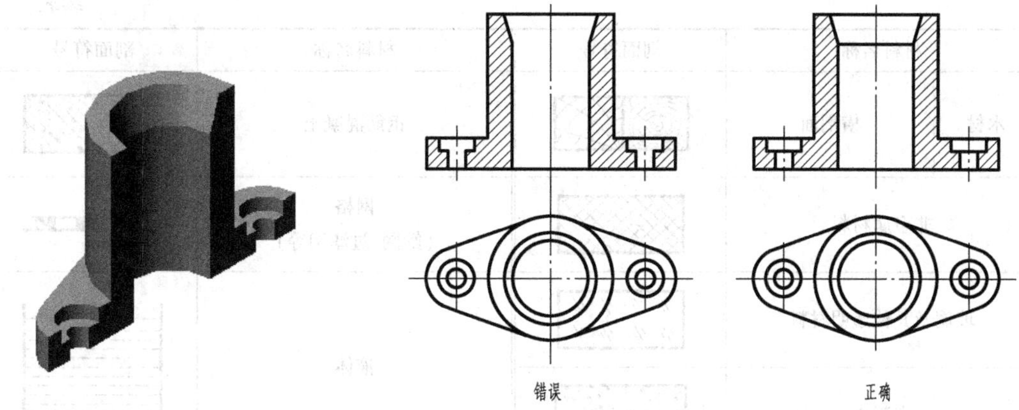
错误
正确

(a)

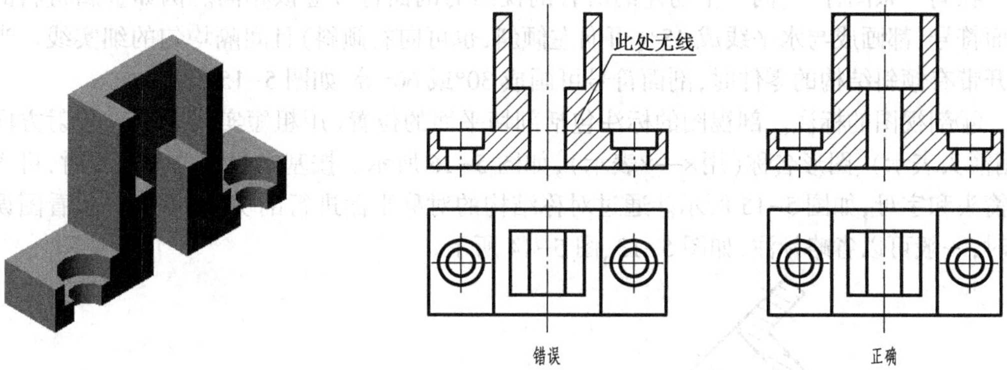
此处无线
错误
正确

(b)

图 5-14 剖切面后的可见轮廓线必须画出

上剖面符号。不同的材料采用不同的剖面符号，见表 5-1。

表 5-1 剖 面 符 号

材料名称	剖面符号	材料名称	剖面符号
金属材料 （已有规定剖面符号者除外）		型砂、粉末冶金、陶瓷、 硬质合金等	
转子、电枢、变压器 和电抗器等的叠钢片		木胶合板 （不分层数）	
线圈绕组元件		木材 纵剖面	

续表

材料名称	剖面符号	材料名称	剖面符号
木材 横剖面		钢筋混凝土	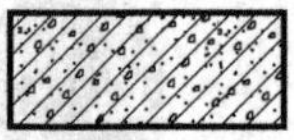
非金属材料		网格（筛网、过滤网等）	
玻璃及其他透明材料	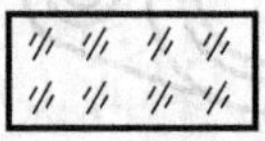	液体	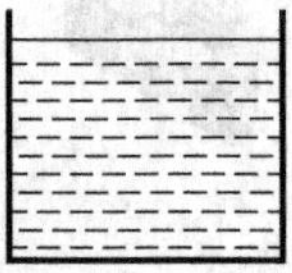
混凝土	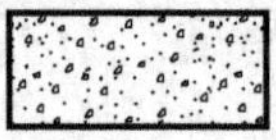		

在同一张图样中，同一个物体的所有剖视图的剖面符号应该相同。例如金属材料的剖面符号，都画成与水平线成45°（可向左倾斜，也可向右倾斜）且间隔均匀的细实线。当剖开带有倾斜结构的零件时，剖面符号可画成30°或60°等，如图5-15所示。

④剖视图的标注。剖视图的标注包括剖切平面的位置（用粗短实线表示）、投射方向（用箭头表示）、图形名称（用×—×表示），如图5-16所示。按基本视图位置配置时，可省略箭头和字母，如图5-15所示。通过对称结构的对称平面进行剖切，且不会引起看图误解时，一般可以省略标注，如图5-13、图5-14所示。

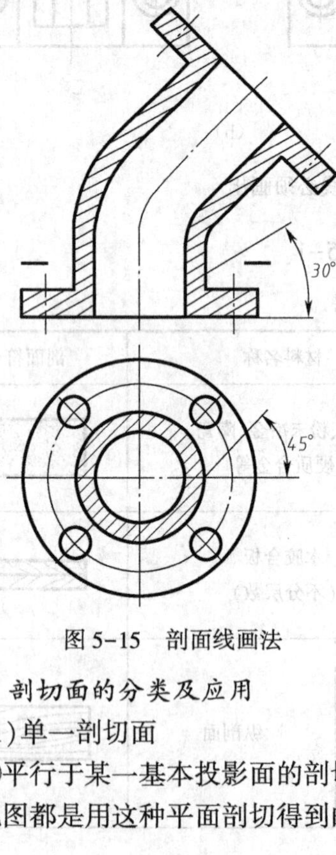
30°
45°
图5-15　剖面线画法

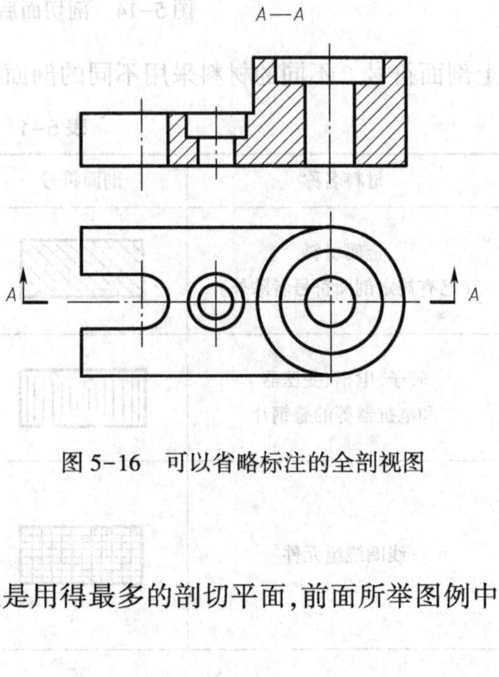
A—A
A
A
图5-16　可以省略标注的全剖视图

2. 剖切面的分类及应用

（1）单一剖切面

①平行于某一基本投影面的剖切平面。这是用得最多的剖切平面，前面所举图例中的剖视图都是用这种平面剖切得到的。

②不平行于任何基本投影面的剖切平面。当零件上有倾斜部分的内部结构需要表达时，可与画斜视图一样，选择一个与倾斜部分平行且垂直于基本投影面的剖切面，再投射到与剖切平面平行的投影面上，这样得到的剖视图习惯上称为斜剖视图，简称斜剖视，如图 5-17 所示的 *A—A* 剖视图。

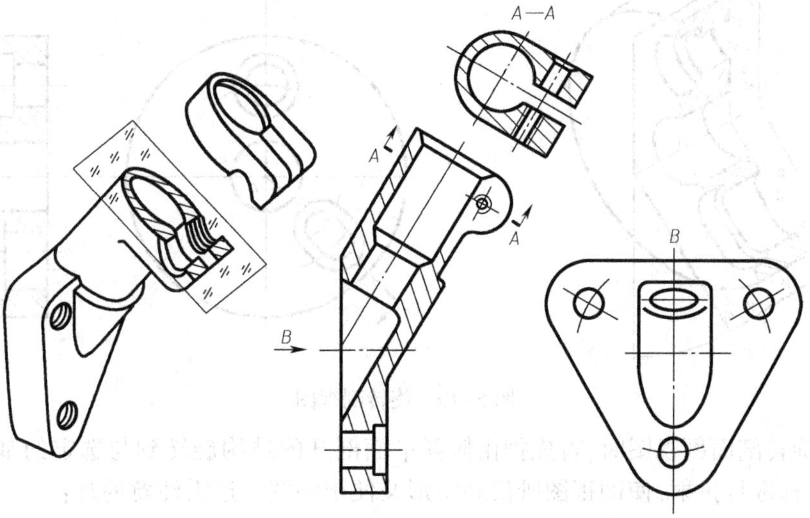
A—A
A
A
B
B

图 5-17　斜剖视图

斜剖视图一般放置在箭头所指方向，并与基本视图保持对应的投影关系，需要标出剖切位置和字母。

(2)几个平行的剖切面

如图 5-18 所示，当物体上有若干个不在同一平面上又需要表达的内部结构时，可用几个互相平行的剖切平面剖切，这种剖切方法习惯上称为阶梯剖。

需注意的是：

①在剖视图的上方，用大写字母标注图名“×—×”，在剖切平面的起始和转折处画上剖切符号，标上同一字母，并在起止处画出箭头表示投射方向，若剖视图按投影关系配置，中间又没有其他图形隔开时，允许省略箭头，如图 5-18 所示。

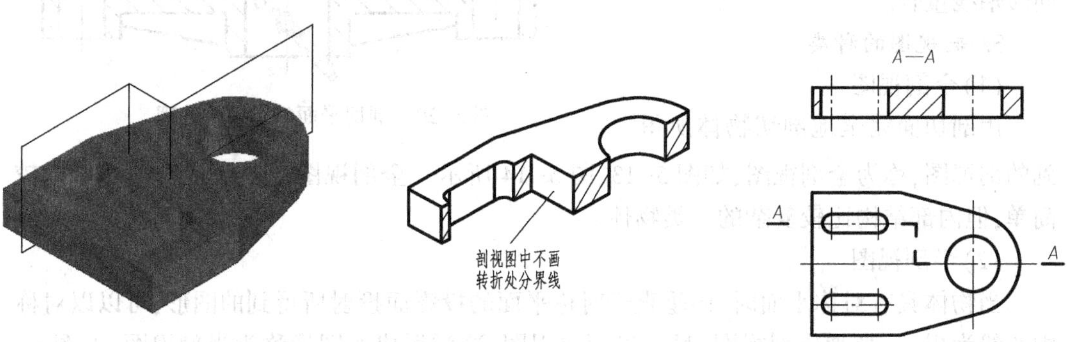
剖视图中不画
转折处分界线
A—A
A
A

图 5-18　阶梯剖视图

②在剖视图中一般不应出现不完整要素。在剖视图中不应画剖切平面转折处的分界线，且剖切平面的转折处也不应与图中轮廓线重合。

(3)几个相交的剖切面

如图 5-19 所示,当物体的内部结构形状用一个剖切平面不能表达完全,而且这个物体又具有回转轴时,可用两个相交的剖切平面剖开,这种剖切方法习惯上称为旋转剖视。

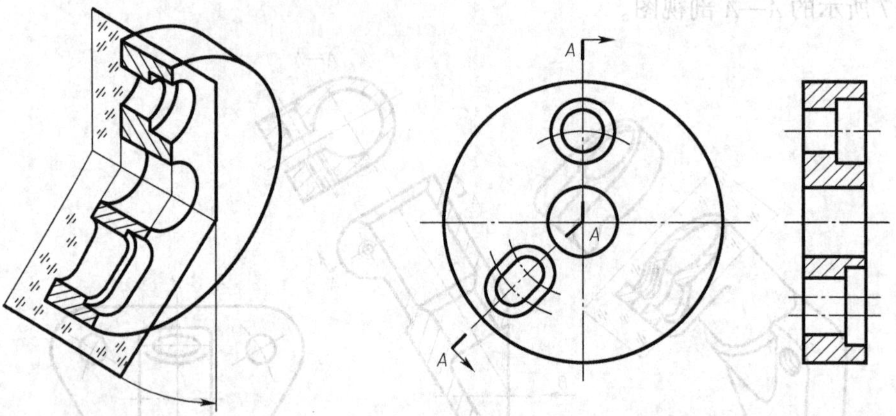
A
A
A

图 5-19　旋转剖视图

采用旋转剖面剖视图时,首先把由倾斜平面剖开的结构旋转到与选定的基本投影面平行,然后再进行投射,使剖视图既反映实形又便于画图。还需注意的是:

①旋转剖必须标注,在剖切平面的起始和转折处画上剖切符号,标上同一字母,并用箭头表示投射方向,在所画的剖视图的上注出名称"×—×",如图 5-20 所示;若按基本视图配置,则可省略名称"×—×"。

②剖切平面后的其他结构一般仍按原来位置投射,如图 5-20 中小油孔的投影。

③剖切平面的交线应与物体的回转轴线重合。

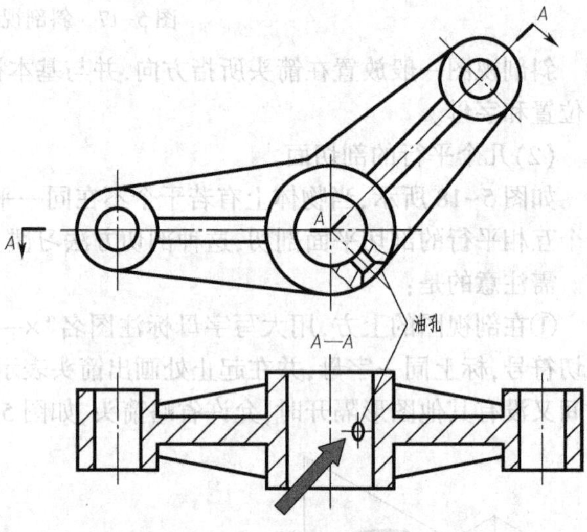
A
A
A
油孔
A—A

图 5-20　剖切平面后结构的处理

3. 剖视图的种类

(1)全剖视图

用剖切面完全地剖切物体所得到的剖视图,称为全剖视图,如图 5-13、图 5-14 所示。全剖视图主要表达物体外形比较简单,但内部结构比较复杂的一类物体。

(2)半剖视图

当物体具有对称平面时,向垂直于对称平面的投影面投射所得到的图形,可以以对称中心线为界,一半画成剖视图,另一半画成视图,这样形成的图形称为半剖视图,如图 5-21 所示。

画半剖视图应注意以下几点:

①剖视与视图的分界线用点画线分界。

②视图部分不必画虚线。

③半剖视图的标注与全剖视图的标注方法相同。

半剖视图适用于内、外形都需要表达，而形状又对称或基本对称时。

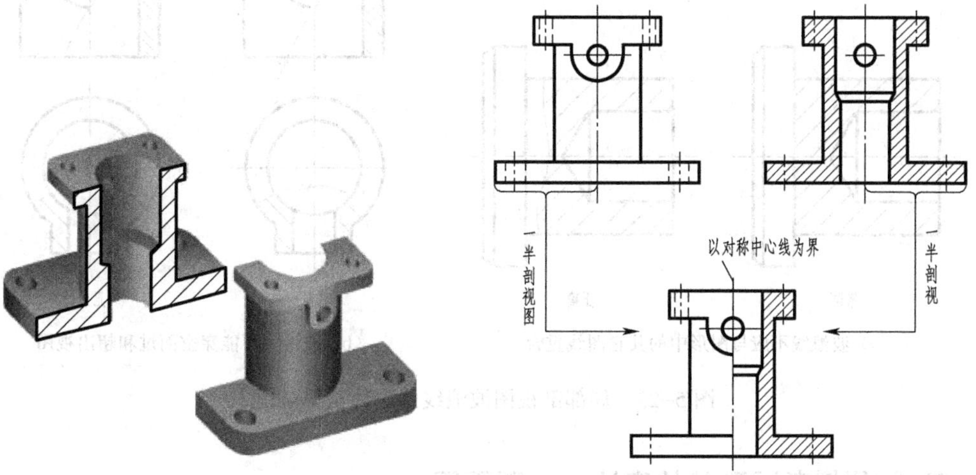
一半剖视图
以对称中心线为界
一半剖视

图 5-21　半剖视图

(3)局部剖视图

用剖切面局部地剖开物体所得的剖视图，称为局部剖视图，如图 5-22 所示。

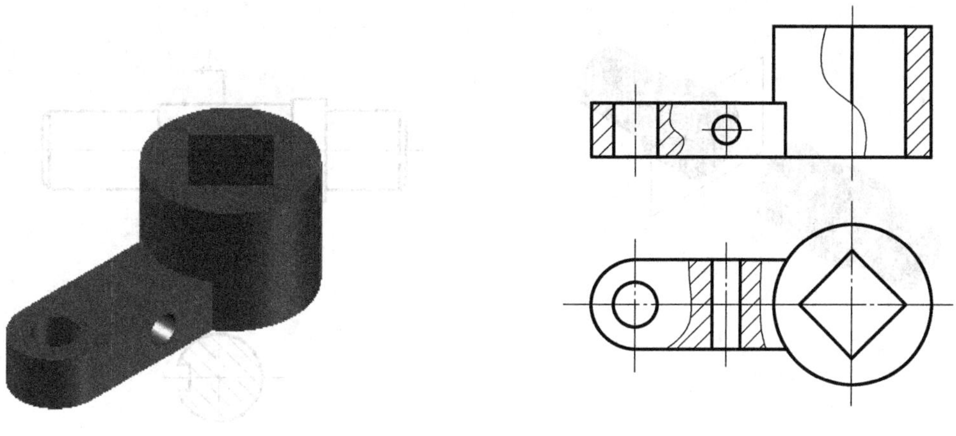

图 5-22　局部剖视图

画局部剖视图应注意的问题：

① 局部剖视图部分与视图部分以波浪线为分界线。波浪线不要与图形中的其他图线重合，也不能穿空而过和超出视图的轮廓线，如图 5-23 所示。

②在同一个视图中局部剖视不宜用得过多，以免使图形显得破碎、杂乱。

③对于剖切位置明显的剖视图一般不加标注。必要时，可按全剖视图的标注方法标注。

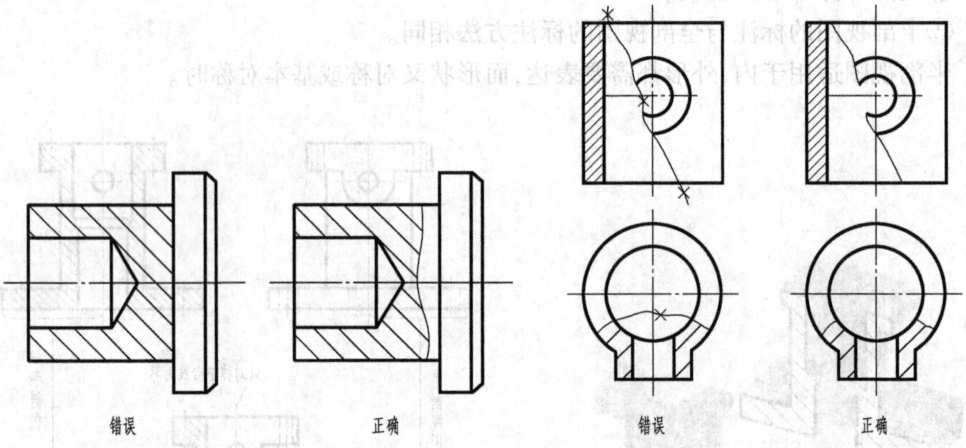
错误
正确
错误
正确

（a）波浪线不应与图形中的其它图线重合　　（b）波浪线不能穿空而过和超出视图

图 5-23　局部剖视图波浪线画法的正误对比

三、物体横断面形状的表达——断面图

1. 移出断面图

(1)断面图的概念

假想用剖切平面将零件的某处切断，只画出剖切面与零件接触部分(即剖面区域)的图形称为断面图，如图 5-24 所示。

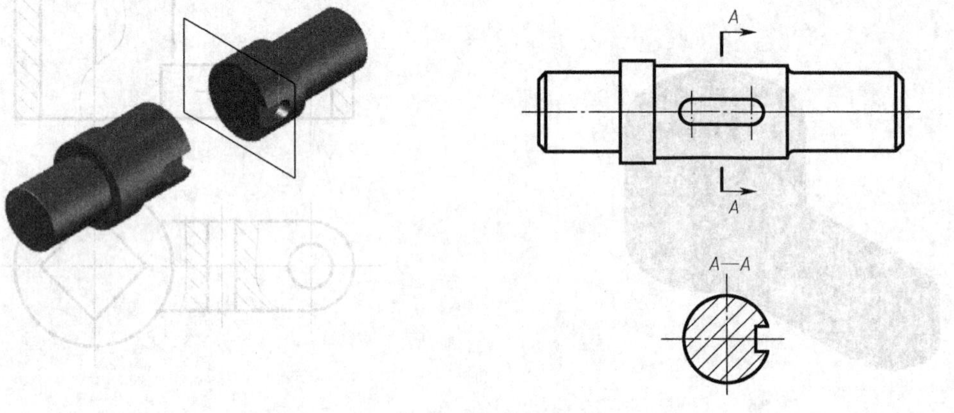
A
A
A—A

图 5-24　断面图

根据断面图在图样中的不同位置，可分为移出断面图和重合断面图。

(2)移出断面图

画在视图之外的断面图，称为移出断面图。移出断面图的轮廓线用粗实线绘制。

画移出断面图时应注意以下几点：

①当剖切平面通过回转面形成的孔或凹坑的轴线时，这些结构均按剖视图绘制，如图 5-25 所示。

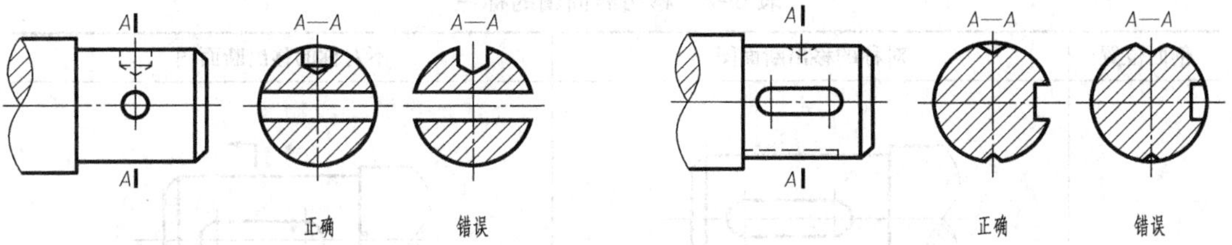
A
A—A
A—A
A
正确
错误
A
A—A
A—A
A
正确
错误

图 5-25　移出断面图画法(一)

②当剖切平面通过非圆孔会导致完全分离的两个断面时,这些结构应按剖视图绘制,如图 5-26 所示。

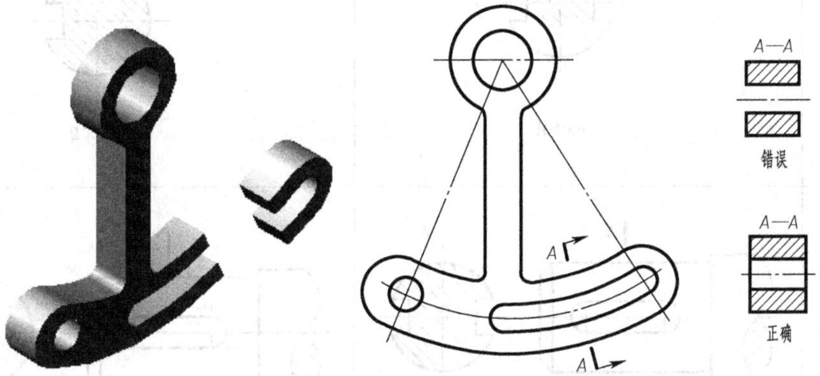
A—A
错误
A—A
正确
A
A

图 5-26　移出断面图画法(二)

③当移出断面图画在视图中断处时,视图应用波浪线断开,如图 5-27 所示。

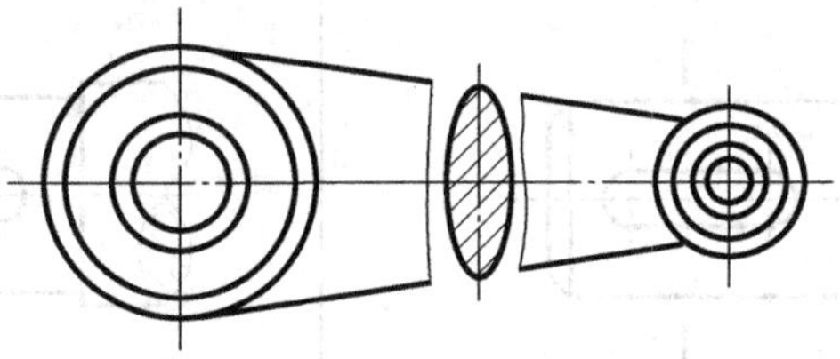

图 5-27　移出断面图画法(三)

④由两个相交平面剖切出的移出断面图,中间部分应断开,如图 5-28 所示。

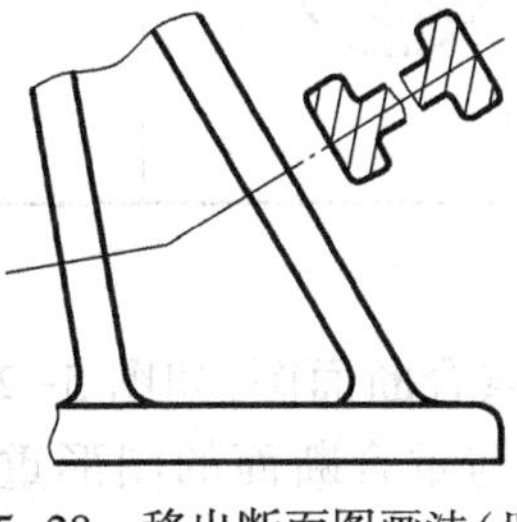

图 5-28　移出断面图画法(四)

(3)移出断面图标注

移出断面图的标注方法如表 5-2 所示。

表 5-2　移出断面图的标注

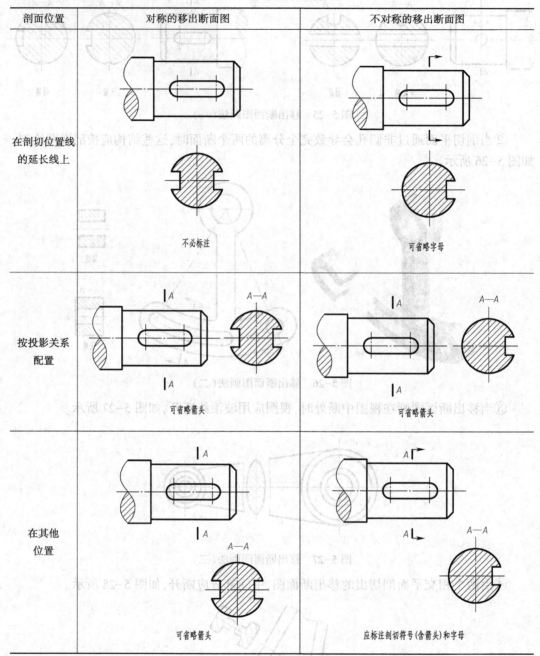

剖面位置	对称的移出断面图	不对称的移出断面图
在剖切位置线的延长线上	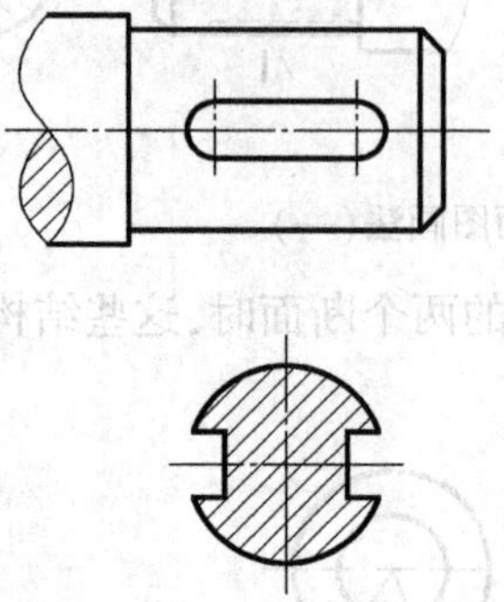 不必标注	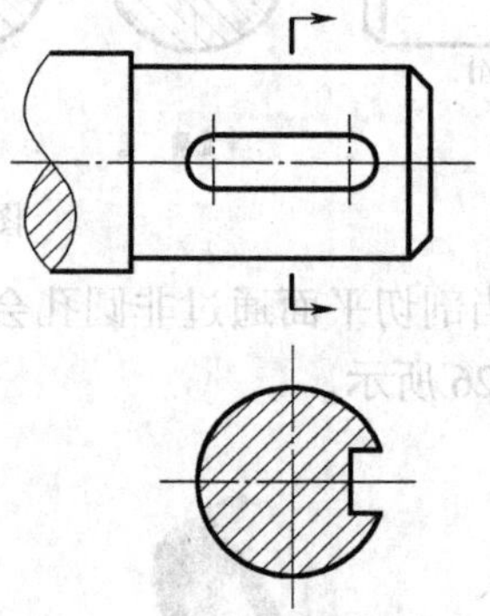 可省略字母
按投影关系配置	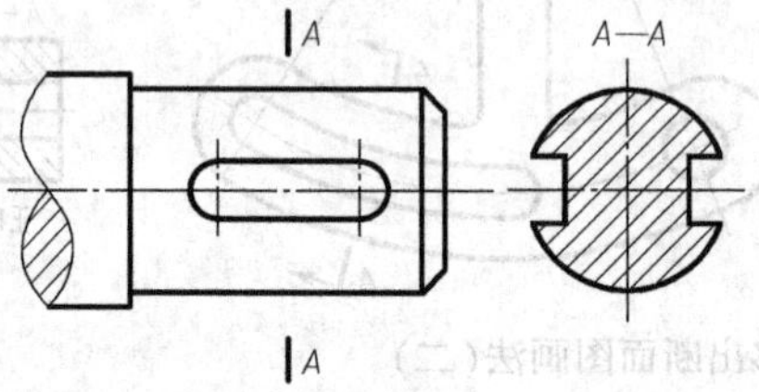A A—A A 可省略箭头	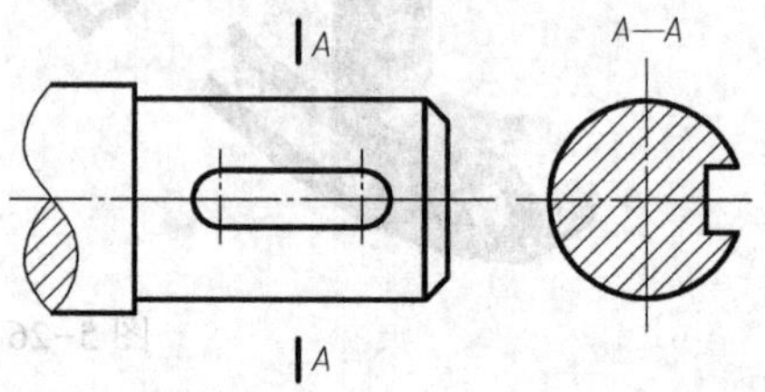A A—A A 可省略箭头
在其他位置	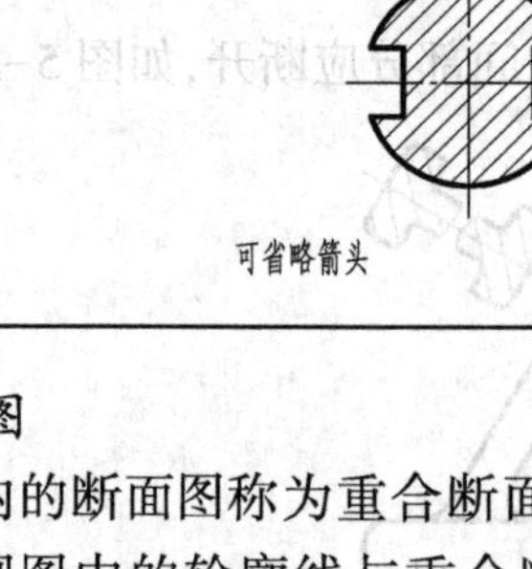A A A—A 可省略箭头	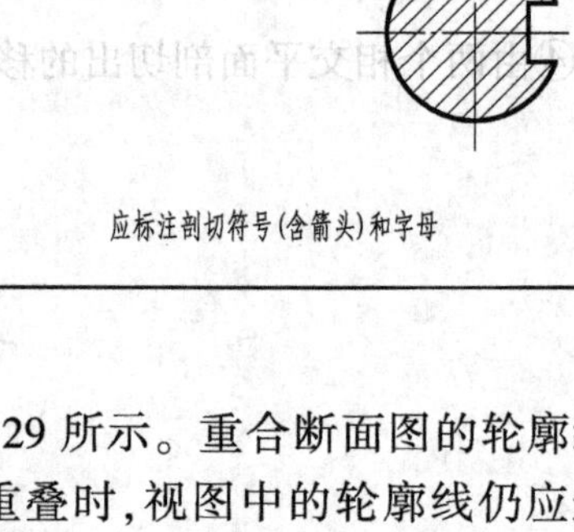A A A—A 应标注剖切符号(含箭头)和字母

2. 重合断面图

画在视图之内的断面图称为重合断面图,如图 5-29 所示。重合断面图的轮廓线用细实线绘出。当视图中的轮廓线与重合断面的图形重叠时,视图中的轮廓线仍应连续画出。

不对称的重合断面图可省略字母如图 5-29(a)所示,对称的重合断面图可不标注,如图 5-29(b)所示。

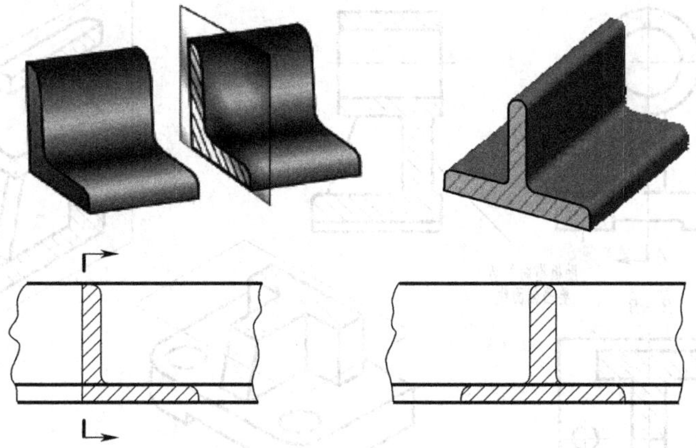

（a）不对称的重合断面图　　（b）对称的重合断面图

图 5-29　重合断面图

四、局部放大和简化画法

1. 局部放大图

当物体上部分结构的图形过小时，可采用局部放大的比例画法，用细实线圈出物体上要放大的部位，标上罗马数字，并在放大图上方标注相应的罗马数字和采用的比例，如图 5-30 所示。

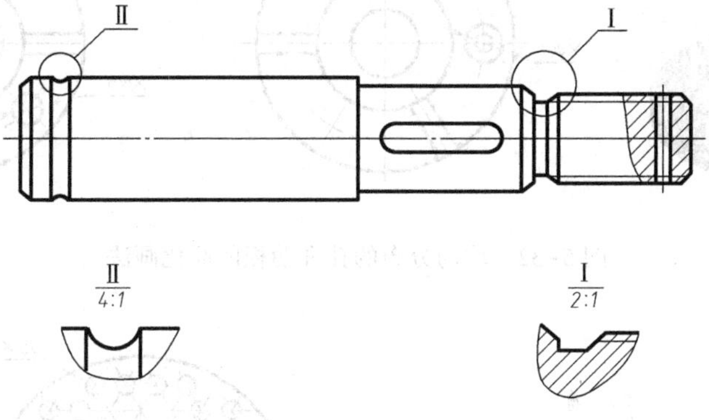
Ⅱ
Ⅰ
Ⅱ
4:1
Ⅰ
2:1

图 5-30　局部放大图

2. 简化画法（GB/T 16675—2012）

（1）肋板的剖切画法。对于物体上的肋、轮辐及薄壁等，当纵向剖切时，这些结构都不画剖面符号，而用粗实线将它与其邻接的部分分开，如图 5-31 所示。但当横向剖切时，这些结构仍要画剖面符号。

（2）均匀分布的孔和肋板的简化画法，如图 5-32 所示。

（3）相同结构要素的画法。当零件上具有若干相同结构（齿、槽、孔），并按一定规律分布时，只需要画出几个完整结构，其余可用细实线相连或标明中心位置，并注明总数，如图 5-33 所示。

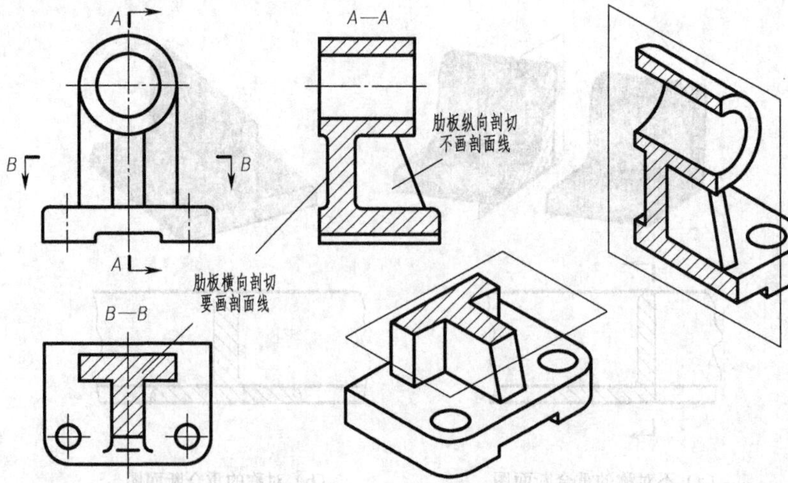
A
A—A
肋板纵向剖切
不画剖面线
B
B
A
肋板横向剖切
要画剖面线
B—B

图 5-31　肋板的剖切画法

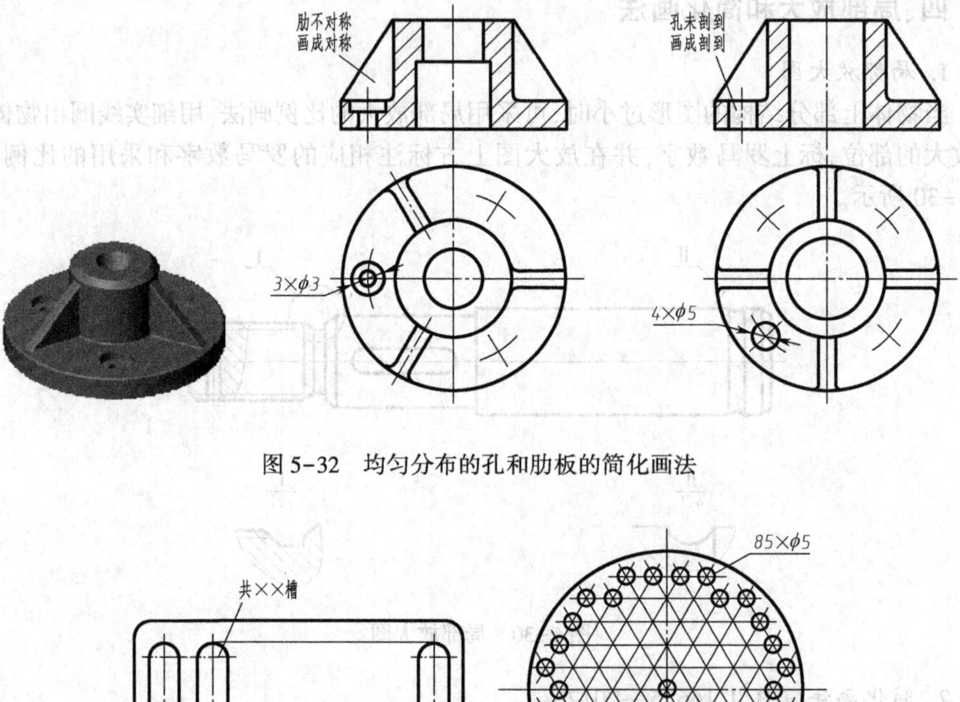
肋不对称
画成对称
孔未剖到
画成剖到
3×φ3
4×φ5

图 5-32　均匀分布的孔和肋板的简化画法

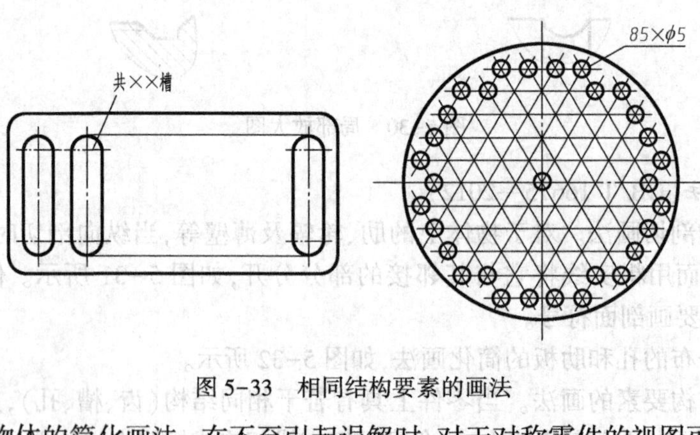
共××槽
85×φ5

图 5-33　相同结构要素的画法

(4)对称物体的简化画法。在不至引起误解时，对于对称零件的视图可以只画一半或四分之一，并在对称中心线的两端画出两条与其垂直的平行细实线，如图 5-34 所示。

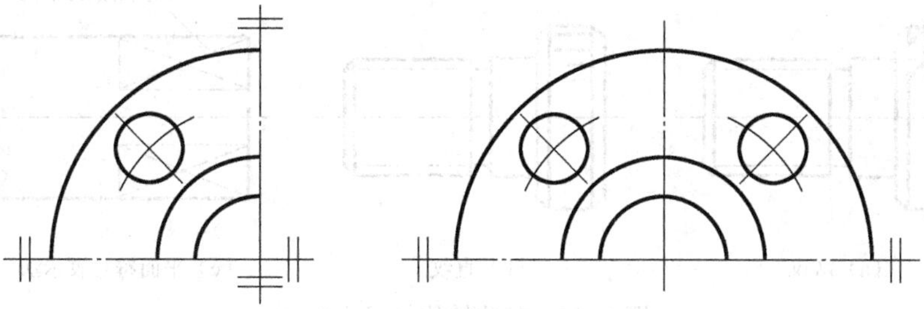

图 5-34 对称零件的简化画法

(5)较长物体的断开画法。较长的零件(轴、杆、型材等),沿长度方向的形状一致或按一定规律变化时,可断开缩短绘制,但必须标注零件真实尺寸,如图 5-35 所示。

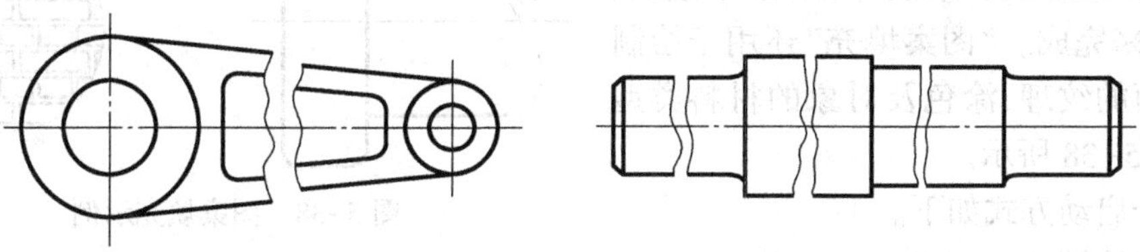

图 5-35 较长物体的断开画法

(6)较小结构的简化画法。圆柱体上钻小孔如图 5-36(a)所示,在不至引起误解时,图中主视图省略了两条相贯线,俯视图中简化了锥孔与内外圆柱面的相贯线。

轴上铣键槽出现的交线如图 5-36(b)所示 ,主视图简化了键槽的相贯线和截交线。

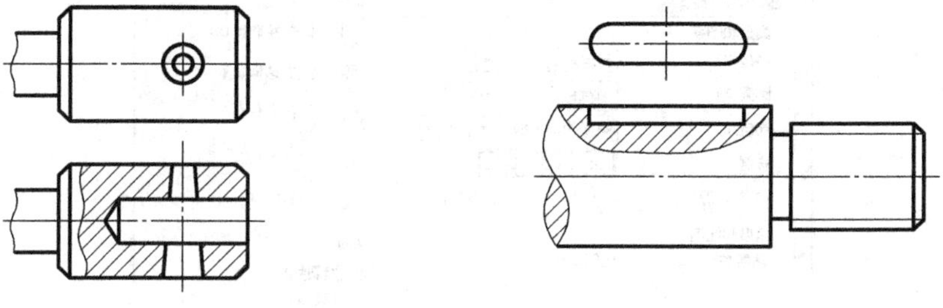

(a) (b)

图 5-36 交线的简化画法

(7)某些结构的示意画法。在用手转动的圆形零件表面上,或压塑件的镶嵌装配的外表面上,经常加工出网纹或直纹,其简化画法如图 5-37(a)(b)所示,一般采用在轮廓线附近用粗实线局部画出的方法表示并标注,也可省略不画。

为转动轴类零件,常将轴做成方头,方头的平面在视图中可用相交的细实线表示,如图 5-37(c)所示。

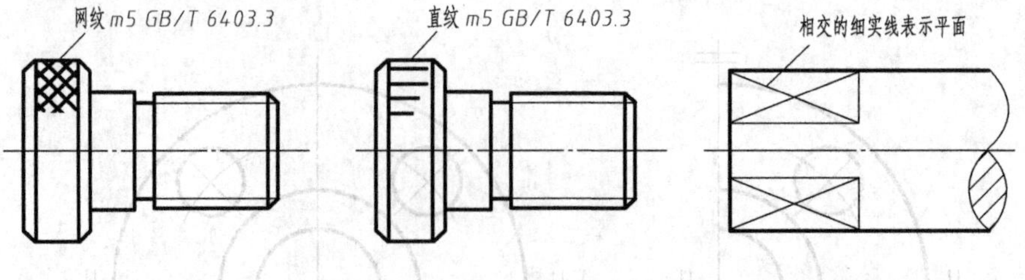
网纹 m5 GB/T 6403.3
直纹 m5 GB/T 6403.3
相交的细实线表示平面

（a）网纹　　（b）直纹　　（c）平面符号表示法

图 5-37　某些结构的示意画法

五、用 AutoCAD2014 的填充命令填充图形

在工程制图中，经常会采用剖视图、断面图等方法来表达零件的结构。剖面符号的绘制在 AutoCAD 系统中采用“图案填充”命令来完成。“图案填充”还用于绘制表现表面的纹理、涂色及对象的材料类型等，如图 5-38 所示。

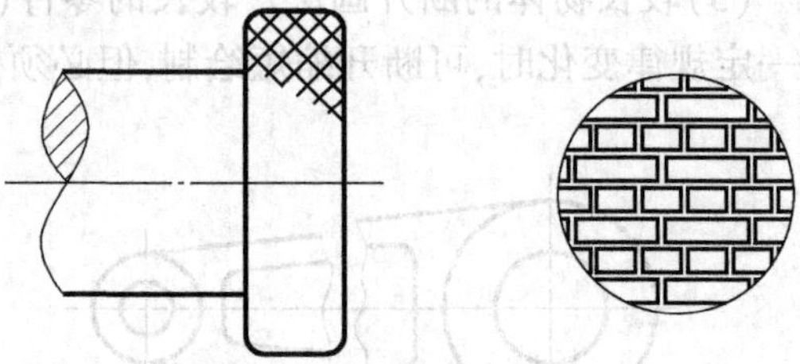

图 5-38　图案填充示例

命令启动方式如下。

◆快捷键：hatch（H）

◆菜单：“绘图”→“图案填充”

◆工具栏：“绘图”→ “图案填充”按钮

◆功能区：“常用”选项卡→“绘图”面板→ “图案填充”

调用命令后，系统弹出“图案填充和渐变色”对话框，如图 5-39 所示。

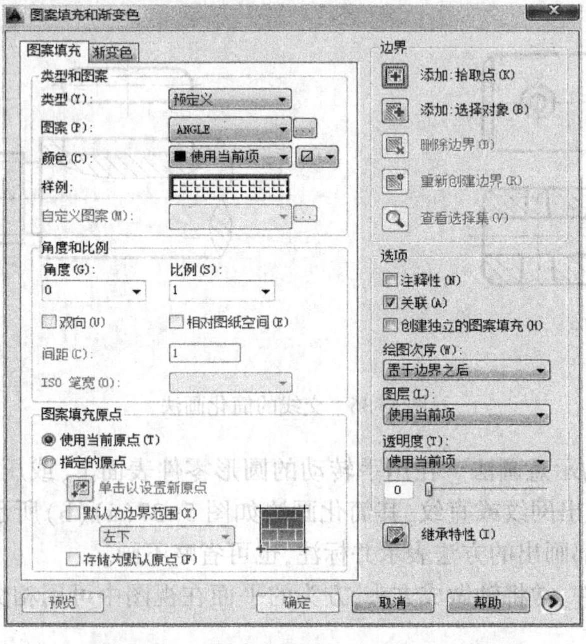
图案填充和渐变色
图案填充
渐变色
类型和图案
类型(Y):
预定义
图案(P):
ANGLE
颜色(C):
使用当前项
样例:
自定义图案(M):
角度和比例
角度(G):
0
比例(S):
1
双向(U)
相对图纸空间(E)
间距(C):
1
ISO 笔宽(O):
图案填充原点
使用当前原点(T)
指定的原点
单击以设置新原点
默认为边界范围(X)
左下
存储为默认原点(F)
边界
添加:拾取点(K)
添加:选择对象(B)
删除边界(D)
重新创建边界(R)
查看选择集(V)
选项
注释性(N)
关联(A)
创建独立的图案填充(H)
绘图次序(W):
置于边界之后
图层(L):
使用当前项
透明度(T):
使用当前项
0
继承特性(I)
预览
确定
取消
帮助

图 5-39　“图案填充和渐变色”对话框

在“图案填充和渐变色”对话框中有图案填充选项卡和渐变色选项卡，默认状态时打开的是图案填充选项卡，用户可以通过此对话框为封闭图形进行图案填充。

下面以图 5-40 为例说明图案填充的具体操作过程。

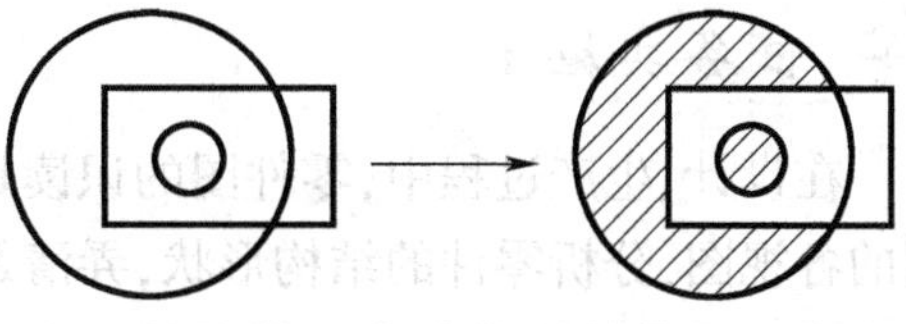

(a) 原图　　(b) 填充结果

图 5-40　图案填充实例

(1)单击“绘图”→“图案填充图标”，打开“图案填充和渐变色”对话框。

(2)在“图案填充和渐变色”对话框中的“图案填充”选项卡中做选择。

类型：预定义；

图案：单击 ... 按钮，打开“填充图案选项板”对话框，选择填充图案，如图 5-41 所示。

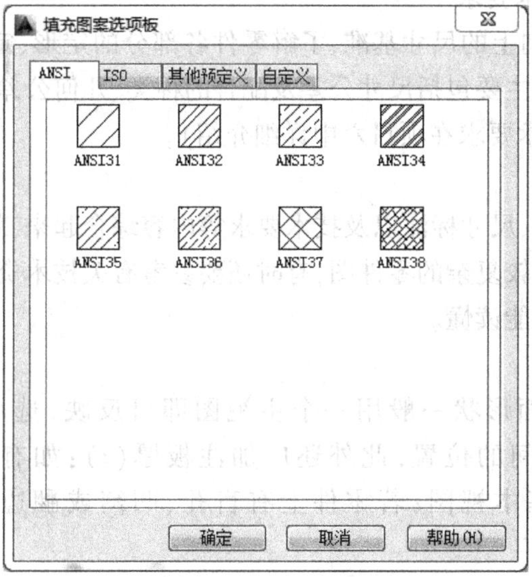
填充图案选项板
ANSI
ISO
其他预定义
自定义
ANSI31
ANSI32
ANSI33
ANSI34
ANSI35
ANSI36
ANSI37
ANSI38
确定
取消
帮助(H)

图 5-41　在“填充图案选项板”中选择图案

单击“确定”按钮，系统自动关闭此对话框，返回到“图案填充和渐变色”对话框中。

(3)在“图案填充和渐变色”对话框中，单击“边界”选项组中的“添加：拾取点”按钮，这时系统将自动关闭对话框，转到绘图界面。

这时用户可以用鼠标拾取要填充的区域的内部点 a 和 b，被选中的封闭区域呈现虚线效果，如图 5-42 所示。右击或回车确认，系统再次自动转回到“图案填充和渐变色”对话框。设置合适的填充角度和比例，单击“确定”按钮，完成操作。

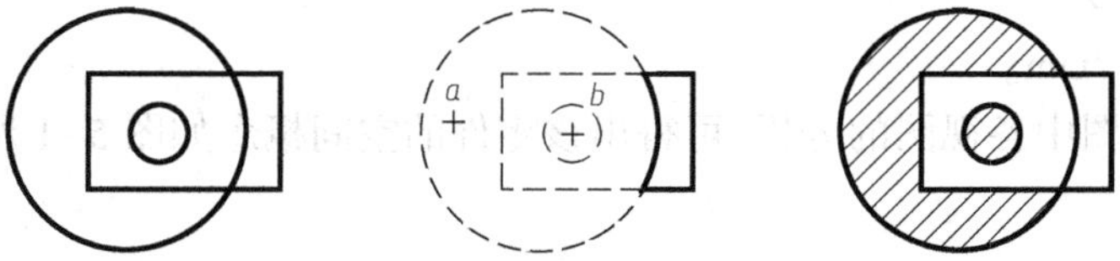
a
b

图 5-42　图案填充的操作过程示意图

任务实施1

在设计、生产过程中，零件图的识读是一项非常重要的工作。看零件图就是根据零件图的各视图，分析零件的结构形状，弄清楚全部尺寸和技术要求，综合想象出零件的形状和结构。看零件图的基本步骤包括：

(1)概括了解

了解零件的名称、材料、画图的比例等内容，结合典型零件的分类及已有的经验，对零件有一个初步的认识。

(2)分析视图，读懂零件的形状结构

根据视图的配置和标注，弄清各视图之间的投影关系。运用形体分析和线面分析法，读懂零件各部分的形状，然后综合起来，弄清整个零件的形状和结构。

(3)分析尺寸和技术要求

分析、确定三个方向上的尺寸基准，了解零件各部分的定形、定位尺寸和零件的总体尺寸。分析技术要求时主要包括尺寸公差及配合的种类、几何公差、表面粗糙度及热处理等(零件图的内容及技术要求在项目六中详细介绍)。

(4)综合归纳

将读懂的形状结构、尺寸标注以及技术要求等内容综合起来，就能掌握零件图中所包含的全部信息。对于比较复杂的零件图，有时还要参考有关技术资料、结合该产品的装配图以及相关的零件图才能读懂。

1. 视图表达

平板类零件的平面形状一般用一个主视图即可反映，选用孔最多的一面作为主视图以反映各孔之间的位置，此外还应加注板厚(t)；如有弯折和侧面孔，可根据情况再加一、二个基本视图；若零件上有盲孔、凹窝或翻边，可用局部剖视图加以表达。

如图5-43所示为图5-11所示机箱后面板的零件图，主视图反映面板上各孔的形状和位置，俯视图反映零件上下方的突出部分，加一个局部剖的左视图反映零件的厚度，还有一个局部放大图来表示安装孔的形状。

2. 尺寸标注

以零件的左端面作为长度方向的尺寸基准，标注390、36等，以零件的下底面作为高度方向的尺寸基准，标注134、67、10.3等。为避免烦琐并能够简便绘图程序，对直径$\phi4$的通孔，在主视图中，主要采用简化画法，只画出中心线定位。

尺寸$\dfrac{4\times\phi4.5}{\vee\phi7\times90^\circ}$是对锥形沉孔的表示方法，表示四个直径为4.5mm的孔，90°锥形沉孔的最大直径为7mm。

通过对零件图中各视图的分析，可得出该零件的空间概念如图5-1所示。

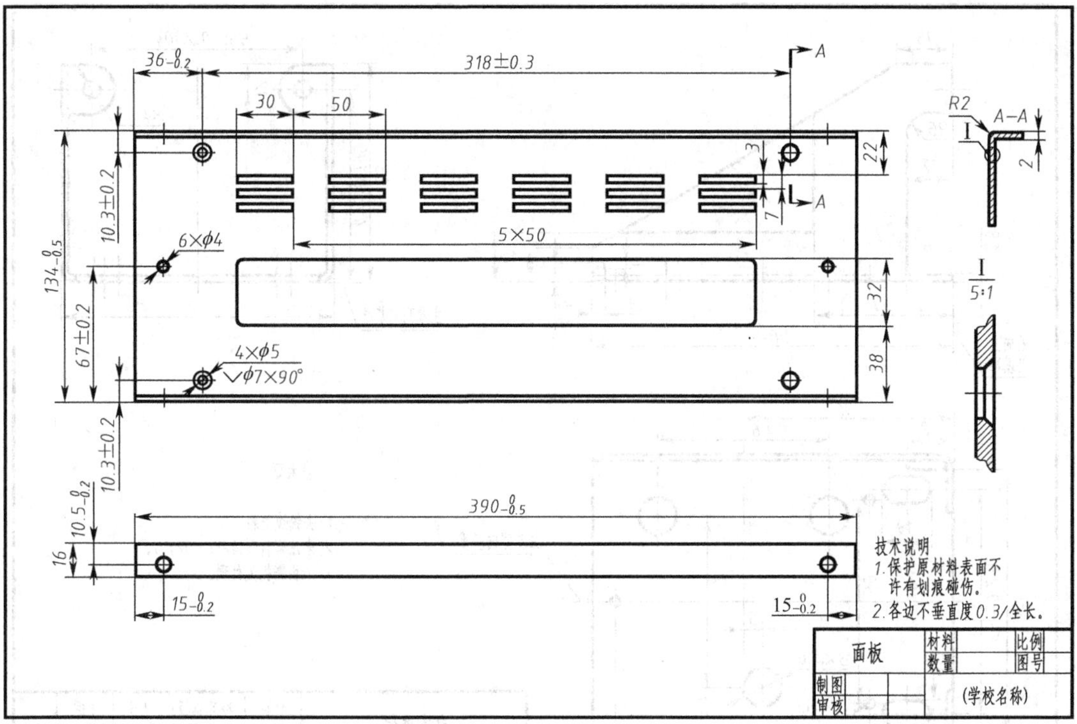
36-0/-0.2
318±0.3
A
30
50
R2
A-A
I
22
3
2
10.3±0.2
A
7
6×ϕ4
5×50
134-0/-0.5
I
5:1
32
67±0.2
4×ϕ5
ϕ7×90°
38
10.3±0.2
10.5-0/-0.2
390-0/-0.5
16
技术说明
1.保护原材料表面不
许有划痕碰伤。
2.各边不垂直度0.3/全长。
15-0/-0.2
15-0/-0.2
面板
材料
比例
数量
图号
制图
审核
(学校名称)

图 5-43　面板零件图

任务 2　支架类零件图的识读

支架、卡子、盖板及各种弯角件等均属于这类零件。它们通常都是用一定厚度的板料、带料经过剪切、冲孔和压弯加工而成的。

知识准备及拓展

一、电容器架零件图的识读

1. 视图表达

要清楚地表达支架类零件的形状，通常需要用两个或两个以上的视图。如图 5-44 所示的电容器架是用冷轧钢板冲压成型的，主视图能表达出零件的主要形状，俯视图能反映零件上多数孔的位置和形状，再配置左视图，用来表达支架的弯曲方向及左上方两耳板的外形。其中俯视图中表达了底板上的许多冲孔，并标注了尺寸，由于是通孔，其他视图就不需要表示了，只用点画线定位即可。从俯视图左端和左视图下端可以看出弯角处带有小圆角。

2. 尺寸标注

对于该类零件，通常选择安装面、对称面及重要的孔的中心线作为尺寸基准。对于电容器架，以底板的左端面作为长度方向基准，标注长度 37、96、56 等尺寸；以底板中心线为宽度基准，标注宽度 65、(55±0. 230) 等尺寸；以底板的底面作为高度方向基准，标注高度 53、(47±0. 195) 等尺寸；定形尺寸按照形体分析法标注。

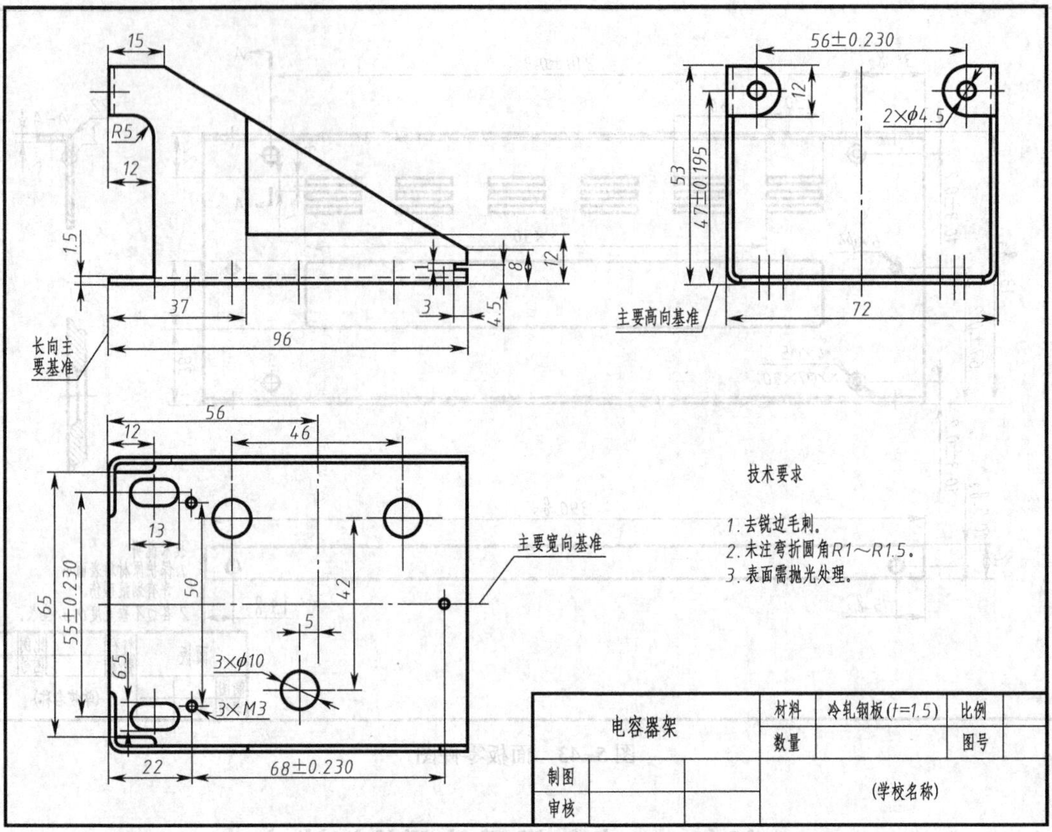
15
R5
12
1.5
37
3
4.5
8
12
96
长向主要基准
56±0.230
12
2×φ4.5
53
47±0.195
72
主要高向基准
56
12
46
13
65
55±0.230
50
42
5
6.5
3×φ10
3×M3
22
68±0.230
主要宽向基准
技术要求
1.去锐边毛刺。
2.未注弯折圆角R1~R1.5。
3.表面需抛光处理。
电容器架
材料
冷轧钢板(t=1.5)
比例
数量
图号
制图
审核
(学校名称)

图 5-44　电容器架的零件图

通过对零件图中各视图的分析，可得出该零件的结构形状如图 5-45 所示。

图 5-45　电容器架的立体图

二、双头焊片零件图的识读

1. 视图表达

焊片是由银、铜、锌、镉等金属铸造而成，经轧制成二十丝左右的薄片，用于带锯锯条，大理石锯片等各种小金属的焊接，具有焊接规则强度高的特点。双头焊片的零件图如

图 5-46 所示,主视图表达了两个弯角的形状,再配以展开的俯视图,把焊片的主体形状以及两个倾斜部分的形状清晰的表达出来。

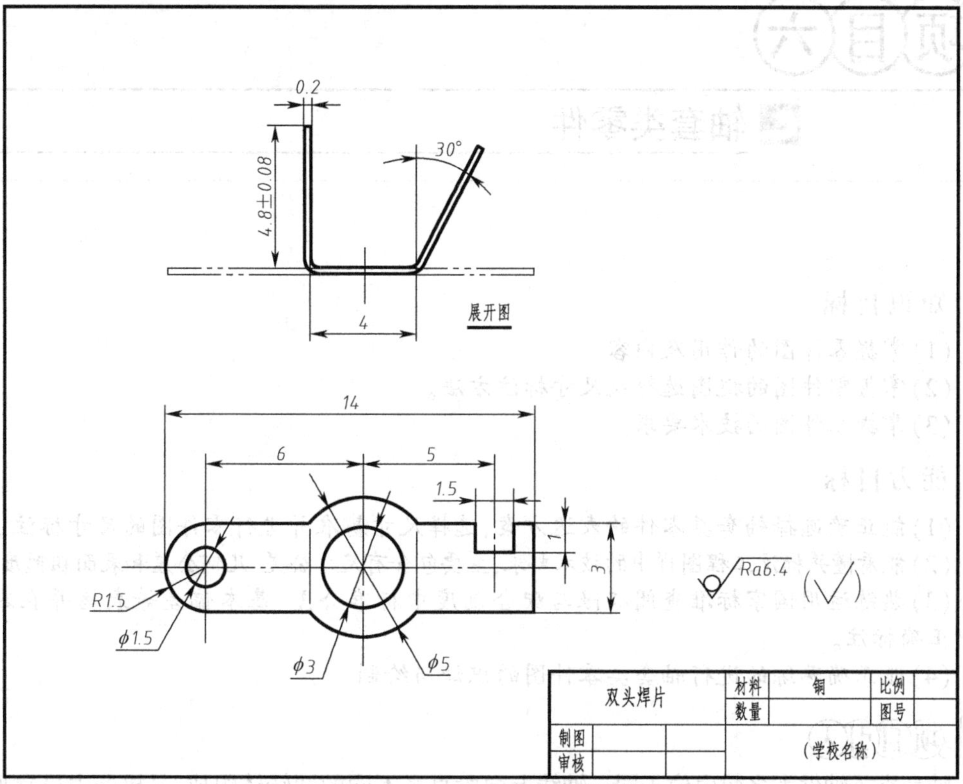
0.2
30°
4.8±0.08
4
展开图
14
6
5
1.5
1
3
Ra6.4
(√)
R1.5
φ1.5
φ3
φ5
双头焊片
材料
铜
比例
数量
图号
制图
审核
(学校名称)

图 5-46　双头焊片的零件图

2. 尺寸标注

对于双头焊片,以底板圆盘的中心线作为长度方向基准,标注长度 14、6、5 等尺寸;以前后对称的中心线为宽度基准,标注圆盘、圆孔的直径等尺寸;以底板的底面作为高度方向基准,标注高度 4. 8 等尺寸;主视图中标注右侧焊片折弯的角度为 30°,其他小孔及切口的定形尺寸按照形体分析法标注。

通过对零件图中各视图的分析,可得出该零件的结构形状如图 5-47 所示。

图 5-47　双头焊片的立体图

任务实施 2

识读图 5-44 所示电容器架零件图。

项目六

轴套类零件

知识目标

(1)掌握零件图的作用及内容。
(2)掌握零件图的视图选择及尺寸标注方法。
(3)掌握零件图的技术要求。

能力目标

(1)能正确选择轴套类零件的表达方案、选择尺寸基准并进行零件图的尺寸标注。
(2)能看懂并标注工程图样中的技术要求,主要包含有尺寸公差、几何公差和表面粗糙度。
(3)熟练运用国家标准查阅极限与配合制度中标准公差、基本偏差等表格并在零件图中正确标注。
(4)能正确熟练的进行轴套类零件图的识读与绘制。

项目引入

轴套类零轴件大多数由位于同一轴线上数段直径不同的回转体组成,是机器中最常见的零件轴以实心件居多,用来支承传动零件(如带轮、齿轮等)和传递动力。这类零件上常有键槽、螺纹、退刀槽、倒角、圆角等结构,如图 6-1(a)所示。套是空心件,如图 6-1(b)所示。

(a)　　(b)

图 6-1　轴套类零件

任务　轴套类零件图的识读与绘制

知识准备及拓展

一、电子工程图概述

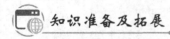

电子产品一般由机械和电路两大部分构成,机械部分是执行运动的装置,用以变换或

传递能量、物料和信息,而电路部分则起着控制的作用,通过机械部分控制执行各种运动。电子工程图可分为两大类:

1. 按正投影规律绘制的图样

它可用以说明电子产品形状、结构、尺寸、技术要求和加工装配、调试、检验及安装等内容。如装配图、零件图、线扎图、印制版电路图等。

2. 以图形符号为主绘制的简图

它可用以说明电子产品的工作原理、电路特征和技术性能指标等。如系统图、电路图、逻辑图等。

本书重点介绍装配图和零件图。装配图主要反映设备的工作原理、各部件、零件间的装配关系,设备的外形、装配、检验、安装中所需要的尺寸和技术要求以及设备的性能参数等,用以指导设备的安装、调试、检验、使用和维护、维修。装配图分为反映整台机器、设备装配关系的总装图和反映部件装配关系的部装图,详细内容在项目九中介绍。

零件图则反映的是该零件的形状、结构、尺寸、材料以及制造、检验时所需要的技术要求等,用以指导该零件的制造和检验。如图 6-2 所示的轴的零件图就是一张完整的零件图。

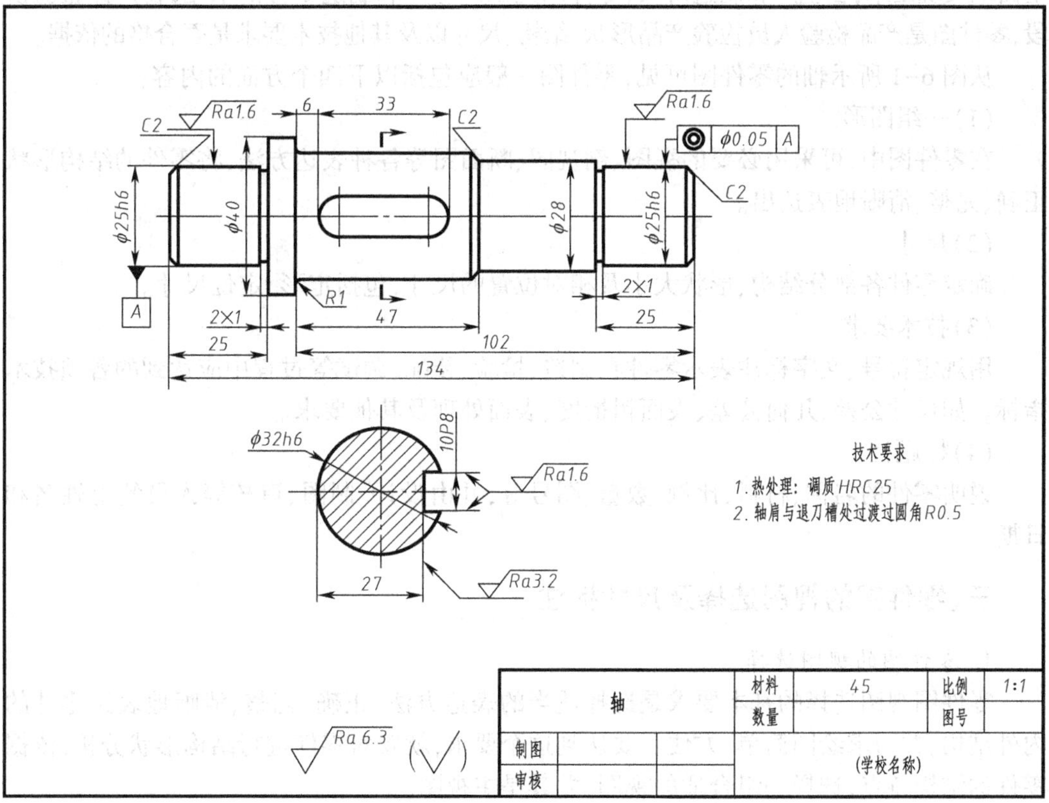
C2
Ra1.6
6
33
C2
Ra1.6
φ0.05 A
C2
φ25h6
φ40
φ28
φ25h6
A
2×1
R1
47
2×1
25
25
102
134
φ32h6
10P8
Ra1.6
27
Ra3.2
技术要求
1.热处理:调质HRC25
2.轴肩与退刀槽处过渡过圆角R0.5
Ra 6.3
轴
材料
45
比例
1:1
数量
图号
制图
审核
(学校名称)

图 6-2 轴的零件图

装配图和零件图是设计和生产部门的主要技术文件之一。

二、零件图的分类、作用及内容

1. 零件的分类

根据零件在机器、设备、部件中的作用，一般可将零件分为三种：

(1)一般零件

根据机器、设备或部件需要而设计的零件。按照零件表达的特点，设备上的一般零件可以分为：薄板类(平板类和支架类)、轴套类、盘盖类和箱壳类零件。一般零件都要画出零件图以供制造和检验。电子产品中大约80%的零件都是薄板类零件。

(2)标准件

按国家标准将其结构、尺寸、材料等都标准化的零件。如紧固件(螺栓、螺母、垫圈)、键、销、轴承等。标准件通常由专门工厂进行生产，在产品设计中可查阅相关标准手册选用，在装配图中以规定画法表示，不单独画零件图。

(3)常用件

部分重要参数标准化的零件。如齿轮、弹簧等，通常采用规定画法绘制其零件图。

2. 零件图的作用及内容

在设计阶段，零件图是表达和传递设计思想的载体，使得设计者的设计思想得以准确、全面地展现出来；在生产和制造阶段，零件图是工人生产和制造零件的依据；在产品检验阶段，零件图是产品检验人员检验产品形状、结构、尺寸以及其他技术要求是否合格的依据。

从图6-1所示轴的零件图可见，零件图一般应包括以下四个方面的内容：

(1)一组图形

在零件图中，可采用必要的视图、剖视图、断面图等各种表达方法，将零件的结构形状正确、完整、清晰地表达出。

(2)尺寸

确定零件各部分结构、形状大小及相对位置的尺寸，包括定形、定位尺寸。

(3)技术要求

用规定符号、文字标注表示零件在制造、检验、装配、调试等过程中应达到的各项技术指标。如尺寸公差、几何公差、表面粗糙度、表面处理及其他要求。

(4)标题栏

说明零件的名称、材料、比例、数量、图号等，并由设计、制图、审核等人员签上姓名和日期。

三、零件图的视图选择及尺寸标注

1. 零件图的视图选择

零件图视图选择的基本要求是选择适当的表达方法，正确、完整、清晰地表达零件的内外结构，并力求绘图简单、方便。要达到这个要求，就要对零件进行结构形状分析，依据零件的结构特点，选择一组合适的视图，尤其是主视图。

(1)主视图的选择

主视图是零件图中最重要的视图，它选择的好坏，直接关系到看图和画图的方便与否。主视图的选择包括：投射方向和零件安放位置。

主视图投射方向的选择应遵循:形状特征原则,即主视图的投射方向应能最反映零件各个组成部分的形状、结构和相对位置;虚线原则,即所选择的主视图应尽量减少各视图中的虚线。如图 6-3 所示的轴,*A* 方向作为主视图,能够清晰反映轴的结构特征,而选择 *B* 方向作为主视图,投影为几个同心圆,看不出轴的结构特征。

尽量符合零件的主要加工位置和工作位置,如轴类零件主要是在车床上加工的,装夹时它们的轴线都是水平放置的,因此,主视图所表示的零件位置,最好和该零件在加工时的位置一致,便于生产,如图 6-3(b)所示。

轴套类、盘盖类零件一般按加工位置选择,支座类、箱体类一般按工作位置选择。

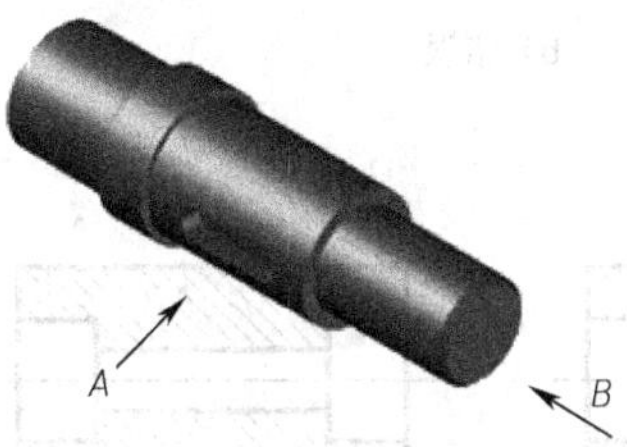
A
B

(a) 轴

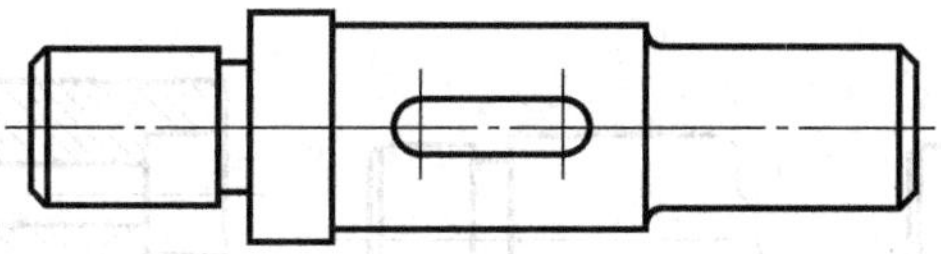

(b) *A*向视图

(c) *B*向视图

图 6-3 轴的主视图选择

(2)其他视图的选择

一般情况下,主视图不能完全表达零件的形状和结构,需要考虑选择适当的其他视图补充表达。选择其他视图应注意以下几点:优先采用基本视图,必要时采用相应的剖视图、断面图等各种表达方法;每个视图应有一个表达的重点;视图数量,在形状表达清楚的前提下,尽可能少,并避免重复。

2. 零件图的尺寸标注

零件图上的尺寸是零件加工和检验的依据,标注尺寸除了要满足项目四讲述的正确、完整、清晰的要求外,还应该使尺寸标注合理。合理的标注尺寸,就是要求所注尺寸既要满足设计要求又要符合加工测量等工艺要求。

(1)重要的尺寸直接标注

重要尺寸指影响产品工作性能、精度和配合的尺寸,它直接影响零件的质量,应直接标注,以保证设计的精度要求。非主要尺寸指非配合的直径、长度、外轮廓尺寸等,一般按形体分析的方法进行标注。如图 6-4(a)所示的轴承座,轴承孔的中心高 b 和安装孔的中心距 a 必须直接注出,图 6-4(b)所示的标注是错误的。

(2)尺寸标注应符合工艺要求

尺寸标注应尽可能符合零件的加工顺序和检测方法,如图 6-5 所示。

(3)避免注成封闭尺寸链

封闭的尺寸链是指首尾相接,绕成一整圈的一组尺寸,如图 6-6(a)所示的阶梯轴,长度方向的尺寸 a、b、c、d 首尾相接,构成封闭的尺寸链。为避免出现封闭的尺寸链,可选择一个不重要的尺寸不予标注,使尺寸留有开口,如图 6-6(b)所示。

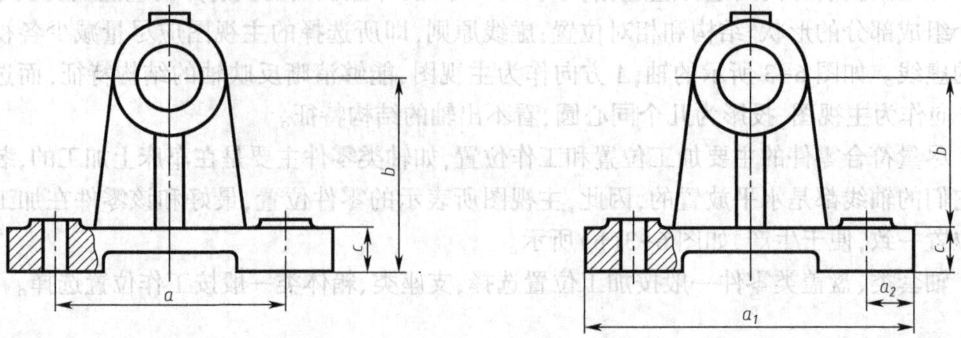
b
c
a
b
c
a1
a2

(a) 正确　　　　　　　　(b) 错误

图 6-4　重要的尺寸直接标注

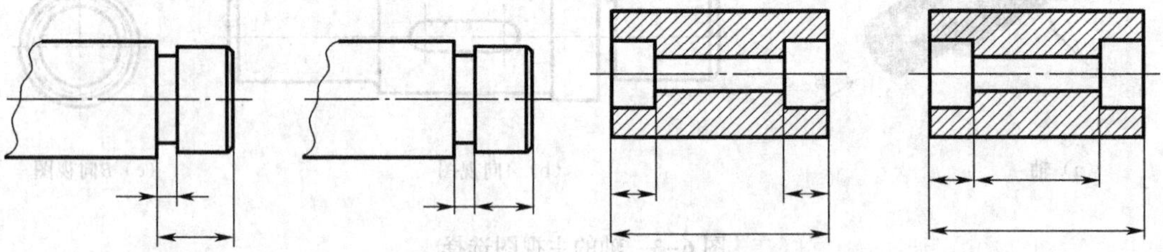

(a) 方便加工　　(b) 不方便加工　　(c) 方便测量　　(d) 不方便测量

图 6-5　尺寸标注应方便加工和测量

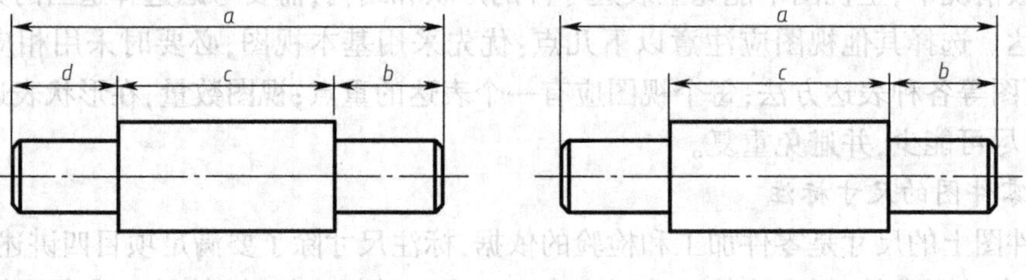
a
d
c
b
a
c
b

(a) 错误　　　　　　　　(b) 正确

图 6-6　避免注成封闭尺寸链

(4) 电子产品零件图中常见结构的尺寸注法

电子产品零件图中，最常见的结构是各种大小、结构不同的孔。

在同一图形中，孔的数量不太多且形状简单时，可按直径分别涂色标记，如图 6-7 所示。

也可以采用标注字母的方法进行表示，如图 6-8 所示。

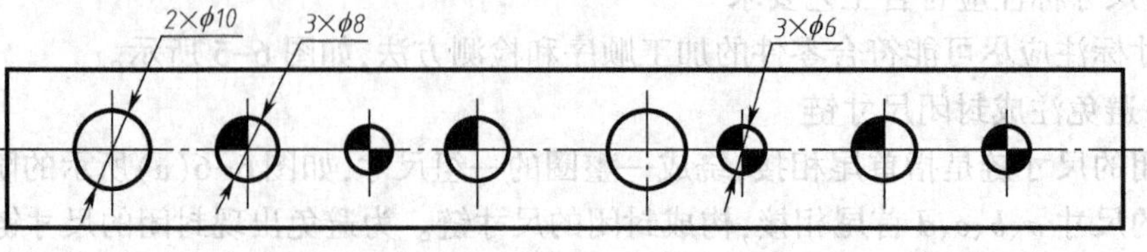
2×ϕ10
3×ϕ8
3×ϕ6

图 6-7　用涂色标记方法标注孔的尺寸

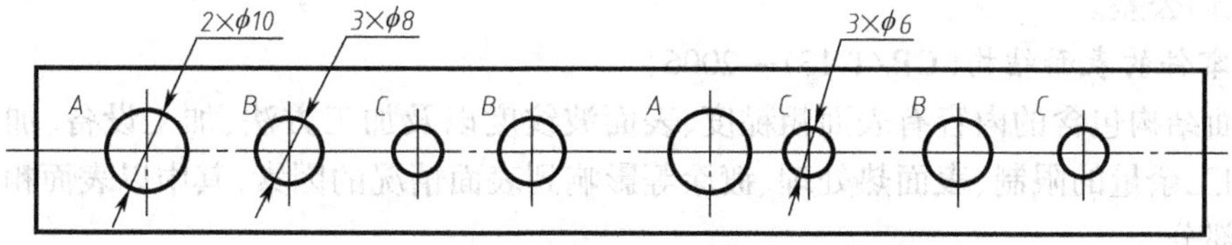
2×φ10
3×φ8
3×φ6
A
B
C
B
A
C
B
C

图 6-8 用标注字母方法标注孔的尺寸

在电路板上有许多形状简单的孔，主要是用来安装、固定各种元器件的管脚，可按直径分别涂色标记，并用列表的方法进行表示，如图 6-9 所示。

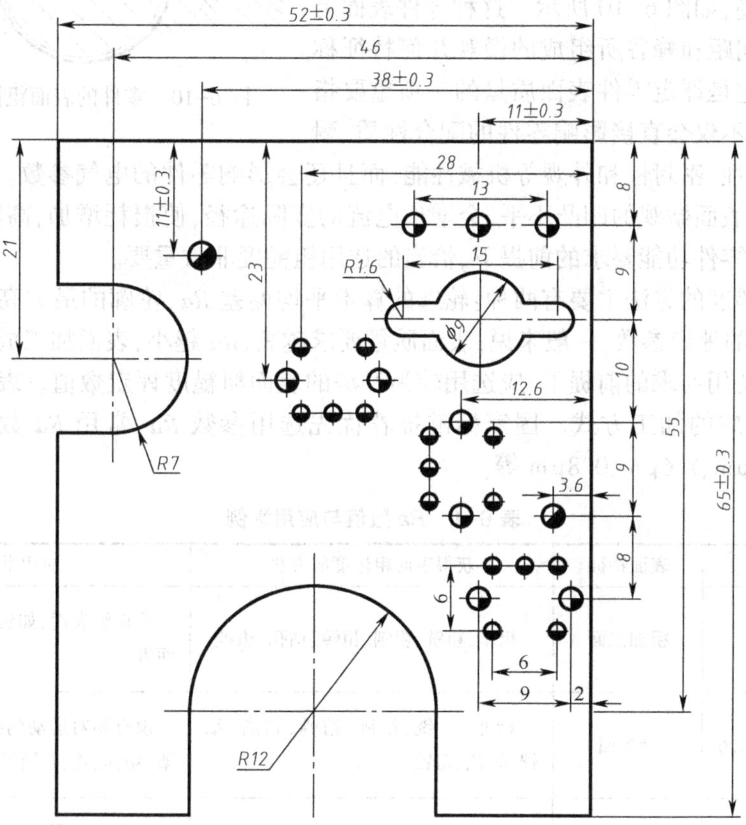
52±0.3
46
38±0.3
11±0.3
28
13
11±0.3
21
23
15
R1.6
φ9
8
9
10
12.6
55
65±0.3
9
3.6
8
6
6
9
2
R7
R12

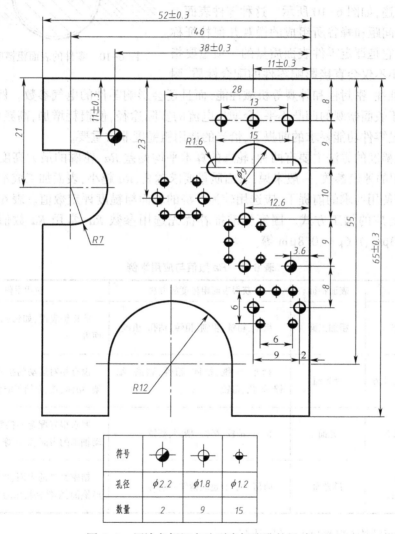

符号			
孔径	φ2.2	φ1.8	φ1.2
数量	2	9	15

图 6-9 用涂色标记方法列表标注孔的尺寸

四、零件图的技术要求

在零件图中，除了用视图表达零件的内外结构形状，用尺寸表示零件的大小外，还必须注明零件制造、检验和装配时，在技术指标上应达到的技术要求，包括：表面结构、尺寸公差、几何公差。

1. 零件的表面结构(GB/T 131—2006)

表面结构包含的内容有表面粗糙度、表面波纹度以及加工方法、加工设备、加工纹理方向、加工余量的限制、表面热处理、镀涂等影响到表面情况的因素,其中以表面粗糙度为其主要部分。

零件经过机械加工后,其表面因刀痕及金属的塑性变形等影响,都不是绝对平整和光滑的,置于显微镜(或放大镜)下观察时,都可看到微观的峰谷不平痕迹,如图6-10所示。这种零件表面上具有的较小间距和峰谷所组成的微观几何特征称为粗糙度。它是评定零件表面质量的一项重要指标,它的大小不仅会直接影响零件的配合性质、耐磨性、抗腐蚀性、密封性和外观等机械性能,而且还会影响零件的电气参数。例如在高频传输中,由于表面微观的凹凸不平,会增长电流的实际途径,使损耗增加,高频电阻增大。因此,在满足零件功能要求的前提下,恰当的选用粗糙度非常重要。

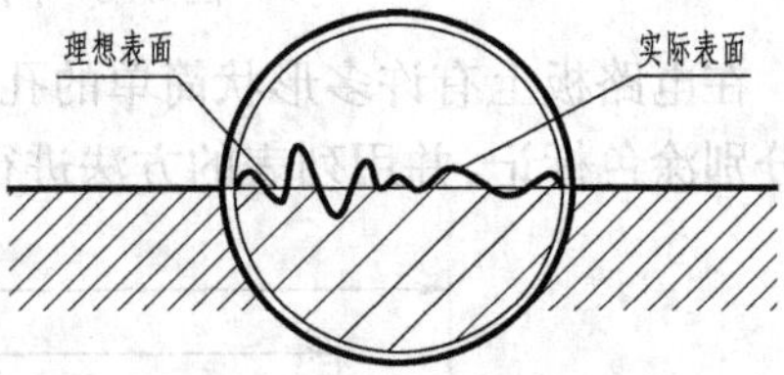
理想表面
实际表面
图6-10　零件的表面粗糙度概念

评定粗糙度的方法主要有两种:轮廓的算术平均偏差 *Ra*、轮廓的最大高度 *Rz*。其中 *Ra* 为最常用的评定参数,一般来说,表面质量要求越高,*Ra* 越小,表面加工成本也越高。

在保证使用要求的前提下,应选用较为经济的表面粗糙度评定数值。表6-1列出了 *Ra* 值与其对应的加工方式。国家标准推荐优先选用参数 *Ra*,常用 *Ra* 数值有25μm、12.5μm、6.3μm、1.6μm、0.8μm等。

表6-1　*Ra* 数值与应用举例

Ra	表面特征	获得表面粗糙度的方法	应用举例
100、50、25	粗加工面	粗车、粗铣、粗刨、粗镗、钻孔、粗锉	非接触表面,如钻孔、倒角、轴端面等
12.5、6.3、3.2、1.6	半光面	精车、精铣、精刨、精镗、精磨、细锉、扩孔、粗铰	没有相对运动的接触表面,如支架、箱体、盖、套筒等非配合面
0.8、0.4、0.2	光面	精车、精铰、精镗、精磨、精拉	要求很好配合的接触表面,如滚动轴承的表面、销孔等
0.1、0.05、0.025、0.012	最光面	研磨、抛光、超级精细研磨等	精密量具的表面、极重要零件的摩擦面,如精密机床的主轴颈等

(1)表面结构(粗糙度)符号、代号

粗糙度符号的画法如图6-11(a)所示,公称尺寸为:$H_1 \approx 1.4h$,$H_2 \approx 2H_1$,h 为字体高度,线宽为字体高度的十分之一,具体尺寸可查阅GB/T 131—2006。

对表面结构的单一要求和补充要求应注写在图6-11(b)中指定位置。

位置 a ——主要注写表面结构参数代号及其数值;

位置 a 和 b ——注写两个或多个表面结构要求。位置 a 注写一个表面结构要求,在

H2
H1
60°
60°
c
a
e
d
b

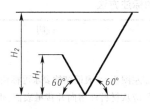

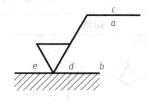

（a）表面粗糙度符号的画法　　（b）表面粗糙度完整图形符号

图 6-11　表面结构完整图形符号

位置 *b* 注写第二个表面结构要求。

位置 *c* ——注写加工方法、表面处理、涂层等。

位置 *d* ——注写表面纹理和纹理方向，如“=”“X”“M”“P”等，它们分别表示纹理平行于视图所在的投影面；纹理呈两斜向交叉且与视图所在的投影面相交；纹理呈多方向；纹理呈微粒、凸起、无方向。

位置 *e* ——注写所要求的加工余量，以毫米为单位给出数值。

表面结构符号及意义如表 6-2 所示。

表 6-2　表面结构符号及意义

符号名称	符　号	意义及说明
基本图形符号		未指定加工工艺方法的表面，当通过一个注释解释时可单独使用。
扩展图形符号		用去除材料的方法获得的表面，如：车、铣、磨等
		用不去除材料的方法获得的表面，如：铸造、锻造、冲压变形等，也可以用于表示保持上道工序形成的表面
完整图形符号	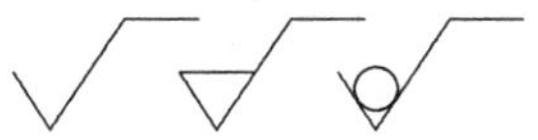	符号长边上加一横线，用于标注有关参数代号、数值和加工方法，即在图 6-9b 中指定的 a、c 位置标注
相同的表面结构	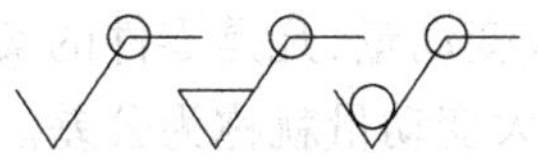	当在图样某个视图上构成封闭的各表面有相同的表面结构要求时，在完整图形符号上加一小圆，标注在封闭轮廓线上

（2）表面结构要求在图样中的注法

表面结构要求对每一表面只标注一次，并尽可能注在相应的尺寸及公差的同一视图上，可标注在轮廓线或延长线上、特征尺寸的尺寸线上、圆柱和棱柱表面上。除非另有说明，所标注的表面结构要求是指该表面完工后的要求。总的原则是根据 GB/T 4458.4—2003 的规定，使表面结构的注写和读取方向与尺寸的注写和读取方向一致。具体标注方法如表 6-3 所示。

表 6-3　表面结构要求的标注方法

图例	说明
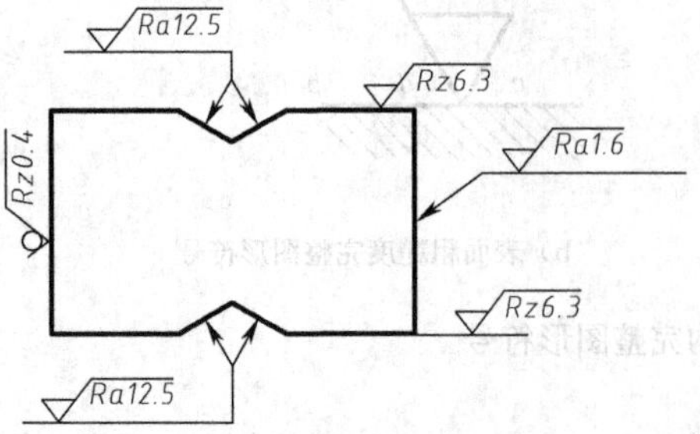Ra12.5 Rz6.3 Ra1.6 Rz0.4 Rz6.3 Ra12.5	如左图所示:表面结构要求可标注在轮廓线上,其符号应从材料外指向并接触表面,也可以直接标注在轮廓的延长线上。 必要时,也可以用带箭头或黑点的指引线引出标注
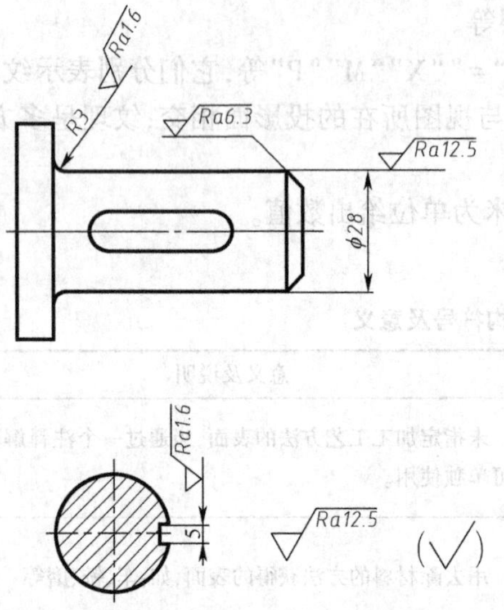Ra1.6 R3 Ra6.3 Ra12.5 φ28 Ra1.6 5 Ra12.5	表面结构和尺寸可以一起注写在延长线上或分别标注在轮廓线和尺寸界限上。 如果当零件大部分表面具有相同的表面结构要求时,对其中使用最多的一种代(符)号,可统一标注在图形或标题栏附近,并在括号里给出无任何其他标注的基本符号

2. 极限与配合

同一规格的一批零件或部件,不须选择,不经修配就能装在机器上,达到规定的性能要求,零件的这种性质就称为互换性。零件的互换性是大规模现代化生产和提供产品质量和效率的基础。

(1)尺寸公差及基本术语

在零件的制造过程中,不可能把一批同样零件的尺寸都加工的绝对相等,为了保证零件质量,必须对零件的尺寸规定一个允许的最大变动量,凡是零件的实际尺寸在这个允许的最大变动量之内,都认为合格,这个允许的最大变动量就称为公差。

下面以图 6-12 中轴的尺寸为例,将尺寸公差的术语定义进行介绍:

公称尺寸(ϕ50)——由设计确定的尺寸。

实际尺寸——零件加工完成测量得到的尺寸。

极限尺寸——允许零件实际尺寸变化的两个极限值。允许的最大尺寸称为上极限尺寸(ϕ50. 018),允许的最小尺寸称为下极限尺寸(ϕ50. 002)。

尺寸偏差(简称偏差)——某一尺寸(实际尺寸、极限尺寸)减其公称尺寸所得的代数差。其上极限偏差和下极限偏差称为极限偏差。

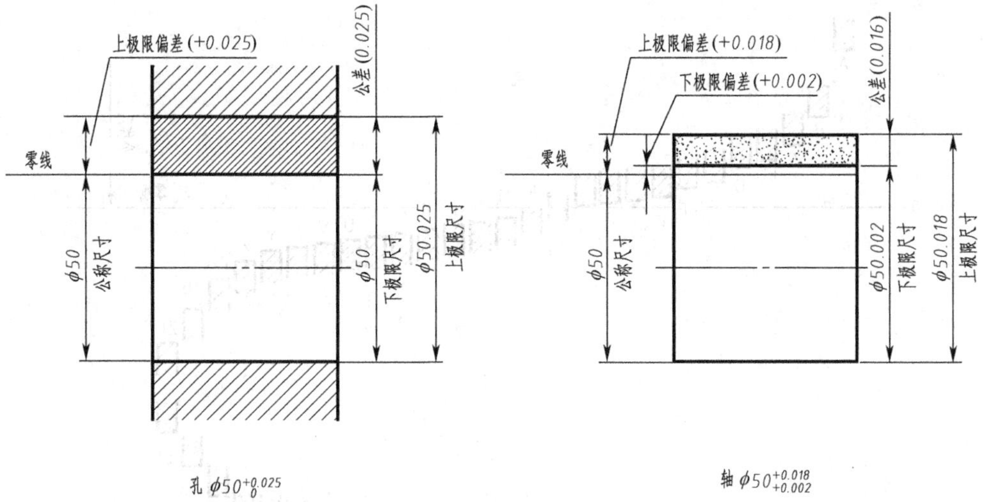
上极限偏差(+0.025)
公差(0.025)
零线
φ50
公称尺寸
φ50
下极限尺寸
φ50.025
上极限尺寸
孔 φ50+0.025 0
上极限偏差(+0.018)
下极限偏差(+0.002)
公差(0.016)
零线
φ50
公称尺寸
φ50.002
下极限尺寸
φ50.018
上极限尺寸
轴 φ50+0.018 +0.002

图 6-12 孔、轴的尺寸公差

上极限偏差(+0.018)(代号:孔为 ES,轴为 es)= 上极限尺寸 - 公称尺寸

下极限偏差(+0.002)(代号:孔为 EI,轴为 ei)= 下极限尺寸 - 公称尺寸

尺寸公差(简称公差)(0.016)——允许尺寸的变动量,公差是没有正负号的绝对值。

尺寸公差=|上极限尺寸-下极限尺寸|=|上极限偏差-下极限偏差|

公差带——表示公差大小和相对零线位置的一个区域,如图 6-13 所示。零线是表示公称尺寸的一条线,零线上方的极限偏差为正值,下方的为负值。

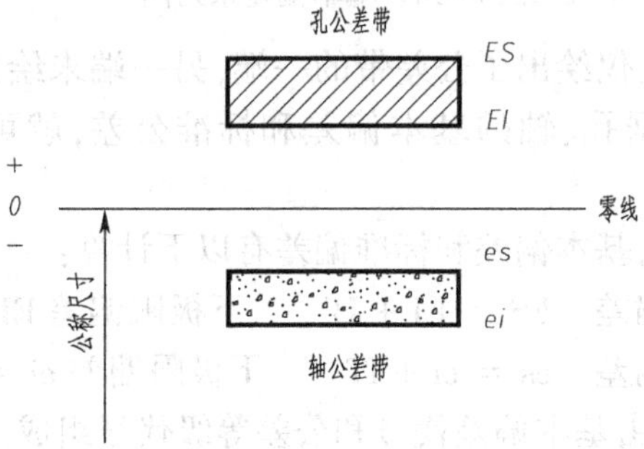
孔公差带
ES
EI
+
0
−
零线
es
ei
公称尺寸
轴公差带

图 6-13 公差带图

(2)标准公差和基本偏差

标准公差和公差等级——国家标准规定的用以确定公差带大小的任一公差,用 IT 表示,国家标准将公差分为 20 个等级,并用阿拉伯数字表示,即 IT01、IT0、IT1……IT18。IT01 公差最小,精度最高;IT18 公差最大,精度最低。同一精度的公差,公称尺寸越小,公差值越小;公称尺寸越大,公差值越大,具体尺寸可查阅表 A-1。

基本偏差——靠近零线的那个偏差称为基本偏差,它可以是上极限偏差,也可以是下极限偏差。

国家标准分别对孔和轴规定了 28 个不同的基本偏差,如图 6-14 所示。

轴的基本偏差用小写字母表示,从 a~h 为上极限偏差 es;从 j~zc 为下极限偏差 ei。孔的基本偏差用大写字母表示,从 A~H 为下极限偏差 EI;从 J~ZC 为上极限偏差 ES。H 和 h 的基本偏差均为零

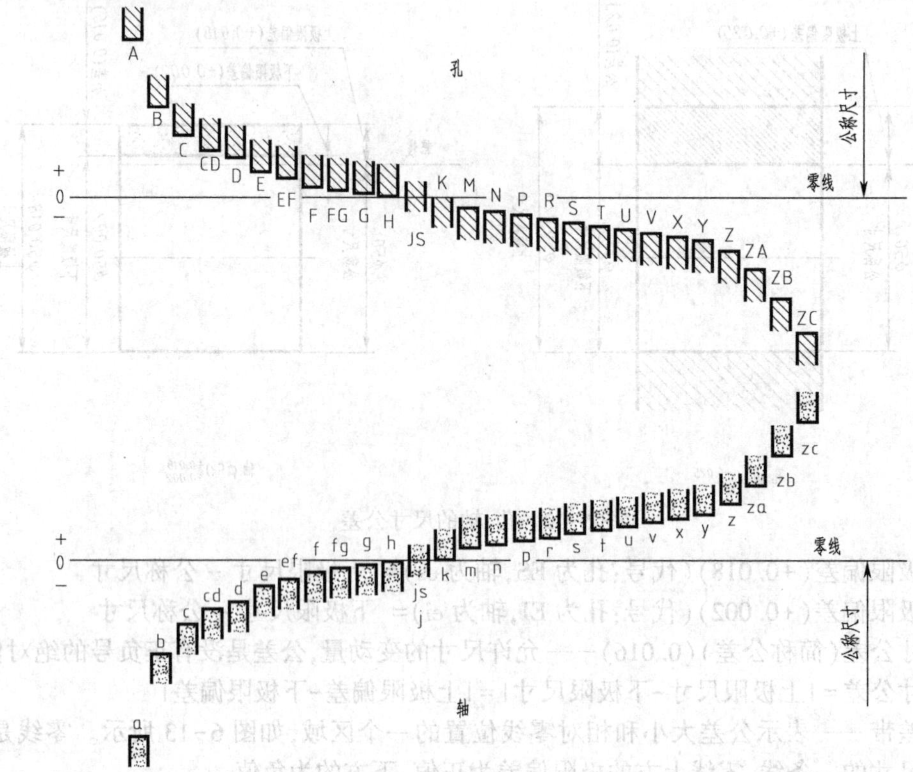
孔
公称尺寸
零线
A B C CD D E EF F FG G H JS K M N P R S T U V X Y Z ZA ZB ZC
a b c cd d e ef f fg g h js j k m n p r s t u v x y z za zb zc
轴
+
0
−

图 6-14　基本偏差系列图

在基本偏差系列图中，仅绘出了公差带的一端，另一端未绘出，因为它取决于各级标准公差的大小。因此，根据孔、轴的基本偏差和标准公差，就可以算出孔、轴的另一个偏差。

根据尺寸公差的定义，基本偏差和标准偏差有以下计算：

对于孔：　上极限偏差　ES = EI + IT　　下极限偏差 EI = ES − IT

对于轴：　上极限偏差　es = ei + IT　　下极限偏差 ei = es − IT

孔和轴的公差带代号由基本偏差代号和公差等级代号组成。例如：

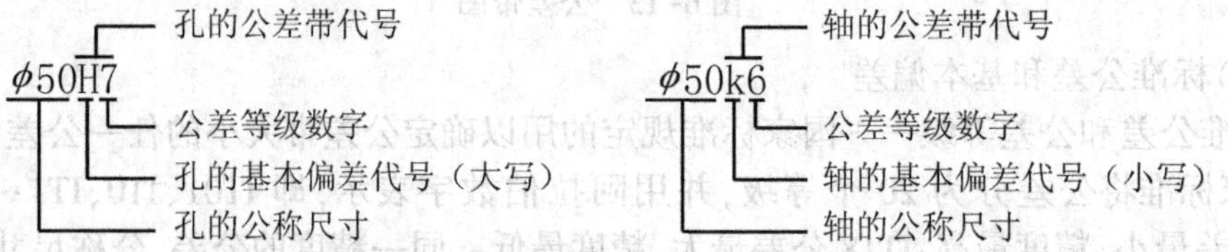
φ50H7
孔的公差带代号
公差等级数字
孔的基本偏差代号（大写）
孔的公称尺寸
φ50k6
轴的公差带代号
公差等级数字
轴的基本偏差代号（小写）
轴的公称尺寸

【案例 6-1】查表确定孔 ϕ50H7 及轴 ϕ50k6 的极限偏差。

解：孔 ϕ50H7 及轴 ϕ50k6 的公称尺寸 50，属于 大于 30-50 尺寸段，由表 A-1 查得标准公差：

IT7 = 25 μm，IT6 = 16 μm；

由附表 1-2 查得 k 的基本偏差 ei = +2 μm

则　ϕ50H7：EI = 0，ES = EI+IT7 = +25μm

ϕ50k6：ei = +2μm，es = ei + IT6 = 2 + 16 = +18μm

所以,表示尺寸的公差,也可以在公称尺寸后标注上下极限偏差来表示,如孔$\phi50^{+0.025}_{0}$,轴$\phi50^{+0.018}_{+0.002}$。

(3)配合

配合是指公称尺寸相同的相互结合的孔和轴的公差带之间的关系。其中公称尺寸相同、孔和轴的结合是配合的条件,而孔、轴公差带之间的关系反映了配合的精度和配合的松紧程度。如图 6-15 所示,配合有三种方式:间隙配合、过盈配合、过渡配合。

间隙配合:孔的尺寸减去相配合的轴的尺寸之差为正,主要用于孔、轴间的活动连接。间隙的作用在于储藏润滑油,补偿温度引起的变化,补偿弹性变形及制造与安装误差等。间隙的大小影响孔、轴相对运动的活动程度,如图 6-15(a)所示。

过盈配合:孔的尺寸减去相配合的轴的尺寸之差为负,过盈配合用于孔、轴间的紧密连接,不允许两者有相对运动的情况,如图 6-15(b)所示。

过渡配合:可能具有过盈或间隙的配合。此时,孔和轴的公差带相互交叠,如图 6-15(c)所示。

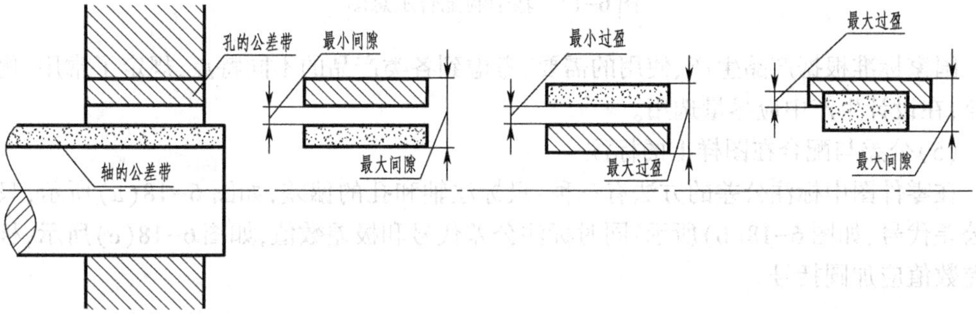
孔的公差带
最小间隙
轴的公差带
最大间隙
最小过盈
最大过盈
最大过盈
最大间隙

(a) 间隙配合　　(b) 过盈配合　　(c) 过渡配合

图 6-15　配合及其种类示意图

(4)配合基准制

为了便于设计制造、降低成本,实现配合标准化,国家规定了两种基准制:基孔制、基轴制。

基孔制:基本偏差一定的孔的公差带,与不同基本偏差的轴公差带形成各种配合的一种制度,如图 6-16 所示。基孔制的孔为基准孔,其基本偏差代号为 H,其下极限偏差为零。基孔制优先、常用配合见表 A-4。

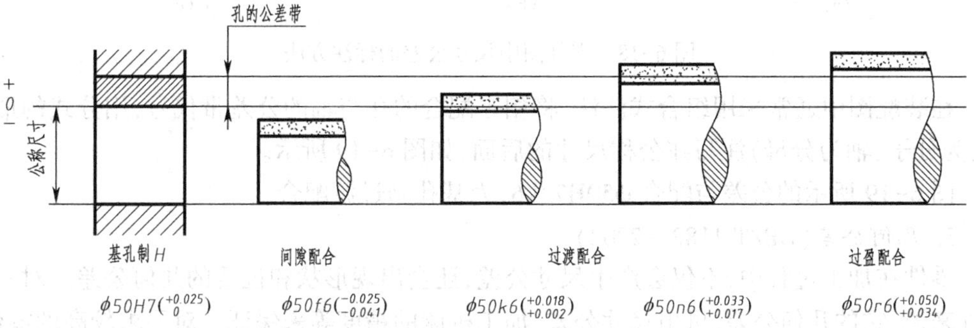
孔的公差带
+
0
-
公称尺寸
基孔制H
间隙配合
过渡配合
过盈配合
$\phi50H7(^{+0.025}_{0})$
$\phi50f6(^{-0.025}_{-0.041})$
$\phi50k6(^{+0.018}_{+0.002})$
$\phi50n6(^{+0.033}_{+0.017})$
$\phi50r6(^{+0.050}_{+0.034})$

图 6-16　基孔制配合示意图

基轴制：基本偏差为一定的轴的公差带，与不同基本偏差的孔形成各种配合的一种制度，如图 6-17 所示。基轴制的轴为基准轴，其基本偏差代号为 h，其上极限偏差为零。基轴制优先、常用配合见表 A-5。

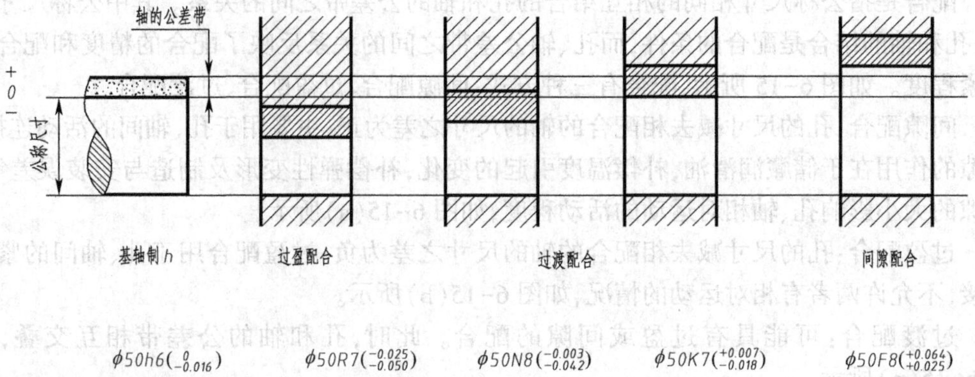
轴的公差带
+
0
−
公称尺寸
基轴制 h
过盈配合
过渡配合
间隙配合
$\phi50h6(^{0}_{-0.016})$
$\phi50R7(^{-0.025}_{-0.050})$
$\phi50N8(^{-0.003}_{-0.042})$
$\phi50K7(^{+0.007}_{-0.018})$
$\phi50F8(^{+0.064}_{+0.025})$

图 6-17 基轴制配合示意图

国家标准根据产品生产、使用的需要，考虑到各类产品的不同特点，规定了常用、优先配合，在设计生产中应尽量选用。

(5)公差与配合在图样上的标注

在零件图中标注公差的方法有三种：只标注轴和孔的偏差，如图 6-18(a)所示；只标注公差代号，如图 6-18(b)所示；同时标注公差代号和极差数值，如图 6-18(c)所示，极限偏差数值应加圆括号。

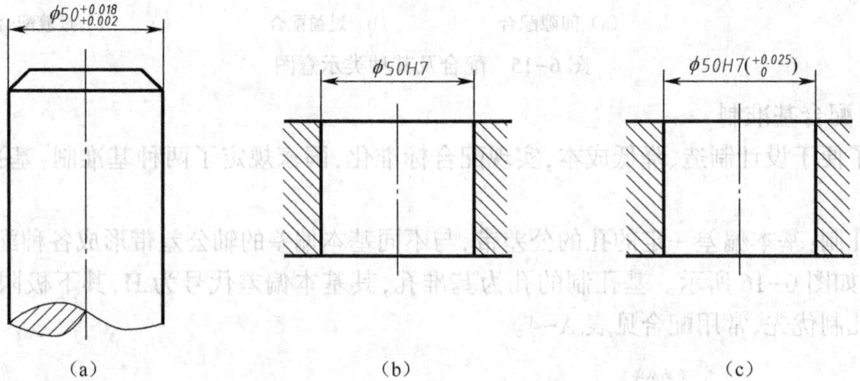
$\phi50^{+0.018}_{+0.002}$
$\phi50H7$
$\phi50H7(^{+0.025}_{0})$
(a)
(b)
(c)

图 6-18 零件图中尺寸公差的标注方法

在装配图中通常采用组合式注法，将相互配合的孔与轴的公差带代号，用分式的形式(孔为分子，轴为分母)注写在公称尺寸的后面，如图 6-19 所示。

图 6-19 所示的公差与配合 ϕ50H7/k6，为基孔制过渡配合。

3. 几何公差(GB/T 1182—2008)

零件在加工过程中，不仅会产生尺寸公差，还会出现形状和位置的几何公差。对一般零件来说，它的几何公差，可由尺寸公差、加工机床的精度等来保证。对要求较高的零件，则根据设计要求，需要在零件图上注出有关的几何公差。

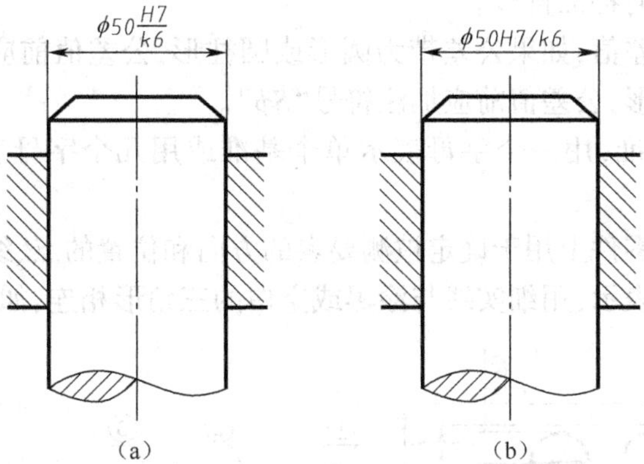
ϕ50 H7/k6
ϕ50H7/k6
(a)
(b)

图 6-19 装配图中尺寸公差的标注方法

在电气设备上，如果零件有较大的形状和位置误差，会使设备、仪器工作精度下降，接触不良；或影响其连接强度、密封性；或影响运动的平稳性、耐磨性等，以致造成电参数的改变，产生机械故障。因此，既要保证零件的尺寸公差，又要保证零件的几何公差。

(1)几何公差的特征和符号

几何公差的特征和符号见表 6-4。

表 6-4 几何公差的几何特征和符号

公差类型	几何特征	符号	有无基准要求	公差类型	几何特征	符号	有无基准要求
形状公差	直线度	—	无	位置公差	对称度	⌯	有
	平面度	⏥			同轴度（用于中心点）	◎	
	圆度	○			同轴度（用于轴线）	◎	
	圆柱度	⌭			位置度	⌖	
	线轮廓度	⌒			线轮廓度	⌒	
	面轮廓度	⌓			面轮廓度	⌓	
方向公差	平行度	//	有	跳动公差	圆跳度	↗	
	垂直度	⊥			全跳度	⌰	
	倾斜度	∠					
	线轮廓度	⌒					
	面轮廓度	⌓					

(2)几何公差的标注方法

几何公差代号用几何公差框格来表示。几何公差框格由若干个小格组成，并在相应的小格中标出公差特征符号、公差值、基准符号等，如图 6-20(b)所示。

①公差框格。公差要求注写在划分成两格或多格的矩形框格内，各格自左至右顺序标注以下内容如图 6-20(b)所示：

- 第一格——几何特征符号。
- 第二格——公差值，如果公差带为圆形或圆柱形，公差值前应加注符号“ϕ”；如果公差带为圆球形，公差值前应加注符号“$S\phi$”。
- 第三格——基准，用一个字母表示单个基准或用几个字母表示基准体系或公共基准。

②基准。基准是零件上用于确定被测要素的方向和位置的点、线、面。基准用标注在小方格内的大写字母表示，用细实线与涂黑或空白的三角形相连，如图 6-20(c)所示。

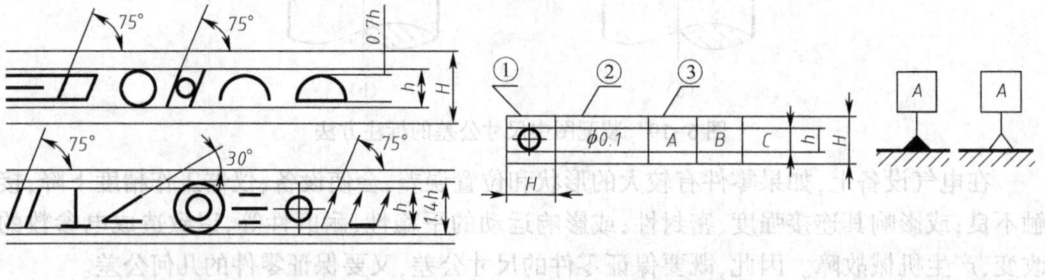
75°
75°
0.7h
h
H
75°
30°
75°
1.4h
①
②
③
ϕ0.1
A
B
C
h
H
H
A
A

(a) 几何公差符号　　(b) 框格的尺寸　　(c) 基准符号

图 6-20　几何公差的标注方法

(3) 几何公差标注示例

图 6-21 为气门阀杆图，是几何公差标注的典型实例。其中所注各几何公差的含义为：

①杆身 ϕ16 mm 的圆柱度公差不大于 0.005 mm。

②M8×1 的螺纹孔轴线对于 ϕ16 mm 轴线的同轴度公差不大于 ϕ0.1 mm。

③*SR*750 mm 的球面对于 ϕ16 mm 轴线的圆跳动公差不大于 0.003 mm。

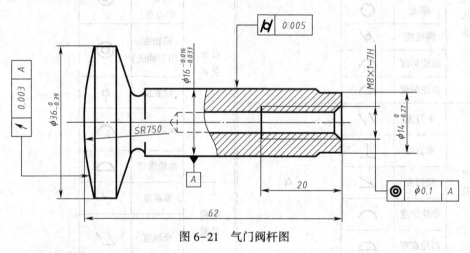

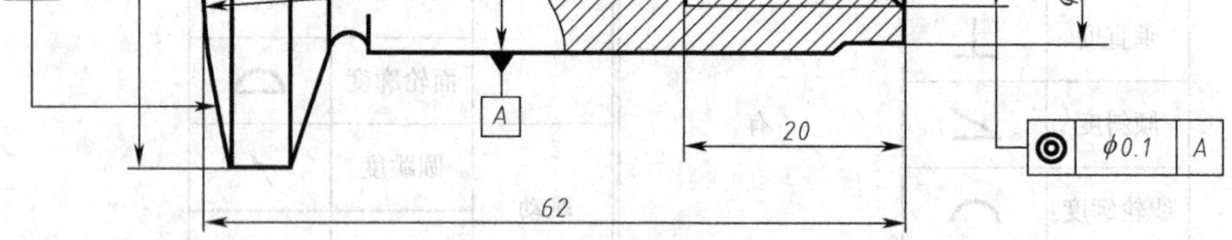
0.005
A
0.003
ϕ36 0 -0.39
ϕ16 -0.016 -0.033
M8×1-7H
ϕ14 0 -0.27
SR750
A
20
ϕ0.1
A
62

图 6-21　气门阀杆图

五、套类零件图的识读(见图 6-22)

1. 表达方法

套类零件一般主要在车床和磨床上加工，为便于操作人员对照图样进行加工，通常选择垂直于轴线的方向作为主视图的投射方向。按加工位置原则选择主视图的位置，即将套类零件的轴线侧垂放置。

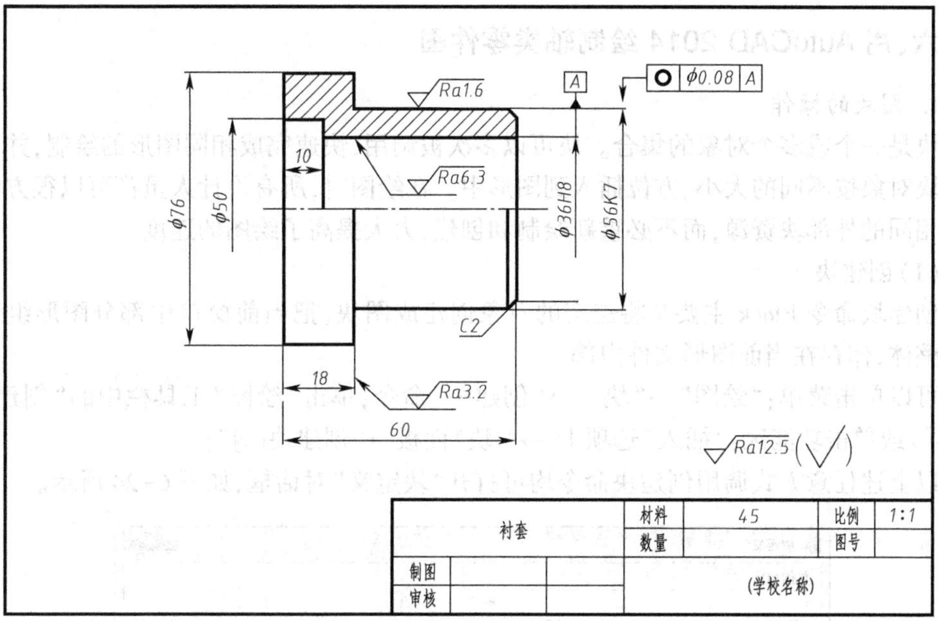
Ra1.6
A
φ0.08 A
10
Ra6.3
φ76
φ50
φ36H8
φ56K7
C2
18
Ra3.2
60
Ra12.5 (√)
衬套
材料
45
比例
1:1
数量
图号
制图
审核
(学校名称)

图 6-22　套的零件图

一般只用一个完整的基本视图(即主视图)即可把套上各回转体的相对位置和主要形状表示清楚。对于图 6-21 所表示的套,其主视图选定后,采用半剖视图,套的内、外结构形状就完全表达清楚了。

2. 尺寸标注

套类零件一般以轴线作为径向尺寸基准,即高度和宽度的尺寸基准,如图 6-22 所示的 ϕ76、ϕ50、ϕ36 等。

长度方向的主要基准一般选重要的端面、接触面,图中以 ϕ76 的柱体的左端面作为长度方向的主要基准,标注 10、18、60 等尺寸。

图中标注的尺寸 $C2$,是 45°倒角的特殊标法,表示倒角距离 2 mm,角度 45°;对于非 45°倒角,则需要分别标注倒角距离和角度。

3. 技术要求

零件的表面粗糙度、尺寸公差及几何公差应根据具体工作情况来确定,对有配合要求或有相对运动的套应控制严格一些,例如图 6-22 中套的内外直径标注尺寸公差 ϕ36H8、ϕ56K7,同时标注了 ϕ56K7 的轴线对于孔 ϕ36H8 轴线的同轴度公差为 ϕ0.08 mm。

通过对套的零件图的分析,综合想象出零件的结构形状如图 6-23 所示。

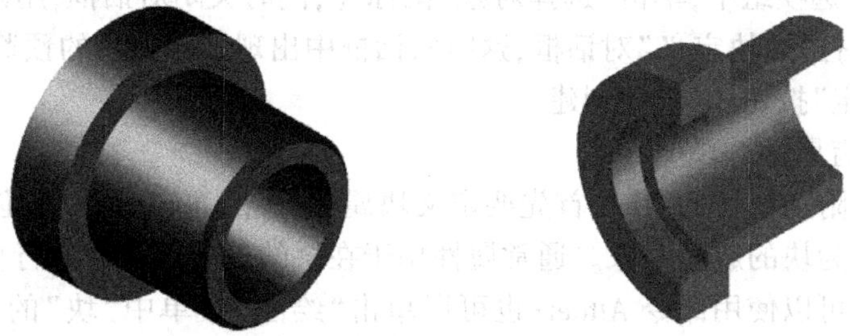

图 6-23　套的立体图

六、用 AutoCAD 2014 绘制轴类零件图

1. 图块的操作

块是一个或多个对象的集合。块可以多次被调用，快速完成相同图形的绘制，并且可以将块对象按不同的大小、方位插入到图形中。在绘图时，所有设计人员都可以很方便地调用相同的外部块资源，而不必重新绘制和创建，大大提高了绘图的速度。

(1) 创建块

创建块命令 Block 主要是将选定的对象创建成图块，把当前窗口中部分图形组合成一个整体，储存在当前图形文件内部。

可以单击菜单："绘图"→"块" →"创建…"命令；单击"绘图"工具栏中的"创建块"按钮或单击功能区："插入"选项卡 →" 块"面板→"创建块"。

以上述任意方式调用创建块命令均可打开"块定义"对话框，如图 6-24 所示。

块定义
名称(N):
基点
在屏幕上指定
拾取点(K)
X: 0
Y: 0
Z: 0
对象
在屏幕上指定
选择对象(T)
保留(R)
转换为块(C)
删除(D)
未选定对象
方式
注释性(A)
使块方向与布局匹配(M)
按统一比例缩放(S)
允许分解(P)
设置
块单位(U):
毫米
超链接(L)...
说明
在块编辑器中打开(O)
确定
取消
帮助(H)

图 6-24 "块定义"对话框

创建块的具体过程如下：

①在"块定义"对话框的"名称"中输入块名。

②在"基点"选项组中，可以选择在屏幕上指定，也可以选择"拾取点"方式。当选择拾取点方式时，用户可以单击图标，此时系统将关闭"块定义"对话框，用户可用鼠标拾取插入基点，拾取后，重新打开"块定义"对话框。

③在"对象"选项组中，单击"选择对象"图标，同时关闭对话框，用鼠标选取图形对象，选取后，重新打开"块定义"对话框，这时对话框中出现了选取块的预览。

④单击"确定"按钮，完成块创建。

(2) 创建带有属性的块

在创建带有附加属性的块时，首先要定义块属性，然后再创建块，在创建块时需要同时选择块属性作为块的成员对象。通常属性用于在块的插入过程中进行自动注释。

定义块属性可以使用命令 Attdef；也可以单击"绘图"菜单中"块"的子菜单"定义属性"。以上述任意方式调用创建块命令均可打开"属性定义"对话框，如图 6-25 所示。

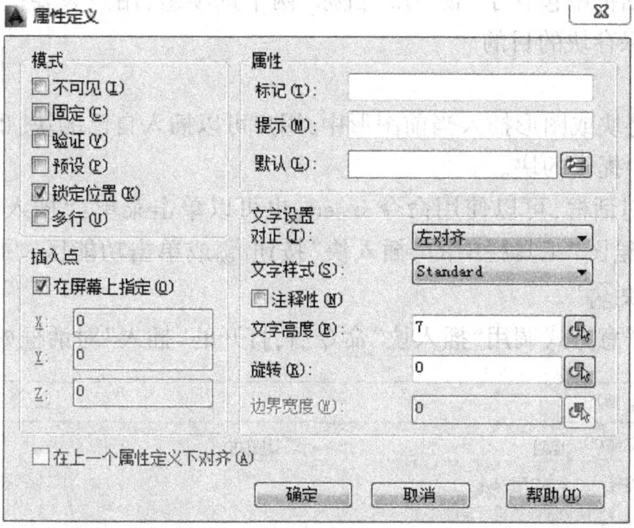
属性定义
模式
不可见(I)
固定(C)
验证(V)
预设(P)
锁定位置(K)
多行(U)
属性
标记(T):
提示(M):
默认(L):
插入点
在屏幕上指定(O)
X: 0
Y: 0
Z: 0
文字设置
对正(J):
左对齐
文字样式(S):
Standard
注释性(N)
文字高度(E):
7
旋转(R):
0
边界宽度(W):
0
在上一个属性定义下对齐(A)
确定
取消
帮助(H)

图 6-25　“属性定义”对话框

“属性定义”对话框包含了“模式”、“属性”、“插入点”和“文字设置”选项组及“在上一个属性定义下对齐”复选框。用户可以利用此对话框完成定义属性模式、属性标记、属性提示、属性值、插入点和属性的文字设置。

(3)写块

写块是将图形对象保存到文件或将块转换为文件的操作。被保存的块,用户在绘制任何图形时都可以调用,加快绘图、设计速度,同时也可以在设计中实现资源共享。

使用 Wblock 命令,将打开“写块”对话框,如图 6-26 所示。

写块
源
块(B):
整个图形(E)
对象(O)
基点
拾取点(K)
X: 0
Y: 0
Z: 0
对象
选择对象(T)
保留(R)
转换为块(C)
从图形中删除(D)
未选定对象
目标
文件名和路径(F):
C:\Users\wx\Desktop\新块.dwg
插入单位(U):
毫米
确定
取消
帮助(H)

图 6-26　“写块”对话框

在“写块”对话框中包含了“源”和“目标”两个选项组,用户只要按要求设置“源”和“目标”即可完成保存块的目的。

(4)插入块

插入块是指将块或图形插入当前图形中,用户可以插入自己的块,也可以使用设计中心或工具选项板中提供的块。

打开“插入”对话框,可以使用命令 Insert;也可以单击菜单:“插入(I)” →“ 块(B)...”命令;单击 “绘图”工具栏中的“插入块”按钮或单击功能区:“插入”选项卡 →“块”面板→“插入块”。

采用以上述任意方式调用“插入块”命令后,打开的“插入”对话框如图 6-27 所示。

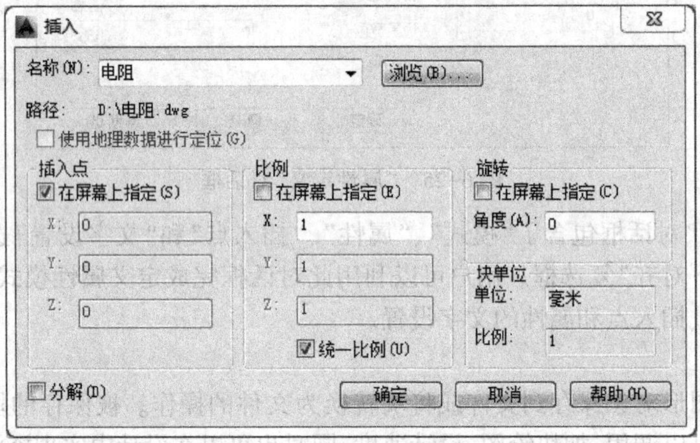
插入
名称(N): 电阻
浏览(B)...
路径: D:\电阻.dwg
使用地理数据进行定位(G)
插入点
在屏幕上指定(S)
X: 0
Y: 0
Z: 0
比例
在屏幕上指定(E)
X: 1
Y: 1
Z: 1
统一比例(U)
旋转
在屏幕上指定(C)
角度(A): 0
块单位
单位: 毫米
比例: 1
分解(D)
确定
取消
帮助(H)

图 6-27 “插入”对话框

在使用“插入”对话框时,需指定要插入的块或图形的名称与位置,并可以选择插入比例和旋转角度及插入后是否分解。

在“插入”对话框中的进行如下设置:

①在“插入”对话框的“名称”框中,从块定义名称列表中选择电阻。

②依次设置对话框中的“插入点”、“比例”、“旋转”等选项。

③如果要将块中的对象作为单独的对象而不是单个块插入,请选择“分解”。

④单击“确定”。如果“插入点”选择“在屏幕上指定” 单击“确定”按钮后,系统将关闭对话框,这时鼠标带着图块在屏幕上移动,用户此时指定位置作为插入点即可完成操作。

如果插入的是带属性定义的块,则在单击“确定”按钮后,关闭对话框,同时命令行出现下列提示,用户可按提示继续进行操作,完成块的插入。

命令:_insert

指定插入点或[基点(B)/比例(S)/旋转(R)]:鼠标点取指定点

指定旋转角度 <0>:(可输入角度值)

输入属性值

属性提示 <属性值>:(可输入数值)

2. 标注技术要求

工程图样中的技术要求主要包含有尺寸公差、几何公差和表面粗糙度,下面我们分别介绍它们的标注方法。

(1)尺寸公差

尺寸公差常见的显示方式,如图 6-28 所示。

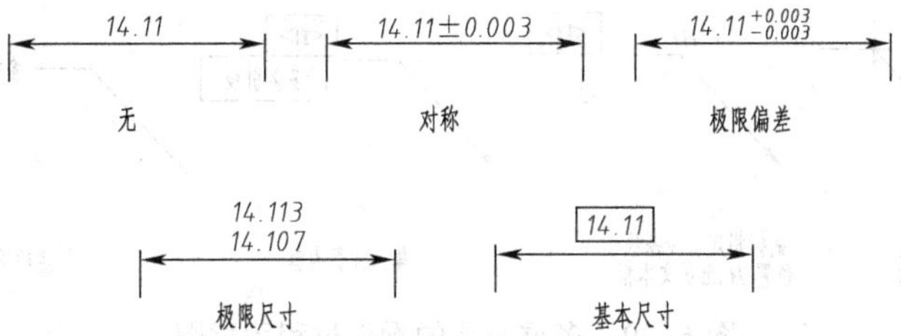
14.11
无
14.11±0.003
对称
14.11 +0.003 -0.003
极限偏差
14.113
14.107
极限尺寸
14.11
基本尺寸

图 6-28 常见尺寸公差的显示方式

标注尺寸公差的步骤如下:

①设置尺寸公差的格式。

- 单击菜单:“格式(O)”→“标注样式(D)...”命令,打开“标注样式管理器”对话框,如前面图 4-22 所示。
- 在“标注样式管理器”中,选择要修改的标注样式。单击“修改”,打开“修改标注样式”对话框。
- 单击“修改标注样式”对话框中的“公差”选项卡。
- 在“公差”选项卡中,按绘图的需要,从“方式”列表中选择一种方式,单击“确定”。

如果选择“极限偏差”,请在“上偏差”和“下偏差”框中输入上下极限公差。

如果选择“对称”公差,则“下偏差”将不可用,因为只需要输入一个公差值。

如果选择“基本尺寸”,可在“文字”选项卡上,“从尺寸线偏移”中输入一个值,来确定文字与其包围框之间的间距,默认值为-0.625。

- 单击“关闭”,退出“标注样式管理器”。

②标注尺寸公差。

在标注尺寸时,经常会遇到 ϕ30H6 等这一类形式的标注,对于这类标注用户可以采用两种方式进行标注。

- 在标注过程中,当命令行出现“指定尺寸线位置或[多行文字(M)/文字(T)/角度(A)/水平(H)/垂直(V)/旋转(R)]:”时,用“t”来响应,然后在“输入标注文字<30> :”提示下,输入“%%c30H6”后回车。
- 设置一个新的标注样式或当前样式的替代样式。打开“主单位”选项卡,在“线性标注”选项组的“前缀”的文本框中填入“%%c”;在“后缀”的文本框中填入“H6”,然后进行标注即可。

(2)几何公差

几何公差的标注样式一般由指引线、几何公差框格、几何公差符号、几何公差值以及基准符号等组成。因此,几何公差的标注分为两步,指引线的绘制和几何公差框及其框里内容的标注。

①几何公差的指引线的绘制。

使用多重引线命令 mleader;也可以单击菜单:“标注”→“多重引线”命令或单击“多

重引线”工具栏中的“多重引线”按钮 。调用“多重引线”命令后用鼠标指定多重引线箭头的位置 A，鼠标指定引线基线的位置 B，其后出现文本输入框，可输入注释内容。如果不需要注释，则在出现输入文本框时直接确认即可，如图 6-29 所示。

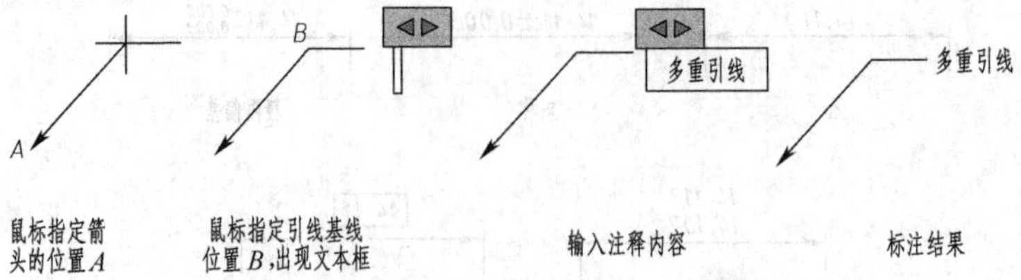
B
A
多重引线
多重引线
鼠标指定箭头的位置A
鼠标指定引线基线位置B，出现文本框
输入注释内容
标注结果

图 6-29　多重引线的操作过程示意图

②几何公差框格及其框里内容的标注方法。

标注公差可以使用命令 tolerance；也可以单击菜单：“标注”→“公差(T)…”命令或单击“标注”工具栏中的“公差”按钮 。调用命令后，将打开“几何公差”对话框，如图 6-30 所示。

【案例 6-2】　完成图 6-31 所示的几何公差的标注。

具体操作步骤如下：

①在图 6-30 所示的“几何公差”对话框中，单击“符号”下的第一个矩形，出现如图 6-32 所示的特征符号选择框，在此框中选择一个需要插入的符号。

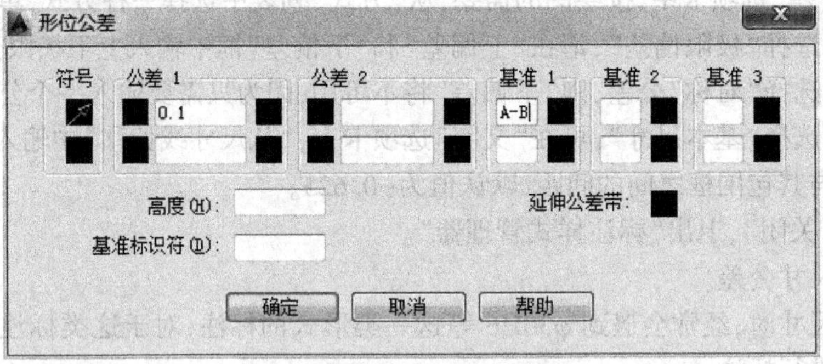
形位公差
符号
公差 1
公差 2
基准 1
基准 2
基准 3
0.1
A-B
高度(H):
延伸公差带:
基准标识符(D):
确定
取消
帮助

图 6-30　几何公差对话框

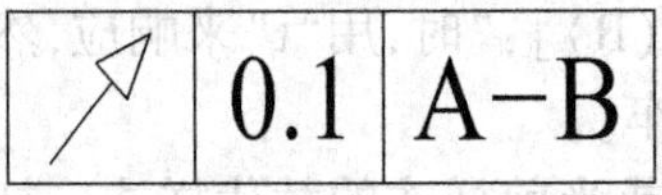
0.1
A-B

图 6-31　几何公差标注示例

②在“公差 1”中，单击第一个黑框，可插入直径符号，该示例中，不需要此标注；在文字框中输入“0.1”；单击第二个黑框，出现如图 6-33 所示的附加符号选择框，可选择进行插入，该示例中，不需要此标注。

③在“基准 1”的文字框中输入基准参考字母“A—B”；黑框是为每个基准参考插入附加符号作为包容条件的，该示例中，不需要此标注。

依标注要求，设置其公差内容如图 6-31 所示。

④单击“确定”按钮。这时鼠标将拖动特征控制框移动，将其放在指定位置。

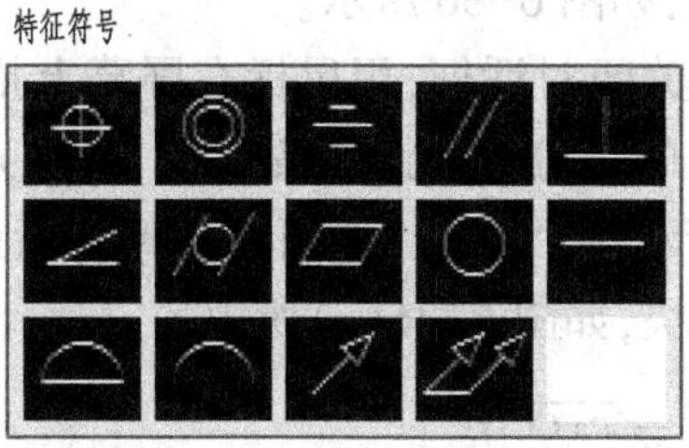
特征符号

图 6-32　几何公差特征符号选项框

附加符号

图 6-33　几何公差附加符号选择框

几何公差对话框中提供的各选项，用户可以根据图纸标注的需要选择使用，当同时标注有两个公差时，就需要在“公差 2”内，以相同操作方式加入公差值。

(3) 表面粗糙度

一般情况下，标注表面粗糙度的方法是先创建一个带属性的表面粗糙度块，将其保存，再按一定的要求将其插入到图形中指定的位置。

①画一表面粗糙度符号，如图 6-34(a) 所示。

Ra
Ra CCD
(a)
(b)

图 6-34　“表面粗糙度符号”与“标记的插入点位置”

②定义块属性。选择“绘图”菜单→“块”→“定义属性”命令，打开 “属性定义”对话框创建块属性，设置内容如图 6-35 所示。

属性定义
模式
不可见(I)
固定(C)
验证(V)
预设(P)
锁定位置(K)
多行(U)
插入点
在屏幕上指定(O)
X: 0
Y: 0
Z: 0
属性
标记(T): ccd
提示(M): 请输入粗糙度
默认(L):
文字设置
对正(J): 左对齐
文字样式(S): STANDARD
注释性(N)
文字高度(E): 2.5
旋转(R): 0
边界宽度(W): 0
在上一个属性定义下对齐(A)
确定
取消
帮助(H)
可输入粗糙度数值，也可以在命令行临时输入。

图 6-35　定义属性设置内容

单击“确定”按钮 ，关闭“属性定义”对话框，用鼠标在屏幕上指定标记的插入点。其插入点位置如图 6-34(b) 所示。

③写块。使用 Wblock 命令,打开“写块”对话框,如图 6-36 所示。

在“基点”选项组中单击“拾取点”按钮,同时关闭对话框,用鼠标在屏幕上拾取块的插入基点,如图 6-36(a)所示;在“对象”选项组中单击“选择对象”按钮,同时关闭对话框,用鼠标框选表面粗糙度符号,如图 6-36(b)所示;在“目标”选项组选择合适的“文件名和路径”保存,这时在屏幕上显示出带有属性的块,如图 6-36(c)所示。

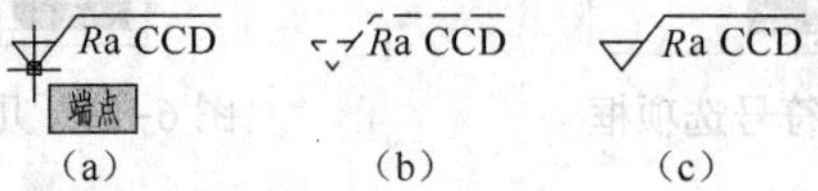
Ra CCD
端点
(a)
Ra CCD
(b)
Ra CCD
(c)

图 6-36 “拾取块的插入基点”、“选择对象”与创建结果

④在图形中插入块。调用 insert 命令,打开“插入”对话框。在“插入”对话框中,指定要插入的块名称与位置,并可以选择插入比例和旋转角度及插入后是否分解。具体过程可参照本项目图 6-37 插入块的操作。

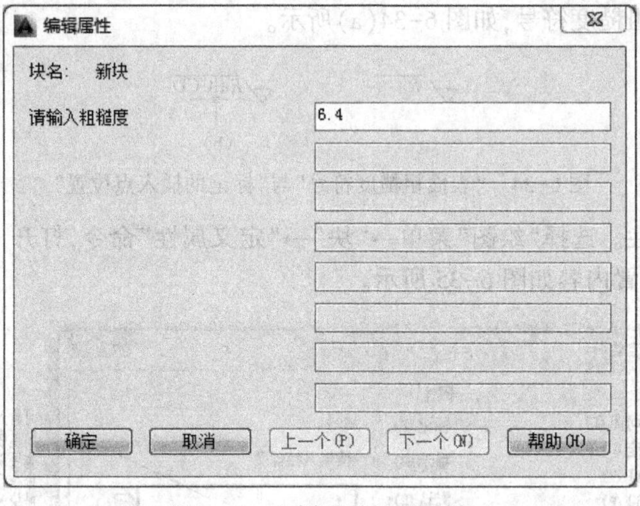
编辑属性
块名: 新块
请输入粗糙度
6.4
确定
取消
上一个(P)
下一个(N)
帮助(H)

图 6-37 “编辑属性”对话框

命令:_insert

指定插入点或[基点(B)/比例(S)/旋转(R)]:鼠标点取指定点

指定旋转角度 <0>:(可输入角度值)

弹开“编辑属性”对话框如图 6-36 所示,输入属性值,单击“确定”按钮,即在图中指定位置插入粗糙度大小为 6.4 的块。

任务实施

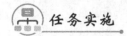

用 AutoCAD2014 绘制图 6-2 所示的轴的零件图。

(1)建立图形样板文件

对于工程图样,绘图环境基本相同,因此可以将绘图环境存储在样板文件中,方便直接调用,避免每次重复设置。

①新建图形文件,设置绘图基本环境。根据零件图的大小及绘图要求,完成绘图的基

本设置,包括图形界限、单位、精度和图层及线型等(方法参照项目四)。

②设置文字样式和尺寸标注样式(方法参照项目四)

③绘制边框线及标题栏(方法参照项目四),并填写好标题栏中文字。

④另存为图形样板文件制图“. dwt”。

(2)绘制轴零件图

①新建文件:以“制图 . dwt”为图形样板新建一图形文件,另存为“轴 . dwg”。

②绘制轴的主视图,如图 6-38 所示。

将中心线层置为当前,选择适当的位置绘制轴的中心线。然后切换到轮廓线图层,灵活使用各种绘图、编辑命令绘制轴的半边轮廓,如图 6-38(a)所示。

使用“镜像”命令,以轴线为镜像线将半边轴镜像成完整的轴,并在指定的位置绘制出键槽,如图 6-38(b)所示。

③绘制轴的断面图,如图 6-39(a)所示。

灵活使用绘图、编辑命令,在键槽的适当位置绘制出断面符号,将键槽处轴的断面图绘制在断面符号的延长线上,然后调用“图案填充”命令,选择 ANSI31 图案,为断面图填充剖面符号。

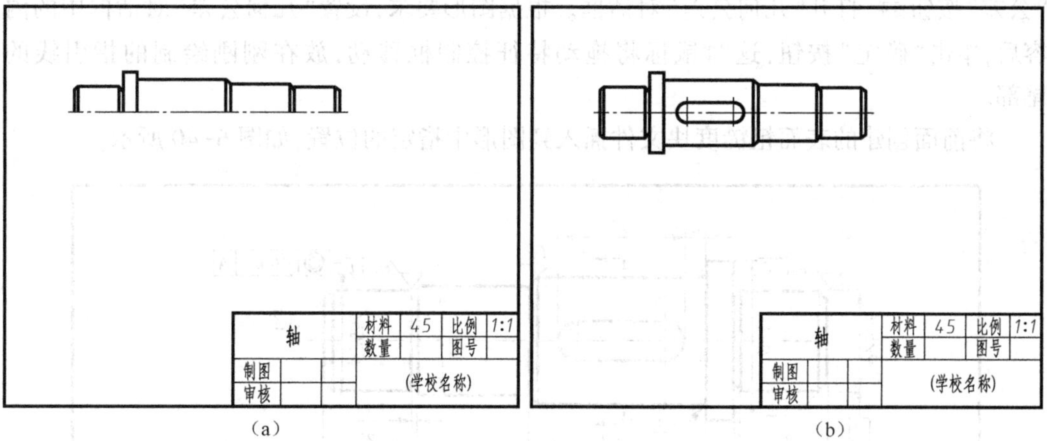
轴
材料
45
比例
1:1
数量
图号
制图
审核
(学校名称)
(a)
轴
材料
45
比例
1:1
数量
图号
制图
审核
(学校名称)
(b)

图 6-38　绘制轴的主视图

(3)标注尺寸,如图 6-39(b)所示

直接调用“线性标注”及“直径标注”命令,适当选取尺寸界线和尺寸线的位置进行标注;对于倒角的标注直接可用“多重引线”命令,单击“多重引线”工具栏中的“多重引线”图标,在指定的位置绘制出引线,并在出现输入文本框时,输入“*C*2”;圆角的标注可直接使用“半径标注”命令。

(4)标注技术要求

①标注带公差的尺寸。在“标注样式管理器”中设置公差的大小及类型,直接在图中标注。对于没有上下偏差标注的公差,可以采用手动输入标注文字的方式进行标注。例如:在这张零件图中出现的 ϕ25h6 标注,就是采用手动输入标注文字的方式进行的。即当命令行出现“指定尺寸线位置或[多行文字(M)/文字(T)/角度(A)/水平(H)/垂直(V)/旋转(R)]:”时,用“t”来响应,然后在“输入标注文字 <25>:”提示下,输入“%%c25h6”后回车。

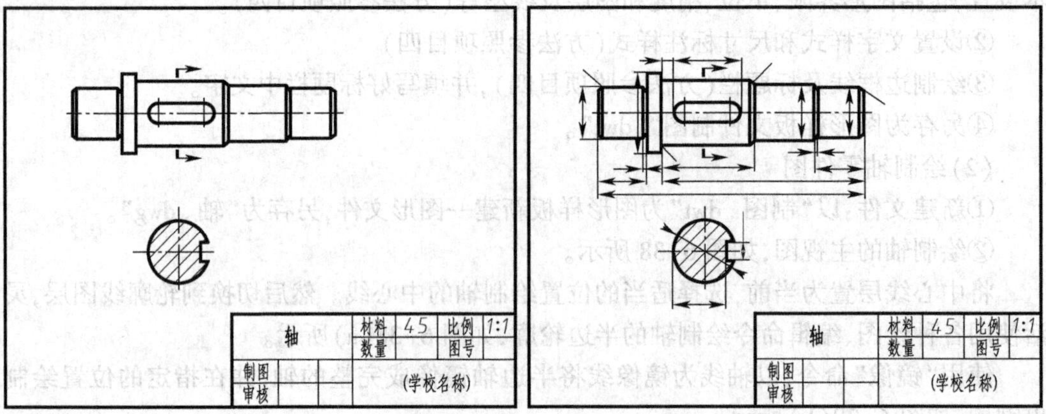
轴
材料 45 比例 1:1
数量 图号
制图
审核
(学校名称)
轴
材料 45 比例 1:1
数量 图号
制图
审核
(学校名称)

（a）　　（b）

图 6-39　绘制轴的断面图、标注尺寸及尺寸公差

②标注几何公差及表面粗糙度。先用“多重引线”命令标注几何公差的指引线，因不需要注释，在出现输入文本框时可直接回车。再标注几何公差：单击“标注”工具栏中的“公差”按钮▣，打开“几何公差”对话框。根据图形要求，设置“几何公差”对话框中的内容后，单击“确定”按钮，这时鼠标将拖动特征控制框移动，放在刚刚绘制的指引线的尾部。

将前面创建的表面粗糙度块文件插入到图形中指定的位置，如图 6-40 所示。

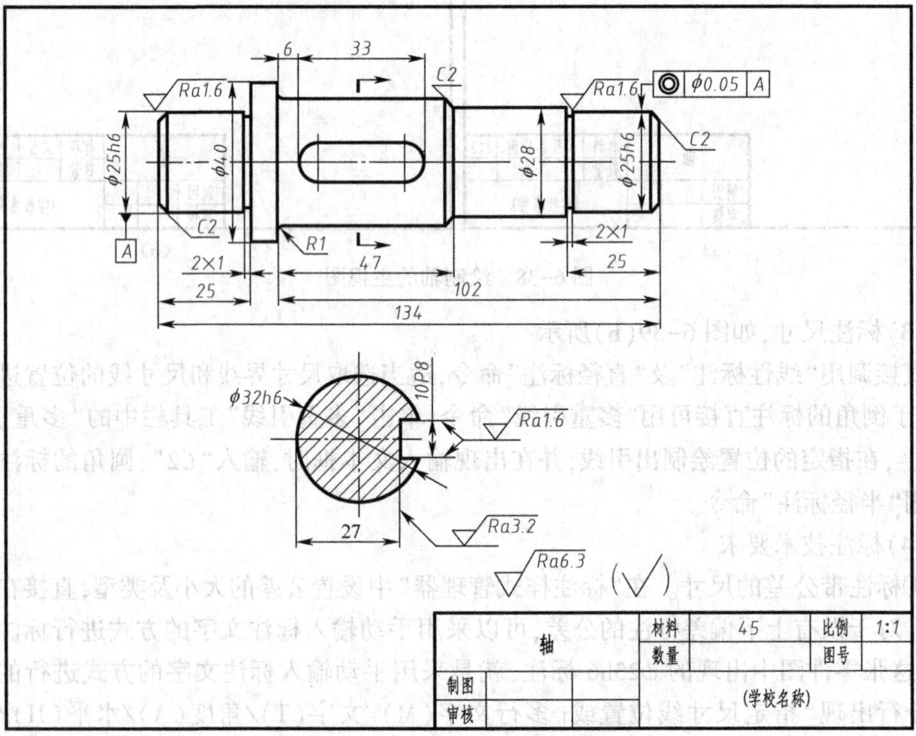
6
33
C2
Ra1.6
Ra1.6
φ0.05
A
φ25h6
φ40
φ28
φ25h6
C2
C2
R1
A
2×1
47
2×1
25
25
102
134
φ32h6
10P8
Ra1.6
27
Ra3.2
Ra6.3
轴
材料 45 比例 1:1
数量 图号
制图
审核
(学校名称)

图 6-40　标注几何公差及表面粗糙度

③注写“技术要求”。调用“多行文本”命令,标注“技术要求”如图 6-41 所示。完工后的图纸如图 6-2 所示。

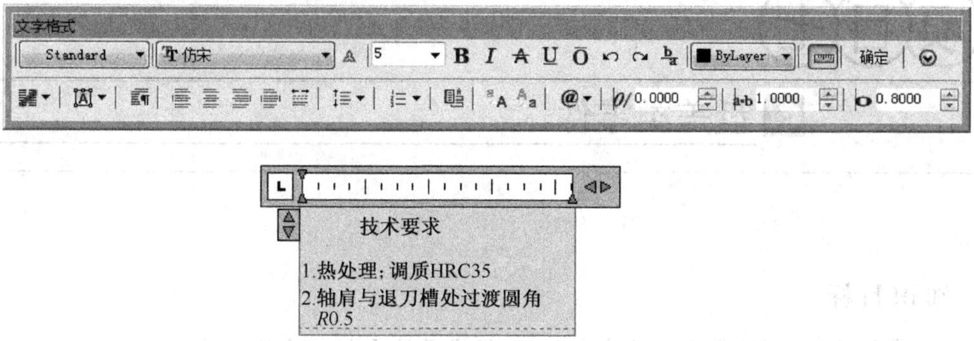
文字格式
Standard
仿宋
5
ByLayer
确定
0.0000
1.0000
0.8000
技术要求
1.热处理; 调质HRC35
2.轴肩与退刀槽处过渡圆角
R0.5

图 6-41　书写技术要求

(5)存盘退出

操作过程略。

项目七

盘盖类零件

知识目标

(1)掌握螺纹、螺纹紧固件的基本知识、规定画法和标记方法。

(2)掌握盘盖类零件的视图表达方法。

(3)掌握盘盖类零件的尺寸标注和常见工艺结构。

(4)掌握盘盖类零件的读图和绘制方法。

能力目标

(1)熟练运用国家标准选用螺纹紧固件,查阅其规格标准,并能按规定画法画出。

(2)具有表达盘盖类零件的能力,能正确绘制盘盖类零件的零件图。

(3)通过读零件图,培养一定的空间思维和空间构型能力。

项目引入

盘盖类零件包括各种用途的轮和盘盖类零件,如齿轮、带轮、法兰盘、端盖等,主要起着传动、连接、支承、密封等作用。主体结构一般为回转体或其他平板型,厚度方向的尺寸一般比其他两个方向的尺寸小。其上常有凸台、凹坑、螺孔、销孔、轮辐、螺纹等局部结构,如图 7-1 所示。

图 7-1 盘盖类零件

任务 盘盖类零件的识读与绘制

知识准备及拓展

在电子设备中,部件的组装、部分元器件的固定、锁紧及定位等常用到紧固件。常用紧固件有螺栓、螺母、螺柱、螺钉、垫圈、铆钉及销钉等。这些紧固件的使用量很大，为了适应专门化大批量生产，降低成本，它们的结构和尺寸都已标准化。同时对它们的外形投影图也规定了相应的规定画法，便于制图。

一、螺纹

螺纹是在圆柱或圆锥面上，沿着螺旋线形成的具有规定牙型的连续凸起和沟槽。工件上的螺纹，是通过刀具与工件的相对运动来加工的，如图 7-2 所示。在圆柱杆件外表面车出的螺纹叫外螺纹，如螺栓、螺柱和螺钉上的螺纹；在圆孔内表面车出的螺纹叫内螺纹，如螺母上的螺纹。另外，外螺纹可通过碾压方式加工，内螺纹可通过攻螺纹等方法加工。

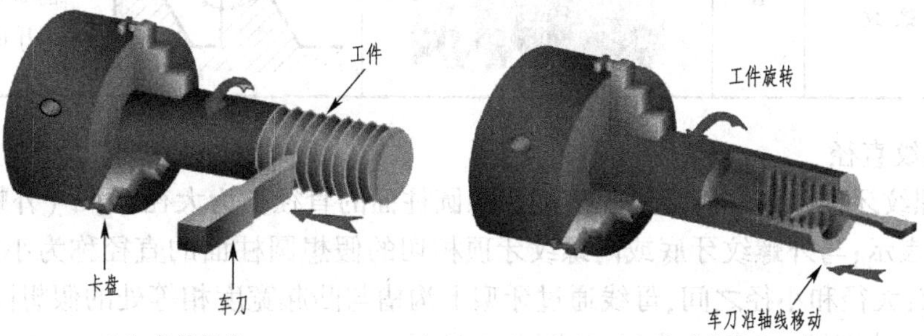
工件
卡盘
车刀
工件旋转
车刀沿轴线移动

(a) 车外螺纹　　(b) 车内螺纹

图 7-2　内螺纹与外螺纹的加工

1. 螺纹的结构要素

螺纹的牙型、公称直径、线数、螺距和导程、旋向称为螺纹五要素。内、外螺纹旋合在一起时五要素必须相同。

(1) 螺纹牙型

用通过螺纹轴线的平面剖开螺纹，所得螺纹的断面形状，称为螺纹的牙型。常用标准螺纹牙型如表 7-1 所示。

表 7-1　常用标准螺纹牙型

螺纹种类			特征代号	外形图	基本牙型	用途
连接螺纹	普通螺纹	粗牙	M		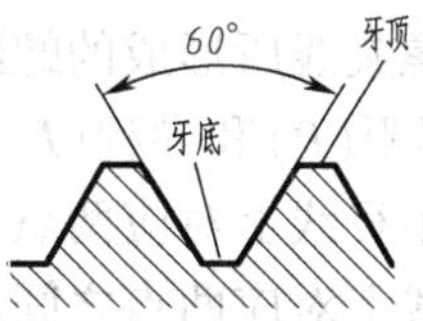 60° 牙顶 牙底	是最常用的连接螺纹
		细牙				用于细小的精密或薄壁零件
	管螺纹		G、R、Rp、Rc	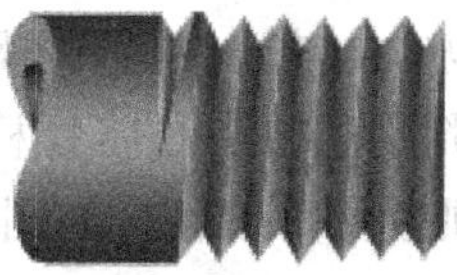	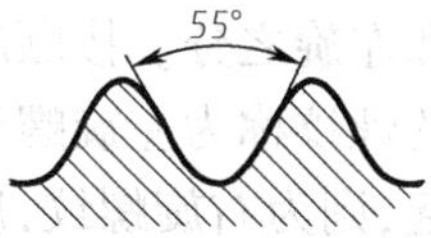 55°	用于水管、油管、气管等薄壁管子上，用于管路的连接

续表

螺纹种类		特征代号	外形图	基本牙型	用途
传动螺纹	梯形螺纹	Tr	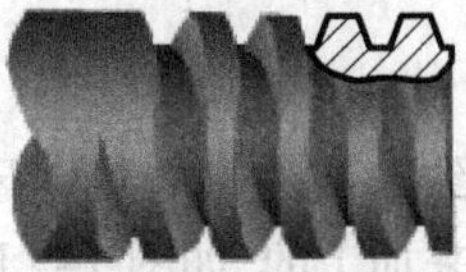	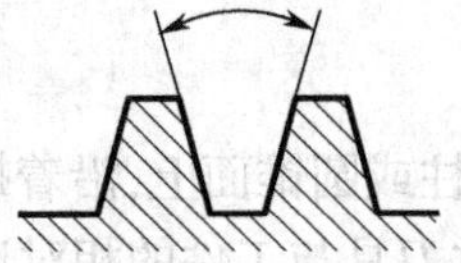	用于各种机床的丝杠,做传动用
	锯齿形螺纹	B	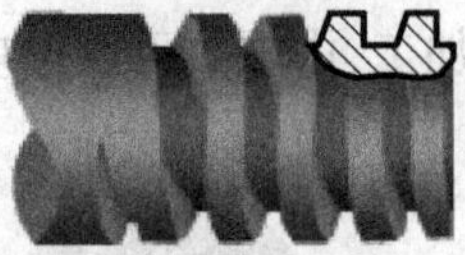	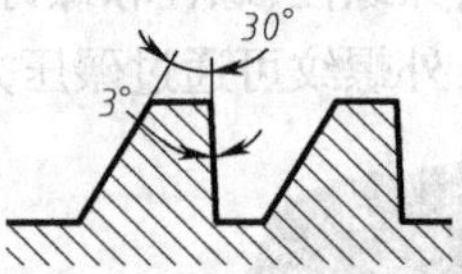30° 3°	只能传递单方向的动力,如锻压机、千斤顶等

(2)螺纹直径

与外螺纹牙顶或内螺纹牙底相切的假想圆柱面的直径称为大径,用 d(外螺纹)或 D(内螺纹)表示;与外螺纹牙底或内螺纹牙顶相切的假想圆柱面的直径称为小径,分别用 d_1、D_1 表示;大径和小径之间,母线通过牙型上沟槽与凸起宽度相等处的假想圆柱面的直径称为中径,分别用 d_2 或 D_2表示,如图 7-3 所示。

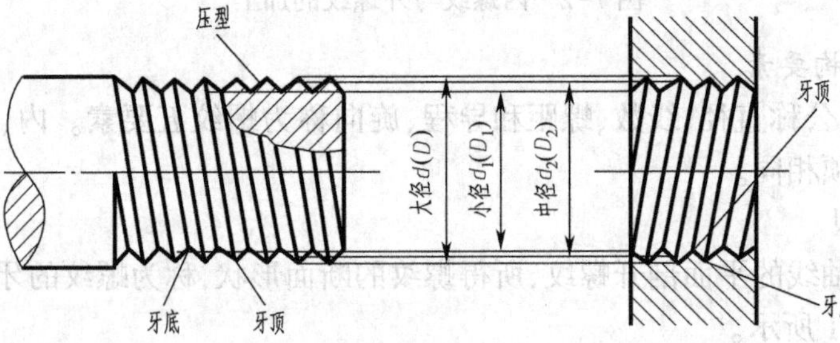
压型
大径d(D)
小径d1(D1)
中径d2(D2)
牙顶
牙底
牙底
牙顶

图 7-3　外螺纹、内螺纹的大、中、小径

(3)螺纹的线数(n)

螺纹有单线和多线之分,沿一条螺旋线形成的螺纹为单线螺纹;沿轴向等距分布的两条或两条以上的螺旋线所形成的螺纹为多线螺纹,如图 7-4 所示。

(4)螺纹的螺距(P)和导程(L)

相邻两牙在中径线上对应两点之间的轴向距离称为螺距,用 P 表示。同一螺旋线上相邻两牙在中径线上对应两点之间的轴向距离称为导程。对于单线螺纹,导程与螺距相等;对于多线螺纹导程(L)= 线数(n)× 螺距(P),如图 7-4 所示。

(5)螺纹的旋向

螺纹有右旋和左旋之分。按顺时针方向旋转时旋进的螺纹称为右旋螺纹。按逆时针方向旋转时旋进的螺纹称为左旋螺纹。判别的方法是将螺杆轴线铅垂放置,面对螺纹,若螺纹自左向右升起,则为右旋螺纹,反之则为左旋螺纹,如图 7-5 所示。常用的螺纹多为右旋螺纹。

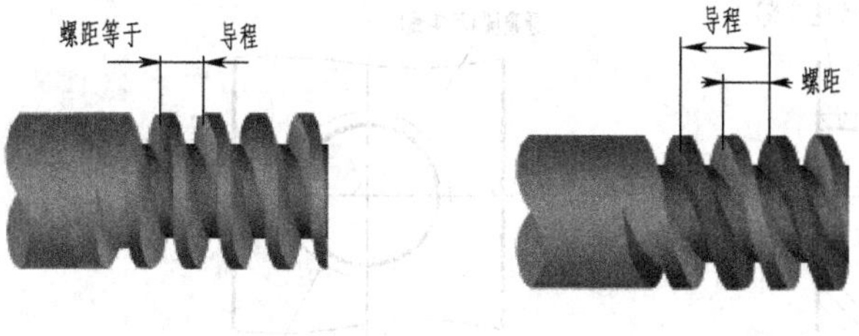
螺距等于
导程
导程
螺距

（a）单线螺纹　　（b）多线螺纹

图 7-4　螺纹的线数、螺距和导程

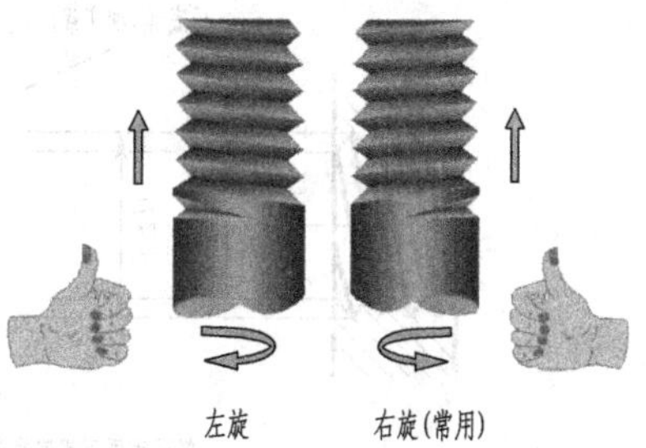
左旋
右旋(常用)

图 7-5　螺纹的旋向

螺纹诸要素中，牙型、大径和螺距是决定螺纹结构规格最基本的要素，称为螺纹三要素。凡螺纹三要素符合国家标准的称为标准螺纹。在实际生产中使用的各种螺纹，单线、右旋螺纹较多，且绝大多数是标准螺纹。

2. 螺纹的规定画法

(1)外螺纹的画法

在投影为非圆的视图中，螺纹的牙顶(大径)及螺纹终止线用粗实线表示，牙底(小径)用细实线表示，通常小径按大径的 0.85 画，并画入螺杆的倒角或倒圆部分。

在投影为圆的视图中，大径画粗实线，小径画约 3/4 圈细实线圆弧，此时，螺杆上的倒角或倒圆省略不画，如图 7-6 所示。

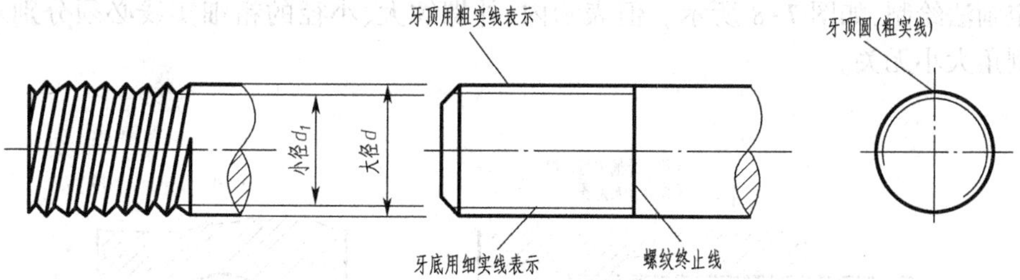
牙顶用粗实线表示
牙顶圆(粗实线)
小径d_1
大径d
牙底用细实线表示
螺纹终止线

图 7-6　外螺纹的画法

(2)内螺纹的画法

内螺纹一般画成剖视图，其牙顶(小径)及螺纹终止线用粗实线表示；牙底(大径)用细实线表示，剖面线画到粗实线为止。不画剖视时，所有图线均用虚线绘制。

在投影为圆的视图中，小径画粗实线圆；大径画 3/4 圈细实线圆弧，此时，螺孔上的倒角或倒圆省略不画，如图 7-7(a)所示。绘制不穿通的螺孔时，钻孔深度与螺纹深度分别画出，钻孔深度一般应比螺纹深度深 0.5D(D 为螺孔大径)，钻孔底部的锥角应画成 120°，如图 7-7(b)所示。

(3)内、外螺纹连接画法

用剖视图表示一对内外螺纹连接时，其连接部分应按外螺纹绘制，其余部分仍按各自

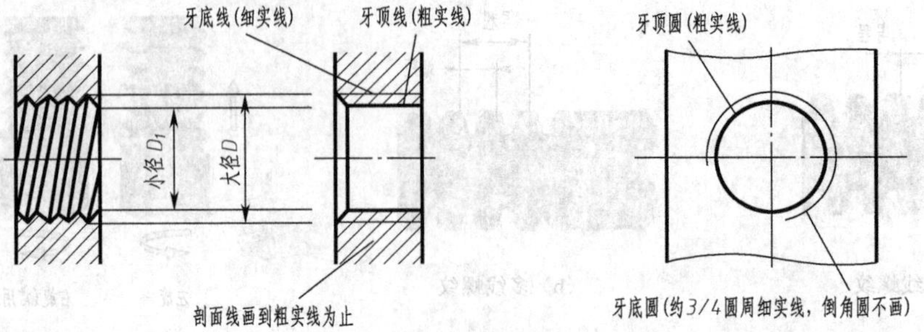
牙底线(细实线)
牙顶线(粗实线)
牙顶圆(粗实线)
小径 D_1
大径 D
剖面线画到粗实线为止
牙底圆(约3/4圆周细实线，倒角圆不画)

（a）内螺纹通孔画法

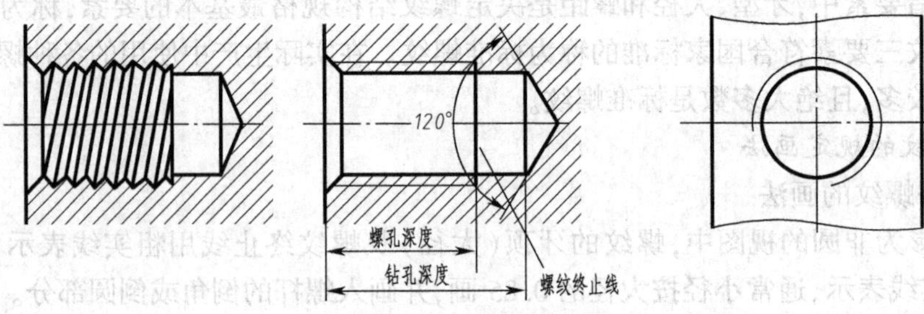
120°
螺孔深度
钻孔深度
螺纹终止线

（b）内螺纹不通孔（盲孔）画法

图 7–7　内螺纹的画法

的规定画法绘制，如图 7–8 所示。但表示内、外螺纹大、小径的粗细实线必须分别对齐，且与倒角大小无关。

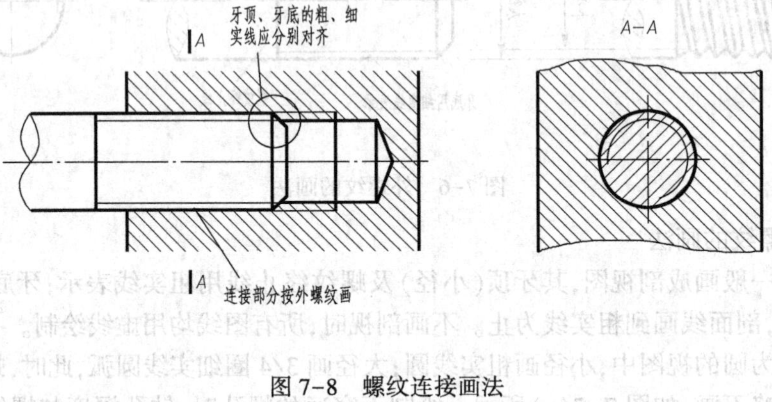
牙顶、牙底的粗、细实线应分别对齐
A
A
A–A
连接部分按外螺纹画

图 7–8　螺纹连接画法

3. 螺纹的代号及标注

由于各种螺纹的画法都是相同的，图上并未表明牙型、公称直径、螺距、线数和旋向等要素，因此，需要用标注代号或标记的方式来说明。各种常用螺纹的标注方式及示例见表 7–2。

表 7-2　常用螺纹标注示例

螺纹类型		标注示例	说　明
普通螺纹	粗牙	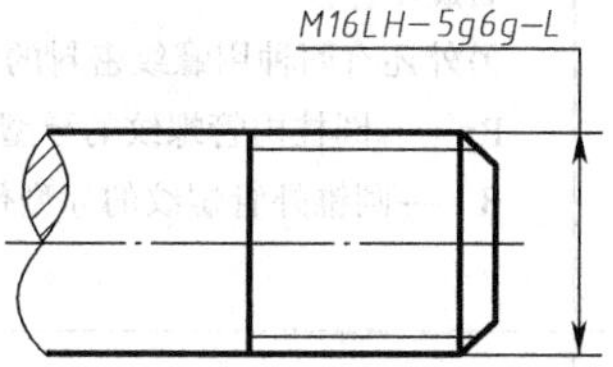M16LH−5g6g−L	M ——螺纹代号(普通螺纹) 16 ——公称直径 16mm LH ——旋向左旋(右旋不标注) 5g ——中径公差带代号 6g ——顶径公差带代号 L ——旋合长度代号(长旋合长度) 螺纹的旋合长度有三种表示法:L ——长旋合长度;N ——中等旋和长度;S ——短旋合长度。一般中等旋合长度不表注。
普通螺纹	细牙	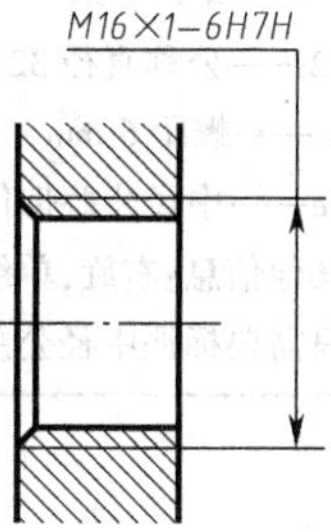M16×1−6H7H	M ——螺纹代号(普通螺纹) 16 ——公称直径 16 mm 1 ——螺距 1 mm,用于细小的精密或薄壁零件(细牙螺纹标螺距,粗牙螺纹不标) 6H ——中径公差带代号 7H ——顶径公差带代号 其他信息:右旋螺纹、中等旋合长度 当中径和顶径的公差带代号相同时,只标注一个 内外螺纹旋合在一起时,标注中的公差带代号用斜线分开。如:M16×6H/6g
管螺纹	非螺纹密封的管螺纹	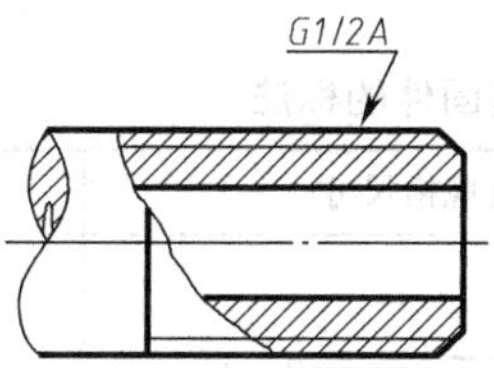G1/2A	管螺纹只注牙型符号、尺寸代号和旋向 G ——管螺纹代号 $\frac{1}{2}$ ——尺寸代号 $\frac{1}{2}$ 英寸 右旋不标注 管螺纹的尺寸代号不是螺纹的大径,而是管子的内径值,管螺纹的大径、小径和螺距可通过查附表 B-2 得出 外螺纹公差等级有两级:A 和 B,需要标注 内螺纹公差等级只有一种,不需要标注。

续表

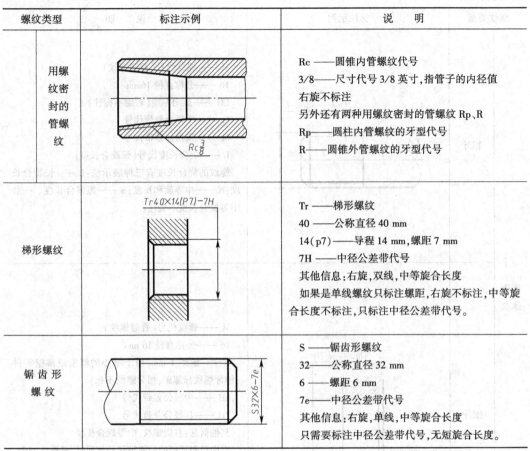

螺纹类型	标注示例	说明
用螺纹密封的管螺纹	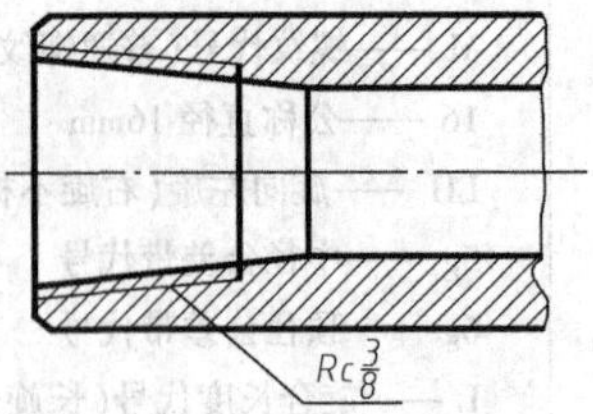Rc 3/8	Rc ——圆锥内管螺纹代号 3/8——尺寸代号 3/8 英寸，指管子的内径值 右旋不标注 另外还有两种用螺纹密封的管螺纹 Rp、R Rp——圆柱内管螺纹的牙型代号 R——圆锥外管螺纹的牙型代号
梯形螺纹	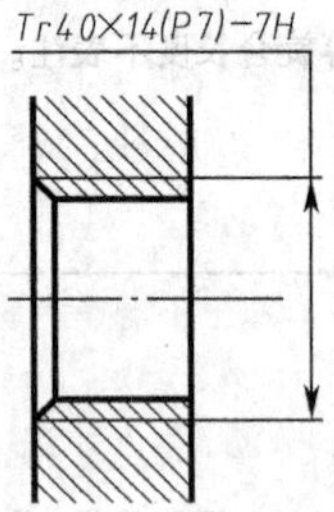Tr40×14(P7)-7H	Tr ——梯形螺纹 40 ——公称直径 40 mm 14(p7)——导程 14 mm，螺距 7 mm 7H ——中径公差带代号 其他信息：右旋，双线，中等旋合长度 如果是单线螺纹只标注螺距，右旋不标注，中等旋合长度不标注，只标注中径公差带代号。
锯齿形螺纹	S32×6-7e	S ——锯齿形螺纹 32——公称直径 32 mm 6 ——螺距 6 mm 7e——中径公差带代号 其他信息：右旋，单线，中等旋合长度 只需要标注中径公差带代号，无短旋合长度。

二、电子设备紧固件

电子设备在部件的组装、部分元器件的安装、定位时常用到紧固件，其中运用一对内、外螺纹的连接作用来连接和紧固一些零部件的零件称为螺纹紧固件。

1. 常用螺纹紧固件的种类及标记

常用的螺纹紧固件有螺栓、螺柱、螺钉、螺母和垫圈等。它们的结构和尺寸均已标准化，由专门的标准件厂成批生产。

常用螺纹紧固件的标注如表 7-3 所示，根据螺纹紧固件的标记就可在相应的标准中查出有关的形状和尺寸，见附录 B。

表 7-3 常用螺纹紧固件的标注

名称(标准号)	图例及规格尺寸	标记示例
六角头螺栓 GB/T 5782—2000 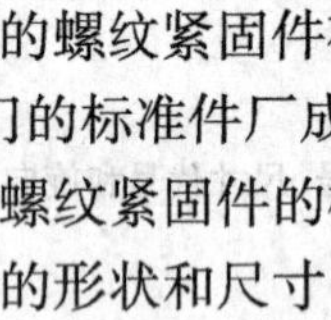	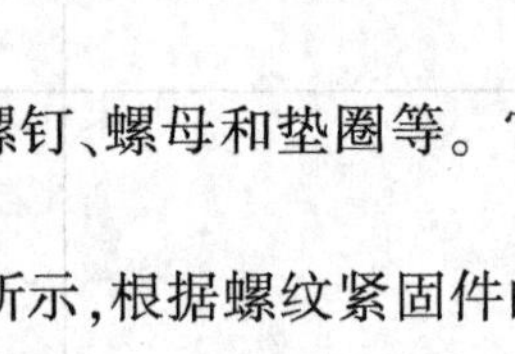M12 50	螺栓 GB/T 5782 M12×50

续表

名称(标准号)	图例及规格尺寸	标记示例
1型六角头螺母 GB/T 6170—2000 	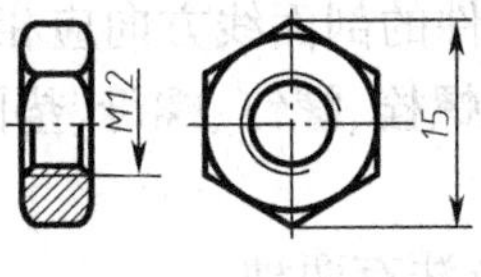 M12 15	螺母 GB/T 6170 M12
垫圈 GB/T 97.1—2002 	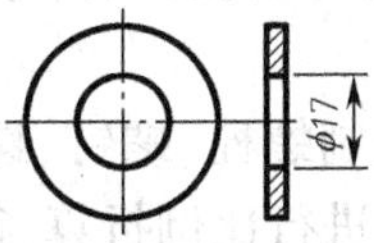 φ17 (公称直径16mm)	垫圈 GB/T 97.1 16
双头螺柱 GB/T 897—1988 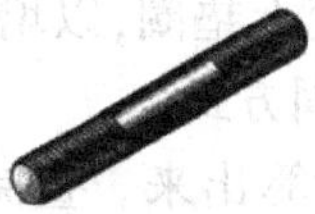	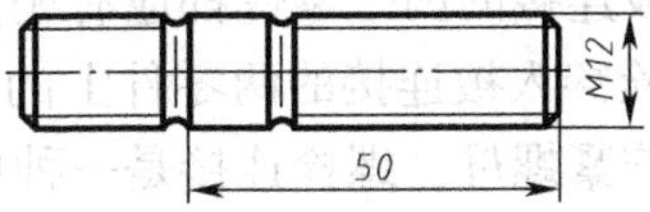 M12 50	双头螺柱 GB/T 897 M12×50
开槽沉头螺钉 GB/T 68—2000 	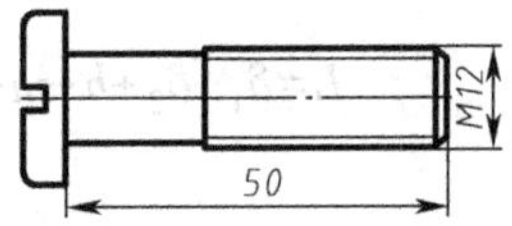 M12 50	螺钉 GB/T 65 M12×50
开槽沉头螺钉 GB/T 68—2000 	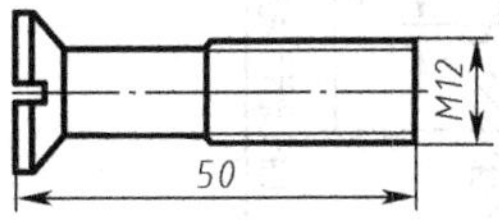 M12 50	螺钉 GB/T 68 M12×50
内六角圆柱头螺钉 GB/T 70.1—2008 	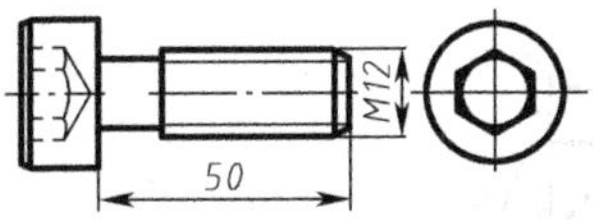 M12 50	螺钉 GB/T 70.1 M12×50
开槽锥端紧定螺钉 GB/T 71—2000 	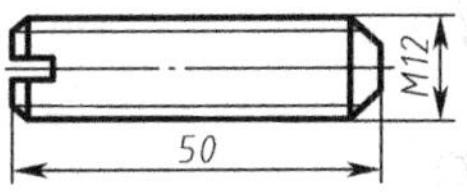 M12 50	螺钉 GB/T 71 M12×50

2. 螺纹连接件的绘制

在画螺纹连接图(即装配图)时应遵守以下基本规定:

①两零件的接触面只画一条线,非接触面画两条线。

②在剖视图中,相邻两零件的剖面线方向应相反或方向一致但间隔不等。

③剖切平面通过标准件(螺栓、螺钉、螺母、垫圈等)和实心件(如球、轴等)的轴线时,这些零件按不剖绘制。

画螺纹紧固件连接图的方法有两种:

①单个螺纹紧固件的画法可根据公称直径查附录 B 或有关标准,得出各部分的尺寸。

②可以采用比例画法,在绘制螺栓、螺钉、螺母和垫圈时,通常按螺纹规格 d、螺母的螺纹规格 D、垫圈的公称尺寸 d 进行比例折算,得出各部分尺寸后按近似画法画出。

(1) 螺栓连接

螺栓连接由螺栓、螺母、垫圈等组成,用于连接两个不太厚的并能钻成通孔的零件。为防止损伤螺栓的螺纹,被连接的两个零件都应有稍大的孔(孔径 $1.1d$,d 是螺栓的螺纹规格,即公称直径),将螺栓穿入被连接的两零件上的通孔中,再套上垫圈,以增加支承和防止擦伤零件表面,然后拧紧螺母。螺栓连接是一种可拆卸的紧固方式。

螺栓的公称长度 L,可根据零件的厚度、垫圈、螺母的厚度计算出来。查阅表 B-4、表 B-5 得出螺母、垫圈的 h、m 值,再加上被连接零件的厚度等,经计算后选定。从图 7-9(a)可知螺栓长度:

$$L=\delta_1+\delta_2+h+m+a$$

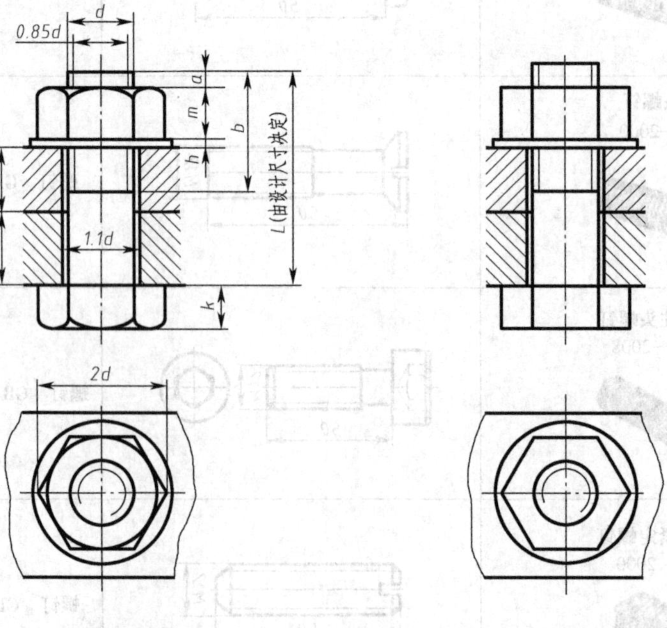
d
0.85d
a
m
b
h
δ2
δ1
1.1d
L(由设计尺寸决定)
k
2d

(a) 按比例画法　　(b) 简化画法

图 7-9　螺栓连接画法

其中 a 是螺栓伸出螺母的长度,一般可取 $0.3d$ 左右。上式计算得出数值后,再查阅表 B-3，从螺栓标准所规定的长度系列中，选取合适的 L 值。在按比例绘制时，孔径为 1.1d，小径为 0.85d，螺栓头部厚度 k = 0.7d，垫圈厚度 h = 0.15d，螺母厚度 m = 0.8d，六边形外接圆直径 D = 2d。在画螺栓连接装配图时，经常采用图 7-9(b) 中的简化画法。

(2) 螺钉连接

螺钉一般用在不经常拆卸且受力不大的地方。通常在较厚的零件上制出螺孔，在另一零件上加工出通孔。连接时，将螺钉穿过通孔旋入螺孔拧紧即可。画图时应注意：螺钉的螺纹终止线应在螺孔顶面以上；螺钉头部的一字槽在投影为圆的视图中按投影表示，并应绘制成与中心线倾斜 45°的位置，如图 7-10(a) 所示；为简化作图，将螺钉的各部分尺寸，按螺纹大径的一定比例画出，其详细尺寸可查阅表 B-7。对于不穿通的螺孔，可以不画出钻孔深度，仅按螺纹深度画出，如图 7-10(b) 所示。

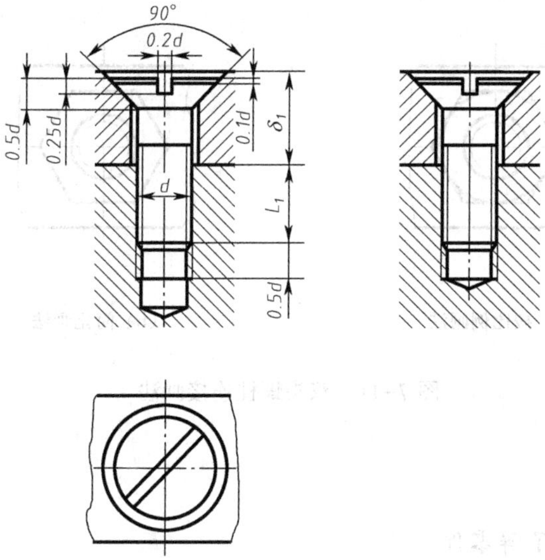
90°
0.2d
0.5d
0.25d
0.1d
δ1
d
L1
0.5d

(a)　　　　(b)

图 7-10　螺钉连接画法

(3) 双头螺柱连接

螺柱两端都有螺纹，用于被连接两个零件中，有一个较厚又经常需要拆卸的情况。

如图 7-11 所示，薄件上钻出稍大的通孔，厚件上加工出螺孔，螺柱的一端全部旋入厚件上的螺孔中，一般不再旋出，螺柱连接的下半部分与螺钉连接相似，上半部分与螺栓连接相似。其中螺孔深 H_1 等于 L_1+0.25d，L_1 为螺柱旋入端长度，其数值大小取 1.25d；孔深(钻孔深) H_2 等于螺孔深度的 1.25 倍。其详细尺寸可查阅表 B-6。

画图时要注意旋入端应完全旋入螺孔中，旋入端的螺纹终止线应与两个被连接零件接触面平齐。

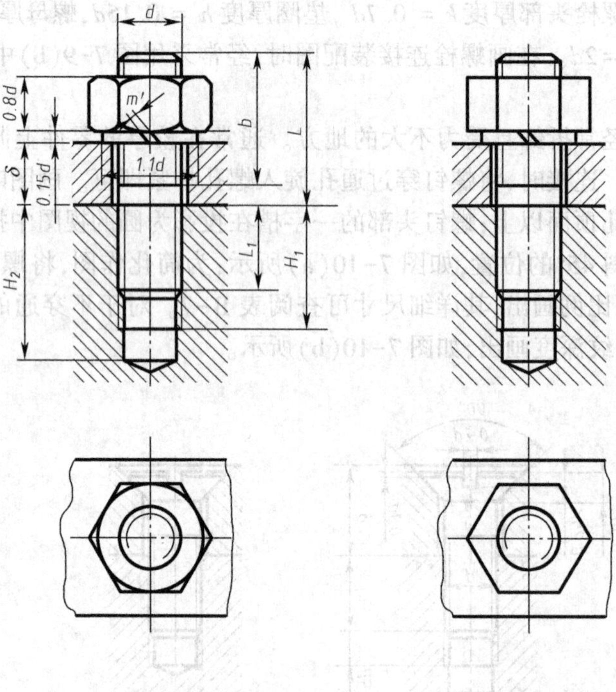
d
m'
0.8d
b
L
δ
0.15d
1.1d
L1
H1
H2

（a）按比例画法

（b）简化画法

图 7-11　双头螺柱连接画法

任务实施

1. 看标题栏，粗略了解零件

了解零件的名称、材料、绘图比例等内容。此零件是电缆接头座，采用的材料是黄铜，绘图比例 1∶1。

通过查阅资料了解到电缆接头是一种为电缆（包括通讯电缆）和电缆端头提供接通和断开的装置。应用在医疗、工业控制、仪器仪表、检测、广播电视和通讯、航空航天等领域。

连接方式主要有：螺纹式连接，卡口式连接和弹子式连接三种。

2. 分析视图

找出主视图，分析各视图之间的投影关系、采用的表达方法。

由于盘盖类零件的多数表面是在车床和磨车上加工的，为方便工人对照看图，主视图往往也按加工位置摆放。

选择垂直于轴线的方向作为主视图的投射方向，主视图轴线侧垂放置。若有内部结构，主视图常采用半剖、全剖或局部剖视图表达。还未表达清楚的局部结构，常用局部视图、局部剖视图、断面图和局部放大图等补充表达。

图 7-12 所示的零件是一个电缆接头座，主要在车床和磨车上加工。由于该零件上有较多的孔，故以它的加工位置为主视图的投射方向，且主视图采用半剖，同时表达内、外

结构。除主视图外，再用一个左视图就可以把整个零件表达清楚了。

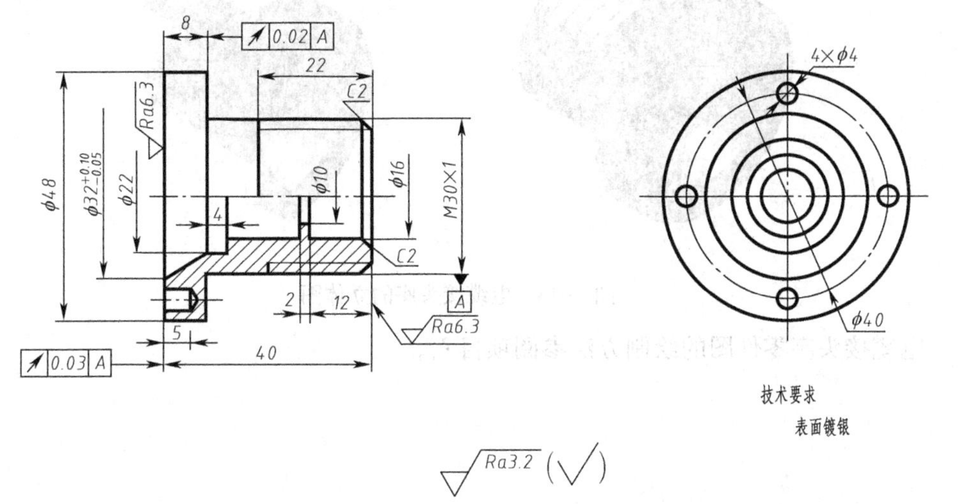

8
0.02 A
22
C2
Ra6.3
φ48
$\phi32^{+0.10}_{-0.05}$
φ22
φ10
φ16
M30×1
4
C2
A
2
12
Ra6.3
5
40
0.03 A
4×φ4
φ40
技术要求
表面镀银
Ra3.2 (√)

电缆接头座			材料	黄铜	比例	1:1
			数量		图号	
制图			(学校名称)			
审核						

图 7-12 电缆接头座零件图

3. 分析投影，想象零件的结构形状

按投影基本规律将视图对应起来看图，同时注意看图原则：先看整体，后看细节；先看主要部分，后看次要部分；先看容易看懂部分，后看难懂部分。按投影对应关系分析形体，兼顾零件的尺寸及其功用。

4. 分析尺寸

找出长、宽、高三个方向的尺寸基准，然后找出主要尺寸。

选用零件的中心轴线为径向尺寸的尺寸基准，即高度和宽度的尺寸基准，如图 7-12 所示的 φ48、φ22、φ16、M30×1 等，其中 M30×1 表示该处加工有普通细牙螺纹，螺距为 1 mm 。长度方向的主要基准一般选重要的端面、接触面，如图 7-12 所示，以加工有螺纹 M30×1 的柱体的右端面为长度方向的主要尺寸基准，标注 40、22、12 等尺寸。盘盖类零件各部分的定位尺寸和定形尺寸比较明显，圆周均匀分布小孔用“4×φ”形式标注。

5. 技术要求

看懂粗糙度、尺寸公差、几何公差等技术要求。

有配合关系的表面及轴向定位的端面，其表面粗糙度参数值较小。有配合关系的尺寸要给出恰当的尺寸公差，如 $\phi32^{+0.10}_{-0.05}$；与其他零件相接触的表面，尤其与运动零件相接处的表面应有几何公差的要求，如标注电缆接头座的左端面对于螺纹 M30×1 轴线的圆跳公差为 0.03 mm。

同时还有文字标注的技术说明，如要求表面镀银。

通过对电缆接头座的零件图的分析，综合想象出零件的结构形状如图 7-13 所示（螺纹部分夸大画出）。

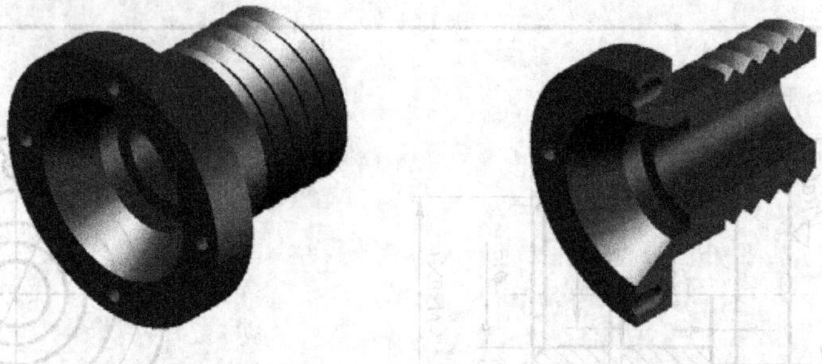

图 7-13 电缆接头座的立体图

电缆接头座零件图的绘制方法参阅项目六。

项目八

箱壳类零件

知识目标

(1)掌握箱壳类零件的视图表达方法。

(2)掌握箱壳类零件的尺寸标注和技术要求。

(3)掌握零部件测绘的方法与步骤、零件尺寸的测量方法,掌握箱壳类零件的测绘和草图绘制方法。

能力目标

(1)具有表达箱壳类零件的能力,能正确阅读和绘制箱壳类零件的零件图。

(2)能熟练使用测绘工具进行零件测量,并绘制草图。

项目引入

箱类零件是机器或部件上的主体零件之一,其结构形状往往比较复杂,主要用来支承、容纳、保护运动零件或其他零件,也起定位和密封的作用,如图 8-1(a)、(b)所示的阀体和泵体。箱体类零件大致由以下几个部分构成:容纳运动零件或储存润滑液、气体的内腔,由厚薄较均匀的壁部组成;其上有支承和安装运动零件的孔及安装端盖的凸台(或凹坑)等;如需要固定安装,还要有将箱体固定在机座上的安装底板及安装孔等。

屏蔽罩、外壳、底盘、盒都属于壳体类零件,它们是由板材经过剪切后,再经引伸或挤压成型的空心构件,一般带有圆形或方形内腔。如图 8-1(c)、(d)所示的小盒和微型机机箱,就是壳体类零件,通常结构比较复杂,往往需要两个或更多个视图加以表示,另外还要借助剖视图、断面图才能将其内外结构表达清楚。

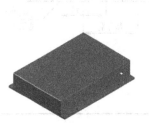

(a) 电磁阀阀座

(b) 齿轮油泵泵体

(c) 小盒

(d) 微型机机箱

图 8-1　箱壳类零件

任务1 箱体零件图的识读

知识准备及拓展

由于箱类零件结构复杂，加工位置变化大，所以通常以自然安放位置或工作位置作为主视图的摆放位置（即零件的摆放位置），以最能反映其形状特征及结构间相对位置的一面作为主视图的投射方向。一般需要两个或两个以上的基本视图才能将其主要结构形状表示清楚，同时，根据具体零件的需要选择合适的视图、剖视图、断面图来表达其复杂的内外结构，往往还需局部视图、局部剖视和局部放大图等来表达尚未表达清楚的局部结构。

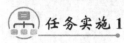

任务实施1

一、箱体的表达方法

如图8-2所示的电磁阀的阀座，气体从右侧进气端进入阀体，当电磁阀处于导通状态时，衔铁抬起，气体从1 mm气孔中冲出，通过1 mm小孔所在的小锥台旁边的2 mm小孔进入左侧出气管部分，此处位置非常小，所以定位很严格，对尺寸公差要求高。阀座上端与套筒连接，为便于磁力线屏蔽和气体密封不渗漏，连接方式采用英制管螺纹，采用55°非密封管螺纹加上密封垫圈的方式连接，选择螺纹代号G1/2A。阀座左右两端与进气管和出气管的连接采用密封性锥管螺纹，选择螺纹代号RP 3/8。

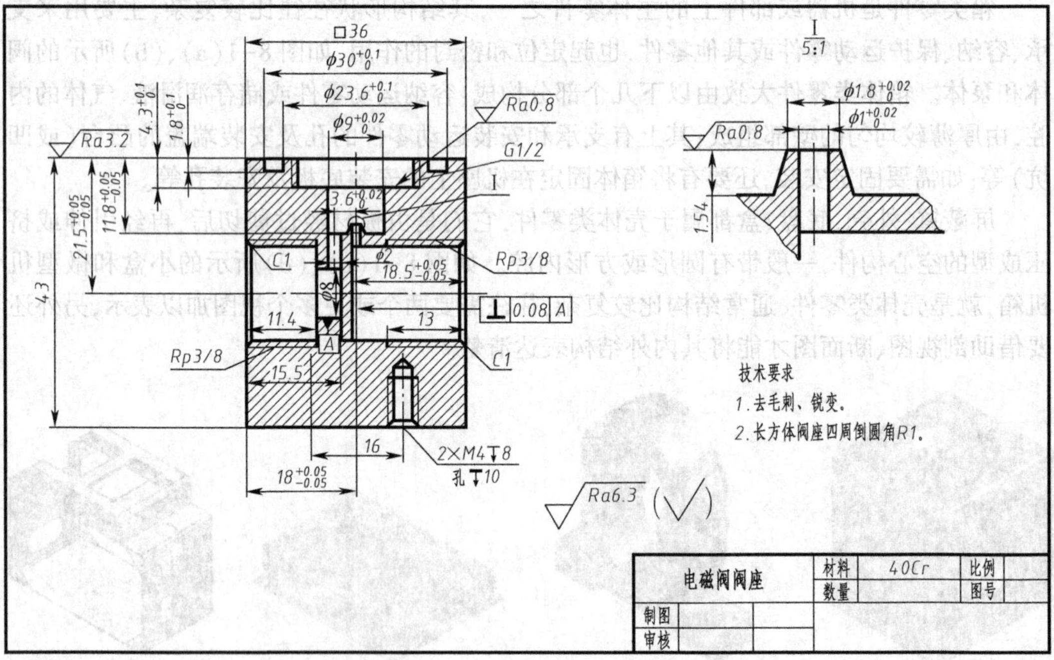

□36
Ra0.8
G1/2
Ra3.2
Rp3/8
C1
11.4
13
15.5
16
2×M4↧8
孔↧10
I
5:1
Ra0.8
1.54
技术要求
1. 去毛刺、锐变.
2. 长方体阀座四周倒圆角R1.
Ra6.3 (√)
电磁阀阀座
材料
40Cr
比例
数量
图号
制图
审核

图8-2 电磁阀阀座的零件图

主视图采用了全剖视图，表达了阀座的内部结构形状，在宽度尺寸36前，标注符号

“□”,表示该阀座的上顶面为正方形,因内部所用孔均为圆形孔,所以省略了左视图;对于小锥台,因图中难以表达清楚,所以采用局部放大的方法进行表达。

二、箱体的尺寸及技术要求

对于该类零件,通常选用有设计要求的轴线、重要的安装面、接触面、加工面或箱体结构的对称面等作为尺寸基准。将图 8-2 水平中心线作为高度方向的主要尺寸基准,标注 41、21.5 等尺寸;阀体的上端面是重要的接触面,所以,将其作为高度方向的辅助尺寸基准,标注 1.8、4.3、11.8 等尺寸;铅垂、水平轴线的交点是电磁阀的工作中心点,因此,选用铅垂轴线作为长度方向的主要尺寸基准,标注 $\phi30$、$\phi23.6$、$\phi9$、3.6 等尺寸;左端面是长度方向的辅助尺寸基准,可以它为基准标注 15.5、8.5 等尺寸。

尺寸“$\frac{2\text{X}M4\text{↧}8}{\text{孔↧}10}$”是对不通螺孔的表示方法,表示两个螺孔 M4 的螺纹长度 8 mm,钻孔深度 10 mm。

箱类零件应根据具体使用要求确定各加工面、接触面的表面粗糙度和尺寸精度。如该零件图中,重要的配合面粗糙度取了 0.8、3.2 等;重要的中心距、重要的孔和重要的表面,应该有尺寸公差和形位公差的要求,如尺寸公差 $21.5^{+0.05}_{-0.05}$、$\phi30^{+0.1}_{0}$、$\phi9^{+0.02}_{0}$ 等以及标注的垂直度公差 0.08。

通过对电磁阀阀座的零件图的分析,综合想象出零件的结构形状如图 8-3 所示。

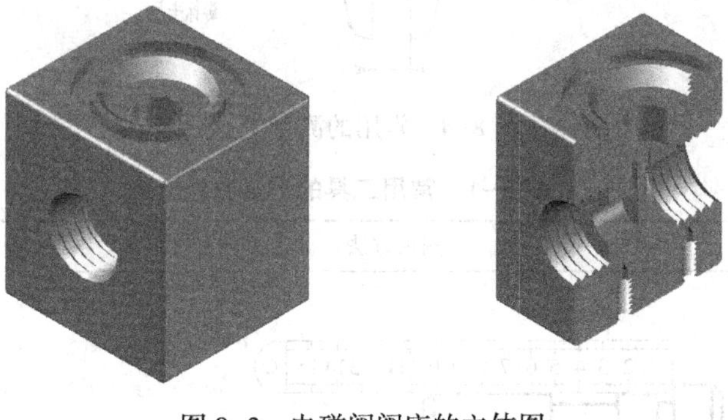

图 8-3 电磁阀阀座的立体图

任务 2 壳体类零件的测绘

知识准备及拓展

一、零件测绘的一般过程

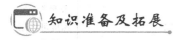

(1)了解和分析零件。测绘时,先要了解零件的名称、材料及其在装配图上的作用,与其他零件的关系,再对零件的结构形状、制作工艺过程、技术要求及热处理等进行全面的了解和分析。

(2)确定表达方案。在对零件全面了解、认真分析的基础上,根据零件表达方案的选择原则,确定最佳表达方案。

(3)根据确定的表达方案绘制草图。测绘零件的全部尺寸并标注。

(4)零件的各项技术要求,包括尺寸公差、几何公差、表面结构要求等,应根据零件在装配体中的位置、作用等因素来确定。也可参考同类产品的图纸确定。

二、常用测量工具及其测量方法

常用的测量工具如图 8-4 所示,各类尺寸的测量方法如表 8-1 所示。

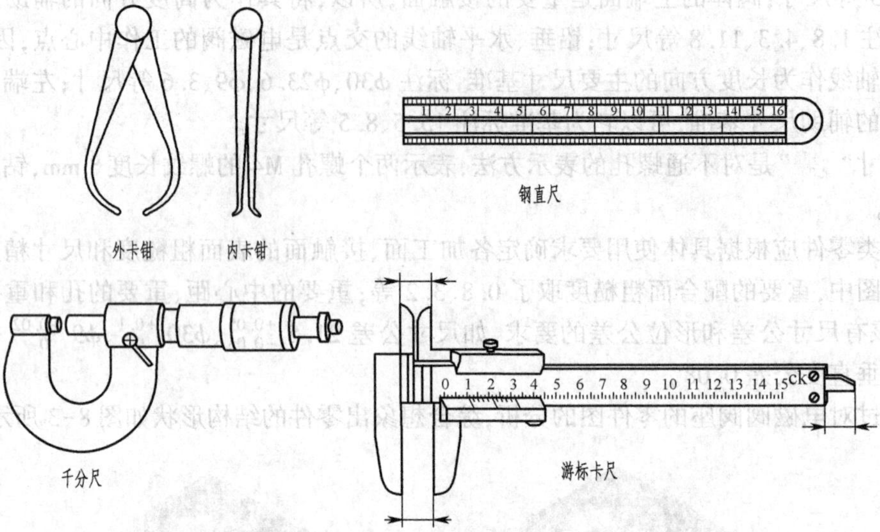
外卡钳
内卡钳
钢直尺
千分尺
游标卡尺

图 8-4　常用的测量工具

表 8-1　常用工具的测量方法

测量内容	测量方法	说明
线性尺寸的测量	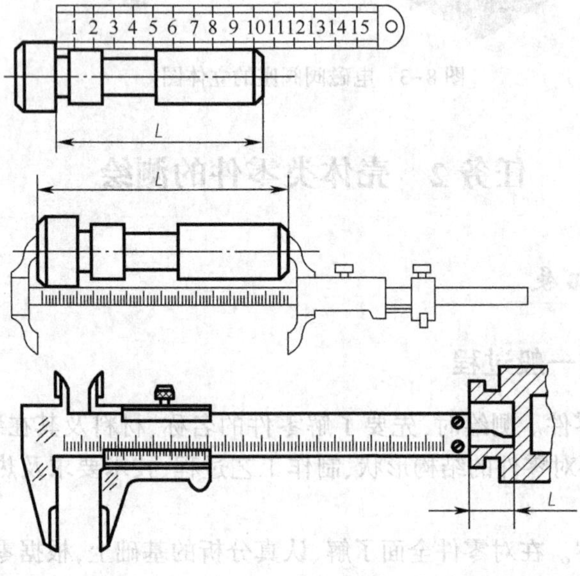	线性尺寸可以直接用直尺或游标卡尺测量;深度可以用直尺或游标卡尺的尾部测量

续表

测量内容	测量方法	说明
直径的测量	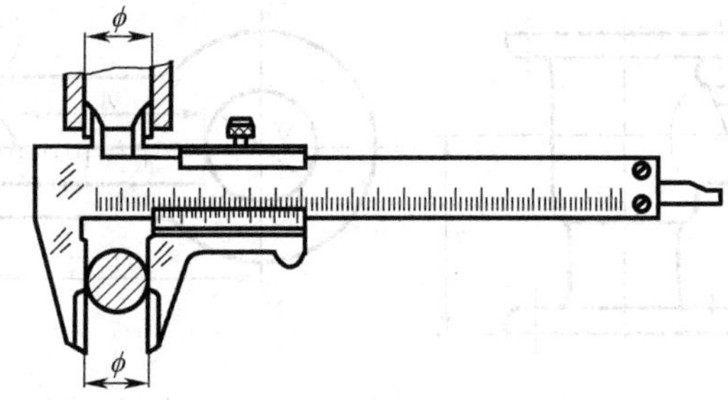φ φ 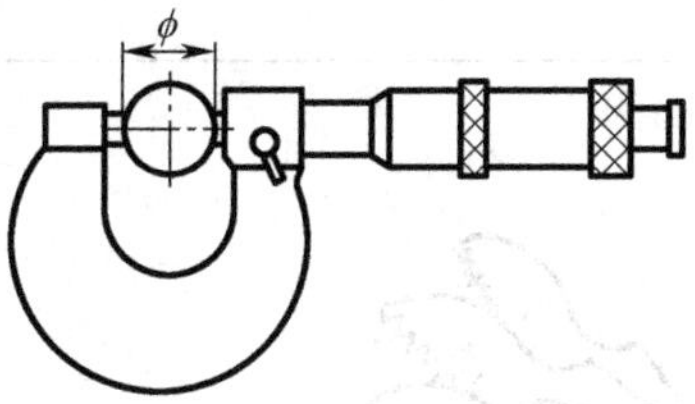φ	游标卡尺的上部可用来测量内径，下部可测量外径；外径也可以用千分尺测量
壁厚尺寸的测量	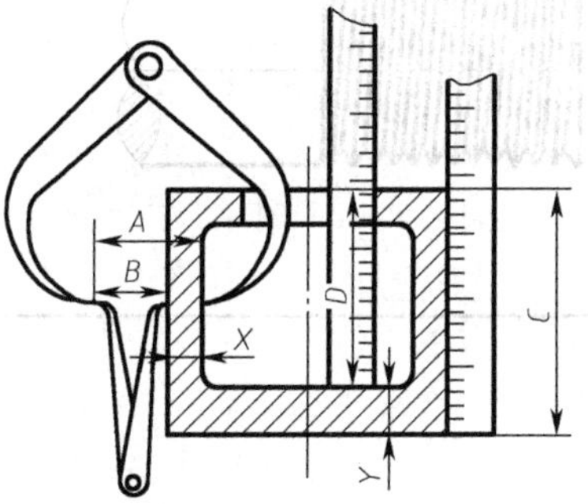A B X D C Y $X=A-B$ $Y=C-D$ 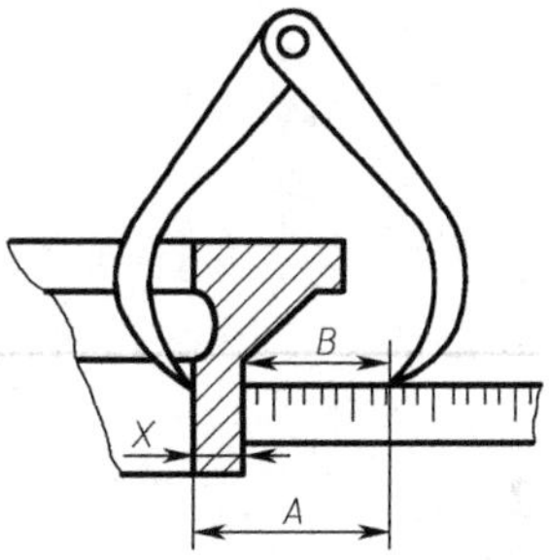B X A $X=A-B$	壁厚可以用直尺测量，如左图中零件的底部厚度 $Y=C-D$； 也可以用直尺和卡钳配合，如右图中零件的侧壁厚度 $X=A-B$。
孔间距的测量	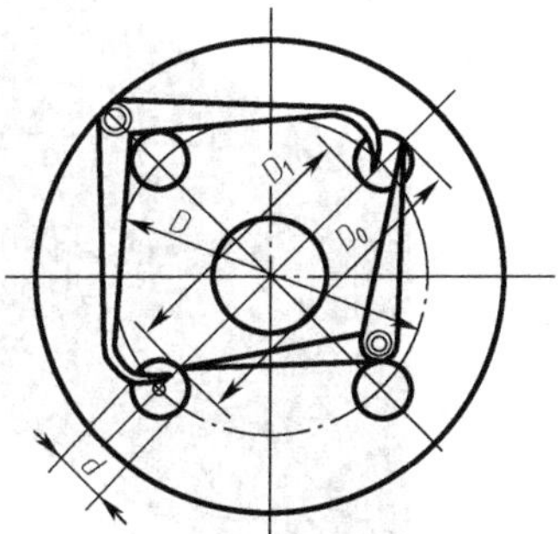D D₁ D₀ d $D=D_2+d$ $d=D_0-D_1$ 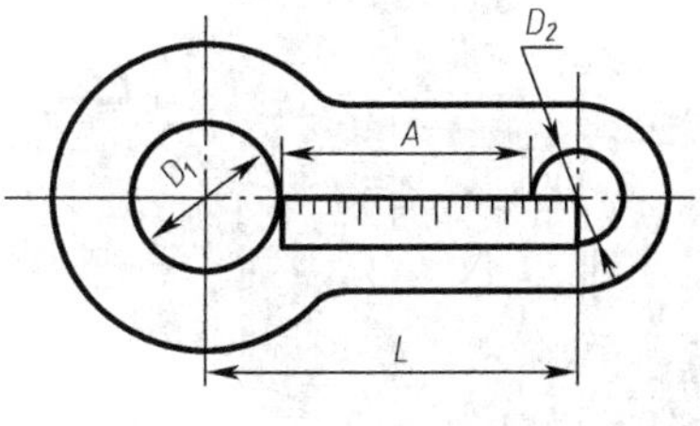D₂ D₁ A L $L=A+(D_1+D_2)/2$	孔间距可用内、外卡钳（或游标卡尺）结合直尺测量，通过简单计算得出

续表

测量内容	测量方法	说明
中心距的测量	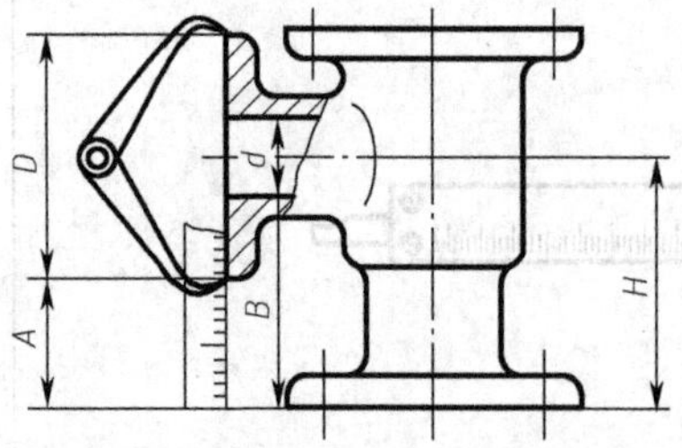D d A B H $H=A+D/2$ $=B+d/2$ 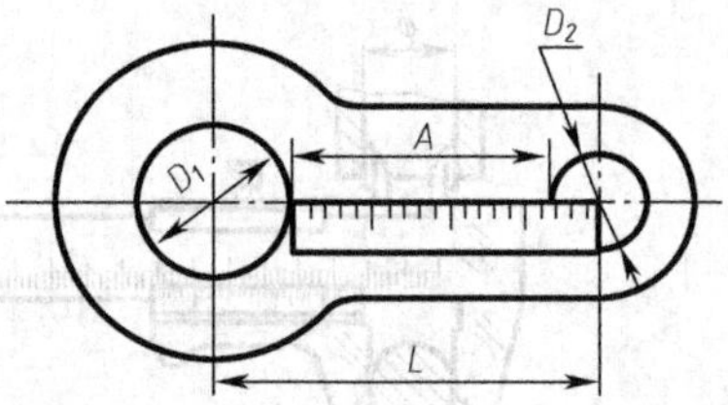D2 D1 A L $L=A+(D_1+D_2)/2$	用卡钳和直尺配合测量，计算得出中心距
螺纹螺距的测量	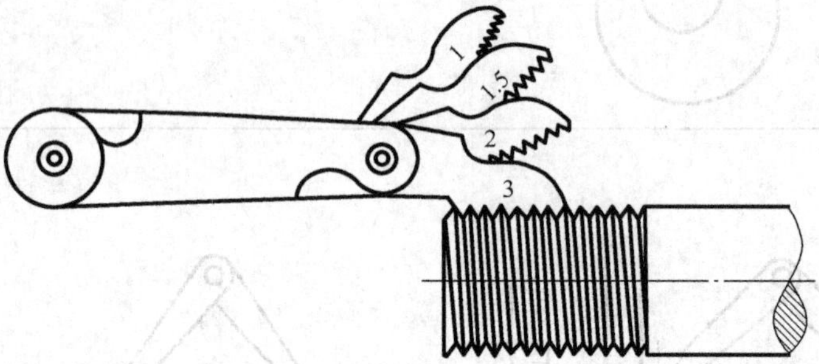1 1.5 2 3	(1)用螺纹规确定螺纹的牙型和螺距； (2)用游标卡尺测量螺纹大径； (3)目测螺纹的线数和旋向； (4)查有关手册，根据标准圆整

任务实施2

1. 壳体类零件的特点

壳体类零件是由板材经过剪切后，再经引伸或挤压成型的空心构件，一般带有圆形或方形内腔。如图8-5所示的小盒就是壳体类零件。

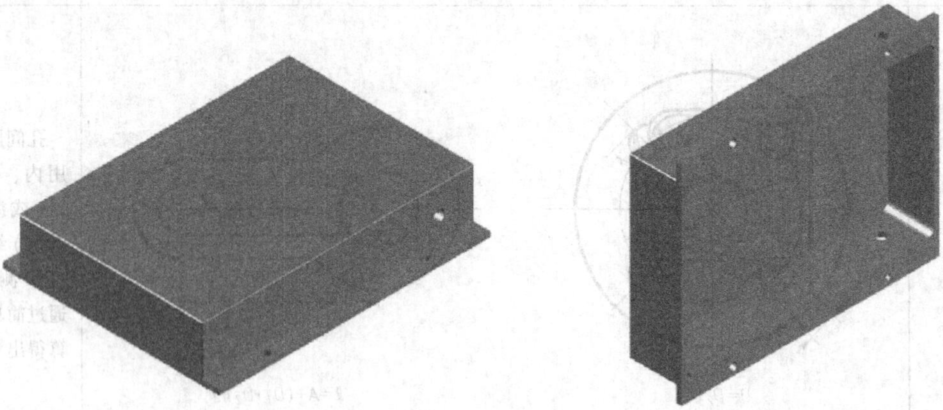

图8-5　小盒

2. 小盒的测绘步骤

草图应徒手以目测的比例绘制在坐标纸或白纸上。草图绘制要做到内容完整、表达正确、尺寸齐全、比例匀称。

由于测绘是在现场进行的，所画的草图不一定很完善，在画零件图之前，要对草图进行全面的校核。对所测得尺寸参照相关标准进行圆整；标准件不需画零件草图，但要测出其规格尺寸，并根据其结构和外形，从有关标准中查出它的标准代号，将名称、代号、规格尺寸等填入装配图的明细栏中。

(1)根据零件的复杂程度、体积大小、结构形状，确定绘图比例。

(2)画草图图形。

主视图选择如图 8-6 所示，主视图与俯视图均采用局部剖将内腔、通孔和底板上的安装孔进行表达，底板上的锥型沉孔在主视图中采用局部剖视图只能表达其基本形状和位置，不够清晰，所以，选用局部放大图进行表达。草图绘制如图 8-7(a)、(b)所示。

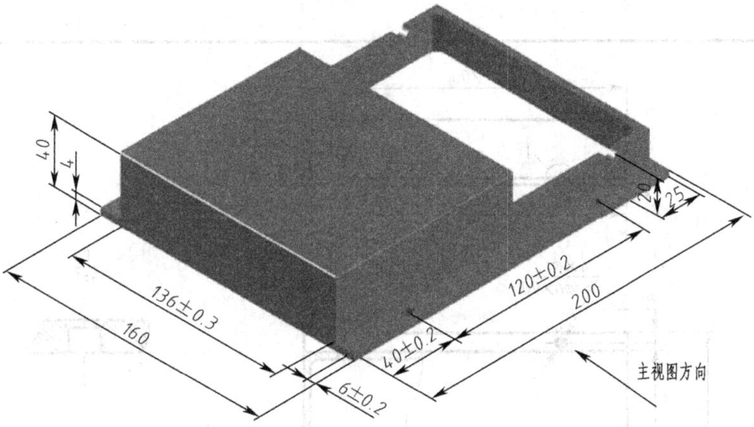
40
4
20
25
120±0.2
200
136±0.3
160
40±0.2
6±0.2
主视图方向

图 8-6 小盒的主视图选择与尺寸测量

(3)测量并标注尺寸

箱壳类零件的测绘方法应根据各部位的形状和精度要求来选择，对于一般线性尺寸可以用钢直尺和钢卷尺度量，如小盒的总长、总高和总宽等外形尺寸。对有配合要求的安装孔的位置，例如小盒上的锥型沉孔$\frac{4\times\phi4}{\vee\phi6\times90^\circ}$的定位尺寸，要用游标卡尺或千分尺测量，以保证尺寸的准确、可靠。

测量图 8-6 所示的小盒的尺寸，同时测量通孔 $\phi8$ 的直径以及锥型沉孔的尺寸并标注，绘制并填写标题栏，完成草图绘制。小盒草图如图 8-7 所示。

(4)绘制规范的零件图

最后整理绘制规范的零件图如图 8-8 所示。

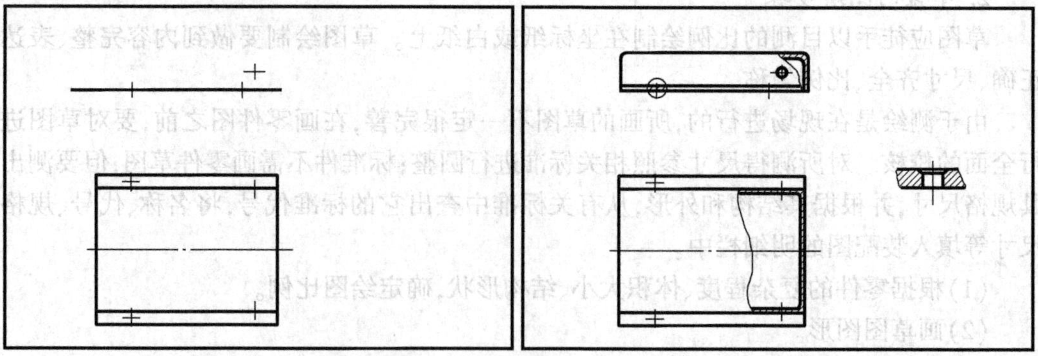

（a）画中心线、布图　　　　（b）画轮廓线及局部放大图

图 8-7　小盒草图绘制

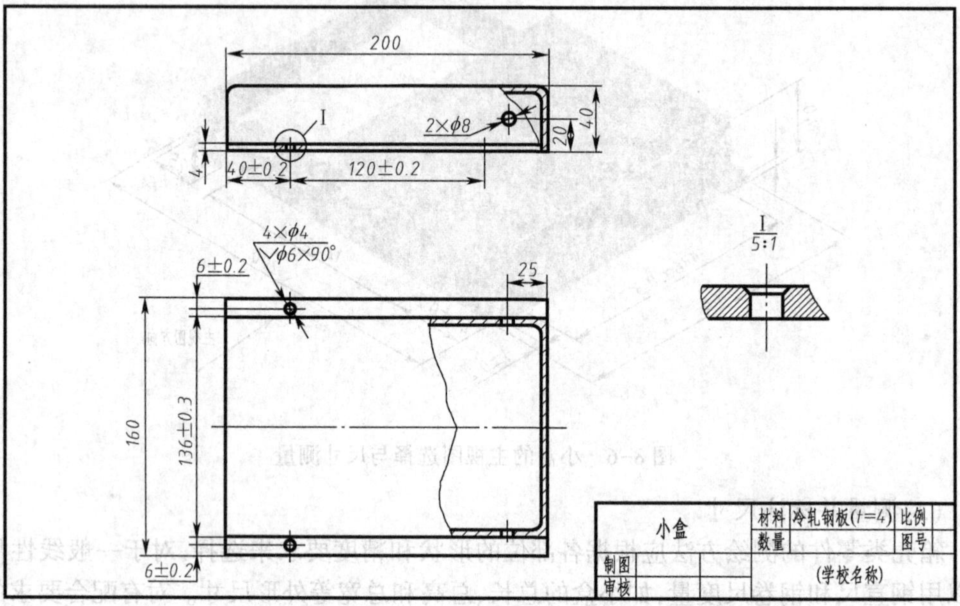
200
I
2×ϕ8
40
20
4
40±0.2
120±0.2
4×ϕ4
⌵ϕ6×90°
6±0.2
25
I
5:1
160
136±0.3
6±0.2
小盒
材料
冷轧钢板(t=4)
比例
数量
图号
制图
审核
(学校名称)

图 8-8　小盒的零件图

项目九

装配图

知识目标

(1)了解装配图的作用与内容。

(2)掌握装配图的基本画法和特殊要求。

(3)掌握装配图的尺寸标注及技术要求。

(4)掌握装配图的读图要求和读图方法。

(5)掌握由装配图拆画零件图的方法和步骤。

能力目标

(1)能正确阅读中等复杂程度的装配图。

(2)初步具备由装配图拆画零件图的能力。

项目引入

随着信息技术、电子技术的迅猛发展,电子市场的竞争越来越激烈。如何在最短的时间内开发出功能、性能满足客户需求的产品,并在最短的时间内成功占领市场是企业致胜的法宝。在进行电子产品设计和生产时,通常需要经过多个环节,由很多人和部门精心组织、协同工作,才能完成。

对于任何电气设备和机器,在设计产品时,传统的做法通常是根据设计任务书,先画出符合设计要求的装配图,再根据装配图画出符合要求的零件图;接着进行工艺设计、工装设计、制订生产计划、备料等,才能进入到实际的生产阶段。

在制造时,先制造出零件,然后把零件装配成部件,再把部件和零件装配成机器(整件),最后根据要求把机器(整件)配套成设备。在此过程中需要根据装配图,制订装配工艺规程,进行装配、调试和产品检验;在使用产品时,要从装配图上了解产品的结构、性能、工作原理及保养、维修的方法和要求等。

因此,装配图和零件图一样,是生产和科研中的重要技术文件之一。

本项目以电磁阀的设计过程为例,介绍企业电子产品结构设计过程,讲述装配图的读图方法、表达方法及拆画零件图的过程。

任务 1　装配图的绘制

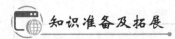

知识准备及拓展

一、电子产品的设计、制造与电子工程图

1. 传统的二维设计方法

传统的设计方法是由二维到三维，由图样还原出零件。二维设计的流程是先绘制产品的装配图，再根据装配图拆画零件图，在拆画的过程中，要进一步完善零件的结构形状，标注装配图中已注出的尺寸，补充完整装配图中没有的零件尺寸。相关人员需要认真阅读这些图形，理解设计意图，通过不同视图的描述想象出三维产品的每一个细节。

2. 三维设计方法

三维设计都是从三维实体造型开始，三维实体生成后，可自动生成二维工程图，这就使设计人员不必耗费精力考虑产品的图形表达。二维工程图与三维实体全相关，对三维实体的修改，会直接反映到二维工程图中。一个零件的尺寸修改，也可使相关零件的图形发生变化，这就大大提高了设计效率，缩短了产品的设计周期。常用的产品三维设计软件有 Autodesk Inventor、Solidworks、UG、Creo 等。三维设计的装配模式分为“自下而上”和“自上而下”两种设计方法。

“自下而上”的设计方法是由局部到整体的设计方法，就是先绘制零部件，然后再将其插入装配体文件中进行组装配合，构成整个装配体。当零部件的相互配合关系较为简单，或者结构、尺寸都已确定，不需要再改动时，一般采用这种设计方法。

“自上而下”的设计方法是由整体到局部的设计方法，就是从装配架构中开始设计工作，根据配合架构确定零件的位置及结构。“自上而下”的设计思想和设计过程非常符合实际，在进行新产品设计或在装配体零部件的相互配合关系较为复杂时多选用这种设计方法。

无论是采用二维设计方法还是三维设计方法，都需要二维的工程图纸指导生产，所以零件图、装配图的绘制和阅读仍然是工程技术人员必备的基本功。

电子产品设计和生产一般需要经过任务需求分析、方案设计、技术设计、产品制造四大环节，除了绘制产品的零件图和装配图，还必须绘制电原理图、印制版、电路图等。现代设计生产，为了提高设计质量，缩短设计生产周期，需要进行产品装配仿真，布线前、后仿真，对产品的信号完整性、电磁兼容性、产品散热情况、各种功能、性能作出评估，使得产品设计一次成功成为了现实。

二、装配图的作用与内容

如图 9-1 所示，表达机器或部件的工作原理、零件间的装配关系和技术要求的图样，称为装配图。对于电气设备，根据其结构特点和复杂程度，可分为以下几类：

(1)成套设备。成套设备是由若干独立的机器(整件)组成的产品,这些整件一般在出厂时不需要经过装配或安装来互相连接。如程控交换设备、大型计算机。

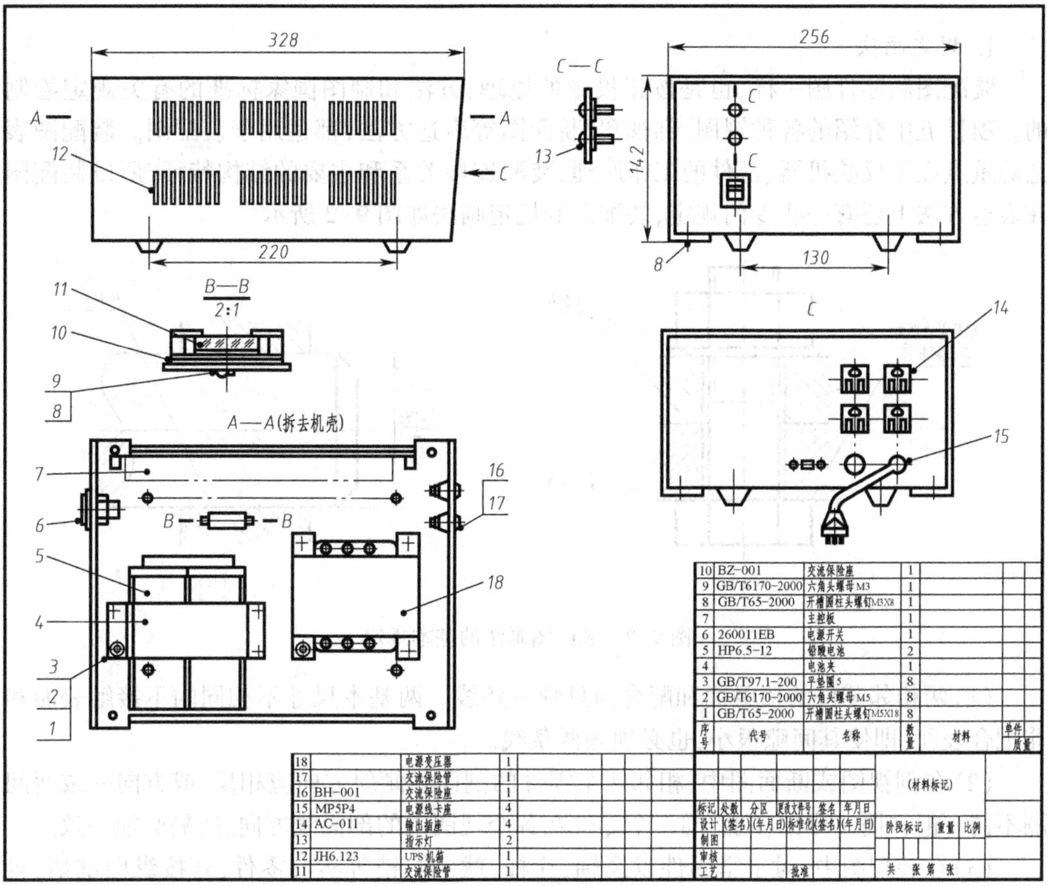
328
A
A
12
C
220
C—C
13
256
C
C
C
142
8
130
B—B
2:1
11
10
9
8
A—A(拆去机壳)
7
6
5
4
3
2
1
B
B
16
17
18
C
14
15
10 BZ-001 交流保险座 1
9 GB/T6170-2000 六角头螺母 M3 1
8 GB/T65-2000 开槽圆柱头螺钉M3X8 1
7 主控板 1
6 260011EB 电源开关 1
5 HP6.5-12 铅酸电池 2
4 电池夹 1
3 GB/T97.1-200 平垫圈 5 8
2 GB/T6170-2000 六角头螺母 M5 8
1 GB/T65-2000 开槽圆柱头螺钉M5X18 8
序号 代号 名称 数量 材料 单件 质量
18 电源变压器 1
17 交流保险管 1
16 BH-001 交流保险座 1
15 MP5P4 电源线卡座 4
14 AC-011 输出插座 4
13 指示灯 2
12 JH6.123 UPS 机箱 1
11 交流保险管 1
(材料标记)
标记 处数 分区 更改文件号 签名 年月日
设计 (签名) (年月日) 标准化 (签名) (年月日)
阶段标记 重量 比例
制图
审核
工艺 批准
共 张 第 张

图 9-1　UPS 电源装配图

(2)机器(整件)。机器是由零件、部件等装配组成的具有独立结构、独立用途或应用广泛的产品。如打印机、绘图仪、程控交换机等。

(3)部件。部件是由多个零件组成的中间产品,是在装配比较复杂产品时必须经过的中间阶段,如电磁阀、光驱、硬盘等。

根据电气设备的结构特点和复杂程度,其图纸的复杂程度和数量有所不同。一张完整的装配图通常应具有以下基本内容。

(1)必要数量的视图。完整、清晰地表达装配体的工作原理、零件之间的装配关系和零件的主要结构特征。

(2)必要的尺寸。主要包括与机器或部件有关的规格尺寸、装配尺寸、安装尺寸、外形尺寸以及其他重要尺寸。

(3)技术要求。用文字或符号说明与机器或部件有关的性能、装配、检验、安装、调试、维修和使用等方面的特殊要求。

(4)零件的序号、明细表和标题栏。说明机器、部件及其所包含的零件的名称、代号、数量、材料、比例、图号、设计单位以及设计、审核者的签名和日期等。

三、装配图的表达方法

1. 规定画法

装配图和零件图一样，也是按正投影的原理、方法和制图国家标准的有关规定绘制的。项目五中介绍的各种视图、剖视图、断面图等表达方法，都适用于装配图。装配图表达的重点在于反映机器、部件的工作原理、装配连接关系和主要的结构特征，所以装配图在表达方法上还有一些专门规定，装配图的规定画法如图 9-2 所示。

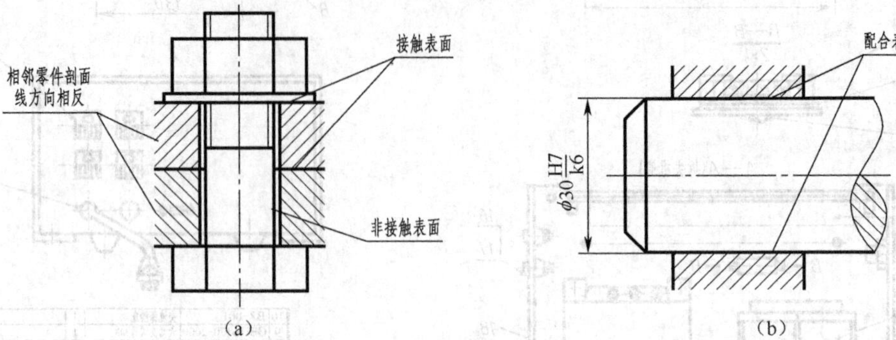

相邻零件剖面
线方向相反
接触表面
非接触表面
(a)
配合表面
$\phi 30\frac{H7}{k6}$
(b)

图 9-2　装配图画法的基本规定

(1)两相邻零件的接触面和配合面只画一条线。两基本尺寸不相同的不接触表面和非配合表面，即使其间隙很小，也必须画两条线。

(2)在剖视图或断面图中，相邻两个零件的剖面线倾斜方向应相反，或方向一致而间隔不同。但在同一张图样上，同一个零件在各个视图中的剖面线方向、间隔必须一致。

(3)在装配图中，对于紧固件以及轴、连杆、球、键、销等实心零件，若按纵向剖切，且剖切平面通过其对称平面或轴线时，则这些零件均按不剖绘制，如图 9-4 中所示的螺栓、螺母、垫圈和轴。

(4) 在装配图中，零件之间装配被遮挡看不见的部分的轮廓线一般不需要画出。

2. 特殊表达方法

(1)拆卸画法

在某一个视图中，当某些可拆卸的零件(如手轮、盖子、外壳等)遮住了其他零件而影响其清晰表达时，可假想把该零件拆去后，绘制要表达的部分。采用拆卸画法，一般应在图的上方注上“拆去××”、“拆去×-×号件”等字样，如图 9-1、图 9-3 所示。

(2)夸大画法

在装配图中，如绘制厚度很小的薄片、直径很小的孔以及很小的锥度、斜度和尺寸很小的非配合间隙时，这些结构可不按原比例而夸大画出，如图 9-4 中所示的垫片。

(3)简化画法

在装配图中，零件的工艺结构，如圆角、倒角、退刀槽等可不画出，如图 9-4 中轴端倒角和退刀槽都未画出。

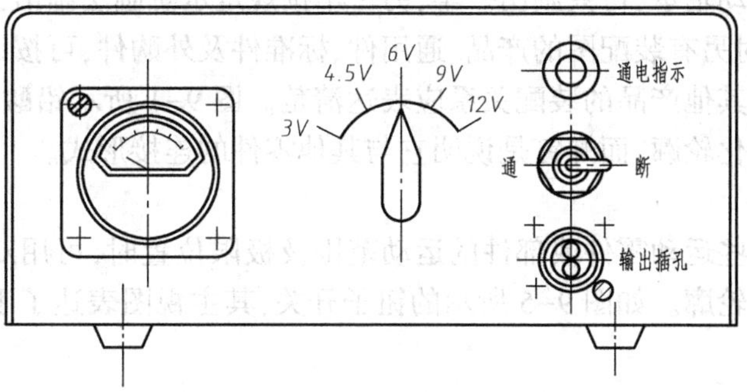
4.5V
6V
9V
12V
3V
通电指示
通
断
输出插孔
拆去外壳

图 9-3 拆卸画法

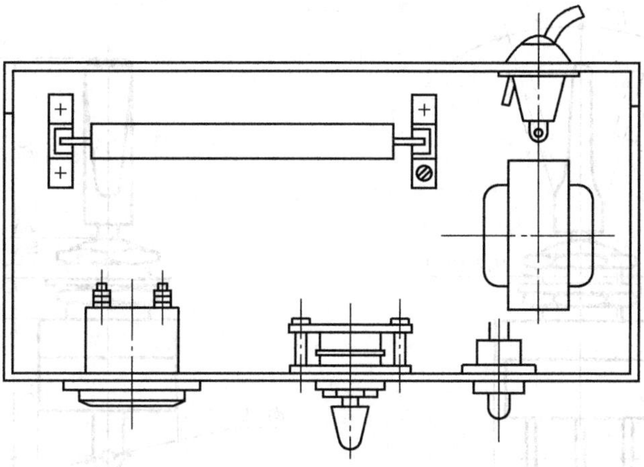
螺钉采用简化画法
轴端倒角、退刀槽均省略
省略螺钉
轴承采用
简化画法
垫片厚度采用夸大画法

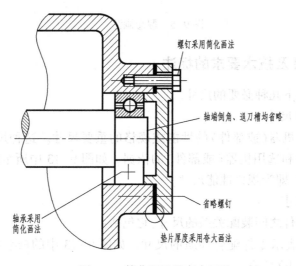

图 9-4 简化画法及夸大画法

在装配图中，螺栓、螺母、螺钉等可按简化画法画出，对于装配图中若干相同的零件组，如螺栓、螺母、垫圈等，可只详细地画出一组或几组，其余只用点画线表示出装配位置即可，如图 9-1、图 9-4 所示。

装配图中的滚动轴承，可只画出一半，另一半按规定示意画法画出，如图 9-4 所示。

在装配图中，对另有装配图的产品、通用件、标准件及外购件，可按该产品简化轮廓图代替其视图。但与其他产品的装配关系应表达清楚。图 9-1 所示铅酸电池就是外购件，图中只画出它的简化轮廓，而螺钉是说明它与其他零件的连接形式。

(4) 假想画法

当需要表达某些运动零件或部件的运动范围及极限位置时，可用双点画线画出该零件极限位置的外形轮廓。如图 9-5 所示的钮子开关，其主视图表达了手柄左右拨动的极限位置。

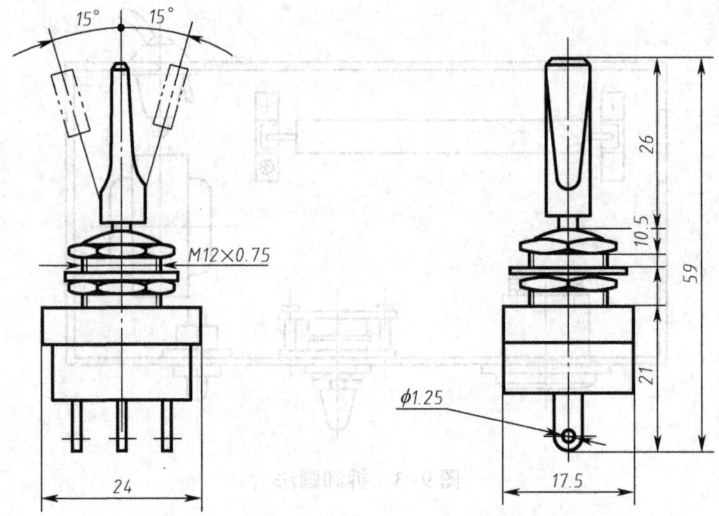
15°
15°
M12×0.75
24
26
10.5
59
21
ϕ1.25
17.5

图 9-5　假想画法

四、装配图尺寸及技术要求的标注

装配图应标注以下几种必要的尺寸。

(1) 性能(规格)尺寸

这类尺寸是表示机器(或部件)的性能或规格的重要尺寸。这种尺寸在设计时就已经确定，是设计、了解和选用机器(或部件)的依据。如图 9-13 中所示的 $\phi1$、$\phi2$，是控制气体流量大小的尺寸，即为规格性能尺寸。

(2) 装配关系尺寸

表示装配体各零件之间装配关系的尺寸，它包括：

配合尺寸 —— 表示零件配合性质的尺寸。如图 9-13 中的 $Rp\frac{3}{8}/R\frac{3}{8}$，它们表示进气管、出气管与阀座的配合性质。

相对位置尺寸 —— 表示零件间比较重要的相对位置尺寸。

(3) 安装尺寸

部件安装到机器上或机器安装到基座上所需要的尺寸。如图 9-1 中所示的两脚垫安装螺孔间的距离 220、130。

(4)总体尺寸

它是表示机器(或部件)外形轮廓的尺寸,即总长、总宽、总高尺寸。这类尺寸表明了机器(部件)所占空间的大小,是包装、运输、安装、车间平面布置时所需的尺寸。如图 9-1 中所示的长宽高尺寸 328、256、142。

(5)其他重要尺寸

它是指设计过程中经计算或选定的重要尺寸以及其他必须保证的尺寸。例如运动零件的极限位置尺寸,主要零件的重要结构尺寸等。

上述几类尺寸,并非在每一张装配图上都必须注全,应根据装配体的具体情况而定。在有些装配图上,同一个尺寸,可能兼有几种含义。

(6)技术要求的注写

不同性能的机器(部件),其技术要求也不同。装配图中的技术要求,主要考虑到装配体的装配要求、检验、测试以及使用要求。

五、装配图的零件编号及明细栏

1. 装配图零件编号(GB/T 4458.2—2003)

为了便于看图和生产管理,对部件中的每一个零件和组件都应编写序号,并在标题栏上方编制相应的明细栏,按顺序与图中序号一一对应列出。

(1)装配图中,一个部件可以只编写一个序号;同一装配图中,尺寸规格完全相同的零、部件,用一个序号。

(2)序号的标注。序号的标注如图 9-6 所示,总共有 5 种,指引线用细实线绘制,应自所指部分的可见轮廓内引出,并在可见轮廓内的起始端画一圆点。

①在指引线的水平线上或圆圈内注写序号时,其字高比该装配图中所注尺寸数字高度大一号,如图 9-6(a)、(b)所示。也允许大两号,如图 9-6(c)所示。当不画水平线或圆圈,在指引线附近注写序号时,序号字高必须比该装配图中所标注尺寸数字高度大两号,如图 9-6(d)所示。

②对于所指零件很薄或涂黑的剖面,可在指引线的起始处画出指向该零件的箭头,如图 9-6(e)所示。

③指引线不能相交,当指引线通过有剖面线的区域时,指引线不应与剖面线平行;必要时,指引线允许转折一次。

④ 序号在装配图周围按水平或垂直方向排列整齐,序号数字可按顺时针或逆时针方向顺次排列整齐,以便查找。

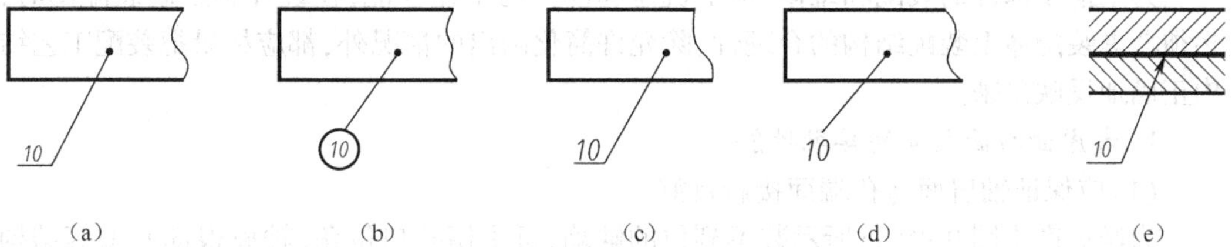
10
10
10
10
10
(a)
(b)
(c)
(d)
(e)

图 9-6　装配图中编注序号的方法

(3)零件组的标注形式。一组紧固件或装配关系清楚的零件组,可采用公共指引线,注法如图 9-7 所示。但应注意水平线或圆圈要排列整齐。

装配图中的标准化组件,如继电器、按键开关、电动机等可看成一个整体,只编一个序号。

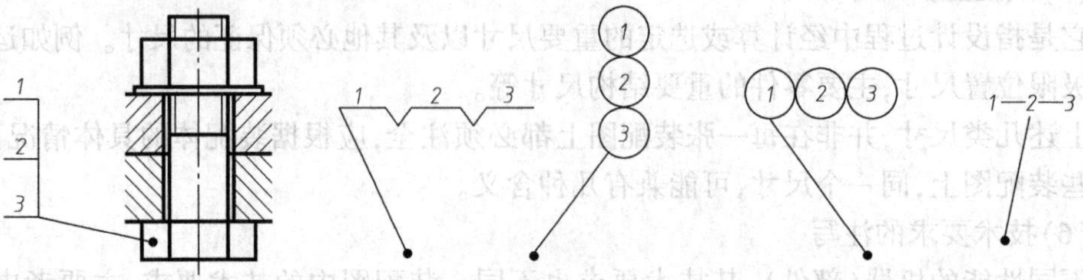
1
2
3
1 2 3
1
2
3
1 2 3
1—2—3

图 9-7 零件组的序号编注形式

2. 明细栏填写(GB/T 10609.2—2009)

明细栏包括序号、代号、名称、数量、材料、质量、备注等,一般编注在标题栏正上方,序号自下而上填写,如果位置有限,可紧靠标题栏的左侧由下而上继续填写。其尺寸如图 9-8 所示。

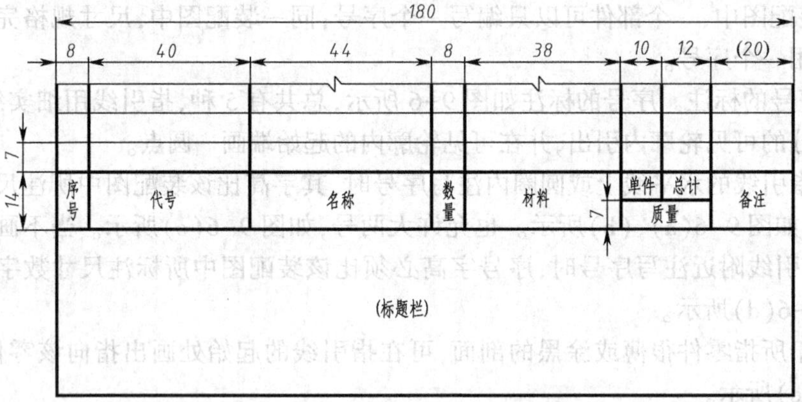
180
8
40
44
8
38
10
12
(20)
7
14
7
序号
代号
名称
数量
材料
单件
总计
质量
备注
(标题栏)

图 9-8 明细栏的格式

六、装配工艺结构

为了便于部件的装配和维修,保证机器和部件的工作性能,在设计和绘制装配图时,必须考虑装配体上装配结构的合理性,除允许简化画出的情况外,都应尽量把装配工艺结构正确地反映出来。

1. 考虑面与面之间的接触性能

(1)应保证轴肩面与孔端面接触良好

为避免产生图 9-9(a)所示装不到位的缺陷,可采用孔口倒角、轴肩根部开槽等结构保证轴肩面与孔端面接触良好,如图 9-9(b)、(c)所示。

(2)相邻两个零件在同一方向只能有一组接触面

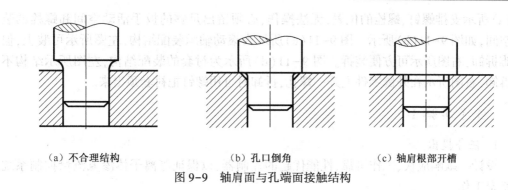

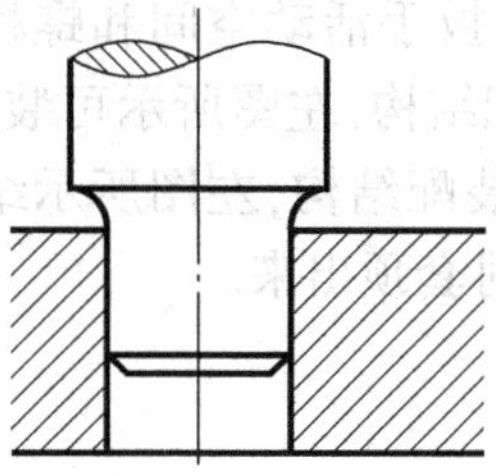
(a) 不合理结构
(b) 孔口倒角
(c) 轴肩根部开槽

图 9-9 轴肩面与孔端面接触结构

为保证零件接触良好,又便于加工,在同一方向上接触面只能有一对,如图 9-10 所示。

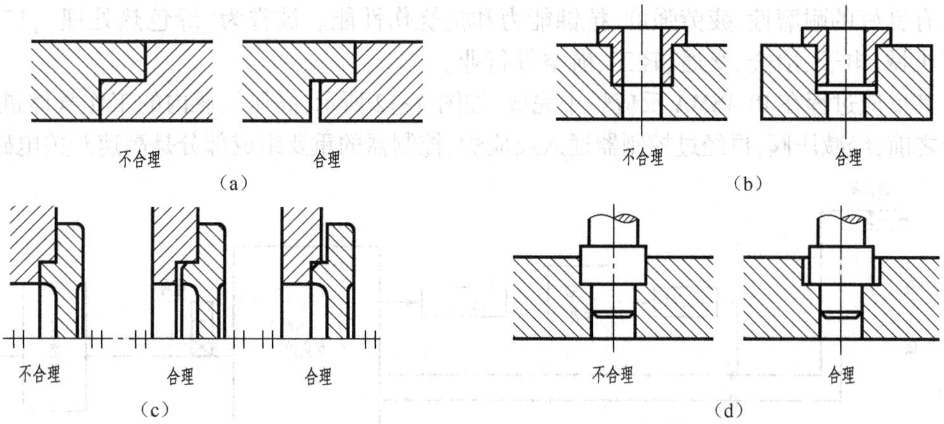
不合理
合理
(a)
不合理
合理
(b)
不合理
合理
合理
(c)
不合理
合理
(d)

图 9-10 接触面

2. 应保证有足够的装配、拆卸空间

为了使零件安装、拆卸方便,必须留出足够的操作空间,如图 9-11 所示。按照图 9-

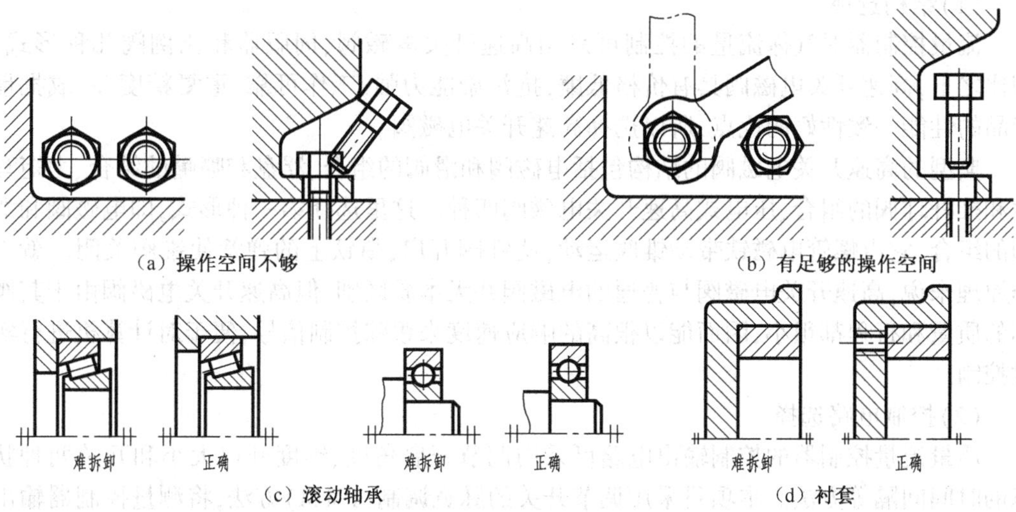
(a) 操作空间不够
(b) 有足够的操作空间
难拆卸
正确
难拆卸
正确
(c) 滚动轴承
难拆卸
正确
(d) 衬套

图 9-11 装配操作空间

11(a)所示安排螺钉、螺栓的位置,无法操作,必须留出足够的扳手活动空间和螺栓的装拆空间,如图9-11(b)所示。图9-11(c)所示为滚动轴承装配结构,左图所示可装上,但很难拆卸,右图所示可方便装拆。图9-11(d)所示为衬套的装配结构,左图所示结构不易拆卸,右图所示在外侧零件上开一螺孔,拆卸时可用螺钉把衬套顶出来。

任务实施1

1. 任务提出

设计一款响应快、工作可靠、性能优越的控制器,以保证等离子体渗氮流量控制系统的稳定工作。

等离子体渗氮方法是将金属件置于辉光放电形成的等离子体活性氮介质中,在一定的温度、压力和时间条件下,使氮渗入金属表面,从而改变金属表面的化学结构和成分,使之具有良好的耐磨性、疲劳强度、抗蚀能力和抗烧伤性能。被誉为"绿色热处理",广泛应用于机械、电子、冶金、交通、轻工、航空等行业。

其反应过程在PLASMA反应炉中完成,如图9-12所示,高压气瓶内的工作气体进入反应炉之前,经减压阀,再经过控制器通入反应炉,控制器的重要组成部分是高速开关电磁阀。

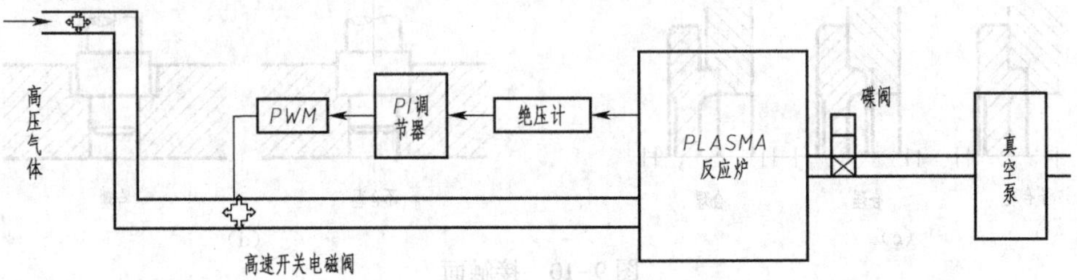
减压阀
高压气体
PWM
PI调节器
绝压计
PLASMA
反应炉
碟阀
真空泵
高速开关电磁阀

图9-12　流量控制系统结构示意图

2. 设计方案选定

(1)结构选择

流量控制器对气体流量的控制可采用高速开关电磁阀、伺服器和比例阀几种形式。相比之下,高速开关电磁阀具有价格低廉,抗污染能力强,工作可靠,重复精度高,成批量产品的性能一致性好的优点,所以选择高速开关电磁阀。

典型的高速开关电磁阀的结构包括电磁阀和滑阀的组合、浮盘和喷嘴的结合、力矩马达和推杆球阀的组合、压电式高速开关电磁阀四种。这里选择第一种形式,即电磁阀和滑阀的组合,它由螺管电磁铁带动锥阀运动,使锥阀开启,衔铁上的弹簧使锥阀关闭。就工作原理来说,高速开关电磁阀与普通的电磁阀并无本质区别,但高速开关电磁阀由于其阀芯的质量和行程都很小,因而能以很高的响应速度来跟踪控制信号,便于对计算机进行实时控制。

(2)控制电路选择

质量流量控制器的控制输出电路可采用调节开启角度、锥度开口大小和开关两种状态的时间间隔等方法。本项目采用调节开关的脉宽调制(PWM)方法,将测量控制器输出的炉体气压信号,通过脉宽调制器转换成输出的气体流量控制方波信号,用占空比来控制二位式阀的开启和关闭时间以达到控制气体流量的目的。

设计要求，体积小、质量轻、响应快（阀的响应时间<10ms）、工作可靠、性能优越（开关次数达 10^7 以上）的高速开关电磁阀。在材料选用、加工精度与工艺装配方面进行优化选择；流量调节控制器采用 PWM 控制，以优化阀的快速响应性能。

3. 设计过程

电磁阀的工作可靠性及寿命影响整个流量控制系统，按照故障模式和影响及其危害度分析（FMECA），电磁阀发生故障的主要原因在于阀口的不密封，其中又以电磁阀的关闭状态为主。一方面与阀芯、阀体材料选用及其工艺处理有关；另一方面，是由于弹簧疲劳引起的。电磁阀发生故障的另一个原因是电磁铁吸力不够，导致电磁阀的开关功能不正常。所以，在电磁阀的材料、加工精度、装配工艺与磁路设计方面都作了相应的优化选择。

（1）磁路设计

本项目设计的电磁阀是利用电磁力把电信号转换成位移信号的电磁元件，采用直流电磁路，为了能用较小的电流产生较强的磁场，得到较大的磁通，将产生磁场的线圈绕在螺线管上，在螺线管内装入由铁磁性物质制成的铁芯、衔铁，由于铁磁材料导磁性能远比空气好，使磁通主要集中在铁磁物质内，形成一条闭合的通路，而铁磁物质周围空间磁通极少，可用较小的电流得到较大的电磁力。

磁路设计的任务是要在工作气隙中，达到预定的磁感要求；如何选择最佳的磁路、确定最佳磁路尺寸和选择最适宜的磁性材料，是设计的重点。

在设计过程中，根据该系统的工作要求，选用合适的磁路。为避免电磁阀工作过程中常存在的磁路老化、吸引力减小、温升过高等问题，给定设计参数如下：

最大电磁吸引力 $F = 17$N　　　电压 18V　　工作行程 $L_g = 0.4$ mm

根据此要求，通过计算，选择合适的电磁体尺寸、线圈匝数、工作电流及导线直径、绕线圈数及线圈架尺寸等。

（2）结构设计

根据所选定的电磁阀种类、磁路类型，进行功能细分，绘制装配草图。然后进行零件结构设计（传统设计绘制零件图，三维设计直接进行三维实体造型），进行装配仿真，生成或绘制装配图、零件草图、零件图，多次修改无误后，绘制的装配图如图 9-13 所示。该电磁阀有两条装配干线，一条是以铁芯、衔铁的中心轴线为主的装配干线。另一条是以阀体的水平轴线，也是进气管、出气管的中心轴线为基准的装配干线，所以视图选择比较简单，只需要一个全剖的主视图就能表达清楚。

其外形尺寸为 118 mm×36 mm×80 mm，其工作原理如下，当电磁线圈不通电时，衔铁 12 在弹簧力和自重的作用下，将衔铁头部的聚四氟乙烯密封块 14 压紧在阀座中间的小锥台上，将 ϕ1 mm 小孔堵死，此时，右端进气管 5 与氦气输入管道相连，气压为 1 大气压，左端进气管与真空炉体相连，两端气路被隔开，电磁阀处于关闭状态。相反，当电磁阀线圈通电时，衔铁在电磁吸力的作用下，克服弹簧力和自身重力与铁芯吸合，位移量为 0.4 mm，ϕ1 mm 气孔被打开。氦气从进气管进入阀体管道中，通过 ϕ1 mm 小孔流出，经过旁边的 2 mm 孔，进入阀体左端管道，经过进气管进入真空炉体。此时，真空电磁阀处于“开启”状态。开启与关断的时间间隔由 PWM 调节电压脉冲信号的占空比来控制。

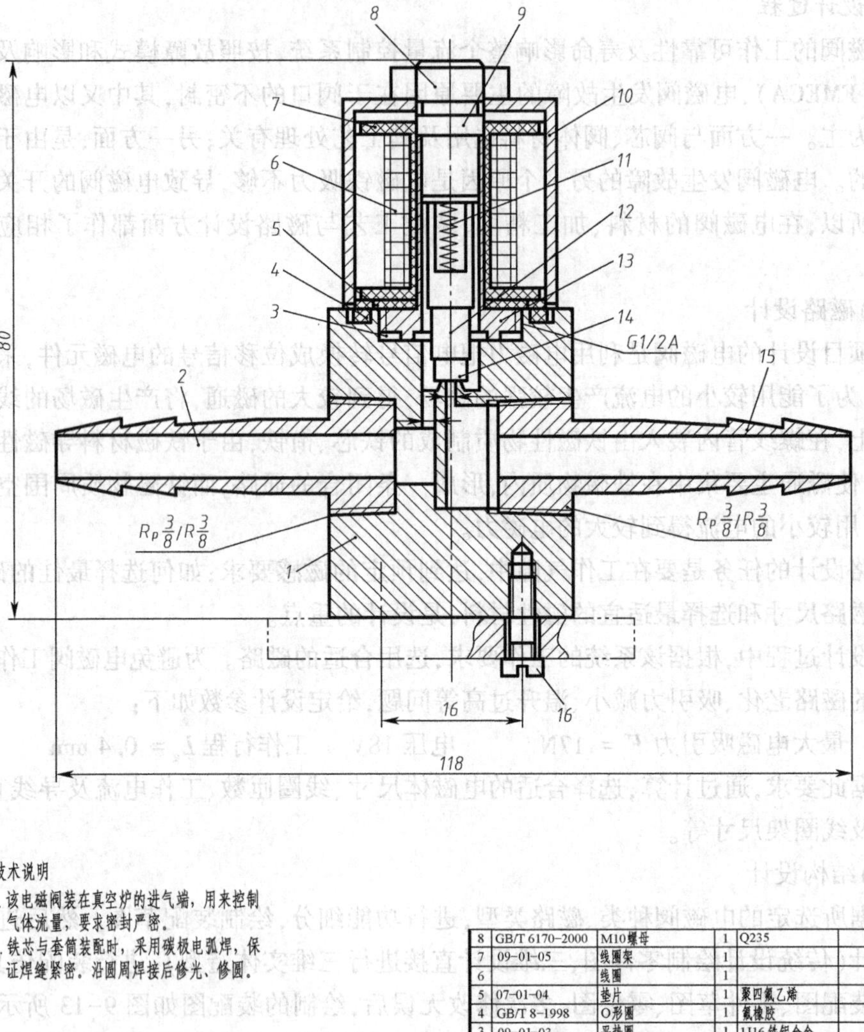
8
9
10
7
11
6
12
5
13
4
3
14
G1/2A
2
15
80
Rp 3/8 / R 3/8
Rp 3/8 / R 3/8
1
16
16
118

技术说明

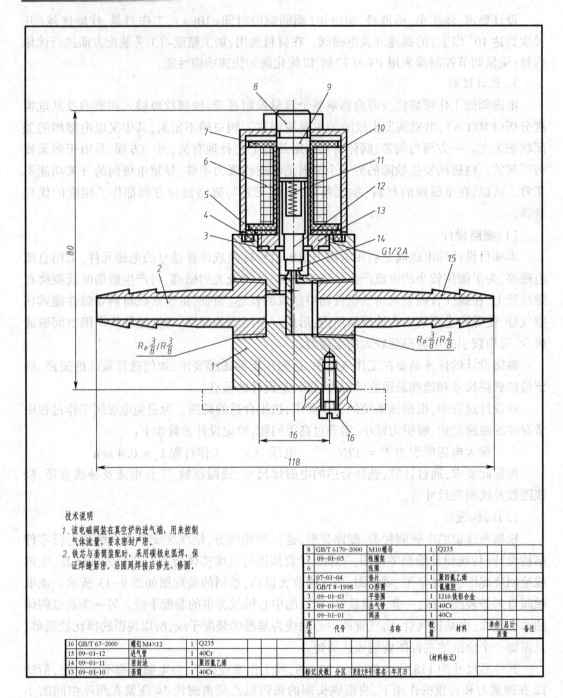

1. 该电磁阀装在真空炉的进气端，用来控制气体流量，要求密封严密。
2. 铁芯与套筒装配时，采用碳极电弧焊，保证焊缝紧密。沿圆周焊接后修光、修圆。

序号	代号	名称	数量	材料	单件质量	总计质量	备注
16	GB/T 67-2000	螺钉 M4×12	1	Q235			
15	09-01-12	进气管	1	40Cr			
14	09-01-11	密封块	1	聚四氟乙烯			
13	09-01-10	套筒	1	40Cr			
8	GB/T 6170-2000	M10螺母	1	Q235			
7	09-01-05	线圈架	1				
6		线圈	1				
5	07-01-04	垫片	1	聚四氟乙烯			
4	GB/T 8-1998	O形圈	1	氟橡胶			
3	09-01-03	平垫圈	1	1J16 铁铝合金			
2	09-01-02	出气管	1	40Cr			
1	09-01-01	阀座	1	40Cr			

标记	处数	分区	更改文件号	签名	年月日	(材料标记)

图 9-13 电磁阀装配图

零件结构设计，零件图绘制举例如下：

①弹簧的优化设计。设计需求、等离子体渗氮系统中，从减压阀中流出的气体为 1 个工程大气压，炉体内为 10 Pa，两边压差为 7.6 N，气体流量需要很小，所以设计阀的开口直径为 1 mm。因两边压差大，为保证高速电磁阀在关断状态下能关紧，需要压缩弹簧有足够的压缩量。

弹簧失效是电磁阀失效的主要因素。因为高速电磁阀处于频繁的打开和关断状态，所以应选用能承受作用次数 10^7 以上的变负荷的阀门弹簧。本项目选用能承受 I 类负荷的气门弹簧。因在有腐蚀的氨气环境下工作，所以，在 50CrVA 绕制后的圆柱螺旋弹簧表面镀铬。

通过计算确定簧丝直径、有效圈数、总圈数、高度等尺寸及卷绕精度，验算其稳定性和疲劳强度，绘制圆柱螺旋压缩弹簧的零件图如图 9-14 所示。

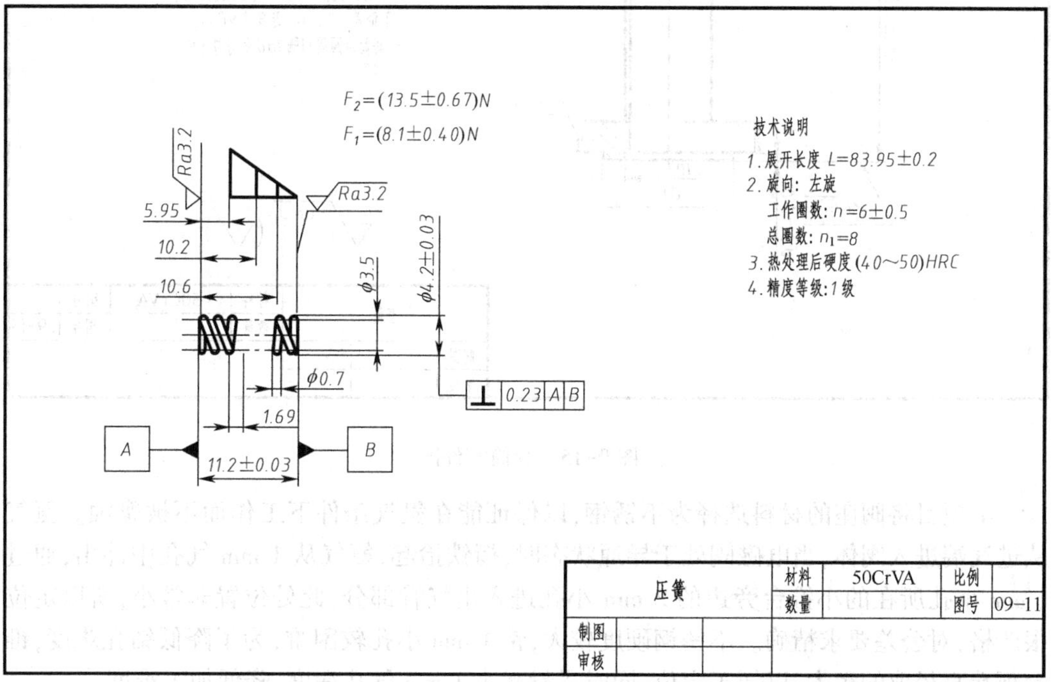
$F_2=(13.5\pm0.67)N$
$F_1=(8.1\pm0.40)N$
Ra3.2
Ra3.2
5.95
10.2
10.6
ϕ3.5
ϕ4.2±0.03
ϕ0.7
1.69
0.23 A B
A
B
11.2±0.03
技术说明
1.展开长度 L=83.95±0.2
2.旋向：左旋
工作圈数：n=6±0.5
总圈数：$n_1=8$
3.热处理后硬度(40~50)HRC
4.精度等级:1级
压簧
材料
50CrVA
比例
数量
图号
09-11
制图
审核

图 9-14 压簧零件图

②套筒的设计。为了保证氨气不外漏，在铁芯和衔铁外加上套筒，与阀座配合以保证密封。套筒材料常规上选用铜或铝以屏蔽磁力线，但是，在电磁阀线圈通断电时，铁芯中的磁通会发生变化，铜套内将感应出涡流来阻止铜套内的磁通变化，从而引起吸合磁通的延时作用，影响高速电磁阀的快速响应。所以，本项目选用不锈钢作为套筒的材料，其结构如图 9-15 所示。

铁芯与套筒装配时，采用铁芯套入套筒中，套入深度保证(8.3±0.05)mm，然后焊接，保证套筒不变形，且套筒外圆在 $\phi10^{+0.01}_{0}$ 内。因为电工纯铁与不锈钢焊接，工艺上难度稍大，所以零件设计时，在套筒顶部作了特殊处理，并且不采用常规的氧炔焰焊接，而是采用碳极电弧焊，保证焊缝质量较高，焊接紧密。沿圆周焊接后修光、修圆，保证与螺线管的配合正常。

③阀座的设计。阀座的设计是整个设计过程，尤其是加工过程中一个非常重要的环节。既要考虑到工作环境、阀体密封、进出气体压力的影响，又要考虑加工时在车床上的装夹位置、钻头钻孔难度等加工难度的因素。

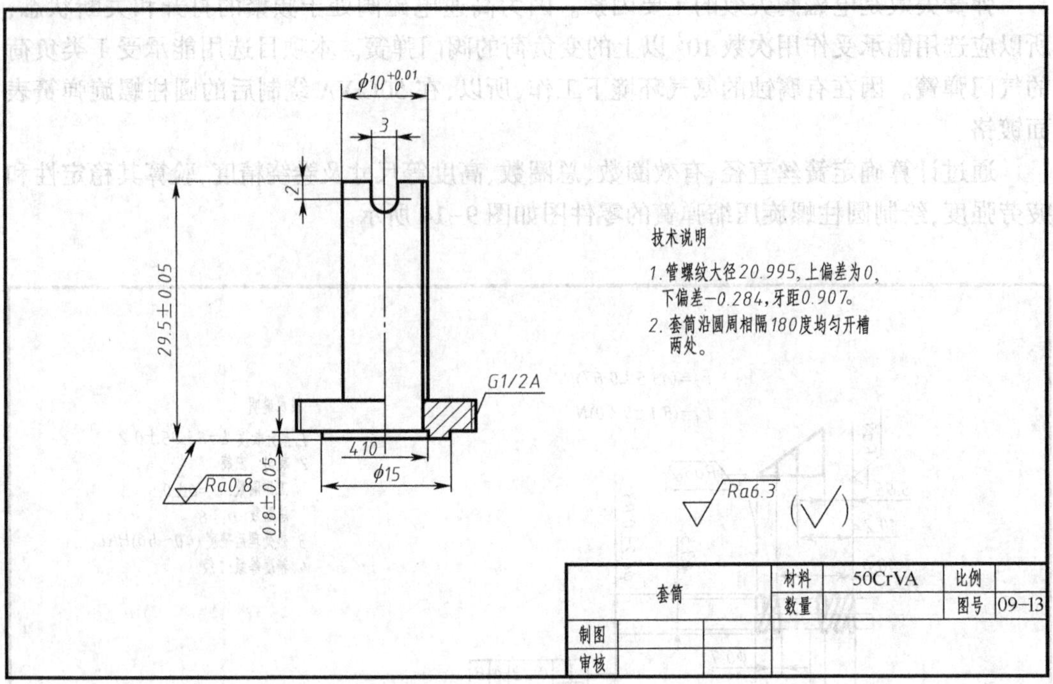

ϕ10 +0.01 0
3
2
29.5±0.05
G1/2A
410
ϕ15
Ra0.8
0.8±0.05
技术说明
1. 管螺纹大径20.995，上偏差为0，
下偏差−0.284，牙距0.907。
2. 套筒沿圆周相隔180度均匀开槽
两处。
Ra6.3
(√)
套筒
材料
50CrVA
比例
数量
图号
09–13
制图
审核

图 9–15　套筒零件图

本项目将阀座的材料选择为不锈钢，以保证能在氨气条件下工作而不被腐蚀。氨气从进气端进入阀体，当电磁阀处于导通状态时，衔铁抬起，氨气从 1 mm 气孔中冲出，通过 1 mm 小孔所在的小锥台旁边的 2 mm 小孔进入出气管部分，此处位置非常小，所以定位很严格，对公差要求精确。不锈钢硬度较大，钻 1 mm 小孔较困难，为了降低钻孔难度，锥台顶端直径取的稍大，以便于定位；同时尽量减小 1 mm 气孔深度，降低加工难度。

阀座上端与套筒连接，将衔铁和铁芯的一部分密封在腔体内，便于磁力线屏蔽并使气体密封不渗漏。连接方式采用英制管螺纹，按用途分，管螺纹分为用螺纹密封的管螺纹和非密封的管螺纹两大类，其中每一类都包括 55°和 60°两种牙型的螺纹。用螺纹密封的管螺纹有两种连接形式：圆锥内螺纹与圆锥外螺纹的配合、圆柱内螺纹与圆锥外螺纹配合，要求有一定的有效螺纹长度和基准距离才能达到密封效果，因该电磁阀想做的体积小，所以不采用此连接方式，而是采用非密封的管螺纹加上密封垫圈的方式连接。采用 55°管螺纹，查阅国标 GB/T7306. 1—2000，选择管螺纹代号为 G1/2A，各项参数如下：内螺纹大径 20. 955，中径 19. 793，中径公差的下偏差为 0，上偏差+0. 142，螺距 1. 814，牙高 1. 162。

阀座左右两端与进气管和出气管的连接采用密封性的管螺纹，选择螺纹代号 Rp3/8，各项参数如下：内螺纹大径 16. 662，中径 15. 806，小径 14. 950，直径公差为±0. 104，螺距 1. 337，牙高 0. 856。左右两端的螺纹连接长度不同，并且，为了加工方便，将出气一侧首先定位，规定有允许浮动的偏差，具体尺寸如图 8–2 所示。

其他零件的结构设计及其零件图绘制，这里不再介绍。

在实际的设计中，根据装配示意图和零件草图就可以绘制装配图了。画装配图的过程是一次检验、校对零件形状、尺寸的过程。零件图(或零件草图)中的形状和尺寸如有错误或不妥之处,应及时修改,以保证零件之间的装配关系能在装配图上正确地反应出来。

接着进行零件加工工艺设计,零件加工、校验,装备工艺设计,零件、机器设备的装配、检验等,与电气设计部分装配成完整产品,经过中试生产,完善设计后,正式投入生产。

4. 用 CAD 绘制装配图

手工绘制装配图是一项复杂且烦琐的工作,用 AutoCAD 绘制就容易多了。因为可以将已绘制(或由三维设计自动生成)的零件图做成图块,在画装配图时插入这些图块,再进行适当修改即可,其具体步骤如下:

(1)确定表达方案

装配图的视图选择与零件图一样,应使所选的每一个视图都有其表达的重点内容。选择表达方案时应注意:以装配体的工作原理为线索,从装配干线入手,用主视图及其他基本视图来表达对部件功能起决定作用的主要装配干线,兼顾次要装配干线,再辅以其他视图表达基本视图中没有表达清楚的部分,使装配图能完整表达部件的工作原理、装配关系及主要零件结构形状。

(2)选择基础零件作为拼画装配图的基础

复制一张基础零件图,并对其进行编辑修改。例如:删除装配图上不需要的表面粗糙度符号,关闭尺寸线层、文字层和剖面线层等。

(3)依次插入零件

将其他零件及标准件逐个按适当的比例装配到主体零件上,并对其进行编辑整理,去除多余的线、不需要的尺寸和符号等。零件插入后应对遮挡部分进行删除、修剪。

(4)整理视图、标注尺寸、对零件进行编号、绘制并填写明细栏等

整理视图时可绘制出剖面线及其他细小结构等。标题栏和明细栏可以做到样板图中,这样便于装配图的绘制;检查全图并修改,保证视图正确。

在拼画装配图时应注意:每插入一个零件后都要作适当的编辑和修改,不要把所有的零件都插入后再修改,这样由于图线太多,修改将变得非常困难。当零件图没有预先全部画出时,也可以采用插、画结合的方法绘制装配图。

任务 2　由装配图拆画零件图

知识准备及拓展

在制造、组装、调试、维修或进行技术革新、技术交流时,都会遇到装配图。因此,读装配图是工程技术人员必须具备的基本技能之一。

读装配图的要求如下:

(1)了解机器或部件的名称、规格、性能、用途和工作原理。

(2)读懂零件间的相互位置关系、连接方式及装配关系。

(3)读懂主要零件的结构形状和在装配图中的作用。

下面以装配图9-13所示的电磁阀为例,说明识读装配图的方法和步骤。电磁阀的立体图如图9-16(a)所示,爆炸图如图9-16(b)所示。

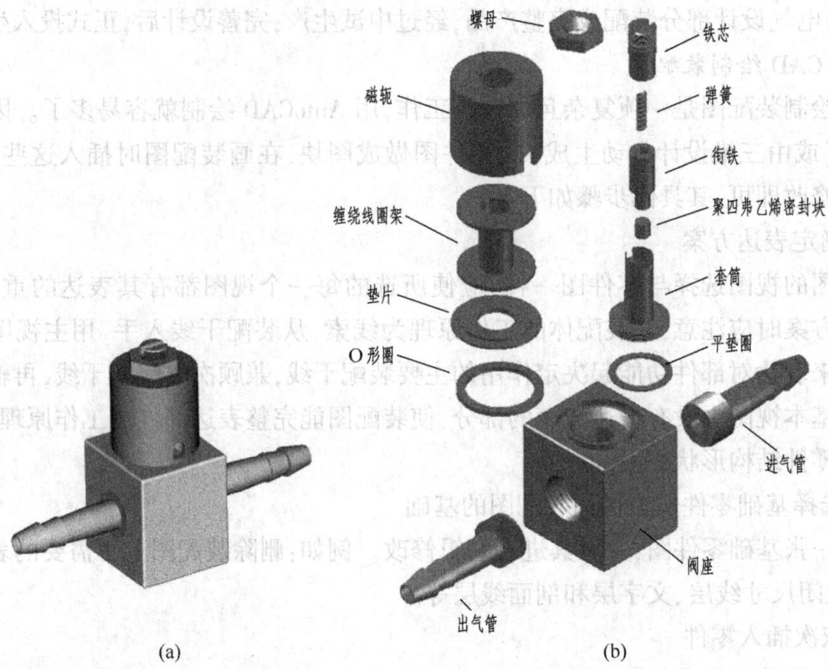
螺母
铁芯
磁轭
弹簧
衔铁
聚四弗乙烯密封块
缠绕线圈架
套筒
垫片
平垫圈
O形圈
进气管
阀座
出气管
(a)
(b)

图9-16　电磁阀立体图及分解图

1. 概括了解

从标题栏中了解装配体的名称和绘图比例,再从明细栏和序号了解零件的种类和数量,并在视图中找出相应零件所在的位置。从视图的配置、标注的尺寸和技术要求中,可了解该部件的结构特点和大小。

图9-13所示装配图的名称是电磁阀,从明细栏中可以看出,该电磁阀共有十六种零件,其中标准件为三种,其余为非标准件。阀是在管道系统中用于启闭和调节流体流量的大小的部件。该例中的电磁阀是通过调节气体流量来控制真空炉中气体的总压力的装置。

2. 了解装配关系和工作原理

该装配体的视图选择比较简单,只有一个全剖的主视图。从图中可以看出,电磁阀有两条装配干线,一条是以铁芯、衔铁的中心轴线为主的装配干线。另一条是以阀体的水平轴线,也是进气管、出气管的中心轴线为基准的装配干线。

第一条装配干线,套筒上部与铁芯焊接,聚四氟乙烯密封块与衔铁底部粘接,弹簧放入衔铁上端圆孔中,然后一起放进套筒,套筒底部与阀体用管螺纹相连,加平垫圈密封;垫片、缠绕线圈的线圈架、磁轭依次套在套筒外,安装在阀座上表面,用O形圈密封,最后用螺母与铁芯的上端的螺纹配合进行紧固。

第二条装配干线，进气管、阀座、出气管构成了进气、出气通道。

电磁阀的工作原理，当电磁线圈不通电时，衔铁12在弹簧力和自重的作用下，将衔铁头部的聚四氟乙烯密封块压紧在阀座中间的小锥台上，将ϕ1 mm小孔堵死，此时，右端进气管与氨气输入管道相连，气压为1大气压，左端出气管与真空炉体相连，两端气路被隔开，电磁阀处于关闭状态。相反，当电磁阀线圈通电时，衔铁在电磁吸力的作用下，克服弹簧力和自身重力与铁芯吸合，位移量为0.4 mm，ϕ1 mm气孔被打开。氨气从进气管进入阀座管道中，通过ϕ1 mm小孔流出，经过旁边的ϕ2 mm孔，进入阀座左端管道，经过出气管进入真空炉体。此时，真空电磁阀处于"开启"状态。开启与关断的时间间隔由PWM调节电压脉冲信号的占空比来控制。

为了保证氨气不泄漏，在衔铁外加上套筒，套筒顶部采用碳极电弧焊与铁芯连接，保证焊接紧密，沿圆周焊接后修光、修圆，保证与线圈架的配合正常，下端与阀座采用非密封管螺纹和平垫圈配合以保证密封。为了使铁芯和衔铁在最佳状态下工作，并且为了防止外界磁场干扰，采用软磁材料做成空心圆柱状的磁轭，使磁路闭合。

3. 分析视图，读懂零件

对照视图，将零件逐一从复杂的装配关系中分离出来，想象出其结构形状。分析零件时，应从主要零件开始，可按照"先简单，后复杂"的顺序进行，有些零件在装配图上的表达不一定清晰，在读图过程可先分析相邻零件的结构形状，根据它与相邻零件的关系，再来确定该零件的结构形状。有时还需要参考零件图，才能弄清楚零件上的细小结构。

常用的分析方法有：

(1)根据零件序号指引线所指部位，利用剖视图中剖面线的方向或间隔的不同及零件间互相遮挡时的可见性规律来区分，分析出该零件在该视图中的范围及外形，然后对照投影关系，借助三角板、分规等工具，利用点线面投影特征，找出该零件在其他视图中的位置及外形，并进行综合分析，想象出该零件的结构形状。

(2)利用零件序号，对照明细栏分析，以免遗漏。

4. 分析尺寸和技术要求

(1)分析尺寸

找出装配图中的性能或规格尺寸、装配尺寸、安装尺寸、总体尺寸和其他重要尺寸。

(2)理解技术要求

技术要求一般是对装配体提出的装配要求、检验、测试以及使用要求等。

上述读装配图的方法和步骤仅是一个概括的说明，实际读图时，上述四步是不能截然分开的，常常是边看边分析边综合。通过反复读图实践，便能逐渐掌握其中的规律，提高读装配图的速度和能力。

例如，电磁阀的出气管，从装配图中可以看出它的基本形状，根据标注的装配尺寸*R*3/8，查阅表B-2，可知密封性锥管螺纹各项参数如下：内螺纹大径16.662，中径15.806，螺距1.337，牙高0.856。其形状如图9-17所示。

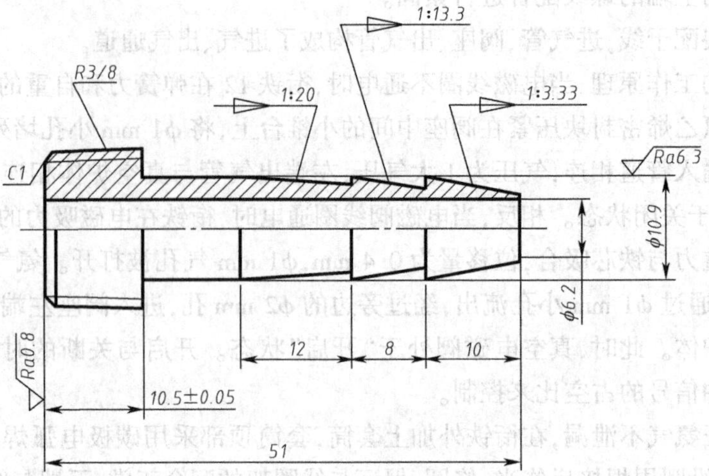
1:13.3
R3/8
1:20
1:3.33
Ra6.3
C1
ϕ10.9
ϕ6.2
12
8
10
Ra0.8
10.5±0.05
51

图 9-17　出气管

任务实施 2

拆画零件图是设计工作中的一个重要环节，是将装配图中的非标准零件从装配图中分离出来画成零件图的过程。下面仍以图 9-13 所示电磁阀为例，说明拆画零件图时，应注意的一些问题。

1. 对拆画零件图的要求

(1)在画图前，必须认真阅读装配图，全面深入了解设计意图，弄清楚工作原理、装配关系、技术要求和每个零件的结构形状。

(2)画图时，不但要从设计方面考虑零件的作用和要求，而且还要从工艺方面考虑零件的制造和装配，应使所画的零件图符合设计和工艺要求。

2. 拆画视图

装配图主要表达部件的工作原理、零件之间的相对位置和装配关系，不一定把零件的结构形状都表达完全。因此，在拆画零件图时，对那些没有表达完全的结构，要根据零件的作用和装配关系进行设计，而不能简单地照抄装配图中该零件的表达方案。

此外，装配图中未画出的工艺结构，如倒角、圆角、退刀槽等，在零件图中都应该表达清楚。

3. 合理、清晰、完整地标注尺寸

拆画零件后标注尺寸时应采用以下几种方法：

(1)装配图上的尺寸，一般都是装配体设计的依据，也是零件设计的依据。在拆画其零件图时，这些尺寸不能随意改动，要完全照抄。对于配合尺寸，应根据其配合代号，查出偏差数值，标注在零件图上。

(2)螺栓、螺母、螺钉等标准件应根据明细栏或相关标准查数据。对于零件上的标准结构，如螺孔直径，螺孔深度，倒角、圆角、退刀槽等尺寸，应查阅相应的标准来确定。

(3)在装配图中按比例直接量取。

另外，在标注尺寸时应注意，有装配关系的尺寸应相互协调。如配合部分的轴、孔，其基本尺寸应相同。其他尺寸，也应相互适应，使之不致在零件装配或运动时产生矛盾或产生干涉,咬卡现象。

4. 零件图上的技术要求

对零件的几何公差、表面粗糙度及其他技术要求,可根据装配体的实际情况及零件在装配体上的使用要求,用类比法参照同类产品的有关资料以及已有的生产经验进行综合确定。

对电磁阀综合分析,拆画出阀座的零件图,其表达方案、尺寸处理及技术要求的选取,如图 8-2 所示,关于技术要求的详细分析,可参照 1.7 节电磁阀设计过程。

任务 3 钣金件及结合件的表达

知识准备及拓展

在机械工程中,钣金件及由塑料、金属件嵌接而成的结合件,应用越来越广泛。

任务实施 3

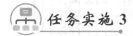

一、阅读 UPS 电源机箱装配图及拆画零件图

1. UPS 电源机箱装配图的识读

钣金是针对金属薄板的(通常在 6 mm 以下)一种综合冷加工工艺,包括剪、冲、切、复合、折、焊接、铆接、拼接、成型(如汽车车身)等。其显著的特征就是同一零件厚度一致。

钣金件具有质量轻、强度高、导电(能够用于电磁屏蔽)、成本低、大规模量产性能好等特点,在电子电器、通信、汽车工业、医疗器械等领域得到了广泛应用,例如在电源机箱、电脑机箱、手机、通信机柜中,钣金件是必不可少的组成部分。

装配图 9-18 所示的不间断电源 UPS 的机箱就是钣金件。按照阅读装配图的方法步骤进行分析识读:主视图、俯视图均采用局部剖视图的表达方法,将机罩和机箱一起清晰表达;左视图也采用局部剖视图,将脚垫、开槽沉头螺钉与机箱的连接关系清晰表达出来。结合图 9-1 所示的 UPS 电源装配图和图 9-18 所示的 UPS 电源的机箱装配图,综合分析可知:UPS 电源的机箱由机座和机罩等多种零件组成。机座同时起底座和前、后面板的作用,前面板上安装开关按钮和显示灯,后面板安装电源插座,底座上安装机箱脚垫和各种电气件,为了固定印制板和电池,底座上焊接了主板夹子和电池挡片。机罩的左、右侧板上规则排列的槽孔是为了电气件的散热。机箱结构中机罩与机座的连接、脚垫与机箱的连接均采用螺纹连接形式。机座上的横梁是为了加强箱体的刚度。

2. 由 UPS 电源机箱装配图拆画零件图

机座是电子设备和电信仪器不可缺少的基本零件,属于薄板形零件,具有支架、壳体类零件的一些特点,但其体积通常比较大,形状也更为复杂。底座表面通常具有孔、槽等结构,以便安装电子元器件和部件。此类零件通常采用盒状,用板材经过剪切、冲压、压弯而成型。由图 9-18 所示的 UPS 电源机箱装配图拆画出的机座零件图如图 9-19 所示,除了三个基本视图外,增加了 *A* 向的右视图表达机座后面板上电源插座、电源线卡箍的位置和形状;增加 *B* 向局部视图表达机座侧板以及与机罩连接的安装孔的位置及大小。

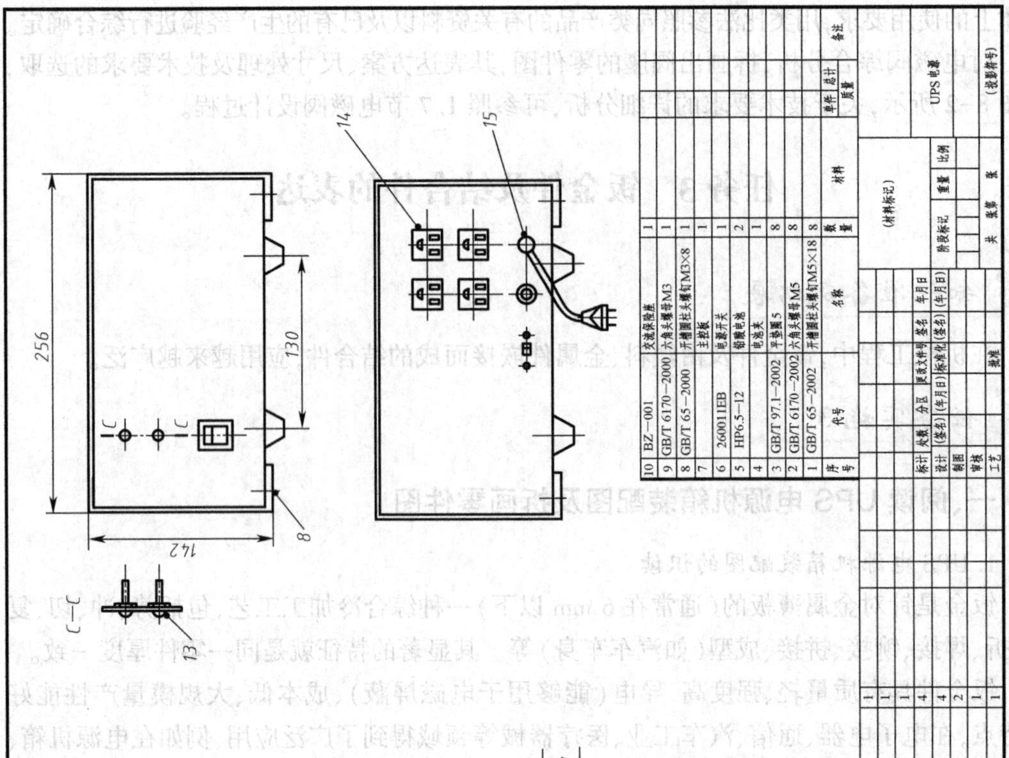
A—A(拆去机壳)
B—B
2:1
C—C
B—B
328
220
256
130
142
UPS电源

9-18 UPS电源机箱装配图

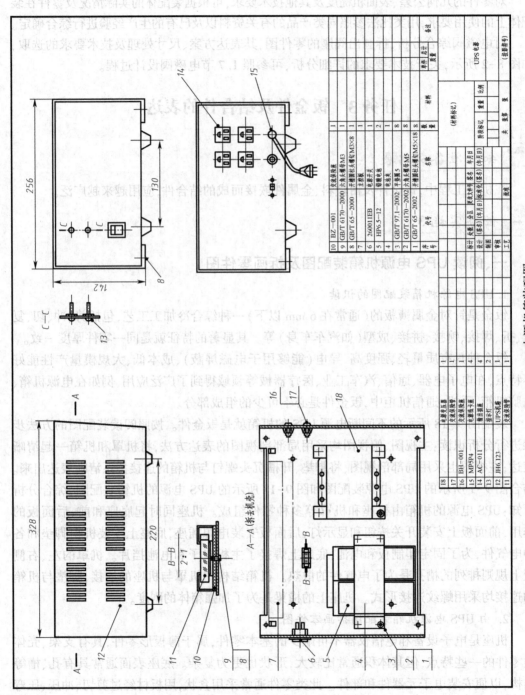

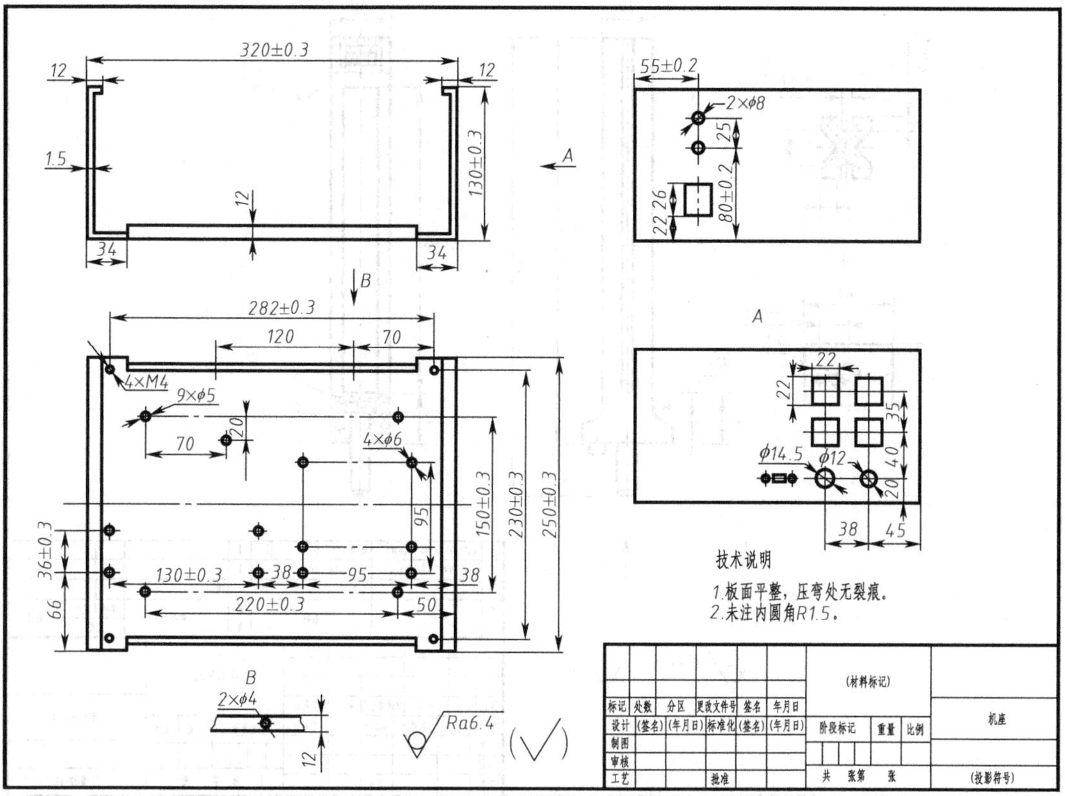
320±0.3
12
12
1.5
130±0.3
12
34
34
A
B
55±0.2
2×φ8
25
80±0.2
22
26
282±0.3
120
70
4×M4
9×φ5
20
70
4×φ6
95
150±0.3
230±0.3
250±0.3
36±0.3
66
130±0.3
38
95
38
220±0.3
50
B
2×φ4
12
Ra6.4
A
22
22
35
40
20
φ14.5
φ12
38
45
技术说明
1.板面平整，压弯处无裂痕。
2.未注内圆角R1.5。
(材料标记)
标记 处数 分区 更改文件号 签名 年月日
设计 (签名) (年月日) 标准化 (签名) (年月日)
阶段标记 重量 比例
机座
制图
审核
工艺
批准
共 张第 张
(投影符号)

图 9-19 UPS 电源机座的零件图

二、印制板导轨的表达

用压塑嵌接、焊接、铆接等方式将两个或更多的相同或不同的零件连接在一起，形成一个整体的组件，即为“结合件”。结合件在功能上常常作为零件用，其在视图表达上是装配图的形式。

在电子产品生产中，结合件是为了提高零件局部结构的机械或电气性能，或为了适应工作要求，便于装配而设计的。结合件的结合工艺不同，其视图表达与尺寸标注也有所不同。

如图 9-20 所示的印制板导轨是压塑嵌接件，在塑料件中嵌装轴套、螺钉、螺母等金属零件，这些金属零件在压制压塑件时，先放在模具内，从而形成不可拆的整体。绘制这类零件的视图，既要表达出被镶合的金属零件与塑料部分的结合关系，还要清楚地表示出塑料部分的全部结构形状。在视图中，各相邻部分不同材料的剖面符号应按技术制图的有关规定绘制；在剖视图中，对于压制成型后不再进行加工的金属嵌接件只需要画出外形，以表示其位置，并标注其定位尺寸，因为金属嵌接件的零件图需要另外绘制。组成图 9-20 所示的印制板导轨的金属嵌接件只有螺钉和螺母，均为标准件，因此不需要再画它们的零件图了。

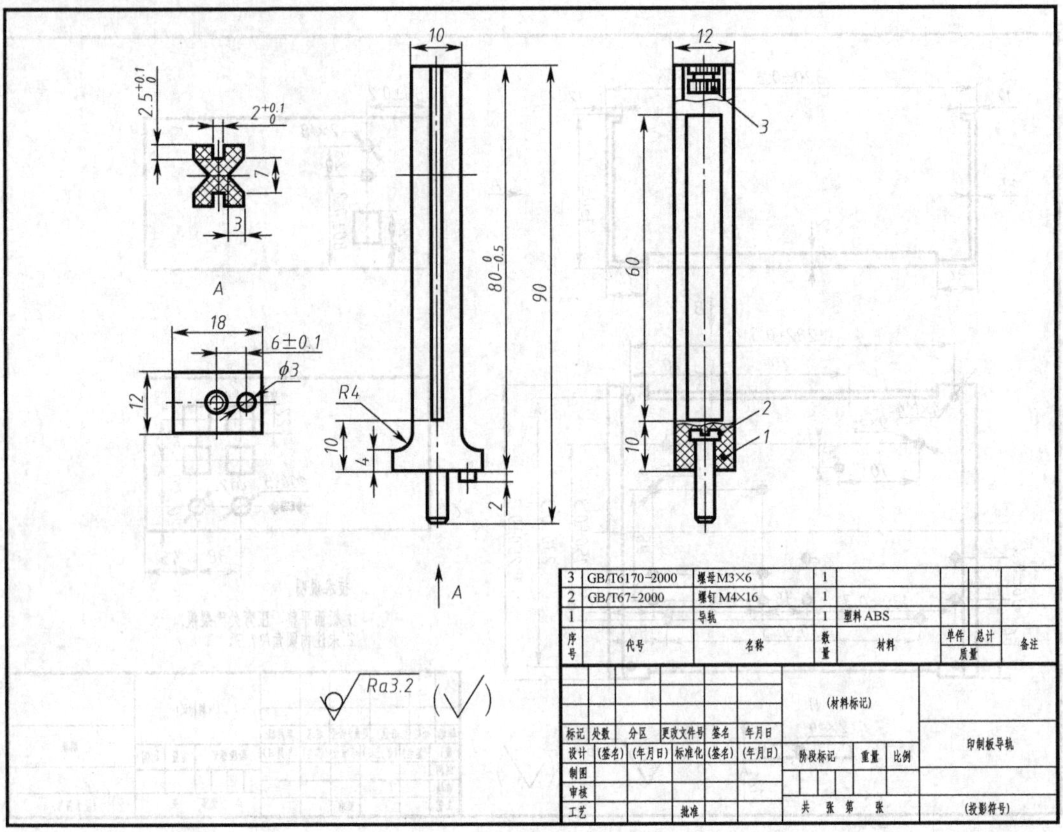
10
12
3
2
1
A
18
6±0.1
φ3
12
R4
10
4
2
80
90
60
Ra3.2
3 GB/T6170-2000 螺母M3×6 1
2 GB/T67-2000 螺钉M4×16 1
1 导轨 1 塑料ABS
序号 代号 名称 数量 材料 单件 总计 质量 备注
(材料标记)
印制板导轨
标记 处数 分区 更改文件号 签名 年月日
设计 (签名) (年月日) 标准化 (签名) (年月日)
阶段标记 重量 比例
制图
审核
工艺 批准
共 张 第 张
(投影符号)

图 9-20　印制板导轨

附 录 A

表 A-1 标准公差数值(GB/T 1800.2—2009)

基本尺寸/mm		标准公差等级																	
		IT1	IT2	IT3	IT4	IT5	IT6	IT7	IT8	IT9	IT10	IT11	IT12	IT13	IT14	IT15	IT16	IT17	IT18
大于	至	μm											mm						
—	3	0.8	1.2	2	3	4	6	10	14	25	40	60	0.1	0.14	0.25	0.4	0.6	1	1.4
3	6	1	1.5	2.5	4	5	8	12	18	30	48	75	0.12	0.18	0.3	0.48	0.75	1.2	1.8
6	10	1	1.5	2.5	4	6	9	15	22	36	58	90	0.15	0.22	0.36	0.58	0.9	1.5	2.2
10	18	1.2	2	3	5	8	11	18	27	43	70	110	0.18	0.27	0.43	0.7	1.1	1.8	2.7
18	30	1.5	2.5	4	6	9	13	21	33	52	84	130	0.21	0.33	0.52	0.84	1.3	2.1	3.3
30	50	1.5	2.5	4	7	11	16	25	39	62	100	160	0.25	0.39	0.62	1	1.6	2.5	3.9
50	80	2	3	5	8	13	19	30	46	74	120	190	0.3	0.46	0.74	1.2	1.9	3	4.6
80	120	2.5	4	6	10	15	22	35	54	87	140	220	0.35	0.54	0.87	1.4	2.2	3.5	5.4
120	180	3.5	5	8	12	18	25	40	63	100	160	250	0.4	0.63	1	1.6	2.5	4	6.3
180	250	4.5	7	10	14	20	29	46	72	115	185	290	0.46	0.72	1.15	1.85	2.9	4.6	7.2
250	315	6	8	12	16	23	32	52	81	130	210	320	0.52	0.81	1.3	2.1	3.2	5.2	8.1
315	400	7	9	13	18	25	36	57	89	140	230	360	0.57	0.89	1.4	2.3	3.6	5.7	8.9
400	500	8	10	15	20	27	40	63	97	155	250	400	0.63	0.97	1.55	2.5	4	6.3	9.7
500	630	9	11	16	22	32	44	70	110	175	280	440	0.7	1.1	1.75	2.8	4.4	7	11
630	800	10	13	18	25	36	50	80	125	200	320	500	0.8	1.25	2	3.2	5	8	12.5
800	1 000	11	15	21	28	40	56	90	140	230	360	560	0.9	1.4	2.3	3.6	5.6	9	14
1 000	1 250	13	18	24	33	47	66	105	165	260	420	660	1.05	1.65	2.6	4.2	6.6	10.5	16.5
1 250	1 600	15	21	29	39	55	78	125	195	310	500	780	1.25	1.95	3.1	5	7.8	12.5	19.5
1 600	2 000	18	25	35	46	65	92	150	230	370	600	920	1.5	2.3	3.7	6	9.2	15	23
2 000	2 500	22	30	41	55	78	110	175	280	440	700	1 100	1.75	2.8	4.4	7	11	17.5	28
2 500	3 150	26	36	50	68	96	135	210	330	540	860	1 350	2.1	3.3	5.4	8.6	13.5	21	33

注:1. 基本尺寸大于 500 mm 的 IT1 至 IT5 的标准公差数值为试行的。

2. 基本尺寸小于或等于 1 mm 时,无 IT14 至 IT18。

表 A-2　轴的基本偏差数值（GB/T 1800.1—2009）

μm

基本尺寸/mm		基本偏差数值（上极限偏差 es）											
		所有标准公差等级											
大于	至	a	b	c	cd	d	e	ef	f	fg	g	h	js
—	3	−270	−140	−60	−34	−20	−14	−10	−6	−4	−2	0	偏差 = $\pm\frac{IT_n}{2}$，式中 IT_n 是 IT 值数
3	6	−270	−140	−70	−46	−30	−20	−14	−10	−6	−4	0	
6	10	−280	−150	−80	−56	−40	−25	−18	−13	−8	−5	0	
10	14	−290	−150	−95		−50	−32		−16		−6	0	
14	18												
18	24	−300	−160	−110		−65	−40		−20		−7	0	
24	30												
30	40	−310	−170	−120		−80	−50		−25		−9	0	
40	50	−320	−180	−130									
50	65	−340	−190	−140		−100	−60		−30		−10	0	
65	80	−360	−200	−150									
80	100	−380	−220	−170		−120	−72		−36		−12	0	
100	120	−410	−240	−180									
120	140	−460	−260	−200		−145	−85		−43		−14	0	
140	160	−520	−280	−210									
160	180	−580	−310	−230									
180	200	−660	−340	−240		−170	−100		−50		−15	0	
200	225	−740	−380	−260									
225	250	−820	−420	−280									
250	280	−920	−480	−300		−190	−110		−56		−17	0	
280	315	−1 050	−540	−330									
315	355	−1 200	−600	−360		−210	−125		−62		−18	0	
355	400	−1 350	−680	−400									
400	450	−1 500	−760	−440		−230	−135		−68		−20	0	
450	500	−1 650	−840	−480									
500	560					−260	−145		−76		−22	0	
560	630												
630	710					−290	−160		−80		−24	0	
710	800												
800	900					−320	−170		−86		−26	0	
900	1 000												
1 000	1 120					−350	−195		−98		−28	0	
1 120	1 250												
1 250	1 400					−390	−220		−110		−30	0	
1 400	1 600												
1 600	1 800					−430	−240		−120		−32	0	
1 800	2 000												
2 000	2 240					−480	−260		−130		−34	0	
2 240	2 500												
2 500	2 800					−520	−290		−145		−38	0	
2 800	3 150												

续表

基本尺寸/mm		基本偏差数值(下极限偏差 ei)																		
		IT5 和 IT6	IT7	IT8	IT4~IT7	≤IT3 >IT7	所有标准公差等级													
大于	至	j			k		m	n	p	r	s	t	u	v	x	y	z	za	zb	zc
—	3	−2	−4	−6	0	0	+2	+4	+6	+10	+14		+18		+20		+26	+32	+40	+60
3	6	−2	−4		+1	0	+4	+8	+12	+15	+19		+23		+28		+35	+42	+50	+80
6	10	−2	−5		+1	0	+6	+10	+15	+19	+23		+28		+34		+42	+52	+67	+97
10	14	−3	−6		+1	0	+7	+12	+18	+23	+28		+33		+40		+50	+64	+90	+130
14	18													+39	+45		+60	+77	+108	+150
18	24	−4	−8		+2	0	+8	+15	+22	+28	+35		+41	+47	+54	+63	+73	+98	+136	+188
24	30											+41	+48	+55	+64	+75	+88	+118	+160	+218
30	40	−5	−10		+2	0	+9	+17	+26	+34	+43	+48	+60	+68	+80	+94	+112	+148	+200	+274
40	50											+54	+70	+81	+97	+114	+136	+180	+242	+325
50	65	−7	−12		+2	0	+11	+20	+32	+41	+53	+66	+87	+102	+122	+144	+172	+226	+300	+405
65	80									+43	+59	+75	+102	+120	+146	+174	+210	+274	+360	+480
80	100	−9	−15		+3	0	+13	+23	+37	+51	+71	+91	+124	+146	+178	+214	+258	+335	+445	+585
100	120									+54	+79	+104	+144	+172	+210	+254	+310	+400	+525	+690
120	140	−11	−18		+3	0	+15	+27	+43	+63	+92	+122	+170	+202	+248	+300	+365	+470	+620	+800
140	160									+65	+100	+134	+190	+228	+280	+340	+415	+535	+700	+900
160	180									+68	+108	+146	+210	+252	+310	+380	+465	+600	+780	+1 000
180	200	−13	−21		+4	0	+17	+31	+50	+77	+122	+166	+236	+284	+350	+425	+520	+670	+880	+1 150
200	225									+80	+130	+180	+258	+310	+385	+470	+575	+740	+960	+1 250
225	250									+84	+140	+196	+284	+340	+425	+520	+640	+820	+1 050	+1 350
250	280	−16	−26		+4	0	+20	+34	+56	+94	+158	+218	+315	+385	+475	+580	+710	+920	+1 200	+1 550
280	315									+98	+170	+240	+350	+425	+525	+650	+790	+1 000	+1 300	+1 700
315	355	−18	−28		+4	0	+21	+37	+62	+108	+190	+268	+390	+475	+590	+730	+900	+1 150	+1 500	+1 900
355	400									+114	+208	+294	+435	+530	+660	+820	+1 000	+1 300	+1 650	+2 100
400	450	−20	−32		+5	0	+23	+40	+68	+126	+232	+330	+490	+595	+740	+920	+1 100	+1 450	+1 850	+2 400
450	500									+132	+252	+360	+540	+660	+820	+1 000	+1 250	+1 600	+2 100	+2 600
500	560				0	0	+26	+44	+78	+150	+280	+400	+600							
560	630									+155	+310	+450	+660							
630	710				0	0	+30	+50	+88	+175	+340	+500	+740							
710	800									+185	+380	+560	+840							
800	900				0	0	+34	+56	+100	+210	+430	+620	+940							
900	1 000									+220	+470	+680	+1 050							
1 000	1 120				0	0	+40	+66	+120	+250	+520	+780	+1 150							
1 120	1 250									+260	+580	+840	+1 300							
1 250	1 400				0	0	+48	+78	+140	+300	+640	+960	+1 450							
1 400	1 600									+330	+720	+1 050	+1 600							
1 600	1 800				0	0	+58	+92	+170	+370	+820	+1 200	+1 850							
1 800	2 000									+400	+920	+1 350	+2 000							
2 000	2 240				0	0	+68	+110	+195	+440	+1 000	+1 500	+2 300							
2 240	2 500									+460	+1 100	+1 650	+2 500							
2 500	2 800				0	0	+76	+135	+240	+550	+1 250	+1 900	+2 900							
2 800	3 150									+580	+1 400	+2 100	+3 200							

注：基本尺寸小于或等于 1 mm 时，基本偏差 a 和 b 均不采用。公差带 js7~js11，若 IT_n 值数是奇数，则取偏差 $=\pm\frac{IT_n-1}{2}$

表A-3　孔的基本偏差数值(GB/T 1800.1—2009)　μm

公称尺寸/mm		基本偏差数值																					
		下极限偏差 EI												上极限偏差 ES									
		所有标准公差等级												IT6	IT7	IT8	≤IT8	>IT8	≤IT8	>IT8	≤IT8	>IT8	≤IT7
大于	至	A	B	C	CD	D	E	EF	F	FG	G	H	JS	J			K		M		N		P 至 ZC
—	3	+270	+140	+60	+34	+20	+14	+10	+6	+4	+2	0		+2	+4	+6	0	0	−2	−2	−4	−4	在大于IT7的相应数值上增加一个Δ值
3	6	+270	+140	+70	+46	+30	+20	+14	+10	+6	+4	0		+5	+6	+10	−1+Δ		−4+Δ	−4	−8+Δ	0	
6	10	+280	+150	+80	+56	+40	+25	+18	+13	+8	+5	0		+5	+8	+12	−1+Δ		−6+Δ	−6	−10+Δ	0	
10	14	+290	+150	+95		+50	+32		+16		+6	0		+6	+10	+15	−1+Δ		−7+Δ	−7	−12+Δ	0	
14	18																						
18	24	+300	+160	+110		+65	+40		+20		+7	0		+8	+12	+20	−2+Δ		−8+Δ	−8	−15+Δ	0	
24	30																						
30	40	+310	+170	+120		+80	+50		+25		+9	0		+10	+14	+24	−2+Δ		−9+Δ	−9	−17+Δ	0	
40	50	+320	+180	+130																			
50	65	+340	+190	+140		+100	+60		+30		+10	0		+13	+18	+28	−2+Δ		−11+Δ	−11	−20+Δ	0	
65	80	+360	+200	+150																			
80	100	+380	+220	+170		+120	+72		+36		+12	0		+16	+22	+34	−3+Δ		−13+Δ	−13	−23+Δ	0	
100	120	+410	+240	+180																			
120	140	+460	+260	+200		+145	+85		+43		+14	0		+18	+26	+41	−3+Δ		−15+Δ	−15	−27+Δ	0	
140	160	+520	+280	+210																			
160	180	+580	+310	+230																			
180	200	+660	+340	+240		+170	+100		+50		+15	0	偏差=$\pm\frac{IT_n}{2}$，式中IT_n是IT值数	+22	+30	+47	−4+Δ		−17+Δ	−17	−31+Δ	0	
200	225	+740	+380	+260																			
225	250	+820	+420	+280																			
250	280	+920	+480	+300		+190	+110		+56		+17	0		+25	+36	+55	−4+Δ		−20+Δ	−20	−34+Δ	0	
280	315	+1 050	+540	+330																			
315	355	+1 200	+600	+360		+210	+125		+62		+18	0		+29	+39	+60	−4+Δ		−21+Δ	−21	−37+Δ	0	
355	400	+1 350	+680	+400																			
400	450	+1 500	+760	+440		+230	+135		+68		+20	0		+33	+43	+66	−5+Δ		−23+Δ	−23	−40+Δ	0	
450	500	+1 650	+840	+480																			
500	560					+260	+145		+76		+22	0					0		−26		−44		
560	630																						
630	710					+290	+160		+80		+24	0					0		−30		−50		
710	800																						
800	900					+320	+170		+86		+26	0					0		−34		−56		
900	1 000																						
1 000	1 120					+350	+195		+98		+28	0					0		−40		−66		
1 120	1 250																						
1 250	1 400					+390	+220		+110		+30	0					0		−48		−78		
1 400	1 600																						
1 600	1 800					+430	+240		+120		+32	0					0		−58		−92		
1 800	2 000																						
2 000	2 240					+480	+260		+130		+34	0					0		−68		−110		
2 240	2 500																						
2 500	2 800					+520	+290		+145		+38	0					0		−76		−135		
2800	3 150																						

续表

公称尺寸/mm		基本偏差数值 上极限偏差 ES 标准公差等级大于 IT7												Δ值 标准公差等级					
大于	至	P	R	S	T	U	V	X	Y	Z	ZA	ZB	ZC	IT3	IT4	IT5	IT6	IT7	IT8
—	3	-6	-10	-14		-18		-20		-26	-32	-40	-60	0	0	0	0	0	0
3	6	-12	-15	-19		-23		-28		-35	-42	-50	-80	1	1.5	1	3	4	6
6	10	-15	-19	-23		-28		-34		-42	-52	-67	-97	1	1.5	2	3	6	7
10	14	-18	-23	-28		-33		-40		-50	-64	-90	-130	1	2	3	3	7	9
14	18						-39	-45		-60	-77	-108	-150						
18	24	-22	-28	-35		-41	-47	-54	-63	-73	-98	-136	-188	1.5	2	3	4	8	12
24	30				-41	-48	-55	-64	-75	-88	-118	-160	-218						
30	40	-26	-34	-43	-48	-60	-68	-80	-94	-112	-148	-200	-274	1.5	3	4	5	9	14
40	50				-54	-70	-81	-97	-114	-136	-180	-242	-325						
50	65	-32	-41	-53	-66	-87	-102	-122	-144	-172	-226	-300	-405	2	3	5	6	11	16
65	80		-43	-59	-75	-102	-120	-146	-174	-210	-274	-360	-480						
80	100	-37	-51	-71	-91	-124	-146	-178	-214	-258	-335	-445	-585	2	4	5	7	13	19
100	120		-54	-79	-104	-144	-172	-210	-254	-310	-400	-525	-690						
120	140	-43	-63	-92	-122	-170	-202	-248	-300	-365	-470	-620	-800	3	4	6	7	15	23
140	160		-65	-100	-134	-190	-228	-280	-340	-415	-535	-700	-900						
160	180		-68	-108	-146	-210	-252	-310	-380	-465	-600	-780	-1 000						
180	200	-50	-77	-122	-166	-236	-284	-350	-425	-520	-670	-800	-1 150	3	4	6	9	17	26
200	225		-80	-130	-180	-258	-310	-385	-470	-575	-740	-970	-1 250						
225	250		-84	-140	-196	-284	-340	-425	-520	-640	-820	-1 050	-1 350						
250	280	-56	-94	-158	-218	-315	-385	-475	-580	-710	-920	-1 200	-1 550	4	4	7	9	20	29
280	315		-98	-170	-240	-350	-425	-525	-650	-790	-1 000	-1 300	-1 700						
315	355	-62	-108	-190	-268	-390	-475	-590	-730	-900	-1 150	-1 500	-1 900	4	5	7	11	21	32
355	400		-114	-208	-294	-435	-530	-660	-820	-1 000	-1 300	-1 650	-2 100						
400	450	-68	-126	-232	-330	-490	-595	-740	-920	-1 100	-1 450	-1 850	-2 400	5	5	7	13	23	34
450	500		-132	-252	-360	-540	-660	-820	-1 000	-1 250	-1 600	-2 100	-2 600						
500	560	-78	-150	-280	-400	-600													
560	630		-155	-310	-450	-660													
630	710	-88	-175	-340	-500	-740													
710	800		-185	-380	-560	-840													
800	900	-100	-210	-430	-620	-940													
900	1 000		-220	-470	-680	-1 050													
1 000	1 120	-120	-250	-520	-780	-1 150													
1 120	1 250		-260	-580	-840	-1 300													
1 250	1 400	-140	-300	-640	-960	-1 450													
1 400	1 600		-330	-720	-1 050	-1 600													
1 600	1 800	-170	-370	-820	-1 200	-1 850													
1 800	2 000		-400	-920	-1 350	-2 000													
2 000	2 240	-195	-440	-1 000	-1 500	-2 300													
2 240	2 500		-460	-1 100	-1 650	-2 500													
2 500	2 800	-240	-550	-1 250	-1 900	-2 900													
2 800	3 150		-580	-1 400	-2 100	-3 200													

注 1:公称尺寸小于或等于 1 mm 时,基本偏差 A 和 B 及大于 IT8 的 N 均不采用。公差带 JS7 至 JS11,若 IT_n 值数是奇数,则取偏差 $=\pm\frac{IT_{n-1}}{2}$

注 2:对小于或等于 IT8 的 K、M、N 和小于或等于 IT7 的 P 至 ZC,所需 Δ 值从表内右侧选取。例如:18~30 mm 段的 K7,Δ=8 μm,所以 ES=(−2+8)μm=+6 μm;18~30 mm 段的 S6,Δ=4 μm,所以 ES=(−35+4)μm=−31 μm。特殊情况:250~315 mm 段的 M6,ES=−9 μm(代替−11 μm)。

表 A-4 基孔制的优先、常用配合(GB/T 1801—2009)

基准孔	轴																				
	a	b	c	d	e	f	g	h	js	k	m	n	p	r	s	t	u	v	x	y	z
	间隙配合								过渡配合				过盈配合								
H6						$\frac{H6}{f5}$	$\frac{H6}{g5}$	$\frac{H6}{h5}$	$\frac{H6}{js5}$	$\frac{H6}{k5}$	$\frac{H6}{m5}$	$\frac{H6}{n5}$	$\frac{H6}{p5}$	$\frac{H6}{r5}$	$\frac{H6}{s5}$	$\frac{H6}{t5}$					
H7						$\frac{H7}{f6}$	▼ $\frac{H7}{g6}$	▼ $\frac{H7}{h6}$	$\frac{H7}{js6}$	▼ $\frac{H7}{k6}$	$\frac{H7}{m6}$	▼ $\frac{H7}{n6}$	▼ $\frac{H7}{p6}$	$\frac{H7}{r6}$	▼ $\frac{H7}{s6}$	$\frac{H7}{t6}$	▼ $\frac{H7}{u6}$	$\frac{H7}{v6}$	$\frac{H7}{x6}$	$\frac{H7}{y6}$	$\frac{H7}{z6}$
H8					$\frac{H8}{e7}$	▼ $\frac{H8}{f7}$	$\frac{H8}{g7}$	▼ $\frac{H8}{h7}$	$\frac{H8}{js7}$	$\frac{H8}{k7}$	$\frac{H8}{m7}$	$\frac{H8}{n7}$	$\frac{H8}{p7}$	$\frac{H8}{r7}$	$\frac{H8}{s7}$	$\frac{H8}{t7}$	$\frac{H8}{u7}$				
				$\frac{H8}{d8}$	$\frac{H8}{e8}$	$\frac{H8}{f8}$		$\frac{H9}{h8}$													
H9			$\frac{H9}{c9}$	▼ $\frac{H9}{d9}$	$\frac{H9}{e9}$	$\frac{H9}{f9}$		▼ $\frac{H9}{h9}$													
H10			$\frac{H10}{c10}$	$\frac{H10}{d10}$				$\frac{H10}{h10}$													
H11	$\frac{H11}{a11}$	$\frac{H11}{b11}$	▼ $\frac{H11}{c11}$	$\frac{H11}{d11}$				▼ $\frac{H11}{h11}$													
H12		$\frac{H12}{b12}$						$\frac{H12}{h12}$													

注:1. 标注▼的配合为优先配合。

2. $\frac{H6}{n6}$、$\frac{H7}{p6}$在基本寸小于或等于 3 mm 和$\frac{H8}{r7}$在小于或等于 100 mm 时,为过渡配合。

表 A-5 基轴制的优先、常用配合(GB/T 1801—2009)

基准孔	孔																				
	A	B	C	D	E	F	G	H	JS	K	M	N	P	R	S	T	U	V	X	Y	Z
	间隙配合								过渡配合				过盈配合								
h5						$\frac{F6}{h5}$	$\frac{G6}{h5}$	$\frac{H6}{h5}$	$\frac{JS6}{h5}$	$\frac{K6}{h5}$	$\frac{M6}{h5}$	$\frac{N6}{h5}$	$\frac{P6}{h5}$	$\frac{R6}{h5}$	$\frac{S6}{h5}$	$\frac{T6}{h5}$					
h6						$\frac{F7}{h6}$	▼ $\frac{G7}{h6}$	▼ $\frac{H7}{h6}$	$\frac{JS7}{h6}$	▼ $\frac{K7}{h6}$	$\frac{M7}{h6}$	▼ $\frac{N7}{h6}$	▼ $\frac{P7}{h6}$	$\frac{R7}{h6}$	▼ $\frac{S7}{h6}$	$\frac{T7}{h6}$	▼ $\frac{U7}{h6}$				
h7					$\frac{E8}{h7}$	▼ $\frac{F8}{h7}$		▼ $\frac{H8}{h7}$	$\frac{JS8}{h6}$	$\frac{K8}{h7}$	$\frac{M8}{h7}$	$\frac{N8}{h7}$	$\frac{P8}{h7}$								
h8				$\frac{D8}{h8}$	$\frac{E8}{h8}$	$\frac{F8}{h8}$		$\frac{H8}{h8}$													
h9				▼ $\frac{D9}{h9}$	$\frac{E9}{h9}$	$\frac{F9}{h9}$		▼ $\frac{H9}{h9}$													
h10				$\frac{D10}{h10}$				$\frac{H10}{h10}$													
h11	$\frac{A11}{h11}$	$\frac{B11}{h11}$	▼ $\frac{C11}{h11}$	$\frac{D11}{h11}$				▼ $\frac{H11}{h11}$													
h12		$\frac{B12}{h12}$						$\frac{H12}{h12}$													

注:标注▼的配合为优先配合。

附 录 B

表 B-1 普通螺纹直径、螺距与和基本尺寸(GB/T 193—2003) mm

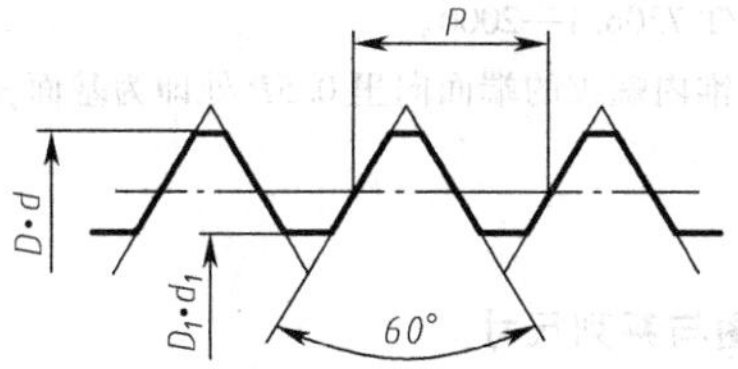
P
D·d
D₁·d₁
60°

标记示例

公称直径 24 mm,螺距 3 mm,右旋粗牙普通螺纹,公差带代号 6g,其标记为:M24

公称直径 24 mm,螺距 1.5 mm,左旋细牙普通螺纹,公差带代号 7H,其标记为:M24×1.5-7H-LH

内外螺纹旋合的标记:M6-7H/6g

公称直径 D、d		螺距 P		粗牙小径 D_1、d_1	公称直径 D、d		螺距 P		粗牙小径 D_1、d_1
第一系列	第二系列	粗牙	细牙		第一系列	第二系列	粗牙	细牙	
3		0.5	0.35	2.459	16		2	1.5、1	13.835
4		0.7	0.5	3.242		18			15.294
5		0.8		4.134	20		2.5	2、1.5、1	17.294
6		1	0.75	4.917		22			19.294
8		1.25	1、0.75	6.647	24		3	2、1.5、1	20.752
10		1.5	1.25、1、0.75	8.376	30		3.5	(3)、2、1.5、1	26.211
12		1.75	1.5、1.25、1	10.106	36		4	3、2、1.5	31.670
	14	2		11.835		39			34.670

注:1. 应优先选用第一系列,括号内尺寸尽可能不用。

2. 外螺纹螺纹公差带代号有 6e、6f、6g、8g、5g6g、7g6g、4h、6h、3h4h、5h6h、5h4h、7h6h;内螺纹螺纹公差带代号有 4H、5H、6H、7H、5G、6G、7G。

表 B-2 55°非密封管螺纹的基本尺寸(GB/T 7307—2001)

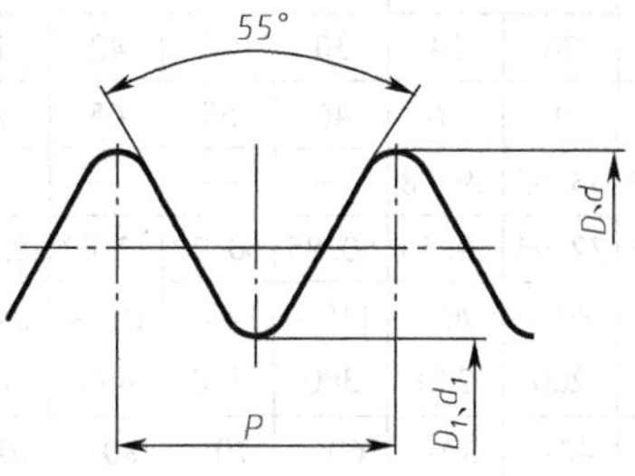
55°
D,d
D₁,d₁
P

标记示例

尺寸代号为 1/2 的 A 级右旋外螺纹的标记为:G1/2A

尺寸代号为 1/2 的 B 级左旋外螺纹的标记为:G1/2B-LH

尺寸代号为 1/2 的右旋内螺纹的标记为:G1/2

上述右旋内外螺纹所组成的螺纹副的标记为:G1/2A

当螺纹为左旋时标记为:G1/2A-LH

尺寸代号	每 25.4 mm 内的牙数 n	螺距 P(mm)	大径 $D=d$(mm)	小径 $D_1=d_1$(mm)	基准距离(mm)
1/4	19	1.337	13.157	11.445	6
3/8	19	1.337	16.662	14.950	6.4
1/2	14	1.814	20.955	18.631	8.2
3/4	14	1.814	26.441	24.117	9.5
1	11	2.309	33.249	30.291	10.4
1¼	11	2.309	41.910	38.952	12.7

续表

尺寸代号	每 25.4 mm 内的牙数 n	螺距 P(mm)	大径 $D=d$(mm)	小径 $D_1=d_1$(mm)	基准距离(mm)
1½	11	2.309	47.803	44.845	12.7
2	11	2.309	59.614	56.656	15.9

注:1. 55°密封圆柱内螺纹的牙型与 55°非密封管螺纹牙型相同,尺寸代号为 1/2 的右旋圆柱内螺纹的标记为 R_P1/2;它与外螺纹所组成的螺纹副的标记为 R_P/R_1 1/2,详见 GB/T 7306.1—2000。

2. 55°密封圆锥管螺纹大径、小径是指基准平面上的尺寸。圆锥内螺纹的端面向里 0.5P 处即为基面,而圆锥外螺纹的基准平面与小端相距一个基准距离。

3. 55°密封管螺纹的锥度为 1∶16,即 $\phi=1°47'24''$。

表 B-3　六角头螺栓结构图与系列尺寸　　mm

六角头螺栓-A 和 B 级(GB/T 5782—2000)　六角头螺栓-全螺纹-A 和 B 级(GB/T 5783—2000)

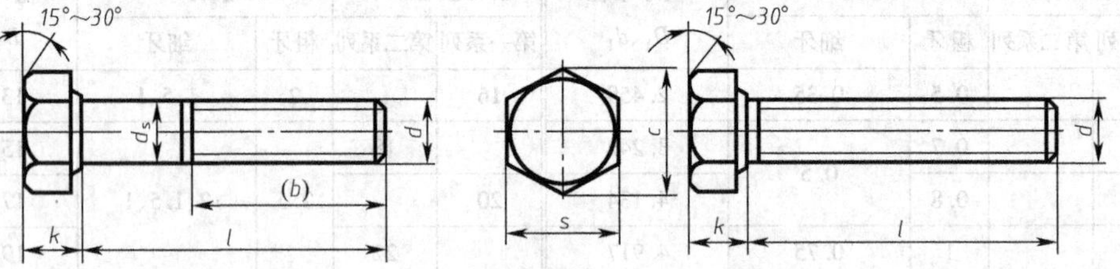

15°~30°
d_s
d
(b)
k
l
e
s
15°~30°
d
k
l

标记示例

螺纹规格 d=M12、公称长度 l=80 mm、性能等级为 8.8 级、表面氧化、产品等级为 A 级的六角头螺栓:

螺栓　GB/T 5782—2000　M12×80

螺纹规格 d=M12、公称长度 l=80 mm、性能等级为 8.8 级、表面氧化、全螺纹、产品等级为 A 级的六角头螺栓:

螺栓　GB/T 5783—2000　M12×80

螺纹规格		d	M4	M5	M6	M8	M10	M12	M16	M20	M24	M30	M36	M42	M48
b 参考		$l\leqslant125$	14	16	18	22	26	30	38	46	54	66	—	—	—
		$125<l\leqslant200$	20	22	24	28	32	36	40	52	60	72	84	96	108
		$l>200$	33	35	37	41	45	49	57	65	73	85	97	109	121
		k	2.8	3.5	4	5.3	6.4	7.5	10	12.5	15	18.7	22.5	26	30
		d_{smax}	4	5	6	8	10	12	16	20	24	30	36	42	48
		s_{max}	7	8	10	13	16	18	24	30	36	46	55	65	75
e_{min}	产品等级	A	7.66	8.79	11.05	14.38	17.77	20.03	26.75	33.53	39.98	—	—	—	—
		B	—	8.63	10.89	14.2	17.59	19.85	26.17	32.95	39.55	50.85	60.79	72.02	82.6
l 范围	GB/T 5782		25~40	25~50	30~60	40~80	45~100	50~120	65~160	80~200	90~240	110~300	140~360	160~440	180~480
	GB/T 5783		8~40	10~50	12~60	16~80	20~100	25~120	30~200	40~200	50~200	60~200	70~200	80~200	100~200
l 系列	GB/T 5782		26~65(5 进位)、70~160(10 进位)、180~400(20 进位);l 小于最小值时,全长制螺纹												
	GB/T 5783		8、10、12、16、18、20~65(5 进位)、70~160(10 进位)、180~500(20 进位)												

注:1. 末端倒角按 GB/T 2 规定。

2. 螺纹公差:6g;机械性能等级:8.8。

3. 产品等级:A 级用于 d=1.6~24 mm 和 $l\leqslant10d$ 或 $l\leqslant150$ mm(按较小值);B 级用于 $d>24$ mm 或 $l>10d$ 或>150 mm(按较小值)的螺栓。

4. 螺纹均为粗牙。

表 B-4 六角螺母结构图与系列尺寸

mm

六角螺母——C 级(GB/T 41—2000)　　　Ⅰ型六角螺母——A 和 B 级(GB/T 6170—2000)

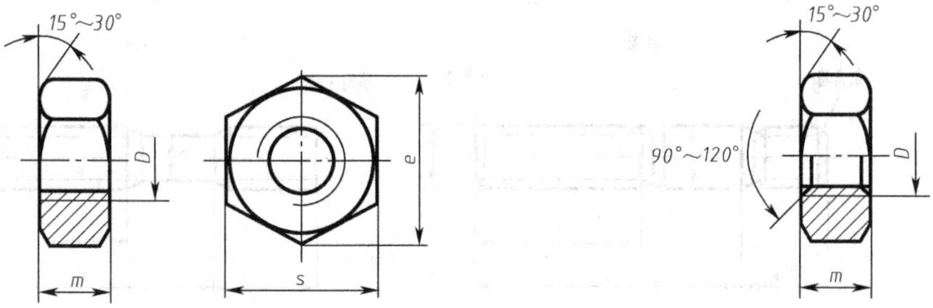
15°~30°
D
e
s
m
15°~30°
90°~120°
D
m

标记示例

螺纹规格 D=M12、性能等级为 10 级、不经表面处理、产品等级为 A 级的Ⅰ型六角螺母:

螺母　GB/T 6170—2000　M12

螺纹规格 D=M12、性能等级为 5 级、不经表面处理、产品等级为 C 级的六角螺母:

螺母　GB/T 41—2000　M12

螺纹规格 D		M4	M5	M6	M8	M10	M12	M16	M20	M24	M30	M36	M42	M48
s_{max}		7	8	10	13	16	18	24	30	36	46	55	65	75
e_{min}	A、B 级	7.66	8.79	11.05	14.38	17.77	20.03	26.75	32.95	39.55	50.85	60.79	71.3	82.6
	C 级	—	8.63	10.89	14.2	17.59	19.85	26.17	32.95	39.55	50.85	60.79	71.3	82.6
m_{max}	A、B 级	3.2	4.7	5.2	6.8	8.4	10.8	14.8	18	21.5	25.6	31	34	38
	C 级	—	5.6	6.4	7.9	9.5	12.2	15.9	19	22.3	26.4	31.9	34.9	38.9

注:1. A 级用于 $D \leqslant 16$ mm 的螺母;B 级用于 $D>16$ mm 的螺母;C 级用于 $D \geqslant 5$ mm 的螺母。

2. 螺纹公差:A、B 级为 6H,C 级为 7H;机械性能等级:A、B 级为 6、8、10 级,C 级为 4、5 级。

3. 均为粗牙螺纹。

表 B-5 垫圈结构图与系列尺寸

mm

平垫圈——A 级(GB/T 97.1—2002)　平垫圈　倒角型——A 级(GB/T 97.2—2002)

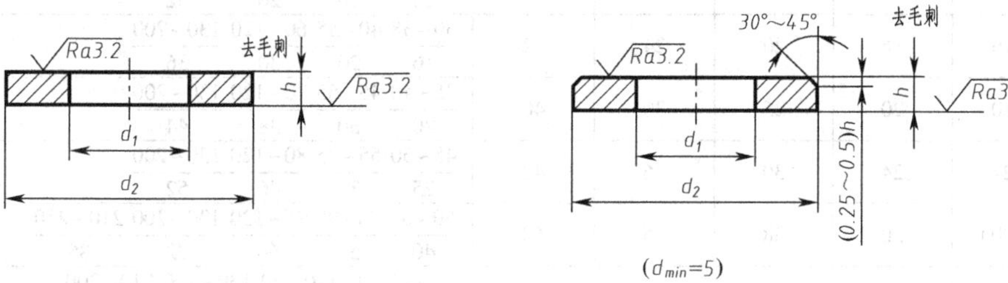
Ra3.2
去毛刺
h
Ra3.2
d1
d2
30°~45°
去毛刺
Ra3.2
h
Ra3.2
d1
d2
(0.25~0.5)h
(dmin=5)

标记示例

标准系列、公称尺寸 d=8 mm、性能等级为 140HV 级、不经表面处理的平垫圈:

垫圈　GB/T 97.1—2002　8　140HV

公称尺寸(螺纹规格)d	3	4	5	6	8	10	12	14	16	20	24	30	36
内径 d_1	3.2	4.3	5.3	6.4	8.4	10.5	13	15	17	21	25	31	37
外径 d_2	7	9	10	12	16	20	24	28	30	37	44	56	66
厚度 h	0.5	0.8	1	1.6	1.6	2	2.5	2.5	3	3	4	4	5

表 B-6 双头螺柱结构图与系列尺寸

mm

$b_m = ld$(GB/T 897—1988)　　$b_m = 1.25d$(GB/T 898—1988)　　$b_m = 1.5d$(GB/T 899—1988)

$b_m = 2d$(GB/T 900—1988)

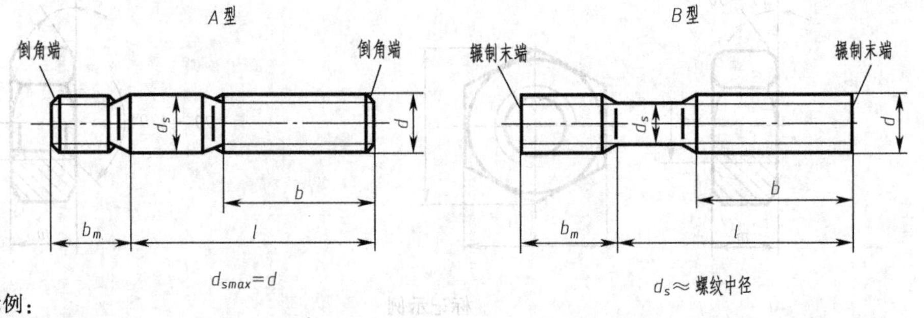
A型
倒角端
倒角端
d_s
d
b
b_m
l
$d_{smax}=d$
B型
辗制末端
辗制末端
d_s
d
b
b_m
l
$d_s \approx$ 螺纹中径

标记示例：

螺柱　GB/T 900　M10×50

（两端均为粗牙普通螺纹、d=10 mm、l=50 mm、性能等级为 4.8 级、不经表面处理、B 型、$b_m = 2d$ 的双头螺柱）

螺柱　GB/T 900　AM10—10×1×50

（旋入机体一端为粗牙普通螺纹、螺母端为螺距 P=1 的细牙普通螺纹、d=10 mm、l=50 mm、性能等级为 4.8 级、不经表面处理、A 型、$b_m = 2d$ 的双头螺柱）

螺纹规格 d	b_m（旋入机体端长度） GB/T 897	GB/T 898	GB/T 899	GB/T 900	l/b（螺柱长度/旋螺母端长度）
M4	—		6	8	16~22/8　25~40/14
M5	5	6	8	10	16~22/10　25~50/16
M16	6	8	10	12	20~22/10　25~30/14　32~75/18
M8	8	10	12	16	20~22/12　25~30/16　32~90/22
M10	10	12	15	20	25~28/14　30~38/16　40~120/26　130/32
M12	12	15	18	24	25~30/14　32~40/16　45~120/26　130~180/32
M16	16	20	24	32	30~38/16　40~55/20　60~120/30　130~200/36
M20	20	25	30	40	35~40/20　45~65/30　70~120/38　130~200/44
（M24）	24	30	36	48	45~50/25　55~75/35　80~120/46　130~200/52
（M30）	30	38	45	60	60~65/40　70~90/50　95~120/66　130~200/72　210~250/85
M36	36	45	54	72	65~75/45　80~110/60　120/78　130~200/84　210~300/97
M42	42	52	63	84	70~80/50　85~100/70　120/90　130~200/96　210~300/109
M48	48	60	72	96	80~90/60　95~110/80　120/102　130~200/108　210~300/121
$l_{系列}$	12、(14)、16、(18)、20、(22)、25、(28)、30、(32)、35、(38)、40、45、50、55、60、(65)、70、75、80、(85)、90、(95)、100~260(10 进位)、280、300				

注：1. 尽可能不采用括号内的规格。

2. $b_m = 1d$，一般用于钢对钢；$b_m = (1.25\sim1.5)d$，一般用于钢对铸铁；$b_m = 2d$，一般用于钢对铝合金。

表 B-7　螺钉结构图与系列尺寸

mm

开槽圆柱头螺钉(GB/T 65—2000)

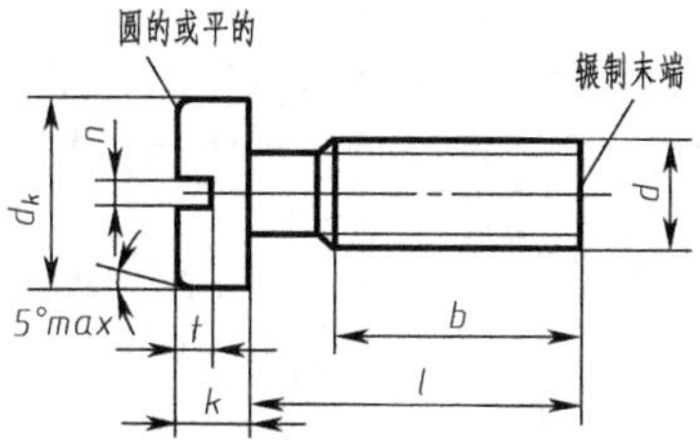
圆的或平的
辗制末端
dk
n
d
5°max
t
k
b
l

开槽盘头螺钉(GB/T 67—2000)

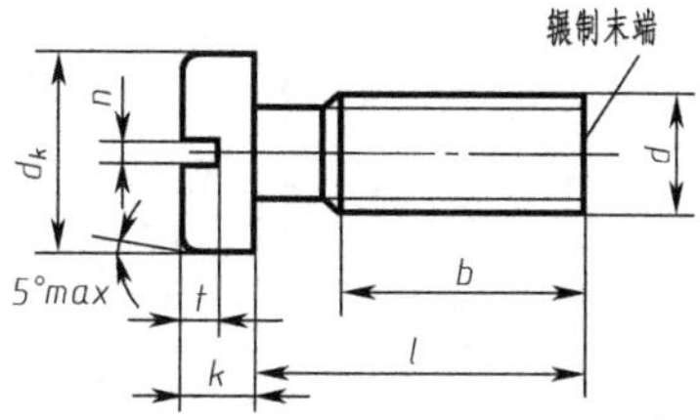
辗制末端
dk
n
d
5°max
t
k
b
l

开槽沉头螺钉(GB/T 68—2000)

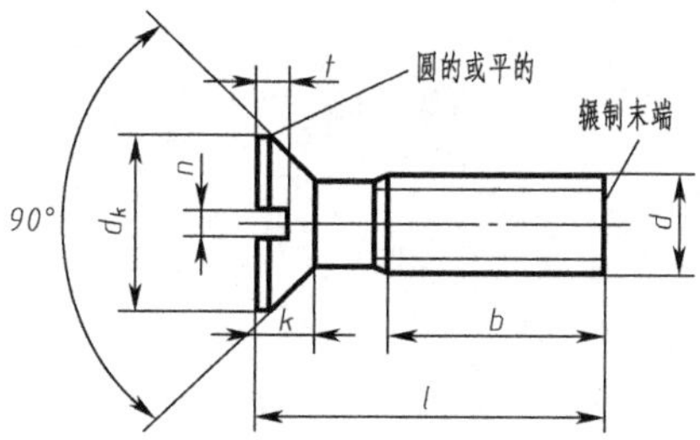
圆的或平的
辗制末端
90°
dk
n
t
d
k
b
l

开槽沉头螺钉(GB/T 69—2000)

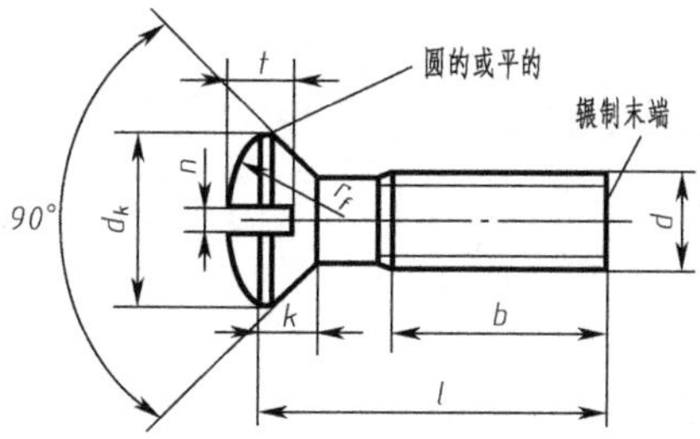
圆的或平的
辗制末端
90°
dk
n
t
rf
d
k
b
l

无螺纹部分杆径≈中径或=螺纹大径。

标记示例

螺纹规格 d=M5、公称长度 l=20 mm、性能等级为 4.8 级、不经表面处理的 A 级开槽圆柱头螺钉：螺钉　GB/T 65—2000 M5×20

(mm)

螺纹规格 d	P	b_{min}	n 公称	r_f	k_{max}			d_{kmax}			t_{min}				l 范围
				GB/T 69	GB/T 65	GB/T 67	GB/T 68 GB/T 69	GB/T 65	GB/T 67	GB/T 68 GB/T 69	GB/T 65	GB/T 67	GB/T 68	GB/T 69	
M3	0.5	25	0.8	6	2	1.8	1.65	5.5	5.6	5.5	0.85	0.7	0.6	1.2	4~30
M4	0.7	38	1.2	9.5	2.6	2.4	2.7	7	8	8.4	1.1	1	1	1.6	5~40
M5	0.8	38	1.2	9.5	3.3	3.0	2.7	8.5	9.5	9.3	1.3	1.2	1.1	2	6~50
M6	1	38	1.6	12	3.9	3.6	3.3	10	12	11.3	1.6	1.4	1.2	2.4	8~60
M8	1.25	38	2	16.5	5	4.8	4.65	13	16	15.8	2	1.9	1.8	3.2	10~80
M10	1.5	38	2.5	19.5	6	6	5	16	20	18.3	2.4	2.4	2	3.8	12~80
l 系列	4、5、6、8、10、12(14)、16、20、25、30、35、40、50、(55)、60、(65)、70、(75)、80														